NB-IoT 物联网

技术解析与案例详解

黄宇红　杨　光　主　编
曹　蕾　李　新　副主编

机械工业出版社
CHINA MACHINE PRESS

以 NB-IoT 为典型应用的移动物联网技术正处于规模发展的关键期，目前各行各业都在思考如何把新型物联网技术与行业应用有效结合起来。由于垂直行业普遍缺乏对通信技术和通信行业的认知，同时对于如何把物联网技术引进到本行业缺少思路。基于此，本书以实际案例为切入点来剖析 NB-IoT 技术特性和为许多行业带来的价值，从智慧市政、智能抄表、智慧物流、共享单车、工业物联、智能穿戴、智能家居、广域物联等领域为读者带来更实用、更有实战价值，可以指导实际业务开发的案例剖析与解读。本书可以让读者全面了解 NB-IoT 技术与应用实践，帮助他们更好地开发自己的实际项目，同时启发读者去进行新项目的研发。

本书的目标读者包括各类垂直/传统行业管理人员、信息主管部门人员、政府信息化推进主管部门人员、物联网从业者、校园/社会创客，以及开源社区相关人员。

图书在版编目（CIP）数据

NB-IoT 物联网技术解析与案例详解/黄宇红，杨光主编．—北京：机械工业出版社，2018.9（2021.3 重印）
（5G 丛书）
ISBN 978-7-111-60888-2

Ⅰ．①N…　Ⅱ．①黄…②杨…　Ⅲ．①互联网络-应用②智能技术-应用　Ⅳ．①TP393.4②TP18

中国版本图书馆 CIP 数据核字（2018）第 208235 号

机械工业出版社（北京市百万庄大街 22 号　邮政编码 100037）
策划编辑：林　桢　责任编辑：林　桢
责任校对：黄兴伟　封面设计：鞠　杨
责任印制：常天培
固安县铭成印刷有限公司印刷
2021 年 3 月第 1 版第 3 次印刷
184mm×240mm · 17 印张 · 426 千字
标准书号：ISBN 978-7-111-60888-2
定价：69.00 元

电话服务	网络服务
客服电话：010-88361066	机　工　官　网：www.cmpbook.com
010-88379833	机　工　官　博：weibo.com/cmp1952
010-68326294	金　　书　　网：www.golden-book.com
封底无防伪标均为盗版	机工教育服务网：www.cmpedu.com

序　　言

物联网在经历了十几年的发展之后进入了一个全新阶段。继移动互联网给人类生活带来深刻变革之后，以实现万物互联为目标的物联网时代正在到来，并将重塑整个世界。物联网技术是改造提升传统动能、培育壮大新动能、建设新型信息化社会的使能技术，是助力“互联网＋”“中国制造2025”等国家战略落地，促进我国经济“高质量发展”的重要基础，蕴含着广阔的市场潜力。

近年来，低功耗广域（LPWA）物联网技术逐渐成为产业关注的焦点。目前传统2G/3G/4G技术用于物联网会带来连接少、功耗大、成本高等问题，而NB-IoT是专门为物联网优化设计的移动通信技术，具有多连接、低功耗、低成本以及强覆盖的优势，已经成为LPWA的主流技术，也是5G三大应用场景之海量连接的基础技术。NB-IoT技术和产业规模发展也将有效克服传统物联网碎片化和难以规模应用的问题，助力物联网应用的快速普及。

在国家创新驱动发展战略引领下，我国物联网产业界抓住新一轮信息革命的重大机遇，大力推动物联网技术发展和产业应用。我于2016年8月23日来到江西省鹰潭市任职，顺势大力实施“智慧新城”行动计划，提出“用新理念引领、用新技术支撑，带来产业发展新业态、政府管理新手段、百姓生活新体验”，大力推进国家NB-IoT业务应用试点城市建设。目前，鹰潭市已经成为全国NB-IoT创新应用先行城市，无论是在网络建设和覆盖，还是在公共服务平台搭建、产业培育，以及应用创新方面都走在了全国乃至世界的前列。

在NB-IoT技术标准化和产业化过程中，我国公司发挥了核心作用。目前我国三大运营商均已启动了NB-IoT网络的规模商用，新型物联网技术将带领各行各业进入创新活跃期。中国移动作为全球最大的移动运营商之一，在NB-IoT标准制定、产业推进、测试验证、应用推广等方面扮演了重要角色，为NB-IoT端到端产业的成熟做出了突出贡献，他们将研究和部署NB-IoT过程中积累的经验撰写成书，有助于整个产业更深入地理解NB-IoT的技术特性，为NB-IoT的应用开发带来了有益的参考。因此，本书的面世可谓适逢其会。

北京航空航天大学党委书记

前　　言

物联网是什么？它是一群“懒人”改造世界的梦想。

通过嵌入一块小小的芯片，物联网将通信技术引入到万物互联的世界里，让人与物、物与物之间产生前所未有的连接关系。于是通过远程连接，人与物之间可以跨越时空开始交流，比如人在办公室就可以通过手机远程发送“请在下午5点后维持住宅室内温度25℃，空气湿度50%”这样的指令。进而，物与物之间也可以进行直接的交流，如湿度传感器在下午5点后启动工作后，检测到室内湿度低于50%后就会将此消息告知加湿器，于是加湿器开始喷洒水雾；当湿度传感器检测到室内湿度已达到50%，则再次发送消息给加湿器，加湿器则会停止加湿。

正如语言文字引领未开化的原始人一步步走入文明，物联网让物与物之间有了沟通交流的渠道，使得一切无趣的物品变得有了生气。而人，可以通过这张网与周围或者千里之外的世界进行交流，实现远程控制和管理，运筹帷幄之中，决胜千里之外。物联网的蓝图是一个向我们扑面而来、万物互联的新生态。

当前，市面上已有的物联网终端和应用主要是基于第二代移动通信技术（如GSM）或Wi-Fi、ZigBee、蓝牙等短距离传输技术实现的。然而，这些通信技术尚无法有效承载海量的物联网连接，并且在覆盖能力、安全保障等方面存在缺陷。随之而来，一系列低功耗窄带物联网技术应运而生，包括LoRa、Sigfox，以及近两年最为火爆的NB-IoT和eMTC技术，它们都具有低功耗、大连接、低成本等特性，尤其是采用授权频谱并由运营商运营的NB-IoT技术，更是因为其广深覆盖和高可靠的特性受到了产业界的广泛关注。根据市场研究公司Machina Research的预测，2025年全球物联网连接数将达到270亿个，仅在我国就将达到56亿个。

中国移动在NB-IoT技术研究、测试验证、产业构建等方面进行了深入的研究和探索，携手垂直行业合作伙伴已在智慧市政、工业物联、智能穿戴、智能家居、广域物联等领域率先开展应用实践，并联合高校孵化创新项目，在物联网技术落地、应用设计等方面积累了相当丰富的经验。中国移动主导了CCSA NB-IoT标准体系的制定，荣获“CCSA科学技术奖”一等奖，同时还主导了GSMA NB-IoT终端外场测试体系构建，率先启动了GCF NB-IoT物联终端认证，联合产业研发的NB-IoT智能家电荣获GSMA MIoT Showcase大奖。

根据分析，NB-IoT在广域物联、智能抄表、智能穿戴、智能楼宇、物流跟踪、智能家居、市政物联、工业物联等八大领域20余个典型场景有广阔的应用前景。为了服务于行业用户，促进物联网从业人员对NB-IoT技术的认知和理解，针对行业应用与最新通信技术结合普遍存在的困惑，本书从NB-IoT关键技术、应用案例解析、应用开发指南等多维度，向垂直行业客户、物联网从业者、在校学生等潜在的物联网技术使用者提供指导，引导行业客户部署、引入NB-IoT物联网技术。

本书共分为5篇，结构及内容安排如下：

第1篇：移动物联网概述，用于了解全球物联网发展历程及典型物联网技术对比。

第 2 篇：NB-IoT 关键技术，介绍 NB-IoT 体系架构及空中接口技术、关键流程、安全以及能力开放等关键技术。

第 3 篇：NB-IoT 特性解密，用于深入了解 NB-IoT 广深覆盖、海量连接、低功耗、低复杂度等特性。

第 4 篇：NB-IoT 应用案例解析，详细分析了 NB-IoT 在多个领域的创新应用案例。

第 5 篇：开发和部署 NB-IoT 应用，用于了解如何获取 NB-IoT 开发、测试、部署及产业推广资源。

本书由黄宇红、杨光担任主编，曹蕾、李新担任副主编，参加编写的人员还包括肖善鹏、于江、刘聪、刘琨、翁玮文、李秋香、刘雅、张超、王锐、潘璐、王曦泽、厉正吉、孔露婷、高向东、张俪、高晨亮、徐芙蓉、彭啸锋、袁园、田康、骆正虎、范晓晖、罗达、童小平、余勇、卢虎、段晓东、李爱华、黄震宁、周欣、彭晋、李笑如、张为民、施磊、左敏。

在本书的编写过程中，首先要感谢机械工业出版社林桢编辑从选题策划、立项和内容方面提供了许多宝贵建议，还要特别感谢物联网领域的多位专家、从业者帮助提供和完善物联网应用案例内容，包括南京物联传感技术有限公司吕军伟，柒贰零（北京）健康科技有限公司项立刚，上海欧孚通信技术有限公司俞文杰，联发博动科技（北京）有限公司张耿豪，深圳五洲无线股份有限公司高金梁，上海智能昊想科技有限公司金培奇，国家电网有限公司陆阳，海信集团有限公司刘宏举，深圳市前海亿车科技有限公司林坚立，浙江比弦物联科技有限公司洪宽，上海威派格智慧水务股份有限公司杨峰，爱立信（中国）通信有限公司钟博、李堃，紫光展锐科技有限公司叶晖，美科科技（北京）有限公司陈昊，北京摩拜科技有限公司夏一平，中国地质环境监测院韩冰。

移动物联网的浪潮滚滚而来，技术商用如火如荼，现在正是物联网从业者发明创新的好时机。从业者可以在各种传统的设备中嵌入物联网模块，对其工作方式加以改造，使其更好地服务于个人、家庭、行业和社会。

NB-IoT 正处于技术和应用快速发展的阶段，新的应用层出不穷，由于作者水平有限，本书错漏之处在所难免，欢迎读者批评指正并提出建议，以期对后续版本进行改进和更新。

作者

2018 年 8 月

目 录

序言

前言

第1篇 移动物联网概述 ………… 1

第1章 全球移动物联网发展概况 ………… 3

1.1 全球移动物联网市场情况 ………… 3

1.2 中国移动物联网发展情况 ………… 4

1.3 典型物联网技术对比 ………… 5

参考文献 ………… 6

第2篇 NB-IoT关键技术 ………… 7

第2章 NB-IoT体系架构 ………… 8

参考文献 ………… 10

第3章 NB-IoT空中接口关键技术 ………… 11

3.1 子载波间隔 ………… 11

3.2 工作模式 ………… 11

3.3 物理信道 ………… 12

3.4 数据传输方案 ………… 12

3.5 部署方案建议 ………… 14

参考文献 ………… 14

第4章 NB-IoT关键流程 ………… 15

4.1 概述 ………… 15

4.2 附着 ………… 15

4.3 去附着 ………… 15

4.4 TAU ………… 16

4.5 控制面优化传输方案 ………… 16

4.6 用户面优化传输方案 ………… 16

4.7 控制面优化和用户面优化传输共存 ………… 17

4.8 Non-IP数据传输方案 ………… 17

4.9 短消息方案 ………… 18

4.10 NB-IoT R14及后续演进的关键技术 ………… 18

参考文献 ………… 19

第5章 NB-IoT安全体系及关键技术 ………… 20

5.1 NB-IoT安全架构 ………… 20

5.2 NB-IoT认证与密钥协商 ………… 20

5.3 NB-IoT密钥层次 ………… 21

5.4 NB-IoT安全算法 ………… 23

5.4.1 机密性保护算法 ………… 23

5.4.2 完整性保护算法 ………… 23

5.5 控制面优化传输安全 ………… 23

5.5.1 非接入层安全协商 ………… 23

5.5.2 RRC连接重建安全 ………… 24

5.6 用户面优化传输安全 ………… 25

5.6.1 接入层安全协商 ………… 25

5.6.2 RRC连接挂起过程安全 ………… 25

5.6.3 RRC连接恢复过程安全 ………… 26

参考文献 ………… 26

第6章 网络能力开放关键技术 ………… 27

6.1 能力开放背景和目的 ………… 27

6.2 能力开放架构 ………… 27

6.3 能力开放功能 ………… 28

6.3.1 用户节电模式 ………… 28

6.3.2 事件监控 ………… 28

6.3.3 Non-IP数据传输 ………… 29

6.4 能力开放部署策略研讨 ………… 29

6.5 能力开放未来展望 ………… 29

参考文献 ………… 29

第3篇 NB-IoT特性解密 ………… 30

第7章 覆盖增强 ………… 31

7.1 覆盖增强背景和目标 ………… 31

7.2 覆盖增强方案 …… 31
7.2.1 提升功率谱密度 …… 31
7.2.2 重复传输 …… 32
7.3 覆盖增强评估指标 …… 34
参考文献 …… 35
第8章 海量连接 …… 36
8.1 海量连接背景和目标 …… 36
8.2 海量连接实现方案 …… 37
8.2.1 降低信令开销 …… 37
8.2.2 窄带传输 …… 37
8.3 海量连接评估指标 …… 38
参考文献 …… 38
第9章 低功耗 …… 39
9.1 低功耗背景和目标 …… 39
9.2 低功耗方案 …… 39
9.2.1 待机功耗优化 …… 39
9.2.2 数据传输功耗优化 …… 41
9.2.3 业务模型优化 …… 42
9.3 低功耗评估指标 …… 43
9.3.1 功耗性能评估指标 …… 43
9.3.2 续航时长评估方法 …… 44
参考文献 …… 45
第10章 低复杂度特性 …… 46
10.1 低复杂度背景和目的 …… 46
10.2 低复杂度实现方案 …… 46
10.2.1 NB-IoT简化技术分析 …… 46
10.2.2 低复杂度产品实现 …… 47
第4篇 NB-IoT应用案例解析 …… 48
第11章 智慧市政 …… 49
11.1 智能路灯 …… 49
11.1.1 智能路灯业务描述 …… 49
11.1.2 智能路灯行业现状 …… 49
11.1.3 智能路灯引入NB-IoT的优势 …… 51
11.1.4 基于NB-IoT的智能路灯解决方案 …… 51
11.1.5 NB-IoT智能路灯应用实践情况 … 52
11.2 智能烟感 …… 52
11.2.1 智能烟感业务描述 …… 52
11.2.2 智能烟感产品行业现状 …… 54
11.2.3 烟感产品引入NB-IoT的优势 …… 55
11.2.4 基于NB-IoT的烟感创新解决方案 …… 55
11.2.5 NB-IoT烟感产品应用实践情况 …… 57
11.3 智能消火栓 …… 58
11.3.1 智能消火栓业务描述 …… 58
11.3.2 智能消火栓行业现状 …… 59
11.3.3 消火栓引入NB-IoT的优势 …… 60
11.3.4 基于NB-IoT的智能消火栓解决方案 …… 60
11.3.5 NB-IoT消火栓应用实践情况 …… 62
11.4 智能停车 …… 63
11.4.1 智能停车业务描述 …… 63
11.4.2 智能停车行业现状 …… 63
11.4.3 智能停车引入NB-IoT的优势 …… 64
11.4.4 基于NB-IoT的智能停车解决方案 …… 64
11.4.5 智能停车应用实践情况 …… 67
11.5 智能水表 …… 67
11.5.1 智能水表业务描述 …… 68
11.5.2 智能水表行业现状 …… 68
11.5.3 智能水表引入NB-IoT的优势 …… 71
11.5.4 基于NB-IoT的智能水表解决方案 …… 72
11.5.5 NB-IoT智能水表应用实践情况 … 74
11.6 智能电表 …… 75
11.6.1 智能电表业务描述 …… 76
11.6.2 电表行业现状 …… 77
11.6.3 智能电表引入NB-IoT的优势 …… 79
11.6.4 基于NB-IoT的智能电表解决方案 …… 79
11.6.5 NB-IoT智能电表应用实践情况 … 81
11.7 智能单车 …… 81
11.7.1 智能单车业务描述 …… 81
11.7.2 智能单车行业现状 …… 82
11.7.3 智能单车引入NB-IoT的优势 …… 83
11.7.4 基于NB-IoT的智能单车解决方案 …… 83
11.7.5 NB-IoT智能单车应用实践情况 … 86

参考文献 …… 87
第12章 工业物联 …… 88
12.1 智能工厂业务描述 …… 88
12.2 智能工厂行业现状 …… 89
12.3 智能工厂引入NB-IoT的优势 …… 90
12.4 基于NB-IoT的智能工厂解决方案 …… 92
12.5 智能工厂应用实践情况 …… 95
第13章 智能穿戴 …… 96
13.1 智能追踪 …… 96
13.1.1 智能追踪业务描述 …… 96
13.1.2 智能追踪行业现状 …… 97
13.1.3 智能追踪引入NB-IoT的优势 …… 97
13.1.4 基于NB-IoT的智能追踪解决方案 …… 97
13.2 儿童智能手表 …… 106
13.2.1 儿童智能手表业务介绍 …… 106
13.2.2 儿童智能手表行业现状 …… 107
13.2.3 儿童智能手表引入NB-IoT的优势 …… 107
13.2.4 基于NB-IoT的创新解决方案 …… 108
13.2.5 NB-IoT儿童智能手表应用实践情况 …… 109
第14章 智能家居 …… 110
14.1 智能家居概述 …… 110
14.1.1 智能家居业务描述 …… 110
14.1.2 智能家居行业现状 …… 110
14.1.3 智能家居引入NB-IoT的优势 …… 111
14.1.4 基于NB-IoT的智能家居解决方案 …… 112
14.1.5 智能家居应用实践情况 …… 113
14.2 智能安防 …… 114
14.2.1 智能安防业务描述 …… 114
14.2.2 智能安防行业现状 …… 115
14.2.3 智能安防引入NB-IoT的优势 …… 116
14.2.4 基于NB-IoT的智能安防解决方案 …… 116
14.3 家居环境监控 …… 118
14.3.1 家居环境监控业务描述 …… 118
14.3.2 家居环境监控行业现状 …… 120
14.3.3 家居环境监控引入NB-IoT的优势 …… 121
14.3.4 基于NB-IoT的家居环境监控解决方案 …… 122
14.3.5 NB-IoT家居环境监控应用实践情况 …… 126
第15章 广域物联 …… 128
15.1 山体滑坡监测与预警业务描述 …… 128
15.2 山体滑坡监测与预警行业现状 …… 128
15.3 山体滑坡监测与预警引入NB-IoT的优势 …… 129
15.4 基于NB-IoT的山体滑坡监测与预警解决方案 …… 130
15.5 NB-IoT山体滑坡监测与预警应用实践情况 …… 131
第5篇 开发和部署NB-IoT应用 …… 132
第16章 如何获取物联网开发资源 …… 134
16.1 面向行业终端的通用模组参考设计 …… 134
16.1.1 模组概述 …… 134
16.1.2 通用模组研发背景 …… 134
16.1.3 通用模组标准简介 …… 135
16.1.4 通用模组参考设计 …… 136
16.1.5 通用模组产业情况 …… 138
16.1.6 小结 …… 138
16.2 面向消费领域的Turnkey解决方案 …… 139
16.2.1 典型领域产业现状 …… 139
16.2.2 Turnkey解决方案及产品设计 …… 142
16.2.3 小结 …… 147
16.3 基础通信套件 …… 147
16.4 物联网平台 …… 149
16.4.1 物联网通用平台介绍 …… 149
16.4.2 协议适用场景介绍 …… 152
16.4.3 整体流程 …… 153
16.5 连接管理平台 …… 154
16.5.1 什么是连接管理平台 …… 154
16.5.2 连接管理平台的能力 …… 154

16.5.3　如何利用连接管理平台管理 NB-IoT 终端 …… 158
参考文献 …… 163
第 17 章　物联网应用开发指南 …… 164
17.1　基于 OneNET 平台的设备接入和应用开发 …… 164
17.1.1　硬件接入 OneNET 平台 …… 164
17.1.2　应用开发 …… 168
17.1.3　接入实例 …… 175
17.2　基于通信套件的物联网应用开发 …… 186
17.2.1　通信套件的接口定义 …… 187
17.2.2　通信套件与终端的集成方式与流程 …… 188
17.2.3　物联网应用开发示例 …… 188
17.3　校园创新及案例 …… 200
17.3.1　5G 联创进校园创客活动 …… 200
17.3.2　基于开源硬件的校园物联网技术创新实践 …… 201
第 18 章　如何进行应用测试 …… 211
18.1　如何测试应用的业务质量 …… 211
18.2　如何保障终端品质 …… 211
18.2.1　芯片测试 …… 212
18.2.2　模组测试 …… 214
18.2.3　终端测试 …… 216
第 19 章　如何进行应用部署 …… 218
19.1　物联网开卡流程 …… 218
19.2　如何获取网络覆盖 …… 218
19.3　如何测试网络质量 …… 219
第 20 章　如何开展产业合作和应用推广 …… 221
附录 …… 222
附录 A　缩略语 …… 222
附录 B　NB-IoT 关键信令流程 …… 223
B.1　附着 …… 223
B.2　去附着 …… 227
B.2.1　UE 发起的去附着流程 …… 227
B.2.2　MME 发起的去附着流程 …… 228
B.2.3　HSS 发起的去附着流程 …… 229
B.3　TAU …… 230
B.3.1　S-GW 不变的 TAU 流程 …… 230
B.3.2　S-GW 改变的 TAU 流程 …… 232
B.3.3　S-GW 改变和数据转发的 TAU 流程 …… 235
B.4　控制面优化传输方案 …… 237
B.4.1　MO 控制面数据传输流程 …… 237
B.4.2　MT 控制面数据传输流程 …… 239
B.5　用户面优化传输方案 …… 241
B.5.1　Connection Suspend 流程 …… 241
B.5.2　Connection Resume 流程 …… 242
B.6　控制面优化和用户面优化传输的共存 …… 243
B.6.1　连接态控制面向用户面的转换 …… 243
B.6.2　空闲态控制面向用户面的转换 …… 245
B.7　Non-IP 数据传输方案 …… 246
B.7.1　基于 SCEF 的 Non-IP 数据传输 …… 246
B.7.2　基于 P-GW 的 Non-IP 数据传输 …… 252
B.8　短消息方案 …… 253
B.8.1　基于 SGs 接口的短消息方案 …… 253
B.8.2　基于 SGd 接口的短消息方案 …… 253
附录 C　能力开放流程 …… 254
C.1　移动性事件订阅、上报及删除流程 …… 254
C.1.1　连接丢失事件订阅 …… 254
C.1.2　UE 可达事件订阅 …… 254
C.1.3　机卡分离事件订阅 …… 255
C.1.4　漫游状态事件订阅 …… 256
C.1.5　通信故障事件订阅 …… 256
C.1.6　连接丢失事件上报 …… 258
C.1.7　UE 可达事件上报 …… 258
C.1.8　机卡分离事件上报 …… 259
C.1.9　漫游状态事件上报 …… 260
C.1.10　通信故障事件上报 …… 260
C.1.11　移动性状态事件删除 …… 260
C.2　网络参数配置流程 …… 261

第1篇　移动物联网概述

物联网的概念自1999年被美国麻省理工学院的Kevin Ashton教授阐明以后，引发了继计算机、互联网之后世界信息产业发展的第3次浪潮。在近20年的探索和研究中，各国学者和组织从不同角度给出了物联网的定义。

国际电信联盟（ITU）发布的《ITU互联网报告2005：物联网》中，对最初以RFID为基础的物联网概念进行了扩展，提出任何时间、任何地点、任意物体之间的互联，无所不在的网络和无所不在的计算的发展愿景，除RFID技术外，传感器技术、纳米技术、智能终端等技术将得到更加广泛的应用。

欧盟第7框架下“RFID和物联网研究项目组”在2009年9月15日发布的研究报告中指出：物联网是未来互联网的一个组成部分，可以被定义为基于标准的和可互操作的通信协议，且具有自配置能力、动态的全球网络基础架构。物联网中的“物”都具有标识、物理属性和实质上的个性，使用智能接口实现与信息网络的无缝整合。

我国在2010年政府工作报告中将物联网定义为通过信息传感设备，按照约定的协议，把任何物品与互联网连接起来，进行信息交换和通讯，以实现智能化识别、定位、跟踪、监控和管理的一种网络。它是在互联网基础上延伸和扩展的网络。

纵观物联网的发展史，“物联网”概念随着技术的不断进步，其内涵和外延也在不断演进和发展。

从通信技术的角度来看，物联网可采用多种方式实现。如图0.1所示，根据传播距离的不同，物联网的通信技术可分为短距通信和广域网通信技术。短距通信技术主要包括蓝牙（Bluetooth）、ZigBee、Wi-Fi等。广域网通信技术可分为未针对物联网业务进行专门优化的传统移动通信技术（如：2G、3G、4G等）和针对物联网业务进行了专门优化的低功耗广域（Low Power Wide Area，LPWA）网技术。目前全球电信运营商构建的2G、3G、4G等移动通信网络，其主要应用场景是面向人与人的通信，尽管有相当数量的物联网终端接入网络（如采用2G承载低速率应用，4G承载高速率应用），但实际上并未针对物与物、人与物的通信进行专门优化。根据技术来源的不同，广域物联网又可分为基于移动通信设计的移动物联网以及基于IT通信设计的非移动物联网。本章将重点介绍用于LPWA网的移动物联网技术和应用。

低功耗广域（LPWA）网，面向物联网的应用需求，在成本、覆盖、功耗、容量等方面进行了优化，非常适合于传输距离远、通信数据量少且需电池长时间供电的物联网应用。LPWA网技术包括工作在授权频谱的NB-IoT、eMTC，以及工作在非授权频谱的LoRa和Sigfox等。其中，工作在授权频谱的NB-IoT和eMTC，由于具有较高的可靠性及安全性，已成为运营商广泛采纳的物联网通信标准。

移动运营商可以采用移动物联网技术建设运营移动通信网络，以承载物联网业务。这些技术既包括未针对物联网进行优化的2G、3G、4G技术，也包括面向物联网进行专门优化的、符合

3GPP 标准且工作在授权频谱、由运营商维护管理的 LPWA 网络，如 NB-IoT、eMTC 等，甚至少数运营商也会采用非授权频谱的 LoRa 和 Sigfox 技术。相比其他物联网技术，工作在授权频谱的移动物联网在覆盖能力、网络安全、服务质量保障、运维等方面更具优势。

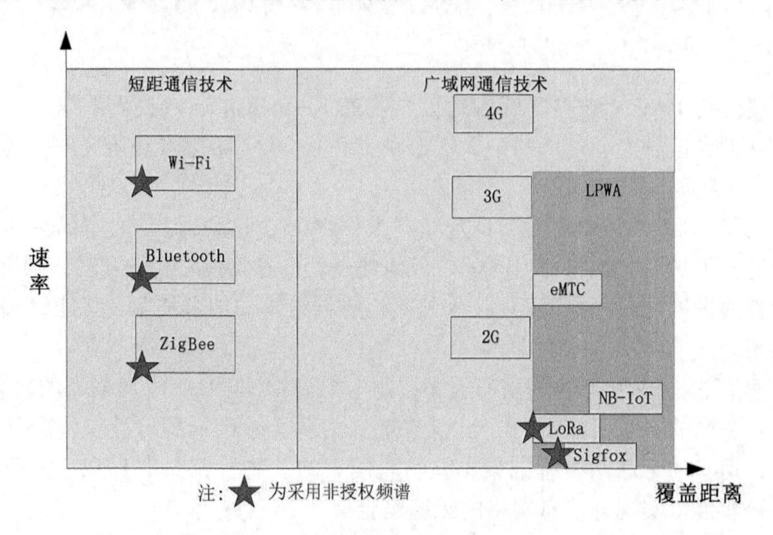

图 0.1 典型物联网无线接入技术

第 1 章　全球移动物联网发展概况

随着移动通信技术和传感器技术的不断进步以及市场与产业的逐步成熟，物联网进入了新的发展阶段，尤其是运营商主导的移动物联网发展势头更加强劲。

1.1　全球移动物联网市场情况

各国高度重视物联网的发展，纷纷从战略高度制定物联网策略以抢占发展先机。美国着力构建以工业物联网为基础的先进制造体系，物联网支出将从 2016 年的 2320 亿美元增长到 2019 年的 3570 亿美元；欧盟先后组建了物联网创新联盟（AIOTI）、物联网创新平台（IoT-EPI），致力于构建可持续发展的物联网生态系统；日本联合 2000 多家国际企业组成了物联网推进联盟，其国内物联网市场规模预计将从 2016 年的 6 万亿日元，增长到 2020 年的 14 万亿日元；韩国以人工智能、物联网城市等九大国家创新项目作为拉动国民经济增长的新动力，积极规模化部署物联网商用网络；俄罗斯在物联网技术发展路线草案的基础上拟定超过 20 个物联网试点项目及地区。

全球移动物联网市场规模巨大且保持高速增长。据 Ovum 数据显示，截至 2017 年，全球移动物联网连接数达到 5.15 亿，其中亚太市场占比为 47%，北美市场占比为 18%，西欧市场占比为 14%，预计到 2022 年年底连接数将达到 10 亿，年复合增长率达 17%；与此同时，全球移动物联网服务收入总额为 470 亿美元，其中，亚太市场占比为 36%，北美市场占比为 25%，西欧市场占比为 20%，预计到 2022 年年底该收入总额将升至 926 亿美元，年复合增长率达到 16%。总体而言，全球移动物联网主体市场除了与网络相关的硬件、软件、服务和连接之外，跨行业的各种物联网应用的相关市场在未来也将增长明显，尤其是在市政物联、交通物流、公共事业等重点领域。

为推动移动物联网市场的进一步发展，除了利用传统的 2G/3G/4G 网络外，以 NB-IoT 和 eMTC 为代表的新型 LPWA 网络技术正在全球范围内加速落地。截至 2018 年 7 月，全球已商用 NB-IoT 网络达到 45 张，预计 2018 年年底将达到 100 张，已商用的 eMTC 网络已有 12 张（见表 1.1）。

表 1.1　NB-IoT 和 eMTC 商用网络情况（截至 2018 年 7 月）

通信制式	运营商商用情况
NB-IoT	27 家运营商已商用 NB-IoT 网络，其中包括：沃达丰、德电、Telia、中国移动、中国电信、中国联通、韩国 LGU+、KT、澳大利亚 VHA、阿联酋 ET、新加坡 M1、意大利 TIM、Orange、TDC 等
eMTC	11 家运营商计划或已商用 eMTC 网络，其中包括：Verizon、AT&T、Telstra、Etisalat 等

1.2 中国移动物联网发展情况

我国政府高度重视物联网产业的发展。早在2010年，国务院出台了《国务院关于加快培育和发展战略性新兴产业的决定》，物联网作为新一代信息技术产业中的重要项目位列其中，成为国家首批加快培育的七个战略性新兴产业之一，标志着物联网的发展已经上升为国家战略。随后国家又陆续出台了《物联网“十二五”发展规划》（2012）、《国务院关于推进物联网有序健康发展的指导意见》《关于印发10个物联网发展专项行动计划的通知》（2013）、《工业和信息化部2014年物联网工作要点》（2014）、《关于开展2015年智能制造试点示范专项行动的通知》（2015）、《信息通信行业发展规划物联网分册（2016—2020年）》（2017）等，以保障我国物联网产业健康有序的发展。

经过近十年的发展，目前我国物联网产业已初具规模。据中国信息通信研究院《物联网白皮书（2016年）》所述，我国物联网产业规模已从2009年的1700亿元发展到了2015年的7500亿元，年复合增长率达到25%，机器到机器的终端数量超过1亿。其中，移动物联网发挥了至关重要的作用。截至2017年年底，中国移动在2G/3G/4G网络上承载的物联网连接数超过1.8亿，中国联通物联网连接数约为7000万，中国电信物联网连接数约为4000万。

为进一步加速我国新型物联网技术NB-IoT和eMTC的发展，工业和信息化部于2017年陆续发布了《工业和信息化部办公厅关于全面推进移动物联网（NB-IoT）建设发展的通知》等政策法规，移动物联网产业迎来了快速布局的政策红利期。在全产业的共同努力下，NB-IoT技术快速成熟，在技术标准、网络部署、应用落地等方面成效显著。

在NB-IoT技术标准工作开始之初，业界在上行传输方案上存在较大分歧，标准化进度缓慢。为保证NB-IoT标准可以如期完成，中国移动牵头组织将多家厂商的上行传输方案有机融合为统一的技术方案，极大促进了标准化的顺利完成。此外，中国移动还和其他合作伙伴一起，对窄带物联网广覆盖、海量连接、低功耗、低成本等物联网新特性相关的技术方案进行了深入的研究；完成了包括灵活部署场景、超窄带系统设计、控制面数传、深度睡眠等NB-IoT特色的技术方案并推入3GPP标准；针对外场测试发现的过迟重选、不支持连接重建、不支持测量上报、调度中未考虑下行信道质量等问题，提出了解决方案并写入3GPP标准。在中国移动、沃达丰、华为、爱立信、高通、中兴、联发科等企业共同努力下，历时9个月NB-IoT标准完成制定，并于2016年6月发布。

在网络部署方面，2017年国内三大电信运营商积极布局移动物联网，网络建设在第三季度进入加速期，截至2017年年底全国范围内的NB-IoT基站数量已超过40万个。预计到2020年国内的NB-IoT基站规模将达到150万个，大规模部署的NB-IoT网络将带来无处不在的移动物联网覆盖。随着网络建设的逐步完成，三大运营商也在2017年陆续宣布NB-IoT全网商用。

在业务应用方面，面向市政、智能建筑、交通物流等领域的业务发展迅速，如水电气抄表、智能停车、公租房改造、智能消防、智能垃圾桶、环境监测、智能井盖、智能路灯、智慧景观、共享单车等。以NB-IoT应用的标杆城市——鹰潭为例，2017年，鹰潭生产物联网水表27万块，鹰潭市供水集团有限公司发展智能水务总用户数近13万，其中NB-IoT水表用户7万；全市共完成1896个智能车位改造，其中龙虎山景区改造完成171个NB-IoT停车位；鹰潭水稻原种场成为全国首个 NB-IoT 农业示范应用单位；全市改造和新建 7898 盏智慧路灯，同时烟感探测、井盖、充电桩、消火栓、基站设备监测、地下线缆温度监测等智慧城市应用也陆续规模落地。

1.3　典型物联网技术对比

本节将对广域覆盖的物联网的重点技术进行比较，见表 1.2。

表 1.2　满足广域覆盖的典型物联网接入技术对比

LWPA 指标要求			非移动物联网技术		移动物联网技术				
			LoRa	Sigfox	NB-IoT	TD-LTE Cat. 1	TD-LTE Cat. M (eMTC)	LTE FDD Cat. M (eMTC)	2G
带宽		小带宽	125kHz	200kHz	200kHz	1.4～20MHz	1.4MHz	1.4MHz	200kHz
覆盖		极深广度覆盖	约 155dB	约 160dB	约 164 dB	约 146.7 dB	ModeA：约 148dB ModeB：约 156 dB	ModeA：约 148dB ModeB：约 156dB	约 144dB
功耗		10 年	约 10 年	约 10 年	约 10 年	约 5 年	约 8 年	约 8 年	约 2 年
速率	上行峰值	>160bit/s	5.5kbit/s	100bit/s	R13：62kbit/s (MT) R14：150kbit/s (MT)	1Mbit/s	R13：200kbit/s R14：655kbit/s	R13： FD：1Mbit/s HD：375kbit/s R14： FD：2.98Mbit/s HD：1.11Mbit/s	100～200kbit/s
速率	下行峰值	>160bit/s	5.5kbit/s	100bit/s	R13：21kbit/s R14：120kbit/s	7Mbit/s	R13/14：750kbit/s	R13： FD：800kbit/s HD：300kbit/s R14： FD：1Mbit/s HD：588kbit/s	100～200kbit/s
其他	移动性	低速移动/无业务连续性要求	低速移动/不支持重选和切换		低速移动/支持重选、不支持切换	高速移动/支持重选和切换			
其他	语音能力	不要求	不支持		不支持	支持			

注：以上参数指标的比较基于以下前提条件：

1. 覆盖指标：指无干扰场景下的理想覆盖能力。当系统中存在较严重的干扰时，覆盖范围会收缩。

2. 功耗指标：采用相同的极低频次的业务上报模型，用户处于覆盖较好的点，基于目前的产业水平进行的估算；若采用高频次的业务上报模型，或用户分布在中差点时，性能指标将下降；CAT.1 基于传统 R8/R9 CAT1 终端进行评估。

3. 上行峰值速率：NB-IoT 采用了多频传输（MT），如果采用单频传输，速率会降低。

1. LoRa

LoRa（LongRange）是一种部署在非授权频谱上的低功耗广覆盖无线物联技术，其名称本身指一种扩频调制方式，由于该调制方案是其核心专利，因此后来也逐渐成为使用LoRa芯片的技术方案的名称。LoRa使用宽带线性调频脉冲（Wideband Linear Frequency Modulated Pulses）的扩频技术来提高覆盖能力；支持动态速率适配，以提升电池寿命和网络容量。该领域的业界领先厂商主导建立了LoRa联盟，研究制定了一套标准的LoRa通信协议，基于该标准的LoRa解决方案被称为LoRaWAN。相比NB-IoT，LoRa的主要优势是成本低、部署快，主要劣势是干扰不可控、缺少大规模组网能力、产业规模较小。该技术当前主要应用于监测类、追踪类和抄表类物联网应用，具体包括食物链监测、智能停车、建筑设施管理、水质检测以及财产跟踪等。

2. SigFox

SigFox的发展理念与LoRa相似，目标也是提供一种低功耗广域网络。SigFox工作在非授权频谱，主打超窄带（Ultra-Narrow Band）技术，采用二进制相移键控（BPSK）调制，通过超窄带、超简化的设计，实现低成本广覆盖。SigFox网络主要应用于低数据速率、低成本的物联网业务应用，如偶尔传输少量数据的电表等。

3. eMTC

eMTC是3GPP针对物联网的业务、在LTE基础上进行局部裁剪和优化的移动物联网标准。2016年3月，3GPP正式发布eMTC R13标准。相比LTE，eMTC R13支持更小的带宽（1.4MHz）；对于CQI反馈、传输模式、信道等做了简化设计；支持重复传输，覆盖相比LTE增强15dB（FDD）；引入了PSM省电模式；与LTE相同，可支持切换和语音。

4. NB-IoT

NB-IoT是3GPP针对低功耗物联网业务进行深度优化的窄带移动物联网标准。2016年6月，3GPP正式发布NB-IoT R13标准。相比eMTC，NB-IoT R13支持更小的带宽（200kHz）；不支持CQI反馈；对信道、信令等做了进一步简化设计；支持重复传输，覆盖能力和PSM省电模式均获得进一步增强。为了简化设计和实现，并降低成本，NB-IoT不支持连接态切换和语音。

参考文献

[1] Ovum. Cellular Machine-to-Machine (M2M) Forecast: 2017-2022 [R]. 2017.
[2] ITU. ITU Internet Report 2005: The Internet of Things [R]. 2005.
[3] 孙玉．我国物联网产业发展趋势［J］．物联网学报，2017，1（3）：1-5.
[4] 中国信息通信研究院．物联网白皮书（2016年）［R］. 2016.
[5] 中国信息通信研究院．鹰潭NB-IoT网络测试报告［R］. 2017.

第 2 篇　NB-IoT 关键技术

第 2 章　NB-IoT 体系架构

NB-IoT 网络系统架构如图 2.1 所示，由无线网、核心网、业务平台（如物联网平台）、应用服务器（AS）、基础通信套件以及终端和用户卡等组成。

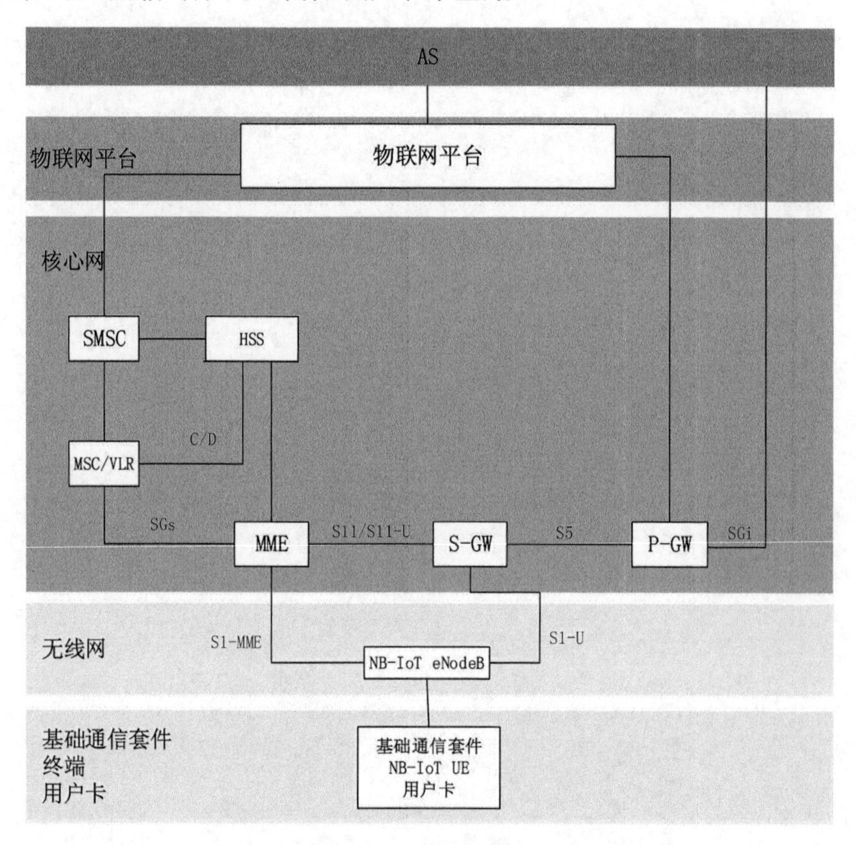

图 2.1　NB-IoT 网络的基本系统结构

1. 核心网

核心网由分组域核心网、电路域核心网和用户数据库（HSS）组成，其中分组域核心网由 MME、S-GW、P-GW 等功能单元组成，主要提供分组域数据传输及能力开放等功能；电路域核心网由 MSC/VLR、短信中心（SMSC）等功能单元组成，主要提供短信传输功能；用户数据库由 HSS 等功能单元组成，主要提供用户签约数据功能。

2. 业务平台

业务平台包括面向用户的物联网能力开放使能平台、连接管理平台、空中写卡平台、业务网关等多个平台。

为了向用户开放网络能力，物联网能力开放使能平台为终端设备提供设备接入、数据存储、数据路由和转发功能，为上层应用提供数据推送、设备管理、数据查询、命令下发等功能。

连接管理平台是面向客户的运营支撑平台，为客户提供用户卡信息查询、通信管理、数据统计分析等服务。

空中写卡平台可实现用户码号之间的动态切换，即换号不换物理卡。平台具有制卡密钥生成、单张写卡、批量写卡，以及卡数据管理、码号管理、写卡日志管理等功能。

业务网关是物联网业务体系中为终端、业务平台、能力系统提供通信接入、业务鉴权、消息路由、协议转换等功能的业务层接入设备。

3. 无线网

NB-IoT无线接入网（E-UTRAN）由eNodeB组成，向下通过空中接口让用户接入到网络中，向上通过S1-MME接口将信令面接入到MME，通过S1-U接口将用户面接入到S-GW。

4. 终端和用户卡

NB-IoT终端需满足基本功能、通信功能、业务功能、射频性能、卡接口能力、电磁兼容性等技术要求，具备NB-IoT网络接入能力。

用户卡作为用户身份标识，主要提供存储安全数据、动态加载更新应用、安全运算、标识用户身份、鉴权接入等功能。

5. 基础通信套件

面向NB-IoT终端的通信中间件，实现物联网终端与业务平台的通信、应用数据传输及设备管理等功能，是提升数据服务能力的重要组成部分。

6. 应用服务器

完成垂直行业相关数据的存储、转发、管理等功能。

以上NB-IoT端到端架构总体可以划分成管、云、端三大部分，针对每一部分，本书将选取NB-IoT技术与传统移动通信技术存在较大不同的方面进行重点介绍。

1. 管

（1）空中接口关键技术

第3章从子载波间隔、工作模式、物理信道、信令承载方式以及演进技术等方面，重点介绍NB-IoT空中接口（简称空口）关键技术，分析其与LTE系统的异同。

（2）关键信令流程

第4章从接入控制、移动性管理、数据传输、Non-IP、短消息及后续演进等几方面，介绍NB-IoT的关键流程，通过与LTE系统的对比，深入分析其为适配物联网特性所做的各种调整。

（3）物联网安全

NB-IoT沿用了LTE的安全架构，其中网络域安全、用户域安全、应用域安全、安全可视性和可配置性等4个方面的安全特性沿用了LTE系统的安全机制，本书将不再赘述。考虑到NB-IoT在无线接入网安全方面进行了协议精简，第5章将对NB-IoT网络接入安全特性进行重点介绍。

2. 云

（1）能力开放平台

移动互联网时代，能力开放是运营商渠道拓展、聚合合作伙伴的抓手。运营商独有的网络运营资源，可以向上游提供内容与服务的聚合，向下游提供特定业务功能与分销的支撑，便于运营商在新型市场探索新的应用场景，进一步拓展收入来源。第6章将面向物联网行业，围绕产业期望运营商提供的能力（如网络数据配置、终端监控、Non-IP 数据传输等）进行详细介绍。

（2）通信套件

针对物联网终端形态、传感器类型以及系统软硬件环境千差万别、不一而足的特性，基础通信套件可最大化获得物联网运营的数据服务能力，降低物联网设备的开发和接入难度，减少产品发布周期，推动相关产业发展。16.3 节将详细介绍基础通信套件，实现一套标准 SDK 和终端设备管理接口规范，统一终端侧应用连接与通信协议以及与移动物联网数据平台对接。

3. 端

通用模组：物联网终端形态千差万别，模组市场存在碎片化严重、兼容性低、缺乏规模效应等问题，16.1 节将围绕通用模组行业标准、参考设计以及产业情况，阐述通用模组的设计理念。

参考文献

[1] 3GPP TS 36.211. Physical Channels and Modulation.
[2] 3GPP TS 36.321. Medium Access Control（MAC）protocol specification.

第3章　NB-IoT空中接口关键技术

NB-IoT是专门为LPWA移动物联网业务设计的全新技术，采用超窄带、低成本设计（基于FDD半双工模式）理念，在一定程度上牺牲了速率和时延性能，以换取更极致的物联网低功耗大连接等特性，NB-IoT设计目标包括：续航10年、较GSM系统覆盖增强20dB、支持每小区5万连接以及更低成本。其中采用的新型空中接口技术包括：超窄带设计（200kHz系统带宽，3.75kHz/15kHz信道带宽）、重复发送实现覆盖增强；新增了省电模式以降低功耗（如PSM省电模式、eDRX功能等）；低复杂度设计以降低成本。

3.1　子载波间隔

LTE的子载波间隔为15kHz，为进一步适配典型物联网业务的小包传输，NB-IoT在上行引入了更小的子载波间隔，如3.75kHz。上行数据传输方案包括3.75kHz单频、15kHz单频、15kHz多频等方案。对于3.75kHz单频，其最小传输单元时域上为32ms；对于15kHz单频，其最小传输单元时域上为8ms；对于15kHz多频，NB-IoT系统支持3频、6频、12频三种。其中对于15kHz 3频，其最小传输单元时域上为4ms；对于15kHz 6频，其最小传输单元时域上为2ms；对于15kHz 12频，其最小传输单元同LTE，时域上为1ms。3.75kHz单频的单用户上行峰值速率约为4.7kbit/s；15kHz单频的单用户上行速率峰值约为15.6kbit/s；15kHz多频的单用户上行峰值速率约为62.5kbit/s。

下行子载波间隔与LTE保持相同，仅有一种子载波间隔（15kHz）。最小传输单元在时域上为1ms，也与LTE相同，在该设计中，下行峰值速率约为21kbit/s。

3.5节将对网络部署中子载波间隔的选择做进一步说明。

3.2　工作模式

NB-IoT系统可支持3种工作模式，以适应不同运营商的不同使用场景。3种工作模式包括Stand-alone（独立工作模式），采用独立的频谱部署NB-IoT；In-band（LTE带内工作模式），在LTE带宽内部署NB-IoT，适用于仅有LTE频谱没有额外频谱的运营商；Guard band（LTE保护带工作模式），在LTE频谱边缘的保护带内部署NB-IoT，适用于仅有LTE频谱没有额外频

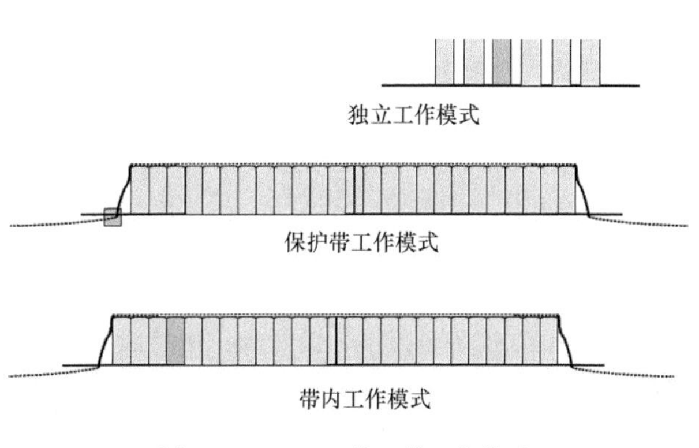

图3.1　NB-IoT的3种工作模式

谱的运营商。3 种工作模式如图 3.1 所示。

表 3.1 给出了 NB-IoT 3 种不同工作模式对比。

表 3.1　NB-IoT 不同工作模式对比

工作模式	部署方式	功率配置方式	支持 LTE 带宽/Hz
Stand-alone	独立部署	独立配置	与 LTE 无关，部署在 LTE 带外
Guard band	LTE 保护带部署	在 LTE 上功率抬升不低于 6dB	5M、10M、15M、20M
In-band	LTE 带内部署	在 LTE 上功率抬升不低于 6dB	3M、5M、10M、15M、20M

除此之外，3 种工作模式在资源使用上的主要区别包括：1）In-band 需要额外留出 LTE CRS、PDCCH symbol 的位置，每 ms 开销约为 28.6%；2）In-band 与 Guard band 的下行发射功率较 Stand-alone 差 8dB（假设 LTE 发射功率为 20W@5MHz）。

3.3　物理信道

NB-IoT 物理信道继承并简化了 LTE 系统设计，其上、下行信道对比分别参见表 3.2 和表 3.3。

表 3.2　NB-IoT 与 LTE 上行信道对比

信道	NB-IoT	Legacy LTE（R8）
PRACH	√	√
PUCCH	×	√
PUSCH	PUSCH 格式 1（用来传输数据） PUSCH 格式 2（用来传输 ACK/NACK）	√
Sounding RS	×	√
DMRS	√	√

表 3.3　NB-IoT 与 LTE 下行信道对比

信道	NB-IoT	Legacy LTE（R8）
PSS/SSS	√	√
PBCH	√	√
PDCCH	√	√
PHICH	×	√
PCFICH	×	√
PDSCH	√	√
RS	NRS，小区级参考信号	CRS，小区级参考信号 DMRS，用户级参考信号

3.4　数据传输方案

NB-IoT 的数据传输方案包括两类：用户面数据传输方案（UP 方案）和控制面数据传输方案（CP 方案）。

NB-IoT UP 方案在 LTE 基本过程的基础上，引入 RRC 挂起、恢复过程，如图 3.2 所示。挂起时，UE、eNodeB、核心网保存 UE 上下文（每用户 KB 量级）；恢复时，根据各网元保存的 UE

上下文，快速恢复控制面、AS 安全和用户面。该方案适用于大数据包传输，或频繁发包的业务。

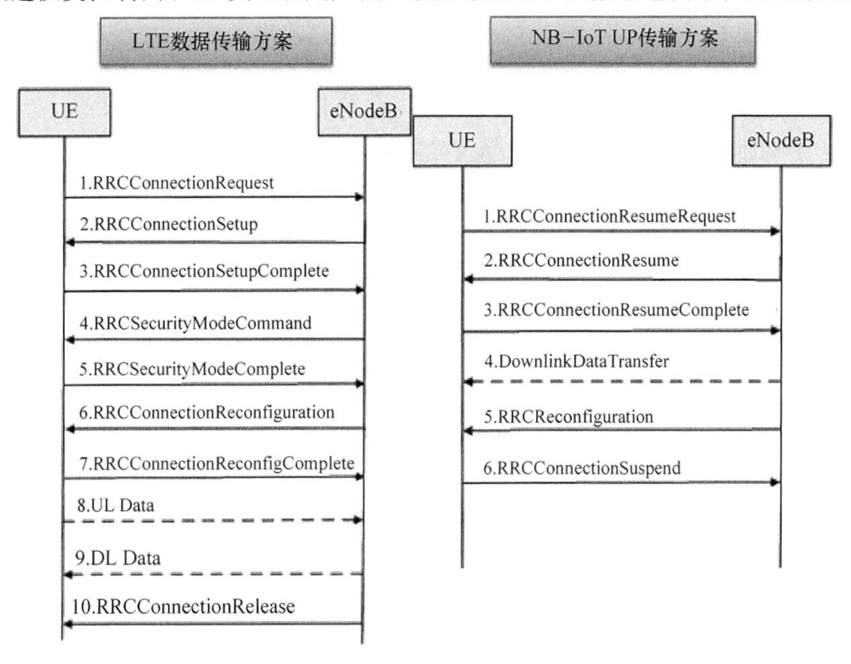

图 3.2　NB-IoT UP 方案与 LTE 信令流程对比

另一方面，为进一步适配典型物联网业务长间隔小数据包传输（如每天上报 20B）的业务特性，降低信令开销，NB-IoT 还引入了控制面数据传输方案（CP 方案）。

如图 3.3 所示，相比于 LTE 的空中接口信令，CP 方案无须建立用户面承载，直接使用控制

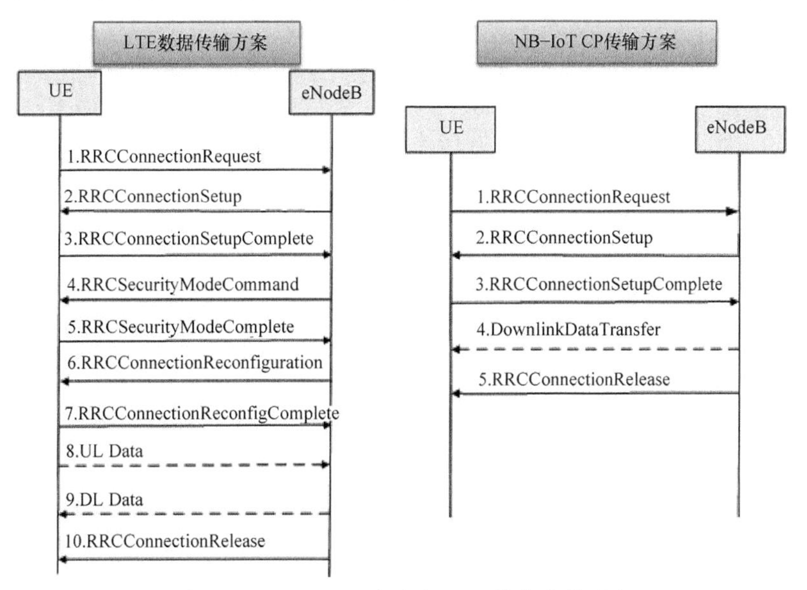

图 3.3　NB-IoT CP 方案与 LTE 信令流程对比

面承载进行数据传输，可节省信令，尤其适用于长间隔的小数据包传输，效率更高。

3.5 部署方案建议

综合考虑子载波间隔、工作模式、数据传输方案等因素，NB-IoT 网络部署建议如下：

（1）子载波间隔

上行 15kHz 子载波间隔在单用户速率性能方面占优，其中 15kHz 多频速率性能最优，但对信道传输条件有较高要求，主要应用于覆盖的极好点、好点；15kHz 单频速率性能弱于多频，主要用于覆盖的好点、中点、中差点；上行 3.75kHz 子载波间隔在用户容量、上行覆盖性能方面占优，因此在部署初期，该三种传输方式应要求同时支持。实际应用场景下，可基于深度覆盖、容量、用户分布等因素，自适应选择 3.75kHz 单频、15kHz 单频、15kHz 多频配置。下行子载波间隔仅有 1 种，为 15kHz。

（2）工作模式

Stand-alone 方式因下行覆盖性能更优，且系统开销较小，部署初期可采用 Stand-alone 独立部署方式。

（3）数据传输方案

小数据包传输时，CP 方案效率更高，因此更适合低频次通信业务；UP 方案，适合通信频次较高的业务；CP 和 UP 相结合的方案，适合数据传输的频次由低向高转换的业务。

参考文献

[1] 3GPP TS 36.211. Physical Channels and Modulation.
[2] 3GPP TS 36.321. Medium Access Control (MAC) protocol specification.

第 4 章　NB-IoT 关键流程

4.1　概述

NB-IoT 的协议和信令流程在 LTE 技术基础上进行了精简。在网络功能方面，NB-IoT 网络面对移动物联网深覆盖、低成本、低功耗和海量连接的需求，通过优化信令流程、数据传输方案、移动性管理方案，适应 NB-IoT 终端低速低频次的数据传输需求，辅助终端实现省电和降低成本。

NB-IoT 的关键技术流程主要包括：接入及移动性管理、数据传输、Non-IP、短消息及后续演进的关键技术流程等，本章将着重介绍这些关键流程与 LTE 流程的差异，详细信令流程可参考附录 B。

4.2　附着

附着是 UE 进行业务前在网络中的注册过程，主要完成接入鉴权和加密、资源请求和注册更新以及默认承载建立等过程。附着流程完成后，网络记录 UE 的位置信息，相关节点为 UE 建立上下文，详细信令流程可参考附录 B.1。

与 LTE 的附着流程相比，NB-IoT 的附着流程主要有以下差异：

1）NB-IoT UE 可以支持不建立 PDN 连接的附着，即可以跳过在 MME 和 S-GW、P-GW 之间建立会话的信令流程（可参见附录 B.1 中步骤 12 ~ 步骤 16）。

2）如果 NB-IoT UE 和网络同时支持控制面优化数据传输方案，那么当 UE 在附着过程中请求建立 PDN 连接时，网络侧可决定不建立无线数据承载，UE 和 MME 之间通过 NAS 消息来传输用户数据（请参见附录 B.1 中步骤 17 ~ 步骤 22）。

4.3　去附着

去附着可以是显式去附着，由网络或 UE 通过明确的信令方式来去附着 UE；也可以是隐式去附着，指网络可以注销 UE，但不通过信令方式告知 UE。

去附着流程包括 UE 发起的过程和网络发起（MME/HSS 发起）的过程，详细信令流程可参考附录 B.2。

与 LTE 的去附着流程相比，NB-IoT 的去附着流程主要有以下变化：

1）如果 UE 存在激活的 PDN 连接，那么两者的去附着流程无差异。

2）如果 UE 不存在激活的 PDN 连接，则不需要 MME 和 S-GW、P-GW 之间去附着的信令流程。

4.4 TAU

与传统 E-UTRAN 终端进行跟踪区更新相比，NB-IoT 终端触发跟踪区更新新增如下情况：

UE 优先网络行为（Perferrred Network Behaviour）信息的变化可能导致与其接入的 MME 提供的支持网络行为（Supported Network Behaviour）信息不同。

其他流程上的差异点和附着流程的差异点基本相同，具体差异可见附录 B.3。

4.5 控制面优化传输方案

控制面优化数据传输方案，针对发送频率低的小数据包传输进行优化设计，通过将 IP 数据包、Non-IP 数据包或 SMS 封装到 NAS 协议数据单元中传输，无须建立无线数据承载和 S1-U 承载，详细信令流程可参考附录 B.4。

控制面数据传输，通过 RRC、S1-AP 协议的 NAS 消息，以及 MME 和 S-GW 之间的 S11-U 用户面隧道来实现。对于 Non-IP 数据，也可以通过 MME 与 SCEF 之间的连接来实现。

对于 IP 数据，UE 和 MME 基于 IETF RFC 4995 定义的 ROHC 框架协商 IP 头压缩功能相关参数并执行 IP 头压缩。对于上行数据，UE 执行 ROHC 压缩器的功能，MME 执行 ROHC 解压缩器的功能；对于下行数据，MME 执行 ROHC 压缩器的功能，UE 执行 ROHC 解压缩器的功能。UE 和 MME 绑定上行和下行 ROHC 信道以便传输反馈信息。头压缩相关配置在 PDN 连接建立的过程中完成。对于 Non-IP 数据，不执行 IP 头压缩功能。

为了避免 NAS 信令 PDU 和 NAS 数据 PDU 之间的冲突，MME 应在 EPS 移动性管理和 EPS 会话管理 NAS 流程（如鉴权、安全模式命令、GUTI 重分配等）完成之后，再发起下行 NAS 数据 PDU 的传输。

4.6 用户面优化传输方案

用户面优化数据传输方案针对报文较大的数据传输优化了用户面连接重建流程，无须使用 Service Request 流程来建立 eNodeB 与 UE 间的接入层（AS）上下文。

用户面优化数据传输方案主要包括连接挂起（Connection Suspend）和连接恢复（Connection Resume）流程，详细信令流程可参考附录 B.5。UE 执行初始连接建立时在网络和 UE 侧建立了 AS 承载和 AS 安全上下文，之后 eNodeB 通过 Connection Suspend 流程挂起 RRC 连接。当 UE 处于 ECM-IDLE 状态时，任何 NAS 触发的后续操作（包括 UE 尝试使用控制面方案传输数据）将促使 UE 尝试 Connection Resume 流程。如果 Connection Resume 流程失败，UE 将暂缓 NAS 信息传输流程。为维护 UE 在不同 eNodeB 间移动时用户面优化数据传输方案，AS 上下文信息应可以在 eNodeB 间传送。

使用 Connection Suspend 流程时：

1）UE 转换到 ECM-IDLE 状态，并存储 AS 上下文。

2）eNodeB 在挂起 RRC 连接时存储 UE 的 AS 上下文、S1-AP 关联信息和承载上下文。

3）MME 存储进入 ECM-IDLE 状态下 UE 的 S1-AP 关联和承载上下文。

使用 Connection Resume 流程时：

1）UE 使用 Connection Suspend 流程中存储的 AS 信息来恢复到网络的连接。

2）eNodeB（有可能是新的 eNodeB）将 UE 连接恢复的信息告知 MME，则 MME 进入到 ECM-CONNECTED 状态。

当 MME 存储了一个 UE 的 S1-AP 关联，而它又从另一个该 UE 关联的逻辑 S1 连接中收到该 UE 的 LTE 移动性管理流程（MME 改变的 TAU 流程，或 UE 重附着时的 SGSN 上下文请求，或 UE 去附着），则该 MME 及先前涉及的 eNodeB 应使用 S1 Release 流程删除存储的 S1-AP 关联。

4.7 控制面优化和用户面优化传输共存

当用户采用控制面方案传输数据时，如有大数据包传输需求，则可由终端或者网络发起由控制面方案到用户面方案的转换，并在会话建立或 TAU 流程中网络为 S11-U 和 S1-U 分配不同的 F-TEID（Full Qualified Tunnel Endpoint Identifier，全量隧道端点标识），此处的用户面方案包括普通用户面方案和用户面优化方案，详细信令流程可参考附录 B.6。

空闲态用户通过 Service Request 流程发起控制面到用户面方案的转换，MME 收到终端的 Service Request 后，需删除和控制面方案相关的 S11-U 信息和 IP 头压缩信息，并为用户建立用户面通道。

连接态用户的控制面到用户面方案的转换可以由终端通过 Control Plane Service Request 流程发起，也由 MME 直接发起。MME 收到终端 Control Plane Service Request 消息时，或者检测到下行数据包超过一定阈值时，MME 删除和控制面方案相关的 S11-U 信息和 IP 头压缩信息，并为用户建立用户面通道。

在控制面优化数据传输的会话建立或 S-GW 改变的 TAU 过程中，S-GW 返回给 MME 的 Create Session Response 中同时携带 S11-U 和 S1-U F-TEID，MME 保存 S1-U F-TEID 并在控制面转用户面优化时将保存的 S1-U F-TEID 发给 eNodeB 用于建立用户面通道。在 MME 改变的 TAU 过程中，旧的 MME 需将保存的 S1-U F-TEID 发给新的 MME，保证 TAU 后新的 MME 可以完成控制面优化数据传输至用户面优化数据传输的转换。

4.8 Non-IP 数据传输方案

在一些物联网应用中，终端发送数据报文字节较小（一般在 20 ~ 200B 之间），但 IP 数据报文头所占用字节数就有 20B 或 40B，导致数据报文在传输过程中的有效字节数较低。在这种场景下，NB-IoT 终端可以采用 Non-IP Data Over NAS 进行数据传输，减小传送数据包的大小，提高传输效率，节省终端电池功耗，详细信令流程可参考附录 B.7。

Non-IP 数据传输包括终端发起（MO）的和终端接收（MT）的数据传输两部分。NB-IoT 为 Non-IP 数据传输新增了一种 PDN 类型“Non-IP”。将 Non-IP 数据传输给 SCS/AS，可以有基于

SCEF 的 Non-IP 数据传输和基于 P-GW 的 Non-IP 数据传输两种方案。MME 根据 APN 对应的 Invoke SCEF Selection 参数决定是否采用 SCEF 方案。

4.9 短消息方案

为丰富 NB-IoT 的数据业务能力，NB-IoT 终端还可通过短消息进行数据传输。NB-IoT 终端在请求短消息服务时，可以不用像传统的 LTE 终端发起联合的 EPS/IMSI 附着，只需附着到 EPS 网络，通过 MME 与 MSC 的交互实现短消息数据传输业务，该方案降低了 NB-IoT 终端的复杂度，详细信令流程可参考附录 B.8。

4.10 NB-IoT R14 及后续演进的关键技术

NB-IoT 技术以面向下一代网络为演进方向，结合现网应用需求和当前标准版本的不足，主要考虑如下几个方面。

1. NB-IoT R14 演进

进一步增强了单用户速率，上行达到 150kbit/s 左右，下行达到 120kbit/s 左右；增强了定位功能，支持基于 OTDOA（观察到达时间差）的定位技术，定位精度可达 50m，减少终端对 GPS 的依赖，进一步降低成本及功耗；增强多播功能，便于统一高效地进行软件更新等。

2. 支持 NB-IoT 和各 RAT 间的互操作

NB-IoT 和各 RAT 间的互操作存在多种应用场景，如在移动物联网部署初期，部分地区的无线信号覆盖可能不及大网，此时物联网终端为保证业务的连续性，需要切换至大网；当大网用户进入地下车库、井底等这种大网信号无法覆盖的地区时，需要发送短消息或数据；NB-IoT 用户希望使用语音功能等。

此时核心网可通过为 NB-IoT 规划独立的 TAI 的方式支持实现各 RAT 和 NB-IoT 间的空闲态 TAU，同时可以在 HSS 中签约选择对当前承载的处理方式（维持或去激活）。

3. 拥塞控制优化

同类移动物联网业务的话务模型非常相似甚至相同，如抄表类业务，可能在某一时刻数据出现井喷式的增长，从而引起网络拥塞，现有的基于 PLMN 和 APN 的拥塞控制方式对这种拥塞无法控制。物联网用户多是采用控制面优化方案进行数据传输，所以一旦发生拥塞不仅会影响数据的传输，还有可能危及信令的传输。

针对以上情况，在用控制面优化方案传输数据时，网络侧引入退避计时器（back-off timer），MME 随机生成一个退避值，在 NAS 消息中发送 UE，UE 收到后在该计时器生效期间不会发送业务数据；也可由 MME 判断需要进行拥塞控制时，MME 在 Overload Start 消息中增加对 NB-IoT 的控制面数据控制的参数，指示 eNodeB 对 UE 此类数据进行拥塞控制。

4. 覆盖增强优化

移动物联网的覆盖增强技术是实现广覆盖的重要手段之一，但是会占用大量的无线和网络资源，因此，可以通过在核心网控制用户是否使用该功能来降低资源的开销。

技术方案包括两种：

1）在 HSS 中增加用户能否使用覆盖增强功能的签约（Enhanced Coverage Allowed 参数），并下发给 MME，由 MME 在 Attach/TAU Accept 消息或寻呼消息中将该参数传递给 UE。

2）MME 根据从 HSS 获得 UE 覆盖增强的相关信息判断该用户是否允许使用覆盖增强功能，并将结果下发给 eNodeB，由 eNodeB 在 RRC 消息中带给 UE。

5. QoS 控制

由于传统的 QoS 控制只对数据面报文起作用，而随着移动物联网用户规模的不断扩大，对大量使用控制面优化方案的用户来说，也必将需要支持差异化的 QoS 控制。

主要的技术方案为，UE 在 RRC 连接建立请求中将 S-TMSI 带给 eNodeB，eNodeB 新增 UE Context Request 流程通过 S-TMSI 向 MME 获取用户上下文，从而获取 QoS 参数。

6. 支持定位功能

对于智能穿戴和物流追踪类业务的终端，如果使用控制面优化方案进行数据传输可利用现有的 LBS（Location Based Servcie，基于位置的业务）服务功能，如果使用用户面优化方案可以利用 LCS（Location Service，位置业务）服务功能，用于支持长时间不可达的用户最后位置定位；对暂时不可达的用户可通过 MT-LR（Mobile Terminating Location Request，终端终止定位请求），支持周期性的和事件触发的定位服务等。

参考文献

[1] 3GPP TS 23.272. Circuit Switched (CS) fallback in Evolved Packet System (EPS).

[2] 3GPP TS 23.401. General Packet Radio Service (GPRS) enhancements for Evolved Universal Terrestrial Radio Access Network (E-UTRAN) access.

[3] 3GPP TS 23.682. Architecture enhancements to facilitate communications with packet data networks and applications.

[4] 3GPP TS 24.301. Non-Access-Stratum (NAS) protocol for Evolved Packet System (EPS).

[5] 3GPP TS 29.128. Mobility Management Entity (MME) and Serving GPRS Support Node (SGSN) interfaces for interworking with packet data networks and applications.

[6] 3GPP TS 29.274. Evolved General Packet Radio Service (GPRS) Tunnelling Protocol for Control plane (GTPv2-C).

[7] IETF RFC 4995. The RObust Header Compression (ROHC) Framework.

第5章　NB-IoT安全体系及关键技术

5.1　NB-IoT安全架构

NB-IoT是LTE面向物联网应用的增强技术，其安全架构可沿用LTE的，如图5.1所示，包括网络接入安全、网络域安全、用户域安全、应用域安全、安全可视性和可配置性五个安全特性。

1）网络接入安全：为用户提供安全的网络接入功能，主要解决无线链路建立过程中的身份伪造、消息窃听、篡改等攻击。

2）网络域安全：为接入网和服务网、接入网节点之间的信令、用户数据交互提供安全保护，防止有线网络攻击。

3）用户域安全：保护接入移动台过程的安全。

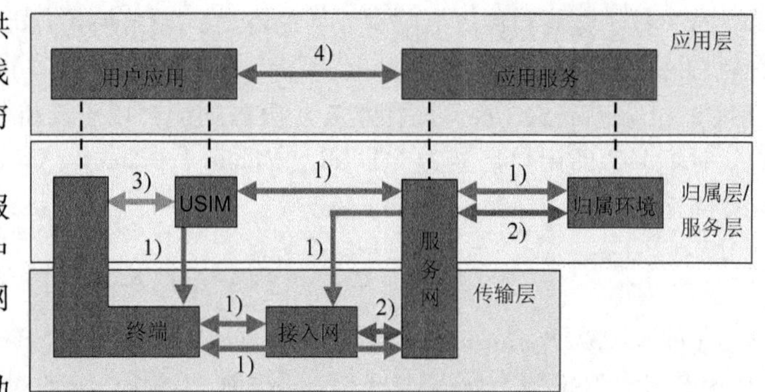

图5.1　安全架构

4）应用域安全：为用户应用和应用服务之间的交互信息提供安全保护。

5）安全可视性和可配置性：允许用户知晓是否使用了某项安全功能，以及开启和提供服务是否依赖于该安全功能。

与LTE网络架构相比，NB-IoT主要在无线接入网进行了协议精简，因此，上述NB-IoT安全特性2）~5）可沿用LTE的架构及技术，不再进行单独描述。本章节主要对NB-IoT安全特性1）进行详细说明。

5.2　NB-IoT认证与密钥协商

NB-IoT UE进行初始接入时，首先使用EPS-AKA（Evolved Packet System-Authentication and Key Agreement）机制实现UE和网络之间的双向认证与密钥协商。如图5.2所示，步骤0.1~0.4为用户进行网络接入请求的过程，步骤1、2为HSS计算并向MME分发认证向量的过程，步骤3、4为MME与UE进行认证与密钥协商的过程。

步骤0.1~0.4：MME向申请接入网络的UE发送身份请求信息；UE收到来自网络的身份信息请求之后，向网络发送永久身份IMSI。

步骤1：MME收到IMSI后，向HSS发起认证向量请求。

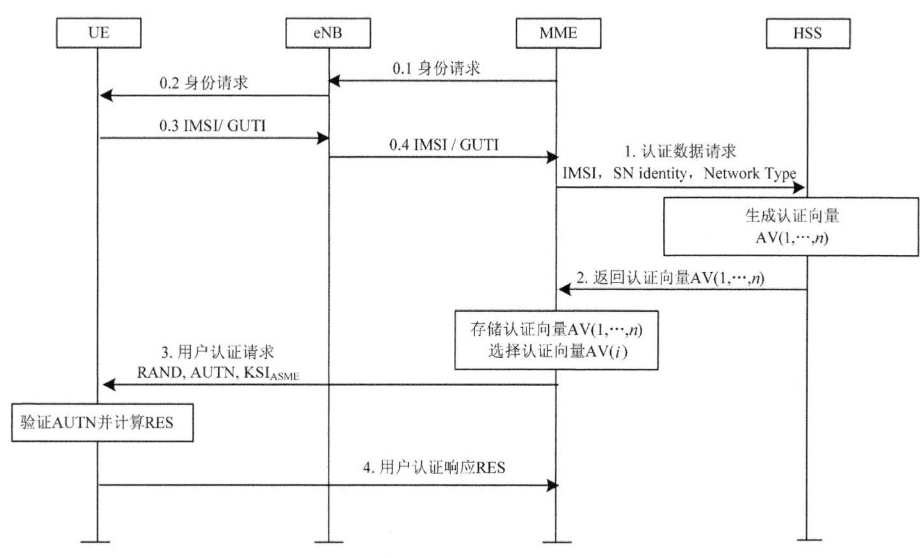

图 5.2　EPS-AKA 流程

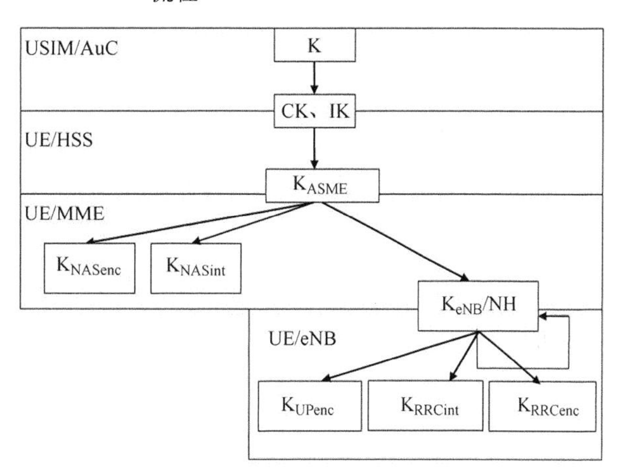

图 5.3　NB-IoT/eMTC 密钥层次架构

步骤 2：HSS 收到 MME 的认证向量请求之后，计算一组或多组认证向量 AV（n），并将其发送给 MME。

注：认证向量（AV）是一个四元组，包括随机数 RAND、认证码 AUTN、期望响应 XRES，及协商密钥 K_{ASME}。其中，HSS 根据与用户端 USIM 卡共享的永久密钥 K 先推演出一对密钥 CK、IK，再由 CK、IK 推演产生 K_{ASME}（详见图 5.3）。

步骤 3：MME 收到认证向量组 AV（n），对认证向量组进行排序，选择一个序号最小的认证向量，将向量组中的 RAND、AUTN 和 K_{ASME}的密钥标识 KSI_{ASME}发送给 UE，请求 UE 产生认证数据。

步骤 4：UE 收到来自 MME 的认证请求之后，验证 AUTN；若认证通过，UE 计算 RES 和 CK、IK，并将 RES 发送给 MME。MME 收到 RES 后，将 RES 与 XRES 进行比较。若相同，则 UE 认证成功，建立连接。

此外，为保护用户身份隐私，避免用户可溯性，用户在接入网络之后，网络分配临时标识给用户，用户可使用临时标识再次接入网络。

5.3　NB-IoT 密钥层次

NB-IoT UE 和网络完成 EPS-AKA 流程后，协商出的密钥 K_{ASME}可用于进一步推演 NAS、AS

安全密钥，密钥层次架构如图 5.3 所示。

NB-IoT 系统主要包括以下密钥：K_{eNB}、K_{NASint}、K_{NASenc}、K_{UPenc}、K_{RRCint}和K_{RRCenc}。

1）K_{eNB}是由 UE 和 MME 从K_{ASME}推演产生的密钥，MME 将其发送给对应的 eNB 使用；它也可以在切换的过程中，由 UE 和目标 eNB 推演产生。

2）NAS 通信密钥：

- K_{NASint}是由 UE 和 MME 从K_{ASME}和完整性算法标识推演产生的对 NAS 信令和数据进行完整性保护的密钥。
- K_{NASenc}是由 UE 和 MME 从K_{ASME}和加密算法标识推演产生的对 NAS 信令和数据进行加密保护的密钥。

3）AS 用户面通信密钥：

- K_{UPenc}是由 UE 和 eNB 从K_{eNB}和加密算法标识推演产生的对 AS UP 数据进行加密保护的密钥。

4）AS RRC 通信密钥：

- K_{RRCint}是由 UE 和 eNB 从K_{eNB}和完整性算法标识推演产生的对 AS RRC 信令进行完整性保护的密钥。
- K_{RRCenc}是由 UE 和 eNB 从K_{eNB}和加密算法标识推演产生的对 AS RRC 信令进行加密保护的密钥。

除此以外，还有在小区切换过程中产生的一些中间密钥，如图 5.4 所示。

1）NH 是由 UE 和 MME 推演产生的提供前向安全的密钥。

2）$K_{eNB}{}^{*}$是 UE 和 eNB 在密钥推演过程中产生的密钥。

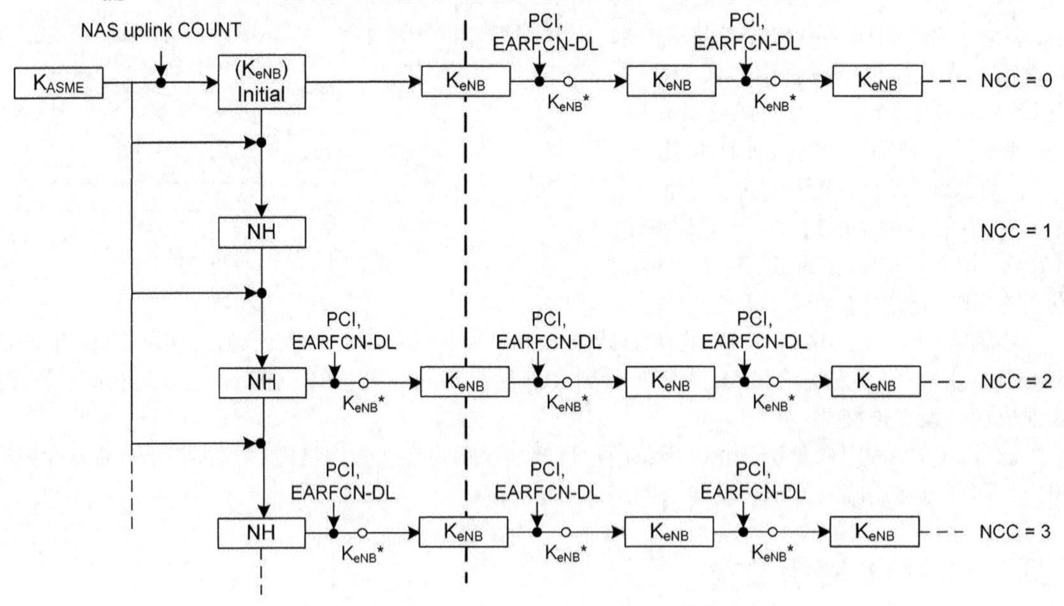

图 5.4　NB-IoT/eMTC 小区切换密钥推演示意图

5.4　NB-IoT 安全算法

5.4.1　机密性保护算法

NB-IoT 系统提供对 AS 和 NAS 信令和数据的机密性保护。UE、eNB 和 MME 支持四种加密算法，见表 5.1，每个加密算法（EEA）用一个 4bit 的标识符标识，所有加密算法的输入密钥长度均为 128bit。

表 5.1　机密性保护算法

标识位	算法简称	算法
0000_2	EEA0	空加密算法
0001_2	128 – EEA1	SNOW 3G 算法
0010_2	128 – EEA2	AES 算法
0011_2	128 – EEA3	ZUC 算法

5.4.2　完整性保护算法

不同于机密性保护，NB-IoT 系统只对 NAS 信令和数据提供完整性保护。UE 和 MME 支持四种完整性保护算法（EIA），见表 5.2，每个完整性保护算法用一个 4bit 的标识符标识，所有算法的输入密钥长度均为 128bit。

表 5.2　完整性保护算法

标识位	算法简称	算法
0000_2	EIA0	空完整性保护算法
0001_2	128 – EIA1	SNOW 3G 算法
0010_2	128 – EIA2	AES 算法
0011_2	128 – EIA3	ZUC 算法

5.5　控制面优化传输安全

NB-IoT 控制面优化传输将小数据封装在 NAS 协议数据单元中传输，并不建立 DRB（数据无线承载）。因此，NB-IoT UE 和网络执行完 EPS-AKA 流程之后，只需激活 NAS 安全便可保证控制面优化传输信令和数据安全，无须激活 AS 安全。

5.5.1　非接入层安全协商

非接入层安全由 UE 和 MME 通过 NAS SMC（Security Mode Command，安全模式命令）信令激活。NAS SMC 过程包含一组 MME 和 UE 之间的往返消息，MME 向 UE 发送 NAS SMC 消息，UE 回复 NAS SMC 完成消息，如图 5.5 所示。

NAS SMC 过程由 MME 发起，MME 根据终端上报的安全能力和其支持的安全算法优先级列表选择安全算法（包含完整性保护算法和机密性保护算法），并根据 K_{ASME} 和选择的安全算法标

识推演 K_{NASint} 和 K_{NASenc}。MME 向 UE 发送 NAS SMC 消息，该消息包含完整性保护密钥 K_{ASME} 的密钥标识 eKSI、UE 安全能力（UE sec capabilities）、MME 选择的机密性保护算法（Ciphering algorithm）、完整性保护算法（Intergrity algorithm）、IMEISV 请求、参数 $NONCE_{UE}$、$NONCE_{MME}$，以及基于 K_{NASint} 计算的 NAS-MAC 等，具体可参考本章参考文献［1］。MME 发送 NAS SMC 消息后，开启上行消息解密功能。

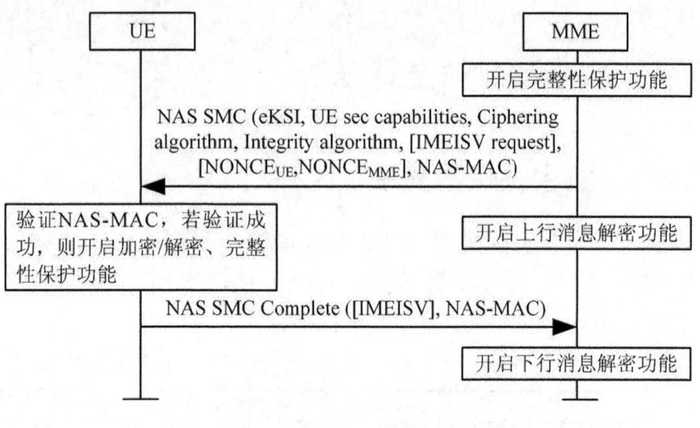

图 5.5　NAS SMC 过程

UE 收到 MME 发送的 NAS SMC 消息后，确认自身是否具备 MME 选择的安全算法能力。如果具备，则 UE 根据 K_{ASME} 和 MME 发送的安全算法标识推演 K_{NASint} 和 K_{NASenc}，使用 K_{NASint} 对 NAS-MAC 进行验证。如果验证成功，UE 开启 NAS 加解密及完整性保护功能，向 MME 返回具有机密性和完整性保护的 NAS SMC 完成消息。MME 收到 NAS SMC 消息后，开启 NAS 下行消息加密功能。

如果终端不能支持 MME 选择的安全算法，或者验证 MME 发送的 NAS MAC 不成功，则终端执行异常流程，向 MME 发送 NAS SMC 失败消息。

NAS SMC 完成之后，NAS 安全能力激活，可对 UE 和 MME 之间传输的 NAS 信令以及使用 NAS 信令承载的用户数据提供安全保护，其中完整性保护必须开启，机密性保护可选开启。

5.5.2　RRC 连接重建安全

3GPP 在 2017 年完成了 NB-IoT 功能增强研究（R14），可以支持 RLF 情况下的 RRC 连接重建。由于 NB-IoT 控制面优化传输不开启 AS 安全功能，因此存在虚假 UE 接入网络，或者真实 UE 接入伪基站的风险。针对该风险，3GPP SA3 制定了两种安全方案：一是开启控制面优化的 AS 安全功能，二是使用 NAS 安全验证 RRC 连接重建的 UE 和网络的真实性。SA3 和 RAN 共同讨论后，选择了第二种方案保护 RRC 连接重建过程的安全。

进行 RRC 连接重建时：

1）首先，UE 基于 NAS 计数器（NAS COUNT）的 5bit 最低有效位、NAS 密钥 K_{NASint} 和选择的完整性保护算法计算 NAS 消息验证码 NAS-MAC（详细可见参考本章参考文献［1］）。

2）然后，UE 向目标 eNB 发起 RRC 连接重建请求消息，该消息携带短身份识别码（S-TMSI）、NAS 计数器的 5bit 最低有效位、NAS 消息验证码的前 16bit（UL_NAS_MAC）等参数。

3）eNB 通过短身份识别码识别 UE 使用控制面优化传输，将短身份识别码、NAS 消息验证码的前 16bit，即 UL_NAS_MAC 以及小区标识（Cell ID）等发送给 MME。

4）MME 使用和 UE 相同的输入参数计算另一个用于比对的 NAS 消息验证码 XNAS_MAC，并将其前 16bit 与 eNB 发来的 UL_NAS_MAC 参数进行对比。

5）若比对不一致则进入错误处理流程。若比对一致，则判定 UE 为真实的，MME 向 eNB 发送 RRC 连接重建指示消息，携带用于比对的 NAS 消息验证码 XNAS_MAC 的后 16bit，即 DL_MAS

_MAC 参数。

6）eNB 收到消息后，向 UE 发送 RRC 连接重建消息，携带 DL_NAS_MAC 参数。

7）UE 收到 RRC 连接重建消息后，判断 DL_NAS_MAC 是否与自己计算的 NAS 消息验证码 NAS_MAC 的后 16bit 一致，若一致，则网络为真实网络。若比对不一致则进入错误处理流程。

UE 和网络之间通过以上流程相互确认对方的真实性，并完成 RRC 连接重建。

5.6 用户面优化传输安全

5.6.1 接入层安全协商

NB-IoT 用户面优化传输精简了 LTE 无线连接建立的流程，UE 和网络完成 EPS-AKA 流程后，需在初始连接建立时执行 NAS SMC 和 AS SMC 过程协商 NAS 及 AS 安全上下文。但 UE 执行 RRC 连接挂起进入到空闲态时，并不删除 NAS 和 AS 安全上下文，因此空闲态 UE 无须再次协商安全上下文便可进行数据传输。

NB-IoT 用户面优化传输的 NAS SMC 过程与控制面优化传输的 NAS SMC 过程一致。AS SMC 过程如图 5.6 所示，包含一组 UE 和 eNB 之间的往返消息。AS SMC 过程由 eNB 发起，eNB 向 UE 发送 AS SMC 消息，UE 向 eNB 回复 AS SMC 完成消息。

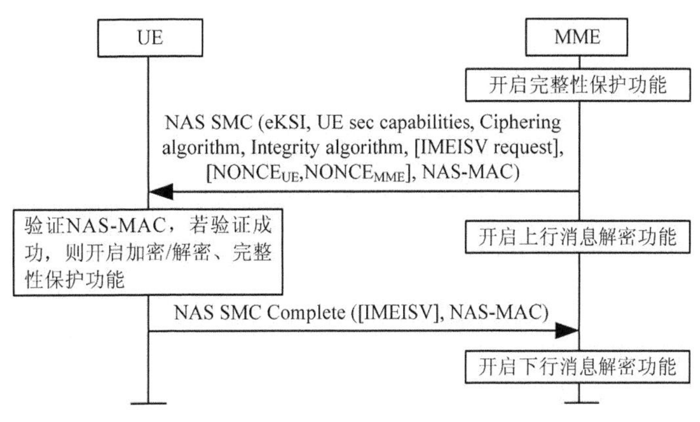

图 5.6　AS SMC 过程

eNB 根据终端和自身的安全能力选择 AS 安全算法，并基于选择的安全算法标识和 K_{eNB} 计算 RRC 密钥 K_{RRCint} 和 K_{RRCenc}，用户面（UP）密钥 K_{UPenc}。eNB 向 UE 发送 AS SMC 消息，该消息包含 eNB 选择的完整性保护算法（Integrity algorithm）、机密性保护算法（Ciphering algorithm）和使用 K_{RRCint} 计算的消息认证码 MAC-I。eNB 开启 RRC 和 UP 下行消息加密功能。

UE 收到 AS SMC 消息后，确认自身安全能力是否支持 eNB 选择安全算法。如果支持，则 UE 计算 RRC 和 UP 密钥，使用 K_{RRCint} 验证 MAC-I 的真实性。若 MAC-I 验证成功，UE 开启 RRC 完整性保护及 RRC 和 UP 下行消息解密功能，并向 eNB 返回具有完整性保护的 AS SMC 完成消息，表示 AS SMC 过程完成。此时，UE 开启 RRC 和 UP 上行消息的加密功能。eNB 收到 AS SMC 完成消息后启动 RRC 和 UP 上行解密功能。若 MAC-I 验证不成功，则 UE 返回错误消息，进入 RRC 错误处理流程。

5.6.2 RRC 连接挂起过程安全

为降低物联网终端数据传输功耗，NB-IoT eNB 可以使用 RRC 连接挂起消息使 UE 进入 NB-

IoT 空闲态，在该状态下 eNB 和 UE 保存 NAS 和 AS 安全上下文信息。

eNB 向 MME 发送 RRC 连接挂起请求，进行 RRC 连接挂起流程。MME 收到请求消息后，根据本地策略判断是否需要更新 AS 密钥参数｛NH，NCC｝，若需要更新，MME 将更新后的密钥参数包含在 RRC 挂起响应消息中发送给 eNB。eNB 收到 RRC 挂起响应消息后，判断该消息是否携带｛NH，NCC｝，若携带，则 eNB 删除 K_{RRCint} 之外的 AS 密钥；否则，eNB 保留现有的 AS 密钥。

eNB 为 UE 分配 Resume_ID（为防止攻击者根据 Resume_ID 追踪 UE，同一个 UE 的连续 Resume_ID 应不同），然后向 UE 发送具有完整性保护的 RRC 连接挂起消息，该消息携带 Resume_ID 和 UE 上下文（包括 AS 安全上下文）。

UE 接收到来自 eNB 的 RRC 连接挂起消息后，进入 NB-IoT 空闲态，保存 Resume_ID 和 UE 上下文（包括 AS 安全上下文），直到 UE 执行 RRC 连接恢复流程。

5.6.3 RRC 连接恢复过程安全

当 UE 决定进行 RRC 连接恢复时，eNB 需要对 UE 进行身份认证。由于移动性，UE 可能恢复到新 eNB，也可能恢复到原 eNB。

在恢复到新 eNB 的情况下，定义新 eNB 为目标 eNB，原 eNB 为源 eNB。UE 向目标 eNB 发送 RRC 恢复连接请求消息，该消息包含用于上下文识别和连接重建的 Resume_ID 和消息认证码 ShortResumeMAC-I（用于识别 UE 身份，ShortResumeMAC-I 基于 UE 在 RRC 连接挂起过程保存的 K_{RRCint} 计算获得）。目标 eNB 从 RRC 恢复连接请求中获取 Resume_ID 和 ShortResumeMAC-I，然后向 UE 的源 eNB 发送恢复 UE 上下文（包含 AS 安全上下文）的请求消息，请求消息包含 Resume_ID、ShortResumeMAC-I 和目标 Cell-ID。

源 eNB 通过 Resume_ID 检索保存 UE 上下文（包含 AS 安全上下文），并验证 ShortResumeMAC-I。若 ShortResumeMAC-I 验证成功，则源 eNB 产生新的 $K_{eNB}{}^*$，并向目标 eNB 回复 UE 上下文恢复响应消息。响应消息包含新产生的 $K_{eNB}{}^*$、密钥参数和 UE 安全能力。目标 eNB 应检查自身是否支持源小区使用的加密和完整性保护算法。如果不支持，目标 eNB 应发送相应的错误消息给 UE。如果支持，则目标 eNB 根据接收 $K_{eNB}{}^*$ 中的算法产生新的 AS 密钥（RRC 完整性保护密钥，RRC 加密密钥和用户面密钥），并向 UE 回复具有完整性保护的 RRC 连接恢复消息。

UE 接收到 RRC 连接恢复消息后，更新 AS 安全上下文，并使用新的 K_{RRCint} 验证接收消息的真实性。如果验证成功，则 UE 利用新的 $K_{eNB}{}^*$ 执行进一步衍生 AS 密钥，并向目标 eNB 发送有完整性和机密性保护的 RRC 恢复连接完成消息。在成功恢复后，目标 eNB 应执行路径切换，例如通过 X2 切换。

在 UE 恢复 RRC 连接到原 eNB 的情况下，UE 和原 eNB 仍需执行上述流程进行 RRC 连接恢复（原 eNB 可认为同时是源 eNB 和目标 eNB）。RRC 连接成功恢复后，eNB 需向 MME 发送 S1-AP UE 上下文恢复请求消息。MME 接收到请求消息后，检查本地策略是否需要更新｛NH，NCC｝。若需要，则 MME 计算保存新的｛NH，NCC｝对，并将携带｛NH，NCC｝的 S1-AP UE 上下文恢复响应消息发送给 eNB。若 eNB 接收到的响应消息携带｛NH，NCC｝，则 eNB 保存新的｛NH，NCC｝，并删除保存的未使用的｛NH，NCC｝，用于下次 RRC 挂起/恢复或者 X2 切换。

参 考 文 献

[1] 3GPP TS 33. 401. 3GPP System Architecture Evolution (SAE), Security architecture.

第6章　网络能力开放关键技术

6.1　能力开放背景和目的

为迎接移动互联网给电信运营商带来的巨大商机，迎接竞争环境下差异化服务的巨大挑战，各运营商均在移动互联网融合的新型市场探索新的应用场景和收入来源，其中，能力开放是渠道拓展、聚合互联网合作伙伴的抓手。运营商独有的网络运营资源，可以向上游提供内容与服务的聚合，向下游提供特定业务功能与分销的支撑，从而构建敏捷的业务运营与产品创新，提供更好的客户体验。

运营商对所开放的能力进行统一管控，将独有的运营能力（BSS/营销能力）、控制能力、数据分析能力（大数据）、语音能力、消息能力、QoS 能力等开放给第三方系统和运营商内部系统的平台。面向物联网行业，其网络数据配置、终端监控、Non-IP 数据传输等能力均为业界期望运营商提供的能力。

6.2　能力开放架构

一般情况下，运营商在部署能力开放时，均采用互联网化接口协议，通常使用 RESTful 架构，以 JSON 格式表现。在其网络架构中，运营商往往采用符合自身网络组织的方式构建能力开放架构。限于篇幅，本书重点针对能力开放通用架构及部分应用案例进行介绍。

在构建能力开放架构时，运营商一般采用业务、运营、网络三层隔离的框架进行部署，如图 6.1 所示。其中，应用作为网络能力的使用者，一般通过能力调用接口访问运营商开放的能力，通过访问界面或者其他流程向运营商完成能力的签约、订购、开通等流程。

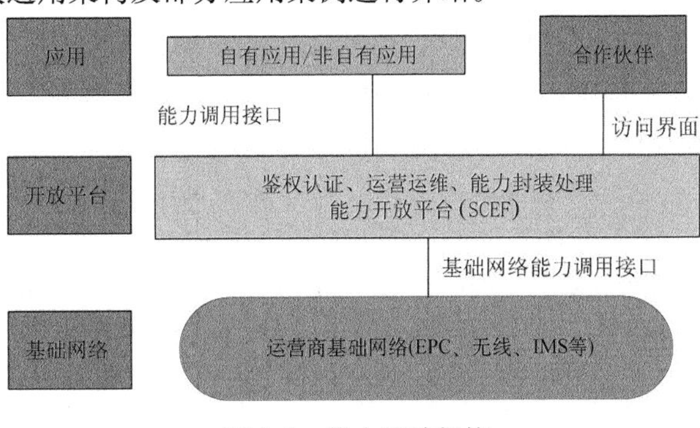

图 6.1　能力开放架构

开放平台为运营商对外呈现的界面，一方面能够面向应用提供能力开放的接口，对应用提供使用这些接口的鉴权、认证、授权等功能；特殊情况下，开放平台还可以按照运营商的指示，将运营商的基础能力组建封装成原子 API，并组合编排形成复合 API 对外进行开放，同时提供运营、运维功能，对开放的能力进行运营管理、运营度量。另一方面，开放平台承担了能力调用接口和基础网络能力调用接口的桥梁，能够实现两个接口之间的映射，与网络能力网元交互，调用网络能力。针对物联网能力开放，主流的平台厂家可以分三大类，运营商、网络设备商和 IT 服务商。各类平台实现的优劣势各异，但都聚焦如下能力构建：管理规模扩张能力、灵活对接能力、自动化水平提升、数字分析能力、提升安全性、增强变现的能力、合作伙伴和生态管理能力。

运营商基础网络，为了支持能力开放，需支持能力开放的相关接口协议等。

3GPP TS 3.682 定义的网络能力开放架构如图 6.2 所示。

其中，AS、SCS 为应用，SCEF 能力为开放平台，归属签约用户服务器（HSS）、移动性管理实体（MME）等为运营商基础网络网元。运营商在部署物联网能力开放时，可以基于需要开放的能力选择提供能力的网络实体，无须接入全部的基础网络网元。针对附录 C 涉及的物联网能力开放流程，仅需 SCEF 接入 HSS 以及 MME 即可满足要求，如果未来面向物联网能力开放需要扩展新的能力时，可根据需求接入其他网络实体。

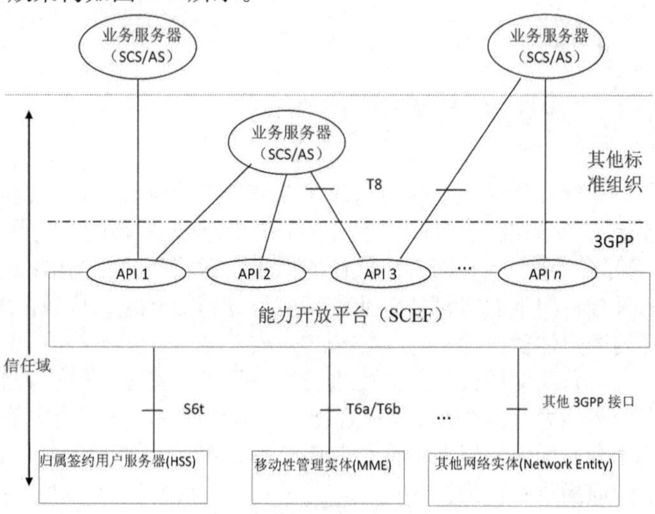

图 6.2　标准的能力开放架构

一般情况下，运营商在使用 SCEF 作为开放平台的时候，可以考虑在 SCEF 功能上叠加如图 6.1 所示的运营等能力，或者为了便于维护管理将运营等能力和 SCEF 分离部署。

6.3　能力开放功能

本节主要介绍基于 NB-IoT 技术的能力开放，其能力主要用于节电模式、事件监控、扩展 DRX 休眠模式、Non-IP 数据传输等。

6.3.1　用户节电模式

在一些物联网应用中，对终端功耗限制较大，需要终端采用特殊的方式进一步节电。NB-IoT 提供了 PSM、eDRX 等能力辅助终端节电，只能基于 APN 进行配置。而在实际应用过程中，终端的节电能力诉求不尽相同。例如，面向长时间监控基本无下行数据需求的终端，其节电参数可以以周、月为单位进行设置，而面向有部分下行数据传输的终端，其节电参数设置范围往往以小时、天为单位。运营商全网基于 APN 配置的节电参数难以满足业务的需求，此时，可以考虑引入能力开放模式，在一定范围内允许业务自行调整网络侧生效的节电参数。其流程参考附录 C.2 网络参数配置流程。

6.3.2　事件监控

物联网终端往往部署在远端，其管理者通常不能方便地检查终端状态，比如终端工作状态、终端丢失状态等。而运营商为了对终端进行管理，已经在网络内部对终端的联网状态、位置等信息进行监控。为了方便物联网终端应用对终端进行管理，可以将运营商网络对终端的状态感知上报给应用。其流程参考附录 C.1 移动性事件订阅、上报及删除流程。

6.3.3 Non-IP 数据传输

在一些物联网应用中，终端发送数据报文字节较小（一般在20～200B之间），但IP数据报文头所占用字节数就有20或40B，导致数据报文在传输过程中的有效字节数较少。在这种场景下，NB-IoT终端可以采用Non-IP Data Over NAS进行数据传输，减小传送数据包的大小，提高传输效率，节省终端电池功耗。

Non-IP数据传输包括终端发起（MO）的、终端接收（MT）的数据传输两部分。NB-IoT为Non-IP数据传输新增了一种PDN类型“Non-IP”。将Non-IP数据传输给SCS/AS，可以有基于SCEF的Non-IP数据传输和基于PGW的Non-IP数据传输两种方案。MME根据APN对应的Invoke SCEF Selection参数决定是否采用SCEF方案。其流程参考附录B.7 Non-IP数据传输方案。

6.4 能力开放部署策略研讨

在实际部署中，物联网能力开放可以按照需求逐步部署。在初期运营物联网时，若无强烈需求，甚至在物联网中，短期可以不部署能力开放。能力开放的各个功能也可以分别部署，部署可按需进行：

- 需要支持NB-IoT终端Non-IP传输的能力，可考虑部署MME和SCEF升级支持物联网能力开放功能，或者直接升级基于P-GW的Non-IP方案。
- 需要支持针对物联网终端的监控，可考虑部署MME、HSS和SCEF升级支持物联网能力开放功能，以支持对终端可达性、位置变化、连接丢失、通信故障、漫游状态、机卡分离等事件的监控。
- 需要支持针对物联网终端的用户节电模式参数配置，可考虑部署MME、HSS和SCEF升级支持物联网能力开放功能，以支持对终端最大可达事件、最大延迟、最大响应事件等网络参数的配置。

考虑到物联网能力开放是一个逐渐发展并完善的技术框架，建议运营商在部署时按照自己网络的需求，逐步升级支持。考虑到物联网终端一般部署在分散的位置，且大部分终端无人值守，建议初期部署物联网能力开放的事件监控能力。若网络上物联网应用差异化需求较大，可引入用户节电模式参数配置能力。若远期对其他物联网能力有需求，再逐步升级并扩展支持。

6.5 能力开放未来展望

物联网能力开放除了上文提到的节电模式、事件监控、Non-IP数据传输等能力外，还具备Group消息传递、PFD文件配置、背景数据传输等能力，限于篇幅，本书不再详细介绍每一个能力，其能力扩展需要运营商、业务合作伙伴共同挖掘。

IoT市场发展快、变化多，要求设备提供商提供的产品路标与运营商、业务合作伙伴需求高度对接，战略匹配，并且可以落地。在运营商部署能力开放或者业务平台使用运营商提供的能力时，需要深耕能力应用，多方面促进产业成熟。

参考文献

[1] 3GPP TS 23.682. Architecture enhancements to facilitate communications with packet data networks and applications.

[2] 3GPP TS 29.122. T8 reference point for Northbound APIs.

第3篇　NB-IoT 特性解密

NB-IoT 是 3GPP 针对低功耗广覆盖类业务而定义的新一代移动物联网接入技术，主要面向低速率超低成本、低功耗、广深覆盖、海量连接需求的物联网业务，例如智能抄表、智能家居、物流追踪、工业物联等。为满足这些业务需求，NB-IoT 在物理层发送方式、网络结构、信令流程等方面做了简化。本篇在第 2 篇的基础上，进一步解密 NB-IoT 的相关特性，从覆盖增强、海量连接、超低功耗、低复杂度设计等四个方面展开介绍。

第 7 章　覆 盖 增 强

7.1　覆盖增强背景和目标

在物联网应用场景中，水电气表、地下停车场等深度覆盖场景对覆盖能力的要求比传统的2G/3G/4G 要求更高。例如，水表的使用位置与手机使用场景不同，水表可能位于家庭角落，穿透损耗有所增加。因此，3GPP 中提出了 NB-IoT 相对于 GSM 需有额外 20dB 覆盖增强的设计需求，用于弥补额外的损耗。

7.2　覆盖增强方案

NB-IoT 具有三种部署方式：独立部署（Stand-alone）、保护带部署（Guard band）、带内部署（In-band），这三种工作模式的覆盖目标均为 MCL（最小耦合损耗）164dB，比 GSM 覆盖增强 20dB。NB-IoT 的覆盖增强，在上行方向，主要是通过提升上行功率谱密度、重复发送来实现，三种工作模式的上行覆盖性能相近。在下行方向，主要通过重复发送实现覆盖增强，独立部署时 NB-IoT 的基站发射功率可与 LTE 基站发射功率独立配置；带内部署及保护带部署时，NB-IoT 与 LTE 系统共享基站发射功率，因此带内部署及保护带部署时需更多重复次数才能达到与独立部署模式同等的覆盖水平。在相同覆盖水平下，独立部署模式的下行速率性能优于另外两者。

NB-IoT 上行有多种传输方式：单频传输（single-tone）、多频传输（multi-tone），其中单频传输的子载波带宽包括 3.75kHz 和 15kHz 两种，多频传输支持 3、6、12 个子载波（子载波间隔为 15kHz）的传输[1]。终端发射功率、MCS 和重复次数相同时，3.75kHz 的功率谱密度比 15kHz 高 6dB，3.75kHz 上行覆盖能力理论上较 15kHz 高 6dB 左右。

7.2.1　提升功率谱密度

NB-IoT 独立部署模式下，下行发射功率可独立配置，在典型的功率配置下（见表 7.1），当 NB-IoT 基站总发射功率为 20W/180kHz（即 43dBm/180kHz），GSM 基站总发射功率为 20W/200kHz（即 43dBm/200kHz），LTE 基站总发射功率为 40W/10MHz（即 46dBm/10MHz）时，NB-IoT 下行功率谱密度比 GSM 高 0.45dB，比 LTE 功率谱密度高 14dB 左右。NB-IoT 采用 In-band 及 Guard band 部署时，因与 LTE 共享基站功率，功率谱密度下降，可以通过 Power Boosting 提升发射功率，此时，NB-IoT 的下行功率谱密度比 LTE 高约 6dB，但仍比 GSM 功率谱密度低约 7.5dB。

表 7.1　GSM、LTE FDD 与 NB-IoT 下行功率谱密度比较

下行方向	GSM	LTE FDD-10MHz	NB-IoT	
			独立部署	带内及保护带部署
下行最大发射功率/dBm	43	46[2]	43	35①
系统工作带宽/kHz	200	9000②	180	180
下行功率谱密度/(dBm/kHz)	20	6.46	20.45	12.45

① 假设 NB-IoT NRS 发射功率比 LTE CRS 发射功率高 6dB。

② LTE FDD 系统总带宽为 10MHz，但实际工作有效带宽为 9MHz，有效带宽两边各有 500kHz 保护带宽。

上行方向，见表 7.2，NB-IoT 终端最大发射功率较 GSM 低 10dB，但由于 NB-IoT 最小调度带宽为 3.75kHz 或 15kHz，因此 NB-IoT 上行最大功率谱密度较 GSM 高 1.2~7.3dB。

表 7.2　GSM、LTE FDD 与 NB-IoT 上行功率谱密度比较

上行方向	GSM	LTE FDD-10MHz	NB-IoT	
上行最大发射功率/dBm	33	23	23	
终端最小调度带宽/kHz	200	180	15	3.75
上行最大功率谱密度/（dBm/kHz）	10	0.45	11.2	17.3

7.2.2　重复传输

NB-IoT 的不同信道可以通过重复传输提升覆盖能力，3GPP 协议定义的不同信道的重复次数取值范围不同：

对 NPBCH，3GPP 协议定义固定 64 次重复；NPDCCH 的重复次数取值范围为 {1，2，4，8，16，32，64，128，256，512，1024，2048}；NPDSCH 的重复次数取值范围为 {1，2，4，8，16，32，64，128，192，256，384，512，768，1024，1536，2048}；NPRACH 的重复次数取值范围为 {1，2，4，8，16，32，64，128}；NPUSCH 的重复次数取值范围为 {1，2，4，8，16，32，64，128}。

1. 下行仿真结果

为了满足协议定义的 MCL 164dB 的覆盖要求，通过仿真，得到了不同信道所需要的重复次数。

（1）NPBCH 解调门限

根据 NPBCH 2T1R 仿真得到的解调门限，结果如下：

1）Stand-alone MCL 达到 164dB 的覆盖目标所需重复次数至少为 16 次。

2）In-band/Guard band 重复次数达到标准定义的最大值 64 次时，MCL 能达到 163.2dB，接近 MCL 164dB 的覆盖目标。

表 7.3 是基站 2 天线发送的仿真结果，2 天线发送有约 3dB 的发送分集增益；如果基站采用 1 天线发送（1T1R），要达到与 2 天线同等覆盖能力，需要更多的重复次数[1]。

表7.3 不同重复次数对应的解调门限和MCL[1]

重复次数	10% BLER解调门限/dB	MCL/dB	
		Stand-alone（发射功率43dBm）	In-band/Guard band（发射功率35dBm）
64次（8个Block，640ms）	-11.8	171.2	163.2
32次（4个Block，320ms）	-8.3	167.7	159.7
16次（2个Block，160ms）	-4.6	164	156
8次（1个Block，80ms）	-1	160.4	152.4
4次（1/2个Block，40ms）	2	157.4	149.4
2次（1/4个Block，20ms）	5	154.4	146.4
1次（1/8个Block，10ms）	8	151.4	143.4

（2）NPDCCH解调门限

仿真结果见表7.4，在Stand-alone部署模式下，重复32次可满足MCL 164dB的覆盖要求。Guard band、In-band部署模式的发射功率比Stand-alone低8dB时，为达到MCL 164dB的覆盖目标至少需要重复193次、230次。3GPP标准定义重复次数均为2的n次方，因此，在Guard band、In-band部署模式下，需重复256次才能满足MCL 164dB的覆盖要求。

表7.4 NPDCCH达到MCL 164所需的最低重复次数[2-4]

配置		10% BLER解调门限/dB	MCL/dB
NB-IoT部署方式	重复次数		
Stand-alone（1T1R，发射功率43dBm）	32	-4.6	164
Guard band（2T1R，发射功率35dBm）	193	-12.6	164
In-band（2T1R，发射功率35dBm）	230	-12.6	164

（3）NPDSCH解调门限

NPDSCH的重复次数与TBS大小有关。见表7.5，TBS=680时，Stand-alone部署模式，重复32次可满足MCL164dB的覆盖要求。In-band、Guard band的发射功率比Stand-alone低8dB时，重复128次才能满足MCL 164dB的覆盖要求。

同等覆盖距离下，Stand-alone的下行速率高于In-band、Guard band两种部署方式。

表7.5 NPDSCH解调门限仿真结果

部署方式	配置			10% BLER解调门限/dB	下行瞬时速率/(kbit/s)	MCL/dB
	TBS	N_SF	重复次数			
Stand-alone（1T1R，发射功率43dBm）	680	5（6ms）	32	-4.6	2.41	164
In-band（2T1R，发射功率35dBm）	680	6（8ms）	128	-12.9	0.45	164.3
Guard band（2T1R，发射功率35dBm）	680	5（6ms）	128	-12.9	0.598	164.3

注：下行速率为单子帧瞬时速率，未考虑调度时延、HARQ反馈等开销。

2. 上行仿真结果

Stand-alone、Guard band、In-band三种部署方式下，上行可用资源相同，上行信道的性能接近。

(1) NPRACH 仿真结果

NPRACH 重复次数 {1, 2, 4, 8, 16, 32, 64, 128}, 见表 7.6, 从仿真结果[5]可以看出, 为达到 MCL 164dB 的覆盖目标至少需要重复次数为 30 次。3GPP 标准定义重复次数均为 2 的幂次方, 因此, 需重复 32 次才能满足 MCL 164dB 的覆盖要求。

表 7.6 NPRACH 虚警概率及漏检率[5]

NPRACH 虚警概率及漏检率					
格式	MCL/dB	重复次数	持续时长/ms	虚警概率(%)	漏检率(%)
Preamble format 2	144	2	12.8	0.05	0.5
	154	6	38.4	0.1	0.6
	164	30	192	0.1	0.8

注: 3GPP 标准定义, 重复次数为 2 的幂次方。上表中部分重复次数取值与标准定义存在偏差。

(2) NPUSCH 仿真结果

NPUSCH 的仿真结果见表 7.7, 采用 QPSK 调制, 发送接收天线为 1T2R[1]。从仿真结果[6]可以得到, 3.75kHz ST、15kHz ST、15kHz MT 均重复 1 次即可达到 MCL 144dB 的覆盖要求, 3.75kHz ST、15kHz ST 分别重复 1 次、2 次即可达到 MCL 154dB 的覆盖要求, 3.75kHz ST、15kHz ST 分别重复 2 次、7 次可达到 MCL 164dB 的覆盖要求。3GPP 标准定义重复次数均为 2 的幂次方, 因此, 3.75kHz ST、15kHz ST 分别重复 2 次、8 次可达到 MCL 164dB 的覆盖要求。

表 7.7 NPUSCH 解调门限[6]

覆盖目标	配置						10% BLER 解调门限/dB	上行瞬时速率/(kbit/s)②	MCL/dB
	TBS	多载波方式	子载波数	RU 个数①	重复次数①	发送时长/ms			
覆盖等级 1	776	15kHz MT	3	6	1	24	3.2	29.3	144.3
		15kHz ST	1	5	1	40	7.9	17.6	144.3
		3.75kHz ST	1	5	1	160	8.1	4.4	150.2
覆盖等级 2	776	15kHz ST	1	12	2	192	-1.8	3.67	154.0
		3.75kHz ST	1	8	1	256	3.7	2.76	154.6
覆盖等级 3	776	15kHz ST	1	25	7	1400	-12.8	0.50	165.0
		3.75kHz ST	1	22	2	1408	-6.2	0.50	164.5

① 3GPP 标准定义, RU 个数的取值范围为 {1, 2, 3, 4, 5, 6, 8, 10}, 重复次数取值范围为 {1, 2, 4, 8, 16, 32, 64, 128}, 上表中部分重复次数取值与标准定义存在偏差。

②上行速率为单子帧瞬时速率, 未考虑调度时延、HARQ 反馈等开销。

7.3 覆盖增强评估指标

对 NB-IoT 测试验证其覆盖增强能力时, 主要通过 MCL、RSRP 等指标来评估。如前文所述,

3GPP 定义 NB-IoT 的覆盖目标为 MCL 164dB，典型场景下，基站 NRS 发射功率为 32dBm（15kHz 带宽），在无扰环境，终端在 RSRP 为 -132dBm 的覆盖点处，应可以正常接入网络并开展业务。实际网络中，上下行均可能有一定干扰，其覆盖能力将有所下降。

我们选取了在物联网典型应用的停车场、灯杆等场景进行了测试，对比 GSM、NB-IoT Stand-alone 两种制式的覆盖能力，结果见表 7.8。在无扰或干扰很小的场景下，NB-IoT Stand-alone 工作模式下可达到 MCL 164dB 的覆盖目标，比 GSM 覆盖增强 20dB，满足理论预期。部分场景的上行底噪抬升较高，将造成上行覆盖能力收缩；若不同制式上行底噪抬升相同，其覆盖能力收缩的程度也基本相同。

表 7.8　GSM 与 NB-IoT 测试对比

制式	GSM			NB-IoT Stand-alone		
测试场景	场景 A：地上停车场	场景 B：地下停车场	场景 C：主干道灯杆场景	场景 A：地上停车场	场景 B：地下停车场	场景 C：主干道灯杆场景
上行底噪/（dBm/15kHz）	-127	-128	-120	-126	-128	-122
最大 MCL/dB	145	143	141	164	165	161[1]

NB-IoT 覆盖受限信道的测试结果见表 7.9。在孤站场景（上下行底噪或干扰均较小），NB-IoT 覆盖主要受限于上行 PRACH 或上行 PUSCH。

表 7.9　NB-IoT 极限覆盖时的受限信道

制式	城市	上行底噪/（dBm/15kHz）	MCL/dB	受限信道分析
NB-IoT（Stand-alone 15kHz ST）	场景 A	-126	164	MSG3 PUSCH 受限，重复 64 次（上行）
	场景 B	-128	165	PRACH 受限，重复 32 次（上行）
	场景 C	-122（+6dB）①	161	PRACH 受限，重复 32 次（上行）

① 场景 C 中测试 NB-IoT 时的站点上行底噪相对理想底噪有 6dB 的抬升。

参 考 文 献

[1] R1-160259，"NB-IoT-NB-PBCH Design"，Source：Ericsson，3GPP RAN1 # 84 meeting，Malta，February 2016.

[2] R1-157339，"Downlink coverage evaluation in standalone operation"，Source：Huawei，3GPP RAN1 #83 meeting，Anaheim，November 2015.

[3] R1-157537，"NB-IoT performance evaluation：Guard-band operation"，Source：Intel Corporation，3GPP RAN1#83 meeting，Anaheim，November 2015.

[4] R1-157538，"NB-IoT performance evaluation：In-band operation"，Source：Intel Corporation，3GPP RAN1# 83 meeting，Anaheim，November 2015.

[5] R1-160317，"NB-PRACH evaluation"，Source：Huawei，HiSilicon，Neul，RAN1#84 meeting，Malta，February 2016.

[6] R1-160272，"NB-IoT-Link performance of NB-PUSCH"，source：Ericsson，3GPP TSG-RAN1#84 15 - 19 St Julian's，Malta，February 2016.

第8章 海量连接

8.1 海量连接背景和目标

传统以人为基础的移动通信正逐步达到天花板，因每个人持有的终端数目有限。根据权威机构预测，到2025年全球物联网总的连接数将达到270亿，总的市场规模将超过万亿美元，未来海量的物联网连接市场不仅给运营商，同时也给芯片、模组、平台和应用厂家带来更多的发展机会。

物联网如此庞大的终端海量连接需求中，主要是传感类、监测类和控制类连接需求，这些连接速率要求很低，对业务时延不敏感、分布很广，且某些场景下无线环境恶劣，对功耗和成本非常敏感。现有3G/4G网络主要服务高速率、高流量业务需求，从技术上无法满足此类物联网业务需求。而NB-IoT是专门针对此类物联网业务设计的通信技术，具备广覆盖、海量连接、低功耗、低成本的特点，通过牺牲一定速率和时延等性能，换取更极致的物联网连接承载能力。

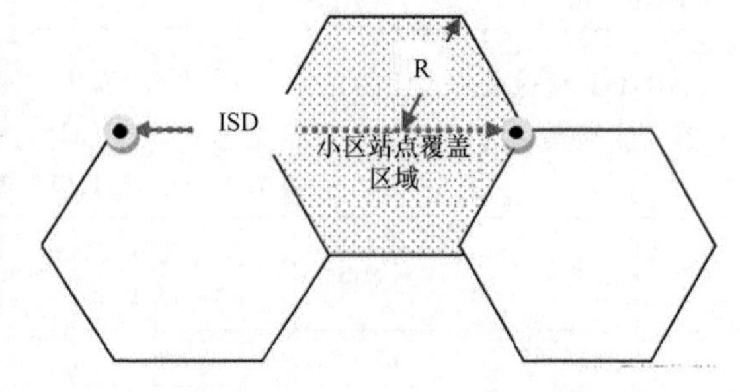

图8.1 小区半径和站间距示意图

NB-IoT的海量连接目标是按照图8.1中的物联网连接模型设计的。

首先，参考表8.1中某城市的情况，假设每平方千米有1517户家庭，每户家庭的物联网连接数为40个，基站之间的站间距为1732m。

表8.1 城市模型

场景	每平方千米家庭数	站间距（ISD）/m	平均每个家庭终端数
一般城区	1517	1732	40

然后，由基站站间距可以得到单个小区覆盖面积为0.86km^2，进而得到单小区覆盖的用户数=小区覆盖面积×家庭密度×每个家庭中的终端数=52547。

NB-IoT系统设计时，按照单小区单载波单日支持5万用户的能力进行设计。上述能力并不是多用户同一时刻并发的能力，而是在特定业务模型（见表8.2）和用户分布下单小区单载波单日服务的用户数能力。典型物联网业务的业务模型见表8.2，40%用户1天发1次包，40%用户2h发1次包，15%用户1h发1次包，5%用户30min发1次包。实际应用中，物联网业务种类很多，与上述业务模型也不尽相同，其容量能力需基于实际的业务模型重新进行评估。

表 8.2　业务模型

业务模型	
数据包大小	上行：200B 下行：20B
发包周期	1 天（40%） 2h（40%） 1h（15%） 30min（5%）

为避免多用户多业务同时并发对网络的冲击，在业务设计时要尽量避免不同终端在同一时刻请求数据上报，可采用在一定时间范围内随机化、离散化的错峰上报方式。

8.2　海量连接实现方案

NB-IoT 实现海量连接的手段主要有两种：降低控制信令开销和窄带传输。

8.2.1　降低信令开销

物联网业务特点是大部分数据包为小数据包发送，如果采用图 8.2 所示的 LTE 传输流程，每次数据传输需要 10 条信令，资源开销较大。

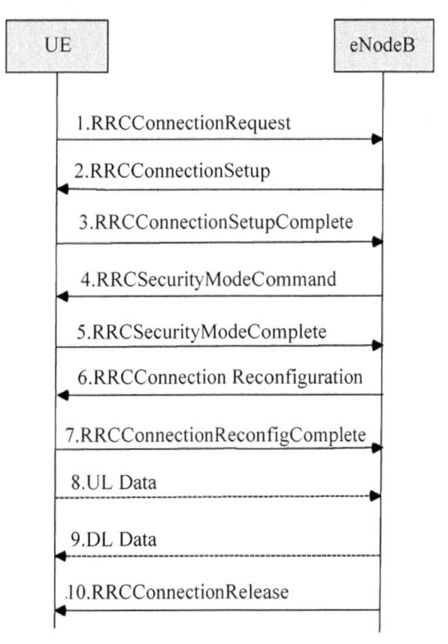

图 8.2　LTE 信令流程

为适应物联网业务的特点，NB-IoT 数据传输流程相比 LTE 做了简化，分为控制面数据传输方案与用户面数据传输方案。

控制面数据传输方案的传输流程如图 8.3 所示。

相比于 LTE 的空中接口信令，控制面数据传输方案无须建立用户面承载，直接使用控制面承载进行数据传输，可节省 5 条信令。尤其适用于长间隔的小数据包传输，效率较高；也支持通过上行直传消息分段传输大数据包。

用户面数据传输方案的传输流程如图 8.4 所示。

用户面数据传输方案在 LTE 基本过程的基础上，引入了 RRC 挂起和恢复过程。挂起时，UE、基站、核心网保存上下文，恢复时，根据各网元保存的上下文，快速恢复控制面、用户面承载和空中接口安全。相比于 LTE 的空中接口信令，可节省 4 条信令。适用于大数据包传输，或频繁发数据包的业务。

8.2.2　窄带传输

NB-IoT 专门设计了窄带传输方式，更适宜承载小数据包、时延不敏感类的物联网业务。

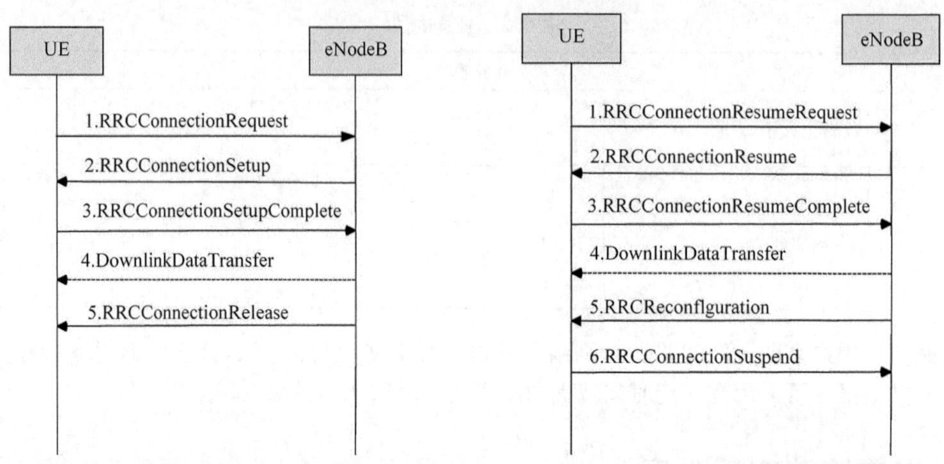

图 8.3 NB-IoT 控制面信令流程

图 8.4 NB-IoT 用户面信令流程

传统 LTE 系统带宽典型值为 5MHz、10MHz、15MHz、20MHz 等。频域上资源粒度最小是 180kHz，而考虑复杂度等问题，实际应用时每个用户传输占用的资源通常是 720kHz 以上，承载小数据包时资源浪费较大。

NB-IoT 采用窄带传输设计，系统带宽为 200kHz。频域上，上行资源粒度最小是 3.75kHz，下行最小是 180kHz。业务传输占用的频带资源较 LTE 显著降低，在相同的总资源下，资源利用率更高，支持的连接数更多。

8.3 海量连接评估指标

评估网络海量连接能力的指标通常有如下几点。

(1) 接入容量

含义：单位时间（s）内，单小区单载波能够成功接入的用户数，用于衡量设备处理并发 RRC 接入的能力。

指标要求：单小区单载波每秒成功接入用户在 12 个以上。

(2) 有效连接数

含义：单位时间（100ms）内，单小区单载波进行业务传输的用户数，用于衡量接入网络后的并行数据传输的能力。

指标要求：单小区单载波 100ms 内可以进行业务传输的用户数在 50 以上。

(3) 用户容量

含义：单小区单载波每天可服务的物联网用户连接数。

指标要求：按照 3GPP 标准的离散业务模型，单小区单载波每天可服务的物联网用户数达到 5 万以上。

经实验室测试验证，业界主流主设备均已达到或超过上述指标要求。

参 考 文 献

[1] 3GPP TR 45.820. Cellular system support for ultra - low complexity and low throughput Internet of Things (CIoT).

第9章 低 功 耗

9.1 低功耗背景和目标

物联网具有低功耗、低成本、低速率、广覆盖等特点，其广泛应用于石油天然气管道监控、水泄漏检测及交通运输等行业。物联网终端逐渐成为产业关注的焦点，其中，低功耗特点是物联网终端领域研究的重点之一。物联网终端数量庞大，有些终端处于不易更换电池或无法充电的环境中，因此低功耗是物联网终端必须具备的特性。3GPP 在 TS 45.820 中结合产业需求，针对周期性上报的业务，给出的物联网终端低功耗需求是工作时长要达到 10 年左右。

9.2 低功耗方案

终端功耗与设备的软硬件设计、业务模型和网络配置都有很大的关系，功耗优化工作是个逐渐积累的过程，上到操作系统下到硬件设备都对功耗有影响。针对移动物联网终端低功耗的需求，可以从待机功耗优化、数据传输功耗优化、业务模型优化三方面着手。

9.2.1 待机功耗优化

NB-IoT 为降低待机功耗，引入了节电模式（Power Saving Mode，PSM）和扩展的非连续接收（Extended Discontinues Reception，e-DRX）两大特性。本节将详细介绍这两项功能及其特点。

1. PSM

PSM 功能允许终端数据传输完成后向网络申请进入深度睡眠，原理如图 9.1 所示（未配置 PSM 终端监听寻呼消息情况，见图 9.2）。终端可以在 Attach Request/TAU Request 等 NAS 信令中携带 T3324 IE 向网络申请使用 PSM，如果网络同意，则通过 Attach Accept/TAU Accept 等信令配置 Active Time。UE 从连接态转到空闲态后开启 Active Time，在 Active Time 超时后进入 PSM 状态。终端在 Active Time 时间内正常监听寻呼消息，为可及状态；进入 PSM 状态后不再监听寻呼消息，变为不可及状态。当需要上行数据传输或者周期性 TAU/RAU 时终端从 PSM 状态唤醒。

终端在 PSM 状态下进入深度睡眠，仅有时钟等少量活跃电路，耗电极低，在 μA 级别。终端 PSM 状态类似于关机，但和关机存在很大差异，主要差别为终端处于 PSM 状态时，在网络中仍然是已注册状态，从 PSM 唤醒后不需要重新附着；而终端关机再开机需要重新进行附着流程。

考虑到终端处于 PSM 状态时无法被寻呼到，PSM 适用于上报类业务，比如智能表计。智能表计终端的业务一般是数据上报，且上报周期比较长，承载该类业务的终端非常适合配置 PSM 功能。以每两小时上报一条长度为 200B 的数据包计算，处于覆盖中点的终端有 99% 的时间可以处于 PSM 状态，也就是说几乎大部分时间待机电流都在 μA 级别，能够大幅度延长工作时长。

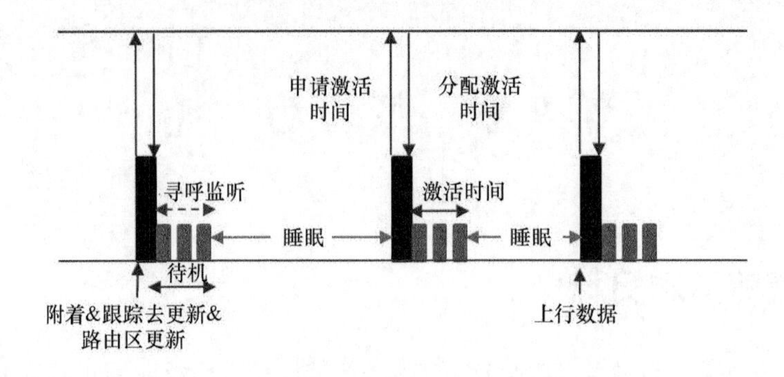

图9.1　PSM原理图

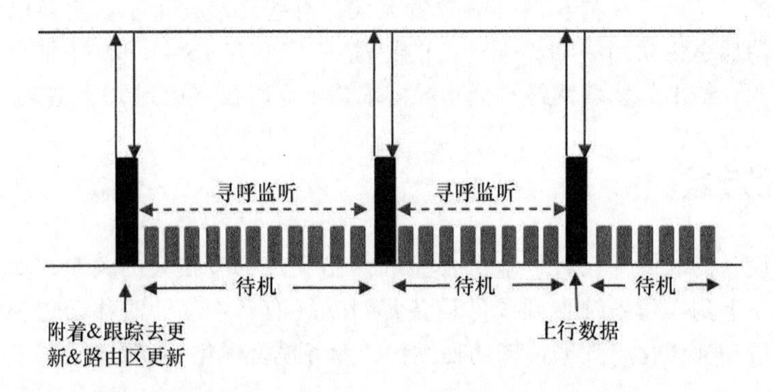

图9.2　未配置PSM终端时钟需要监听寻呼消息

需要说明的是，PSM功能本身是不带周期配置的，PSM和周期性TAU结合，可以达到周期性唤醒通信模块的目的，最短周期秒级，最长周期32×320h。对于有下行数据传输需求的业务，可以合理配置TAU的周期，使终端即使没有上行数据传输也可以按照固定间隔从PSM中醒来接收下行数据。

2. eDRX

对于随机触发且对时延有要求的下行业务，由于需要监听下行消息，PSM不再适用，更灵活的方法是使用eDRX，其功能如图9.3所示。

eDRX功能是在3GPP Release 8 DRX基础上，为了进一步增强节电效果进行的功能扩展。R8定义的DRX周期最长为2.56s（空闲态和连接态最大周期相同），eDRX通过延长唤醒周期进一步降低终端连接态和空闲态功耗。对于空闲态，NB-IoT eDRX最大周期为174.76min，周期时间取值范围为{20.48s，40.96s，81.92s，163.84s，327.68s，655.36s，1310.72s，2621.44s，5242.88s，10485.76s}。在每个寻呼周期内，设置一段寻呼窗口（Paging Time Window，PTW），在寻呼窗口内终端按照寻呼周期监听下行寻呼消息。

eDRX将非连续接收的周期最长扩展到了将近3h，一方面使参数配置更加灵活，适合多种不同数据传输频率的业务，另一方面更长的周期可以进一步降低待机功耗。关于eDRX功能的使用，根据不同业务的时延要求、数据传输频率，可以选择合理的eDRX周期。

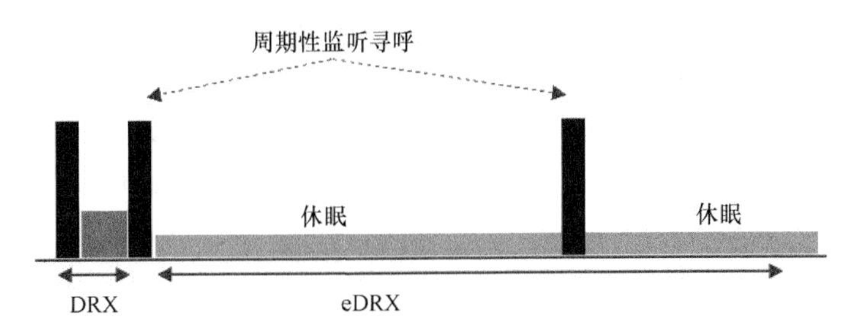

图9.3 eDRX功能示意图

eDRX和PSM的差异在于，不管是否有数据需要上报，eDRX都会周期性监听寻呼，不产生信令。在待机电流方面，PSM状态下深睡眠电流大致在5μA以下，具备支持数年续航时长的条件；eDRX状态待机电流大于PSM状态，根据具体周期不同，待机电流在微安到毫安不等，最大周期下eDRX待机电流接近PSM。

此外，eDRX和PSM可以联合使用。当两者同时配置时，PSM生效，且在PSM Active Time运行期间eDRX生效，Active Time超时后进入PSM，达到最大省电效果。需要注意的是，希望PSM和eDRX同时生效，则应保证ActiveTime时长大于eDRX周期。

9.2.2 数据传输功耗优化

功耗优化和终端设备上每一个器件的选择、每一个模块的设计都有千丝万缕的关系，因此对于业务传输功耗的优化，上到操作系统下到硬件设备都有影响，功耗优化是一个逐点积累的过程。

1. 通信协议优化

在协议栈层面，NB-IoT根据业务特征和网络特性，通过简化接入层的鉴权加密过程，减少了NAS及RRC层协议栈信令/数据交互，达到降低功耗的目标。表9.1对比了相同通信过程，LTE和NB-IoT的信令数量，可以看出，NB-IoT空中接口信令数明显减少。值得注意的是，虽然简化了接入层鉴权加密过程，但在非接入层仍然有严格的鉴权加密过程保障数据传输的可靠性。

表9.1 信令/数据传输优化效果对比

流程	LTE信令数量	NB-IoT信令数量
上行数据传输	9 RRC连接建立3条+鉴权加密4条+无线承载建立2条	3~4 RRC连接建立3条+下行直传1条（可选）
下行数据传输	10 寻呼1条+RRC连接建立3条+鉴权加密4条+无线承载建立2条	5~6 寻呼1条+RRC连接建立3条+下行直传1条+上行直传1条（可选）
短消息（MO，信令方式）	9 RRC连接建立3条+鉴权加密4条+无线承载建立2条	4 RRC连接建立3条+下行直传1条
短消息（MT，信令方式）	10 寻呼1条+RRC连接建立3条+鉴权加密4条+无线承载建立2条	6 寻呼1条+RRC连接建立3条+下行直传1条+上行直传1条

在物理层方面，NB-IoT 简化物理层设计，降低实现复杂度，同时引入了若干优化方法，以降低耗电。NB-IoT 较 3G/4G 带宽小、采样率低，Modem 功耗大幅降低；同时在 Single-tone 模式下上行峰均比较 4G 低，可以提高 PA 效率，降低功耗；下行传输方面采用 tail-biting（咬尾）卷积码，降低解码复杂度；同时简化控制信道设计，减少终端控制信道盲检测，降低复杂度。

2. RRC 链路快速释放功能

如图 9.4 所示为 NB-IoT 终端的业务传输电流变化过程，从图中可以看出，由于无线通信层无法预知应用层是否有数据需要发送，为了防止重复拆除和建立无线链路带来的冗余信令负荷，在终端完成业务传输后，无线通信链路会保持一段时间再释放。该段时间内虽然没有业务交互，但由于终端仍处于无线链路连接状态，耗电比待机状态高。

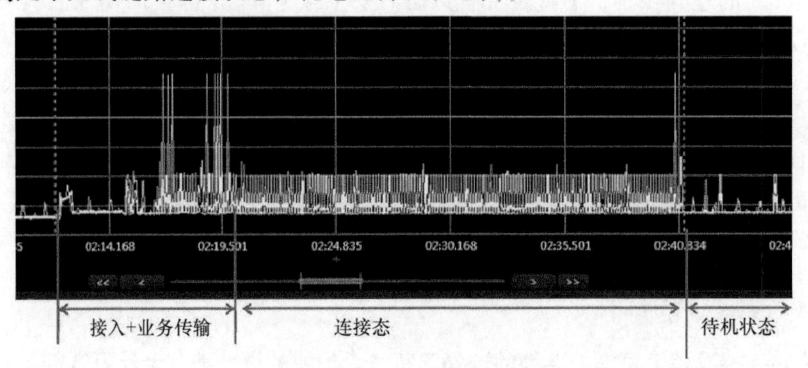

图 9.4　业务传输电流图

针对以上问题，可以通过 3GPP 定义的 NAS RAI 功能，终端应用层在完成业务传输后通知无线通信层，终端通过 NAS 信令告知网络该数据为最后一个数据包，网络可及时释放无线通信链路，不用额外等待无线链路释放定时器超时再释放，减少单次业务传输耗电。

9.2.3　业务模型优化

物联网终端的业务模型与终端功耗有很大的关系，不同的业务模型需适配不同的节电特性以达到最大省电效果。本节针对几种典型业务说明了业务模型层面的节电优化方式。

为了降低终端的功耗，所有的终端业务模型均需要遵循以下原则：减少消息交互的数量，例如将多条消息合并为 1 条消息；减少数据净荷大小，在进行数据发送前可在终端侧进行一定的数据处理再传输。

1. 智能表计类业务

该类业务特征为周期性进行数据上报，偶有指令性业务下发。该种业务待机状态适合采用 PSM，PSM active timer 的值建议配置为 10s，大约为 4 次 2.56s 的寻呼时间，可以避免错失指令性业务，给予网络足够的寻呼机会。下行的指令业务在数据上报完成后发送，降低业务频次。

2. 智能停车

该类业务在车辆到达或离开时触发上行数据包上报，改变车位状态；终端存在心跳包上报，用于在平台侧维持终端状态。

智能停车为典型的上行事件触发业务，触发源为外部传感器，通过车辆到达或离开触发，相关的业务模型建议如下：

- 待机状态采用 PSM，PSM active time 的时长可配置为 0，可最大限度地节省功耗。
- 终端实现 RAI 功能，减少 RRC 不活动定时器运行期间的功耗。
- 合理设置地磁的检测周期，降低传感器的功耗。
- 服务器对终端的指令信息如时间校准、重启、车位校准等在车位状态变化数据传输完成后进行，避免终端频繁从休眠状态唤醒。
- 终端的周期性心跳包上报可通过 TAU 周期代替，减少心跳的耗电。
- 终端尽量安装在信号环境好的地方。

3. 追踪器

该类终端实现的功能包括周期性位置上报、实时响应平台下发的精确定位需求、进行位置定位等。可见，追踪器是一类比较复杂的业务类型，包含了上行周期触发业务、下行事件触发业务，且对实时性有一定要求，建议采用的功耗优化措施有：

- 待机状态采用 eDRX，eDRX 周期需要平衡终端待机时长和业务时延容忍度决定。
- 定位尽量采用 A-GNSS，可有效节省功耗，GNSS 的冷启动消耗的功耗较大。
- 终端侧可进行初步的数据处理，减少数据传输的耗电。

4. 共享单车

共享单车的业务需求包括：

- 开锁：扫码之后通过手机应用将开锁消息传送到平台，平台下发开锁信息给单车的智能锁模块，智能锁接收后响应并开锁。开锁最大容忍时延在 3s 左右。
- 关锁：手动关锁触发关锁信息上报。
- 位置更新：待机状态下周期性上报位置，GPS 会存储之前的定位信息，如果车辆没有移动或振动，会采用之前的信息上报。
- 告警：非法移动会上报位置信息。
- OTA 升级：下发升级要求，进行软件升级。

考虑到共享单车对开锁时延有要求，寻呼周期可采用 2.56s，满足 3s 的开锁时延要求。

共享单车的开锁方式对功耗有较大影响。假设单车开锁可以通过物理按键等外部触发，则智能锁在停车状态不需要实时检测平台的开锁信息，可以采用 PSM 进入深度休眠。目前 NB-IoT 模组产品休眠电流最低为 3μA 左右，相对待机状态有极大的节电优势，可以延长续航时长。

9.3　低功耗评估指标

9.3.1　功耗性能评估指标

图 9.5 为 NB-IoT 智能停车终端一次业务传输过程中电流变化的实时监测。在一次业务传输中，终端经历了四个状态变化，分别为：1）建立链路并进行数据传输；2）数据传输完成保持无线链路；3）终端进入待机状态，周期性监听寻呼消息；4）进入深度休眠。

这四个状态囊括了 NB-IoT 终端在整个生命周期中的所有状态，不同状态下终端电流差异较大。NB-IoT 功耗性能通常从这四个方面评估，对应于 PSM 电流、DRX 待机电流/eDRX 待机电流、数据传输电流、链路保持电流。

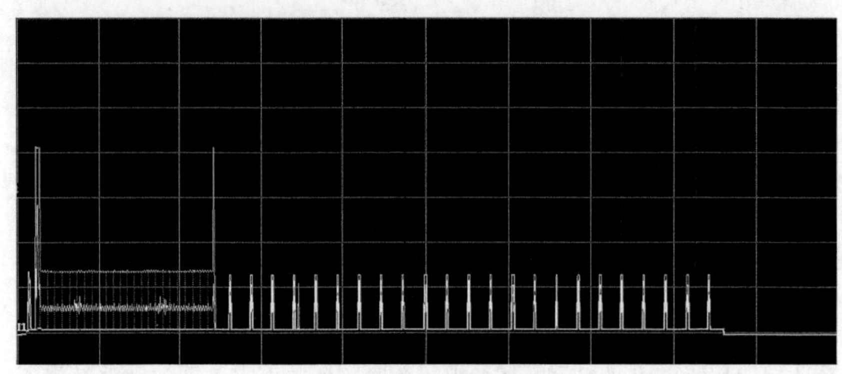

图 9.5　业务传输电流图

如上文所述，休眠状态下终端基带、射频等主要耗电器件处于关闭状态，仅有时钟仍然工作，因此耗电量极低，可以达到5μA 以下。但该状态下终端不能被网络寻呼到，需要依靠终端自主唤醒，并不是所有的终端都会引入休眠状态，比如对共享单车，要求单车智能锁实时接收服务器的开锁指令，则终端不会进入休眠，将保持在待机状态。

待机状态下，终端和基站之间的无线链路已经被拆掉，终端周期性从睡眠状态唤醒检测寻呼信道。该状态下终端需要周期性工作，耗电量比休眠状态高。具体耗电受寻呼周期影响，随不同周期配置待机电流从百微安到2mA 不等。值得注意的是，视业务对下行时延的需求，可配置不同的寻呼周期，也可配置 eDRX 功能。

数据传输状态下，终端基带芯片和射频链路处于正常工作状态，也是终端耗电最高的状态，平均电流基本在100mA 量级。值得注意的是，数据发送电流和终端发射功率关系较大，发射功率越高耗电越高，测试时需注意发射功率的配置。

无线链路保持状态下，虽然没有数据传输，但终端和基站之间的无线链路还存在，双方随时可以进行数据发送和接收，实时性非常好。

功耗指标汇总见表 9.2。

表 9.2　功耗指标汇总

状态	对应功能	功耗指标	功耗性能
休眠	无	PSM 电流	极低，5μA 以下
待机	拆除无线链路，但进行周期性检测	DRX 待机电流/eDRX 待机电流	低，2mA 以内
数据传输	数据发送/接收	数据发送电流/数据接收电流	较高，30～300mA
无线链路保持	保持通信链路，但目前不传输数据	链路保持电流	高，30mA 左右

9.3.2　续航时长评估方法

为评估业务续航时长，首先需评估上文提到的功耗性能指标，再分析具体业务模型包含哪些工作状态，最后结合功耗指标和业务模型得到一定电池容量下的工作时长。

1. 上行业务

对于主动上报业务，业务平台不需要主动向终端推送下行消息，终端在空闲状态不需要监听寻呼消息，可以处于休眠状态，通过周期性定时器或者传感器等外部触发条件唤醒，进行业务传输。

如图9.6所示，上行业务传输过程包含接入网络、业务上报、下行确认、链路保持、链路释放，链路释放后重新进入休眠状态。

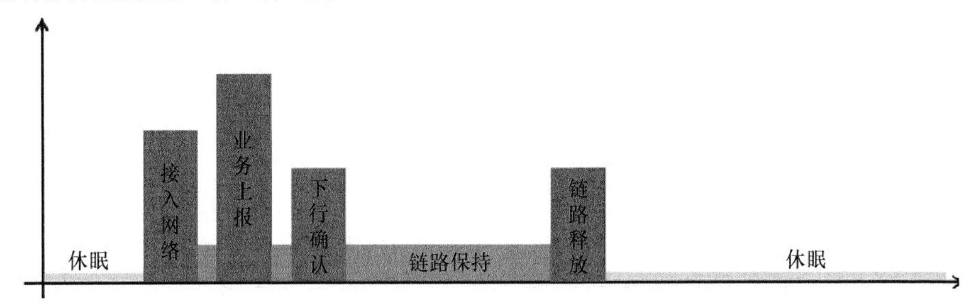

图9.6 上行业务流程

2. 下行业务

对于下行业务，业务平台不定时主动向终端推送下行消息，使终端在空闲状态需要监听寻呼消息，无法进入休眠状态，因此无法应用PSM等节电技术。

如图9.7所示，下行业务传输过程包含下行寻呼、接入网络、下行业务、业务上报、链路保持、链路释放，链路释放后重新进入待机状态。

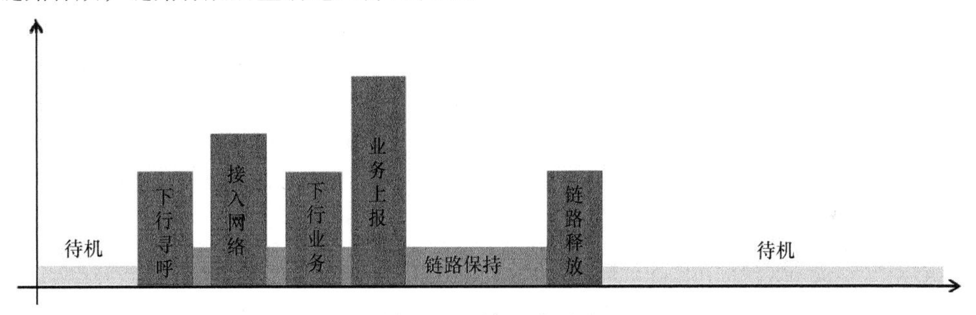

图9.7 下行业务流程

3. 续航时长计算

在续航时长计算中，对业务流程进行拆分，假设共拆分为K个状态，第i个状态平均电流为I_i，持续时间为T_i，则单次业务耗电量为$P = \text{SUM}\ (I_i \times T_i)$，$i = 1, \cdots, K$。假设每天业务频次为$N$，NB-IoT终端配置的电池容量为$C$，则续航时长$= C/(P \times N)$。计算时需注意电量单位的统一，通常电池容量以mAh为单位，则业务耗电量的电流单位应换算为mA、时间单位应换算为h。

参考文献

[1] 3GPP TR 45. 820. Cellular system support for ultra-low complexity and low throughput Internet of Things (CIoT).

[2] 3GPP TS 24. 301. Universal Mobile Telecommunications System (UMTS); LTE; Non-Access-Stratum (NAS) protocol for Evolved Packet System (EPS).

[3] 3GPP TS 24. 008. Digital cellular telecommunications system (Phase 2+) (GSM); Universal Mobile Telecommunications System (UMTS); LTE; Mobile radio interface Layer 3 specification; Core network protocols.

第 10 章　低复杂度特性

10.1　低复杂度背景和目的

低功耗广覆盖（LPWA）物联网市场是整个物联网领域中最具潜力的物联网市场之一，其中超低成本是 LPWA 物联网的一个重要特性。NB-IoT 作为面向 LPWA 设计的移动物联网技术，其模组成本未来有望和 2G 模组成本持平或比其更低。要实现 NB-IoT 终端设备的超低成本，需在协议设计和产品实现上充分考虑低复杂度，使之具备强大的成本竞争力。

10.2　低复杂度实现方案

10.2.1　NB-IoT 简化技术分析

为实现终端低复杂度，NB-IoT 在协议设计方面进行了大量简化工作，主要体现在以下方面：

1）NB-IoT（R13）当前仅支持频分双工（Frequency Division Duplex，FDD）及半双工（Half Duplex，HD）方式（注：上下行分别使用不同的载波，且 UE 发送和接收不能同时进行）。

2）NB-IoT（R13）传输块大小下行设定为 680bit，上行设定为 1000bit，且仅支持单 HARQ 传输，因此对缓存要求低。

3）NB-IoT 支持带宽低，仅为 180kHz，上行支持单频（Single-tone）传输，子载波间隔可采用传统的 15kHz，也需要支持 3.75kHz。

4）NB-IoT 舍弃了 LTE 系统中部分控制信道，如物理上行控制信道（Physical Uplink Control Channel，PUCCH）、物理混合自动重传指示信道（Physical Hybrid ARQ Indicator Channel，PHICH）等物理层通道，另外，NPDCCH 盲检复杂度降低。

5）NB-IoT 具备 1 个用于发射/接收的天线端口即可正常工作。

6）因为 NB-IoT 不具备 SRS 及 CQI 反馈，因此在调制方面上下行都采用低阶调制。如下行采用正交相位位移键控（QPSK）；考虑到降低峰均比（Peak-to-Average Power Ratio，PAPR）的需求，上行若为 Multi-tone 传输则使用 QPSK，若为 Single-tone 传输则使用 $\pi/2$ BPSK 或 $\pi/4$ QPSK。

7）NB-IoT 信道编码方面，下行的数据传输进行了简化，采用咬尾卷积码（Tail Biting Convolutional Coding，TBCC），而上行的数据传输仍然采用 Turbo 编码。

8）NB-IoT 在协议设计上，对于物联网小数据包引入了控制面优化技术，针对该技术，去除了传统的 PDCP 层。另外，NB-IoT 不再具备测量上报（Measurement Report，MR）机制，因此也不支持切换。

10.2.2　低复杂度产品实现

1. NB-IoT 主芯片设计

NB-IoT 主芯片架构通常采用多合一方式，如图 10.1 所示。

NB-IoT 主芯片架构目前遵循高集成多合一方式，除了包括 BP（NB-IoT 基带）、AP（应用处理器）、RAM（随机存储器）、Flash（存储设备）、PMIC（电源管理）、RFIC（射频），另外也可以视需求包含 PA（功放）、GNSS（全球导航卫星系统）。通过高集成设计方式，能够有效减少 NB-IoT 终端研发中的外围器件，降低终端设计难度。另一方面，由于 NB-IoT 技术简单且对芯片架构中各功能模块的要求较低，NB-IoT 芯片将具备较大的成本竞争力。

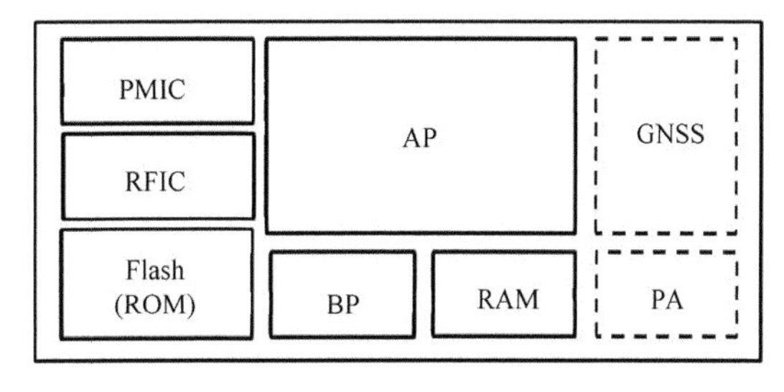

图 10.1　NB-IoT 主芯片架构

芯片成本主要包含芯片设计成本和硬件成本两部分。其中芯片设计成本中既包括研发人工费用、EDA 开发工具费用、办公场地费用、设备费用等，也包括 IP 授权费用。从 NB-IoT 芯片最终面向的业务考虑，其基带设计难度较低、AP 主频低、RAM 和 Flash 容量小，因此，自主研发模式下的研发人工费用，或者外购 IP 模式下的 IP 授权费用都相对较低。

芯片硬件成本方面，在芯片生产过程中，工厂要进行光刻、蚀刻、离子注入、金属沉积、金属层互连、晶圆测试与切割、核心封装、等级测试等步骤，每一个步骤有各自的成本；整个过程需要用到光刻机、刻蚀机、减薄机、划片机、装片机、引线键合机、倒装机等制造设备，每种设备也都有相应的折旧成本。简便起见，把涉及的这些成本划分成掩膜成本、晶片成本、测试成本、封装成本等四个部分。其中芯片掩膜费用高昂，而且与芯片使用的工艺高度相关。当前 40nm 低功耗工艺的掩膜费用为 200 万美元左右，28nm 工艺的费用大概为前者的两倍，最新的 14nm FinFET 工艺掩膜费用则在千万美元量级。这一块费用会均摊到每一块芯片上，如果出货量达到千万乃至亿级，掩膜成本几乎可以忽略不计；反之，如果出货量很小，掩膜成本就很可观。考虑到 NB-IoT 技术对芯片工艺制程要求并不高，无须采用业内最先进的工艺制程技术，譬如业内普遍考虑采用 40～65nm 工艺，甚至有些采用 90nm 工艺，因此芯片流片费用能够大幅降低。

2. 单天线设计

由于 NB-IoT 终端在协议设计上具备 1 个用于发射/接收的天线端口即可正常工作，因此仅需要采用单天线收发设计方案。

3. 射频前端简化

由于 NB-IoT（R13）当前仅支持频分双工及半双工方式。这有助于减小 NB-IoT 终端在射频上的复杂度，无须采用双工器。

4. 晶振要求降低

定时同步方案上，NB-IoT 的定时差错门限为 $80 \times T_s$（单位时间 $T_s = 1/30.72\mu s$），相比 LTE 要求大大降低，因此可使用普通晶振替代电压控制温度补偿晶振（Voltage Controlled Temperature Compensation XO，VCTCXO），部分降低终端成本。

综上所述，NB-IoT 通过采用多合一芯片、单天线、简化的射频前端、低要求的晶振等设计，确保终端实现时的低复杂度。

第 4 篇　NB-IoT 应用案例解析

NB-IoT 主要面向有广深覆盖、海量连接、低功耗、低速率、超低成本需求的物联网业务，例如异常上报业务（烟雾报警探测器、智能电表停电、燃气表停气通知等）；周期上报业务（智能抄表、物流追踪、智能家居、市政物联网、智能楼宇等，按小时、日、周等周期上报，每次上报数据量较小）；网络指令业务（通知设备开关、触发数据上报、软件升级等）及软件升级推送等。

随着 NB-IoT 技术标准制定的完成，国内外运营商纷纷在 NB-IoT 技术测试验证和产业构建等方面进行了深入的研究和探索，并已在智慧市政、智慧物流、工业物联、智能穿戴、智能家居、广域物联等几大领域率先开展应用实践。NB-IoT 技术与传统行业及产品的结合，将有助于提升大众消费电子产品（如可穿戴设备）的续航时间，助力基础设施和传统行业进行物联网化升级改造，实现市政、工厂和家庭的智能化管理和设备精准维护，并可为环境监测、山体滑坡等关键领域提供更有效的解决方案，达到降本增效的社会效益。

本篇将整合各产业领域在 NB-IoT 技术应用探索中的一些典型用例和创新方案，通过总结应用痛点与现有解决方案的问题，提出基于 NB-IoT 的创新产品及应用方案，并分析创新方案可能带来的增益，引导行业客户引进部署物联网技术，推进产业转型升级，加速社会的信息化建设。

第11章 智慧市政

市政工程是国家的基础建设，包括各种公共交通设施、给水、排水、燃气、城市防洪、环境卫生及照明等基础设施建设，是城市建设中基础且重要的一部分。

未来智慧城市的信息化将进一步向纵深发展，利用先进的信息技术构建城市的基础设施，让城市具有智能协同、资源共享、互联互通、全面感知的特点，实现城市智慧化服务和管理。解决城市发展难题、实现城市可持续发展。

“更全面的感知”作为智慧城市的一个特征，要求智慧城市基础设施能够更深入地收集各类数据和信息，以便整合和分析海量跨地域、跨行业的数据和信息，为城市共享服务和运营管理提供基础底层资源。每个城市都需要大量摄像头、温湿度探测器、扬尘探测器、噪声传感器、车辆探测器、报警按钮等设备组成其触觉末端，帮助管理者了解、判断城市状态并进行相应指挥和行动。

智慧市政将路灯、户外信息、充电桩、井盖、地下管道、停车位等基础设施全面数字化，充分利用网络、数据库、GIS、GPS 等技术手段，使信息化手段在城市管理领域应用更广泛、全面。本章就市政典型应用的业务、行业现状及存在的问题和挑战、基于 NB-IoT 的行业解决方案和优势，以及行业应用案例和行业发展趋势等内容展开介绍，包括智能路灯、智能停车、智能抄表等业务。

11.1 智能路灯

11.1.1 智能路灯业务描述

智能路灯系统是以单灯为控制单元的远程实时监控系统，可根据季节、气候、节日及大型活动等需求，实现分地域、分时段、分级别调节城市公共照明强度，实时检测城市照明单灯故障并发出灭灯警报等功能。主要功能包括：

1）远程控制和调光：控制和调节任意一盏、一组、一个区域的路灯。

2）实时监测和报警：监测每盏路灯开关、电流、电压、功率等状态，报警显示通信中断、灯具故障、线路故障等异常情况。

3）远程配置和维护：远程配置路灯开关灯时间、亮度等参数。

11.1.2 智能路灯行业现状

10 年前我国的城市路灯数量为 1496 万盏，现在路灯增加到 3000 万盏以上，年增长率超过10%，随着国家对智慧城市智能照明布局的加快，智能路灯成为智能市政的最佳切入点，不仅得到照明企业关注，通信系统集成企业也纷纷进入这个市场。如图 11.1 所示，2017 年国内智能路灯市场规模同比大幅增长，据 CSA Research 测算，2017 年国内新增（含新建和改造）路灯约410 万盏，预计新增路灯中智能路灯的渗透率将达到75%，新增智能路灯 310 万盏，智能路灯市场规模约 270 亿元，同比增长 53%。未来随着智慧市政的进一步推进及 LED 路灯渗透率的提高，智能路灯的发展空间巨大。

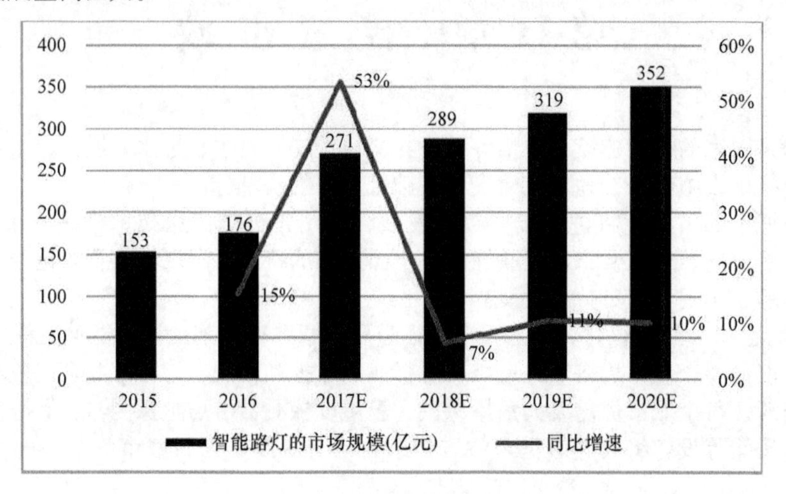

图 11.1 国内智能路灯市场规模

当前传统的智能路灯控制方案是基于 PLC、ZigBee、LoRa 等接入技术。这些控制系统的接入方案如图 11.2 所示，一般为“两跳”方案，首先终端通过 PLC、LoRa、ZigBee 等接入技术实现路灯控制器和网关的连接，然后网关通过以太网或运营商无线网络将数据回传给路灯控制平台。

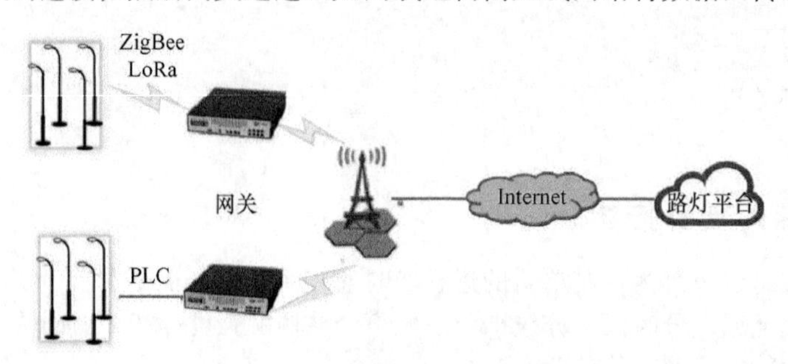

图 11.2 传统智能路灯解决方案

这些传统的接入技术，可以实现路灯和控制平台的连接，实现远程控制和检测等功能，但也存在以下可靠性低、覆盖范围小、成本高等问题。

1）容易受到干扰，可靠性无法保障。电力线路老化及电磁干扰对 PLC 通信有影响，ZigBee、LoRa 采用非授权频谱，容易受到干扰，可靠性和稳定性无法保障。

2）覆盖范围有限。路灯分布较分散，1 个网关通过 PLC、ZigBee、LoRa 连接大约 100 盏路灯，不能满足实际部署需求。

3）建设和维护成本较高。传统“两跳”解决方案，一般在一个路段设置一个网关，每个网关通过 PLC、ZigBee、LoRa 连接大约 100 盏路灯，网关的建设和维护成本较高。

11.1.3　智能路灯引入 NB-IoT 的优势

基于 NB-IoT 的智能路灯系统，在路灯控制器上集成 NB-IoT 模组，经过运营商的无线网络，直接连到路灯的控制平台。与传统的“两跳”方案相比，智能路灯引入 NB-IoT 方案有如下优势：

1）基于授权频谱和运营商网络，可提供电信级的可靠通信。网络运营和维护都由运营商完成，只要有运营商的网络覆盖，就可实现路灯和控制平台的连接，使得路灯的智能化改造和部署更容易和便捷，大大降低安装和运维成本。

2）NB-IoT 广覆盖的特点，特别适用于连接分散部署的路灯。在空旷地带，1 个 NB-IoT 小区覆盖距离可达 10km 以上，可覆盖更多的路灯。例如，高速公路上的路灯间距约 40 ~ 50m，1 个 NB-IoT 小区可覆盖 400 盏左右。

11.1.4　基于 NB-IoT 的智能路灯解决方案

基于 NB-IoT 的智能路灯解决方案，在每个照明节点上安装一个集成了 NB-IoT 模组的单灯控制器，单灯控制器再经运营商的网络，与路灯控制平台实现双向通信，路灯控制平台直接对每个灯进行控制，包括开关灯控制、调节明暗等操作。与传统“两跳”方案不同，基于 NB-IoT 技术的解决方案不需要网关，每个 NB-IoT 路灯控制器直接接入运营商的 NB-IoT 网络，即可与控制平台通信。

以浙江比弦物联科技有限公司的方案为例，如图 11.3 所示，智能路灯系统主要由单灯控制器、NB-IoT 网络、路灯控制平台组成。

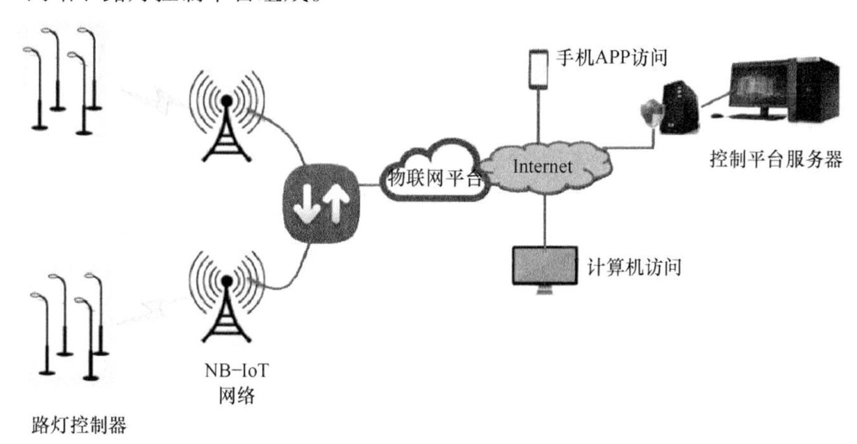

图 11.3　NB-IoT 智能路灯解决方案

每个灯杆中都安装一个集成了 NB-IoT 模组的路灯控制器，主要包括监测模块、控制模块和通信模块。路灯每天在特定时间（例如下午 6 点）上电，触发 NB-IoT 模组和 NB-IoT 网络建立连接，随后按周期（例如 15min）上报路灯的电流、电压等信息，同时监听来自控制平台的指令（例如调光），并触发控制模块对路灯进行操作。

浙江比弦物联科技有限公司研发的新一代城市路灯控制系统包括路灯监控系统和路灯管理

系统两部分。路灯监控系统采用地理信息系统呈现路灯与亮化的整体布局，并在地理信息系统上集成灯型、电缆走向、灯杆布局等信息，实现对路灯开关、调光控制以及对现场状态的实时检测。路灯管理系统，处理的信息直接面向路灯管理领域，全面提升路灯管理水平。

授权用户通过计算机或手机 APP 就可以访问路灯控制平台，控制路灯的开关灯、调亮度、参数配置等。此外，也会实时推送设备告警信息，便于维护人员及时获知设备故障并处理，并通过 APP 反馈处理或维护结果。

11.1.5 NB-IoT 智能路灯应用实践情况

基于 NB-IoT 的智能路灯在北京、南京、杭州、鹰潭等国内多个城市都得到了广泛试点和应用。下面以北京未来科学城为例，介绍 NB-IoT 智能路灯应用情况。

北京未来科学城是国家“千人计划”的重点实施项目，占地 $16km^2$，吸引中国海油、国家电网、中国电子、中国铝业、中粮集团等多家央企入驻，是一个集高端人才、科技资源、品牌效应等多方综合性的新型园区，十分注重园区的各项建设，率先引进最新的科技技术打造世界一流水准的人才创新创业基地。其中，园区内的滨水公园的亮灯工程由浙江比弦物联科技有限公司完成，采用 NB-IoT 智能路灯方案。为了达到更好的使用效果，比弦物联科技有限公司对控制器硬件、嵌入式程序和控制平台软件整套系统进行了针对性的设计，并与北京移动公司一起对 NB-IoT 网络做了端到端性能优化，工程实施后受到园区业主的一致好评。

1）操作使用更方便：结合未来科学城地图定制的地理信息系统，整个路灯控制系统清晰明确，操作简便。

2）节能效果更明显：根据园区的人流特点进行开关和亮度调节编排，节电效果明显。

3）网络维护更便利：与传统“两跳”方案相比，免去了网关的维护，通过移动运营商网络直接上网，解决了组网维护、易受干扰等诸多问题。

4）成本控制更经济：园区的灯杆造型优雅，明亮的 LED 主灯配上灯杆上七彩变幻的 LED 灯带，为夜景添色不少，比弦物联科技有限公司针对性地开发了 NB-IoT 双灯控制器，控制主灯和灯带，不但降低了设备费用，而且实际平台展示和控制也更简捷有效。

5）故障维护更便捷：NB-IoT 智能路灯系统能显示每个路灯的运行状态，包括电压、电流、功率等信息，平台会自动对故障路灯进行分类和定位，并通过邮件、短信、APP 推送等方式主动向管理单位和维护人员报警，帮助快速排除安全隐患。

6）灯光控制更高效：平台提供了路灯的分组分区管理和各种情景模式的选择。比如根据园区特点设置了一键离园模式，到闭园的时候路灯会根据到各出口的远近自动调整各自亮度，使由公园深处到各出口的路灯越来越亮，引导游客安全有序地离开公园。

11.2 智能烟感

11.2.1 智能烟感业务描述

据统计，2010 年至 2014 年，全国发生在住宅、宿舍等居住场所和养老院、“三合一”（住宿与生产储存经营合用）等场所的火灾 44.8 万起，死亡 5238 人，受伤 2575 人，分别占同期火灾总数的 37.5%、72.1% 和 52.3%，“小火亡人”现象持续多发，在城乡居民住宅尤为突出。大多数遇难人员是由于发现火情迟缓、错失疏散逃生的最佳时间，吸入有毒烟气而中毒死亡的。

在全国火灾起数中，三级管理单位（即小场所）占火灾起数的 94%，在小场所的火灾起数中，住宅宿舍占火灾起数的 37%，如图 11.4 所示。在历年全国火灾数据统计分析中表明，绝大多数火灾都发生在各类小场所和住宅宿舍，而这些场所又是消防安全监管的盲点，业主的安全意识薄弱。这类场所建筑往往未经建设规划部门统一规划、未经消防部门防火设计审核和竣工验收，建筑耐火等级低，多为住宅、出租屋改变用途，还有的是违章搭建的临时建筑。在全国火灾起数中，发生在住宅宿舍的火灾死亡人数占总体死亡人数的 65.4%，如图 11.5 所示，说明住宅宿舍因火灾死亡的人数占大多数。

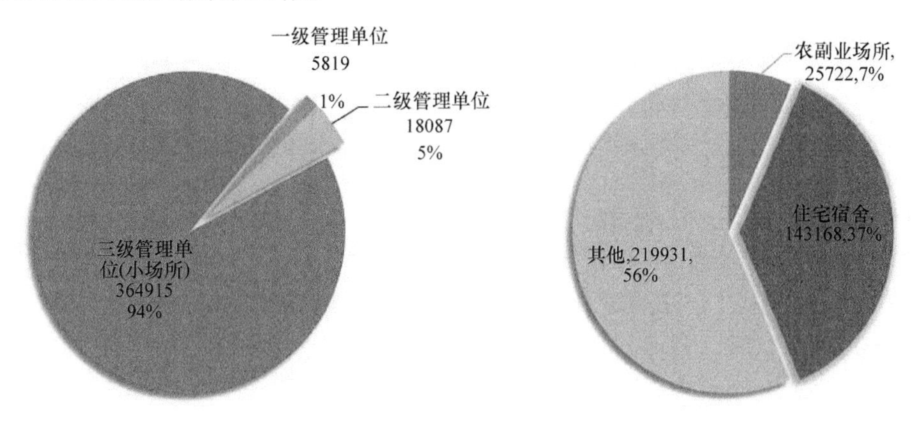

图 11.4　小场所消防占比

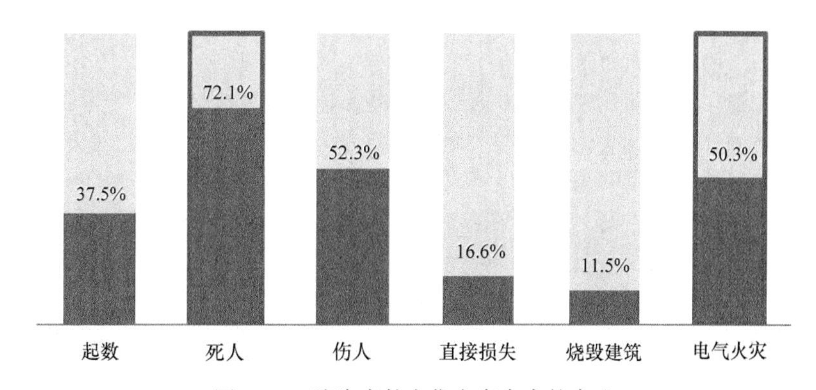

图 11.5　消防事件在住宅宿舍中的占比

综上，这类场所存在的不安全因素在发生火灾后可能造成极大的危害，需要一套系统管理平台结合智能烟雾报警器实现对公共场所的火灾隐患区域进行监测，便于各地街道、居委会、网格办等相关部门实时了解到现场情况，有效保障现场人身和财产的安全。当发生火灾时，智能烟感系统通过内置的主控芯片判断烟雾量以及浓度来确认是否触发报警，能尽早地探测发现，自动发送报警信息给相关管理人员和相邻人员，可以及时疏散并快速处置，大大降低因火灾造成的人财物损失。

11.2.2　智能烟感产品行业现状

2015 年 11 月 2 日，公安部消防局联合民政部、住房城乡建设部、中国保险监督管理委员会、全国老龄工作委员会办公室、中国残疾人联合会下发了《关于积极推动发挥独立式感烟火灾探测报警器火灾防控作用的指导意见》（公消〔2015〕289 号）。各地和有关部门应当结合火灾防控实际，鼓励和引导扩大独立感烟报警器的应用范围。除已明确要求设置火灾自动报警设施的建筑外，养老院、福利院、残疾人服务机构、特困人员供养服务机构、幼儿园等老年人、残疾人和儿童建筑，居家养老、“空巢老人”、分散养老特困人员等人群住宅，社区综合服务设施等社区居民活动场所，位于棚户区、城乡接合部、传统文化村落和三级及以下耐火等级的老旧居民住宅，宿舍、出租屋、农家乐、小旅馆、地下居住空间等亡人火灾多发的场所宜推广安装独立感烟报警器；鼓励在其他居民住宅内安装使用独立感烟报警器。文件中指出，在独立感烟报警器使用相对集中的区域，可探索选用联网型产品，同步向远程显示器等辅助设备和监护人、管理人员发送短信等提示信息。

2017 年 10 月 10 日公安部消防局发布了《关于全面推进“智慧消防”建设的指导意见》（公消〔2017〕297 号），加速推进现代科技与消防工作的深度融合，全面提高消防工作科技化、信息化、智能化水平。按照《消防信息化“十三五”总体规划》要求，综合运用物联网、云计算、大数据、移动互联网，加快推进“智慧消防”建设，实现“传统消防”向“现代消防”的转变。利用移动互联网技术将各类监测信息与手机互联互通，实现高层住宅消防安全信息化管理。

目前，市场上许多独立式烟雾报警产品或智能报警器主要是基于使用电池的声光报警产品，其质量参差不齐，使用周期基本不高于两年。产品存在电池供电时间短、损坏后无法及时维修、无法互联互通上报险情的问题。而这类小场所如果要安装火灾联动报警系统，其安装和后期保养维护成本较高，一般业主无力承受。

火灾控制的关键在于早期发现、及时通知，以便快速处置。因此，一个可靠、稳定的物联网火灾报警器，是降低火灾造成生命财产损失的最有效手段。然而，目前全国 99% 以上的家庭没有安装独立式感烟报警器，更不用说通过可以联网的报警器进行报警，智能烟感设备普及率低。

传统智能烟感网络部署方案，包括 Wi-Fi、蓝牙、ZigBee、433MHz 等无线方案，都需要中继器、网关、路由器、光纤猫，直至上网，中间网络环节过多且部署复杂。一旦运行过程中其中任何一节点出问题，整个局域网所有终端将全部掉线，后期运维的复杂性和成本较高，如图 11.6 所示。所以，市场上这种短距局域网部署方式无法根本解决报警器稳定联网的问题。火灾报警器无法有效可靠上报的痛点长期存在。

图 11.6　传统物联网网络部署方案

11.2.3 烟感产品引入 NB-IoT 的优势

采用 NB-IoT 技术的智能烟感产品具有功耗低、连接数量大、网络覆盖广等特点。首先解决了传统独立式报警器无法联网的问题；第二，解决了传统无线联网方式在通信距离、中继、网关路由器以及功耗上的痛点和瓶颈；第三，烟感产品在连接网络后会对传统的通信网络（如 GSM）造成较大的压力，而 NB-IoT 的海量连接能力可以解决该接入问题。NB-IoT 烟感器产品工作如图 11.7 所示。

图 11.7 NB-IoT 产品部署方案

利用 NB-IoT 技术特性和优势，应用在消防烟感产品中，集中优势体现在以下几点：

- 大幅度降低原有连接的成本。
- 明显提高连接的可靠度和稳定性。
- 有效降低了安装运维成本。
- 解决了消火栓状态数据上报和管理的需求。
- 为城市消防安全管理提供神经感知末梢，作为大数据、人工智能的核心基础。
- 低功耗特点，可以连续监测 3 ~5 年时间。

11.2.4 基于 NB-IoT 的烟感创新解决方案

1. 使用“云－管－端”的烟感系统部署解决方案

用于烟感系统的“云－管－端”示意图如图 11.8 所示。通过“云－管－端”的系统部署解决方案，可以在烟感系统每一层建立标准和灵活的模块化组合，快速地部署、更换和配置。具体地，通过云服务提供从端到管的统一、高效便捷的技术保障。由云管理平台对计算资源、存储资源、网络资源、数据库、文件存储、统一认证、通信协议、位置服务等进行统一调度分配；“管”指基于运营商的网络，为云、端的数据链路提供安全可靠的数据传输管道，是监控险情的数据传输的途径；“端”是感烟报警器上的采集和上报终端，包括火灾报警传感器、NB-IoT 通信技术的智能监测终端。

系统框架图说明如下：

第 1 层是物联感知层，属于系统逻辑架构的底层，用于部署基础硬件设施，包括温度、光线、烟雾传感器、低功耗器件、电源、信号处理电路等。

第 2 层是网络传输层，负责数据流的传输控制。温度、光线、烟雾等传感器被触发后会按照需求产生一定量的报警数据流。数据流通过基于 NB-IoT 网络传输到基站之后再连接至因特网或其他外部网络。

第 3 层是运营商 IoT 平台，通过该平台运营商对物联数据进行数据存储以及加工，并提供接口进行数据推送。

第 4 层是物联云，提供监控管理、设备检测、接警处理等界面功能。

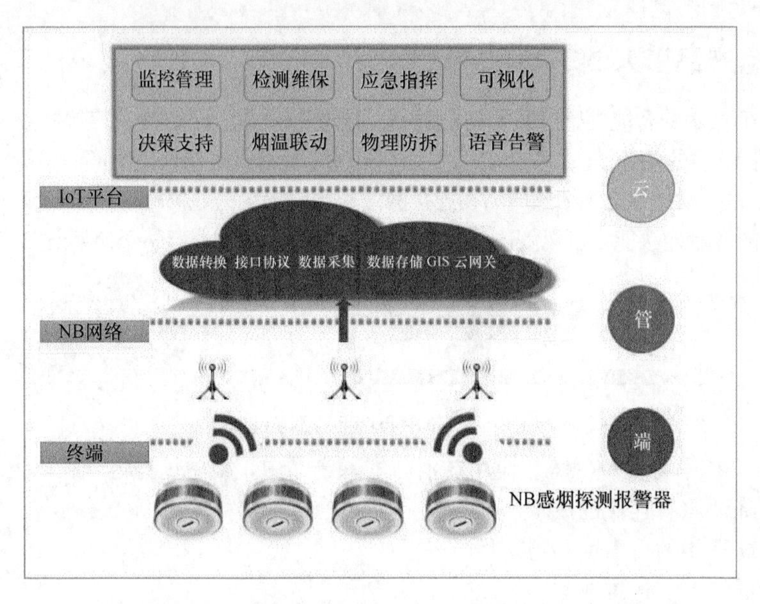

图 11.8 使用“云 - 管 - 端”的智能烟感系统

2. 系统流程

基于 NB-IoT 的烟感系统流程图如图 11.9 所示。系统流程图说明如下：

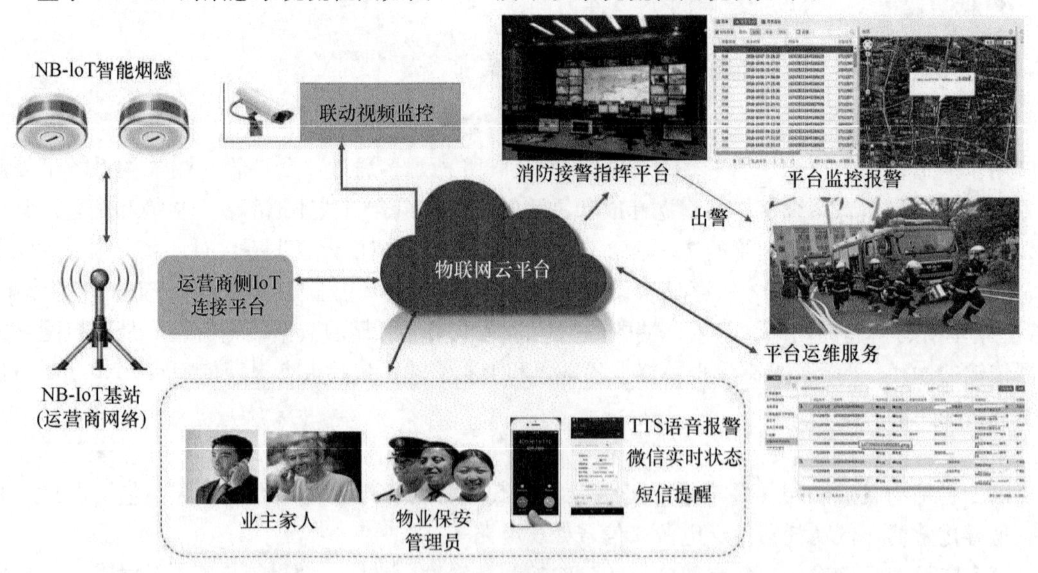

图 11.9 系统流程图

1）消防物联网平台通过内置的主控芯片判断烟雾量以及浓度来确认是否触发报警，一旦确认就会发出烟雾报警/火警信号，启动蜂鸣器报警。

2）数据流通过 NB-IoT 信道传输至运营商基站，通过运营商核心网将数据传输至 IoT 平台进行数据加工。

3）IoT平台将报警数据推送到消防物联网平台。

4）消防物联网平台根据该报警器的业务需求将TTS（文字转语音）语言和微信推送至业主、物业、安全员的手机。同时监控平台中弹出告警对话框。

5）业主、物业、安全员接到报警后进行人员疏散、火警处理。

方案中，用户手机可以通过关注微信服务号等方式进行设备的管理，如绑定手机号、测试设备工作状态、获取各类帮助等。用户可以用在微信上将报警设备与自己的手机号码绑定，也可以绑定家人、物业、管理员、保安等不同角色的手机号码。终端进行烟雾告警时，当业主或管理员排除火警后，可通过手机进行远程消音。

用户告警方面，系统采用TTS自动手机语音智能播报技术，发生报警能够及时通知用户。当产生报警信号时，系统会立即自动拨打用户绑定的手机号码，发送语音警报，同时向管理员或家人等绑定的手机号码群发报警内容。系统对终端的电池电量、信号值等信息状态进行在线监测，终端出现低电压或断网也会及时向用户发出通知。当发现真实火情，可以触发由多个终端构成的组群绑定的用户同时进行报警通知，以告之其他人员及时疏散。当发生终端拆卸、脱落的情况，系统会进行自动告警通知。

系统可将所有的独立式报警器组成可灵活拓展和管理的智能物联网络，可分析、能对决策提供数据支撑的大数据平台，对所有独立式报警器进行实时工作状态监控，确保第一时间消除监控隐患。结合地理位置信息系统，视图化管理、分析所有火警监控所采集的数据，提供平台化的防火大数据支持。

11.2.5 NB-IoT烟感产品应用实践情况

NB-IoT烟感产品已经在全国开展了广泛的商用案例，如福建厦门的社区福利院、浙江杭州的出租屋、广东广州独居老人、上海静安区的老旧小区、乌镇的景区民宿等，均采用NB-IoT烟感，并取得了良好效果和社会反馈。本节以上海昊想智能公司所做的全国首个NB-IoT烟感的商用案例——上海西王小区项目，以及其他几个商用案例为例。

1. 上海西王小区项目

上海西王小区创建于1930年，地处闹市中心，毗邻南京西路，共有居民959户，约2894人，被上海市政府命名为“市级建设保护单位”。小区建筑都是木质结构，人口密集，厨房合用，具有较大的消防隐患，一旦发生火情将会带来巨大的人员与财产损失。

如图11.10所示，该项目对小区部分改造，在小区楼道、公用厨房内安装了基于NB-IoT的智能感烟报警器，突发火灾时将第一时间经由智能后台处理并通知到每位住户、业主、物业和居委会等，快速联动处置警情，最大限度地减少财产损失，保障人员安全。

报警信息同步接入到街道综合治理中心大屏幕，与周边视频监控联动，远程掌握灾情，指挥布控。

2. 乌镇5A级旅游景区民宿项目

乌镇是典型的江南水乡，是拥有1300年历史的江南古镇，其完整地保存了晚清和民国时期水乡古镇的风貌和格局。近年来随着旅游产业的飞速发展，作为5A级景区的乌镇每年都接待着大量的国内外游客；同时，景区内及景区周边分布了大量的民宿客栈，对于消防隐患的排除和防

图 11.10 上海西王小区部署 NB-IoT 感烟报警器

范显得尤为重要，因为一旦发生火情将会带来巨大的人员与财产损失。

乌镇正在准备施工安装安全卫士烟雾探测感应产品，产品采用先进的 NB-IoT 技术，可以 24h 智能监控，监测到发生火情将通过智能后台上报火情，最大程度降低旅游景区财产损失和保障人员安全。

3. 上海田子坊

田子坊位于上海市黄浦区闹市中心。田子坊是由上海特有的石库门建筑群改建后形成的时尚地标性创意产业聚集区。入驻各类茶馆、露天餐厅、露天咖啡座、画廊等上百家商铺。田子坊管委会采用 NB-IoT 智能报警器，安装于消防监测的盲区及原生态老旧住宅内，从而做到消防全方位无缝监控管理。

11.3 智能消火栓

11.3.1 智能消火栓业务描述

消火栓是在出现火情灾害时消防部门用于取水灭火的一种装置。消火栓的用途，主要包括消除着火源、隔绝易燃物，为消防车提供水源。消火栓犹如一个军人，是“养兵千日，用兵一时”的救火取水控制设备。消火栓平时处于闲置且需要维护的状态，数量巨大并且安装分散。

消火栓的特点使得其管理情况非常复杂，涉及公安消防机构、供水企业和其他的建设单位。公安消防机构检查、发现市政道路消火栓损坏或不能正常使用时，通知供水企业进行维修。单位和居民住宅配建的消火栓由机关、团体、企事业单位和居民委员会协助消防部门做好责任区内的公共消火栓的维护管理工作，其主要满足于消防管理部门使用，而维护、管理则由供水企业自身承担。

当前，消火栓因长期不用存在功能失效、锈死等现象，并且存在非法用水和消火栓碰撞受损等问题。这些问题不仅对水资源造成极大浪费，同时更会使得专业消防人员在紧急情况下的用水受到严重影响，给城市消防工作带来巨大隐患。

消火栓智能化监控设备可用于实时监测消火栓用水、消火栓受损倾斜等情形。设备安装在消火栓顶盖位置，结构简单，性能稳定，安装与维护方便，支持远程监控、配置与数据分析。通过在消火栓上加装智能化用具能够缓解上述问题。智能消火栓通常采用电极传感器、压力传感器和倾角传感器监控设施，所有传感器位于100mm大栓盖中。传感器采集到的状态数据发给前端处理系统进行计算，做到实时监测消火栓供水压力、漏水情况和用水情况，可以判断人为撞击损坏、漏水故障、非法用水等不同情况。装带GPS定位功能和RFID电子标签的产品便于消防部门和供水主管部门的管理，既可以实时监测消防水压和位置信息，又可以达到“防盗水、报故障、保安全”的目的。

在消火栓自动监控的过程中，消火栓监控管理平台可设置监控周期，自动上报监控状态信息。在消火栓使用监控中，可远程授权使用消火栓，记录使用起止时间和压力状态。消火栓非法使用和损坏后，记录使用起止时间和压力状态。

11.3.2 智能消火栓行业现状

《消防法》明确规定，消火栓是消防专用设备，凡是同消防无关的其他用水都不得使用消火栓。如有特殊情况，也必须经相关供水部门同意后方能使用，任何单位和个人不得私自开启消火栓。其中《消防法》第二十八条对维护消防设施、器械和防火间距、消防通道方面做了如下规定：任何单位、个人不得损坏、挪用或者擅自拆除、停用消防设施、器材，不得埋压、圈占、遮挡消火栓或者占用防火间距，不得占用、堵塞、封闭疏散通道、安全出口、消防车通道。

目前消火栓管理存在的问题和难点有：

1）非法使用消火栓免费水，例如洗车、临时施工、园林绿化等，如图11.11所示。

图11.11 非法使用、损坏消火栓

2）擅自拆除、迁移市政消火栓，例如，有些门店由于市政消火栓在店门口影响车辆、人员通行耽误了生意，移除消火栓。

3）埋压、圈占市政消火栓，例如，街道两旁的自行车停车场以及堆放垃圾等场所。

4）人为破坏，由于道路改造施工、车辆撞击等各种原因，致使市政消火栓遭到破坏，关键时刻严重影响消防灭火救援的顺利开展。

5）不法分子盗窃市政消火栓。

6）消火栓没有有效的监管措施，只能依靠水务公司稽查人员巡检，从而造成监管不到位，并且造成维护和保养缺失。

目前，消火栓的智能化程度相对比较低，有些智能消火栓采用GPRS通信方式实现远程监测和管理，但是由于GPRS终端的功耗较大，受限于电池的因素，通常几个月就需要更换电池，给维护工作和管理造成不便。

11.3.3　消火栓引入NB-IoT的优势

NB-IoT具有分布范围广、数量规模大、无电源供电、非连续数据、使用周期长等特点，非常适合智能消火栓的应用场景。当有人拧开加装了报警装置的消火栓盖盗水或消火栓漏水时，设备中的倾斜开关发生位置偏离并导通，触发报警装置，将报警信息通过NB-IoT传输到监控中心，实现及时报警，上传包括压力监测、撞倒、开盖、破坏和出水等各种异常报告，降低了消火栓的管理和维护成本。

同时，通过监控消火栓可以减少水务公司人员现场巡视管理成本，辅助决策城市消火栓的合理布局，在有火情发生时快速定位消火栓；通过消火栓水压远程监测可以提升消防队救火的成功率，避免了因消火栓不可用而造成的生命财产损失。

利用NB-IoT技术特性和优势可以很好地解决将消火栓进行智慧物联，集中优势体现在以下几个方面：

- 降低原有连接的成本。
- 大大提高连接的数量和稳定性。
- 有效降低了安装运维成本。
- 解决了消火栓状态数据上报和管理的需求。
- 为城市消防安全管理提供神经感知末梢，作为大数据、人工智能的核心基础。
- 低功耗特点，可以长时间工作5～6年。

11.3.4　基于NB-IoT的智能消火栓解决方案

基于NB-IoT智能消火栓系统的“云－管－端”示意图如图11.12所示。

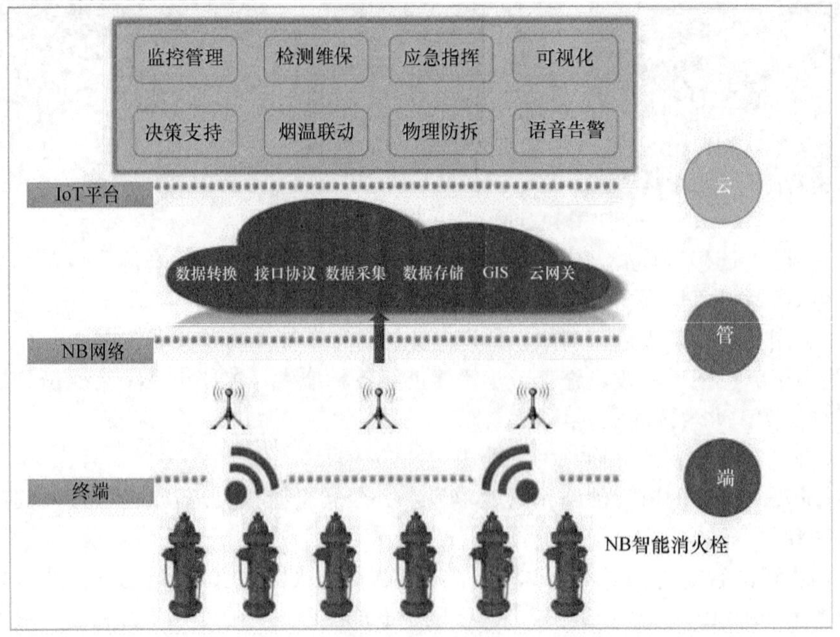

图11.12　云－管－端智能消防系统

第1层是物联感知层，属于系统逻辑架构的底层，用于部署基础硬件设施，包括温度、光线、烟雾传感器、低功耗器件、电源、信号处理电路等。

第2层是网络传输层，负责数据流的传输控制。水压、倾斜、磁力感应等传感器被触发后会按照需求产生一定量的报警数据流。数据流通过基于NB-IoT网络传输到基站之后再连接至因特网或其他外部网络。

第3层是运营商IoT平台，通过该平台运营商对物联消防设备的数据进行数据存储以及加工，并提供接口进行数据推送。

第4层是物联云，提供监控管理、设备检测、接警处理等界面功能。

系统设计时考虑到，消防部门和水务部门的不同的管理和使用需求，可将设备采集数据和报警信息根据需求进行智能分发推送，同时可以共享一个业务平台。这样可以避免重复建设产生不必要的浪费，系统流程说明如图11.13所示。

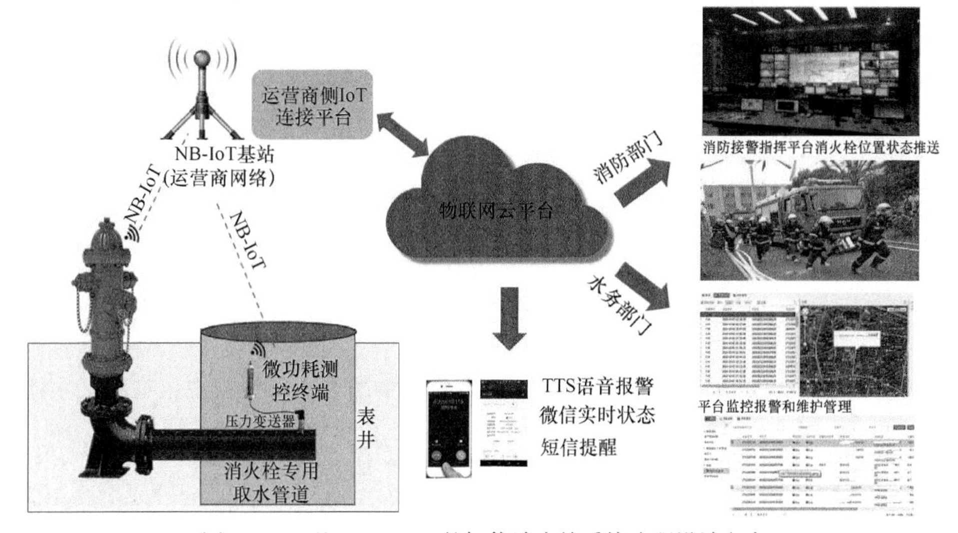

图11.13　基于NB-IoT的智能消火栓系统流程设计方案

系统方案中几个关键部分包括盗水监控模块、设备倾斜监控模块、平台监控和数据分析模块。

1. 消火栓智能阀门盗水量监控

盗水量监控模块是基于霍尔传感器的智能阀门检测单元，采用敏感器件和无电触点设计，实现非接触性测量位移，如图11.14所示。监控阀门灵敏度高，动态响应快，可靠性好，寿命长，抗干扰能力强。安装有霍尔式消火栓阀门的消火栓，在水阀门开关出现人为打开或关闭操作时，均能迅速监测到阀门变化，并将变化情况转化为数字信号，实时上报阀门状态。通过阀门开启和关闭的时间界定，利用时间和流速的计算可实现水量的估算，从而实现盗水的监控。

2. 消火栓智能倾斜感应

基于倾角传感器的智能倾斜检测单元，采用国际先进的磁敏感器件，参照大地水平面，利用重力摆结构测量出相对大地水平面的倾斜角度或垂直角度。倾斜检测响应频率快、测量精度重复性高，还有抗冲击、抗振动、使用寿命长、适用温度范围广等多项优点。安装有智能倾斜感应的消火栓，当消火栓发生意外被撞倾斜时，能迅速监测到角度变化，并将变化情况转化为数字信号，实时上报倾斜状态。

3. 远程平台实时监控与智能数据分析

数据接收和多元化展示的消火栓设备远程监测平台采用无线方式实现智能消火栓与远程平台之间的通信。在平台端接收消火栓设备状态、报警等信息，实时监测消火栓运行情况，并可根据平台指令修改消火栓相关参数。消火栓设备远程数据通过高级应用整合分析，在平台直观实现实时状态、历史变化、报警分析、事件统计等多种数据信息的可视化展示。

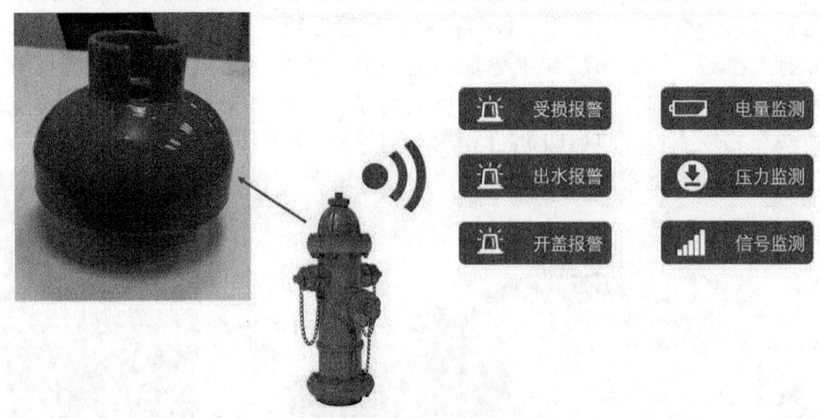

图 11.14 智能消火栓检测和报警内容

11.3.5 NB-IoT 消火栓应用实践情况

以昊想智能科技公司的应用案例为例，上一节描述的智能消防设备在上海的某水务公司正在试点应用，运行以来可以稳定、可靠地监测，一旦发生盗水情况，能够及时报警，第一时间处理。实践证明智能化系统能够帮助水务公司解决消火栓管理问题。

全国有市政消火栓 120 多万个，但完好率却不足 50%，行业痛点明显，将消火栓进行智慧化的需求迫切，利用 NB-IoT 技术进行有效而可靠的物联无疑是最优选择。从智慧消火栓物联网的应用效果分析，通过长期的数据采集和智能应用，将可以为水务部门和消防部门的智慧管理带来极大的经济效益和社会效益。

（1）从消火栓管理部门和各单位、社区角度看

- 免去日常到现场监督管理的任务。
- 在火情发生时可以快速定位消火栓。
- 通过消火栓水压远程检测提高消防队救火的成功率。
- 辅助决策城市消火栓布局的合理性。

（2）从供水企业角度看

- 能够及时快速对消火栓进行维护、抢修。
- 节约大量的淡水资源，挽回因消火栓漏水和不良用水造成的经济损失。

（3）从社会角度看

- 避免了因消火栓不可用而造成的人民生命财产的损失。

- 提高了公共消防服务水平和社会化水平。
- 降低了消火栓管理、维护成本。

11.4　智能停车

11.4.1　智能停车业务描述

车位信息的缺失导致我国停车位空置率高，停车资源不能有效使用。为解决停车位的信息孤岛问题，势必要实现车位的联网，实现停车场资源的集中管理，对于引导有序停车意义重大。

以上服务就是智能停车的基础功能。智能停车作为一种新型业务，其实早已出现在我们的生活中。最常见地，停车场的车位引导牌实时报送当前可用停车位数量，实现了停车场与车主的无缝连接；停车场入口处的视频识别系统可以智能检测车辆到来并自动抬杆放行，省却了停车取卡放行的烦琐程序；通过停车 APP 或停车小程序提供的地图功能，车主不再需要苦苦寻找预定车位，也不需要寻车时“跑断双腿”，地图服务使车主更快速地定位车位；除此之外，移动支付可以完成快捷支付，智能地锁提供 VIP 车位预留服务，智能充电桩可以实现电动汽车的快速充电。

总体来说，智能停车是指将物联网、互联网、传感网、大数据等新一代信息技术综合应用于城市停车位及充电桩的采集、管理、查询、预订与导航服务，实现停车位资源及充电桩资源的实时更新、查询、预订与导航服务一体化，使停车位资源利用率最大化、停车场利润最大化和车主停车服务最优化。

11.4.2　智能停车行业现状

目前主流智能停车方案基于两跳小无线技术，即通过网关实现停车位数据的集中收发，网关仅仅可以提供小范围覆盖。如图 11.15 所示，停车位地面上安装有车辆检测器，车辆检测器中集成的通信模组通过短距离无线技术（ZigBee/RF/LoRa 等）将车辆占用信息上报给运营商无线网络。对于以上主流方案，在无线接入部分，首先终端通过 ZigBee、LoRa、RF 等无线技术实现停车位和网关的连接，然后网关通过运营商网络将数据回传给停车管理平台。

图 11.15　两跳智能停车方案

以深圳“宜停车”道路停车管理项目为例，如图 11.16 所示，车位检测器终端实时检测车位占用情况，一旦发现车辆驶入或驶离，则将原始状态数据上报给私有网关，网关对数据汇集后，通过运营商基站回传给亿车“泊云”停车管理平台，从而实现车位管理、监控、计费、维护等集中操作。

两跳智能停车方案虽然可以解决停车位连接的问题，但缺点也很明显，无法满足成本、覆

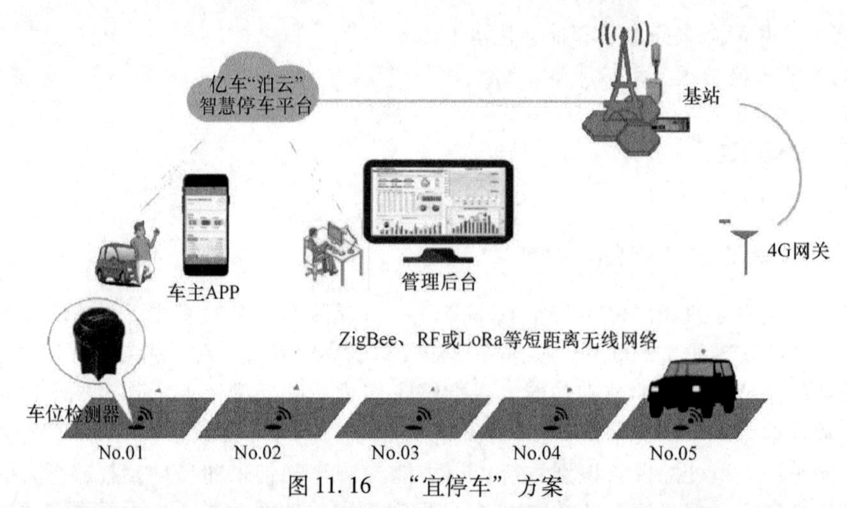

图 11.16 "宜停车"方案

盖、可靠性等实际需求。首先，网关部署成本高昂。单网关理论可管理 100～200 个车位，但由于路边停车位分散，平均 10～30 个车位就需配备 1 个网关，每个车位平摊成本在 200～300 元。其次，网关的安装维护及供电困难。网关需要抱杆安装，安装环境常常难以协调；网关维护手续烦琐，需要上杆作业；户外网关供电困难，需为设备安装单独供电系统。第三，网关覆盖距离短。ZigBee 作为典型的小无线技术，最大覆盖距离约为 100m，即使通过中继器增强，也至多延长到 300～400m；LoRa 虽然是一种长距离无线技术，但由于国内对 LoRa 所处频段有发射功率限制，LoRa 在空旷场景可覆盖 1～2km，实际停车场景覆盖 150～200m 左右。第四，网络可靠性不高，ZigBee、LoRa 等技术大都使用非授权频段，通信易受干扰，传输成功率不高。最后，不同智能停车设备厂家采用私有的无线短距传播技术及通信协议，设备无法兼容。

11.4.3 智能停车引入 NB-IoT 的优势

与两跳技术相比，采用 NB-IoT 技术的车辆检测器终端直接将信息上报给运营商无线网络，整体方案不再需要汇聚网关，大大节省了设备的采购成本、安装成本及后期维护成本。据估算，基于 NB-IoT 无线接入技术的智能停车方案相对于传统方案节省的综合成本至少在 30% 以上。

另外，NB-IoT 技术基于授权频段，通信干扰少，可提供电信级的通信保障。运营商网络可提供无处不在的覆盖，使车辆检测器即插即用，后续智能车位扩容简单方便。

更重要的是，NB-IoT 作为未来物联网的主流技术，其产业链生态将会越来越完善，可以提供一套标准化的无线接入体系，使不同厂家不同型号的车辆检测器终端通过统一的无线接入方式把数据上传到平台，兼容性大大提高。未来，智能停车方案中的停车诱导屏、充电桩、车位锁、出入口道闸等各类终端都可以通过 NB-IoT 技术实现平台接入，并形成以 NB-IoT 为主要物联网连接技术的城市级智能停车整体解决方案。

11.4.4 基于 NB-IoT 的智能停车解决方案

NB-IoT 智能停车通信解决方案按照云平台、管道、终端的系统架构建设，包括终端、NB-IoT 网络、IoT 平台和业务平台 4 部分。如图 11.17 所示，与现有停车通信方案不同，NB-IoT 智能停车通信方案不包括网关，终端以无线方式直接将状态信息传递给 NB-IoT 网络，并最终送达 IoT 平台。IoT 平台针对终端状态变化进行集中处理，并向业务平台提供服务接口。

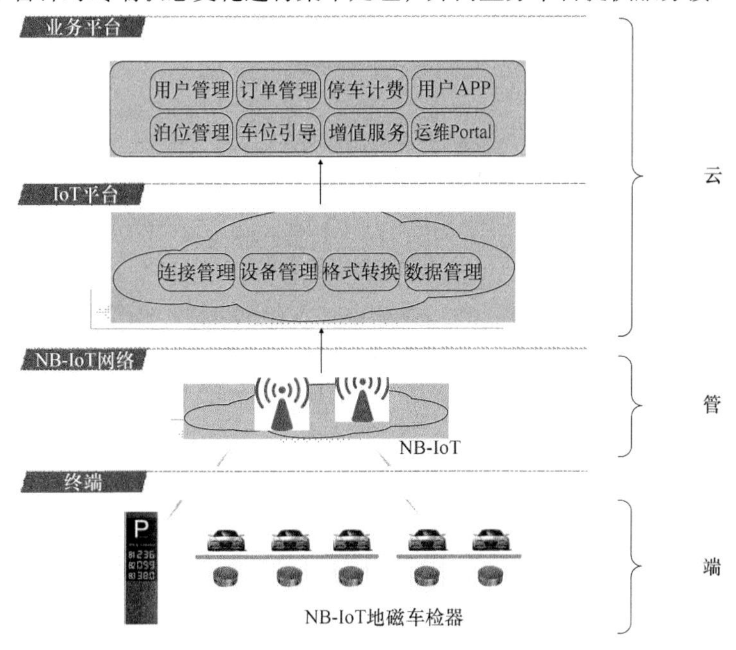

图 11.17 NB-IoT 智能停车方案

接下来，分别以亿车科技公司和中国移动自主研发的 NB-IoT 智能停车端到端解决方案为例，详细介绍其技术原理和运行机制。

为升级传统智能停车方案，深圳“宜停车”基于原有架构，提出了基于 NB-IoT 技术的智能停车方案。如图 11.18 所示，与传统“宜停车”不同，NB-IoT 智能停车方案拿掉了汇聚网关，终端直接通过 NB-IoT 基站将原始采集数据上报给移动 OneNet 平台及亿车“泊云”智能停车平台。“宜停车”的 NB-IoT 智能停车升级方案中，每个停车位安装一个采用电池供电的地磁车辆检测器。车辆检测器内部有三个关键模块：地磁传感器、MCU（MicroController Unit，微控制单元）、NB-IoT 通信模组。地磁传感器会不断采集周围地球磁场的变化状况，经过 MCU 内置的程序算法进行计算，得出有无车辆的判断结果，最后通过 NB-IoT 通信模组将结果上报。大部分时间，车辆检测器都处于深度休眠状态以节省电池功耗，当检测到有车位占用状态变化时，NB-IoT 通信模组才会被唤醒并发送数据。与原有“宜停车”方案相比，基于 NB-IoT 的智能停车方案不需要汇聚网关，大大节省了方案成本，有利于后续智能停车位扩容。另外，由于 NB-IoT 基于授权频谱，通信可靠性得到了极大保障，安全性大大增强。

作为移动运营商的领路者，中国移动积极推动智能停车行业的发展，并与锐捷网络、智蓄联动等企业合作开发了一款开放型智能停车解决方案——小和轻停，其业务系统如图 11.19 所示。其中，中国移动提供 IoT 平台和停车管理平台，锐捷网络、智蓄联动等提供车位检测器。该方案具有 NB-IoT 停车方案的一系列优势，可提供车位占用检测、停车导引、反向寻车、车辆进出统计、在途车辆识别等服务。并且，“小和轻停”采用开放的业务平台，支持多终端接入，部署方

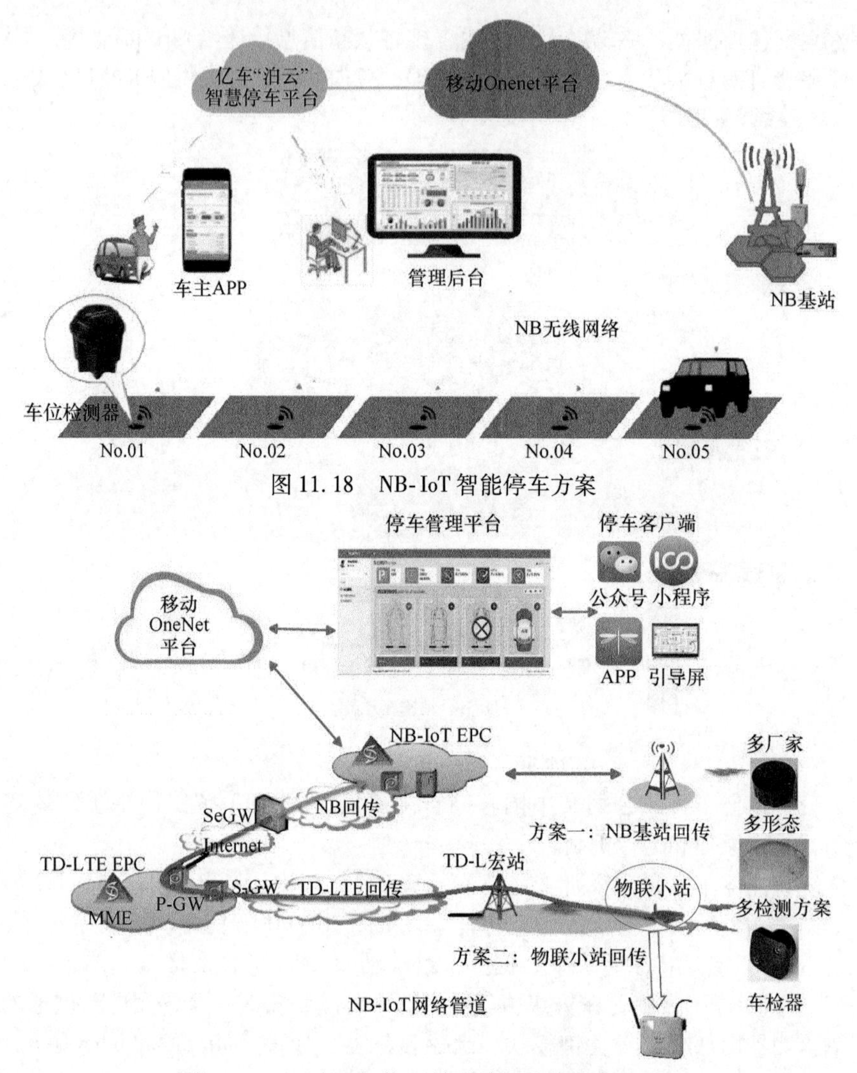

图11.18　NB-IoT智能停车方案

图11.19　"小和轻停"端到端智慧停车业务系统

案灵活，且网络运营商深度参与，实现网络和业务的深度优化。

多终端方面，"小和轻停"对各厂家产品均开放，兼容市场上不同类型的车位检测器终端，针对不同应用场景，可灵活选择厂家和产品形态。截至目前，"小和轻停"支持锐捷网络、智蓄联动、上海苏通3家公司的车位检测器终端，支持地埋式、贴地式、挂装式、地锁式等多种终端形态，支持无线超声波、地磁2种车辆检测技术。后续，"小和轻停"将继续与亿车科技等停车行业伙伴合作，引入更多类型的停车相关终端产品，努力拓展终端的多样性和灵活性。

部署方面，"小和轻停"引入中国移动自研的物联小站新型基站方案解决宏站覆盖盲区的问题。物联小站分为覆盖和回传两部分，可提供900MHz NB-IoT覆盖，回传可支持有线回传及TD-LTE无线回传。物联小站设备整机重量2kg，可采用挂壁/抱杆/吊顶/放装等多种安装方式，方便灵活。在现网部署时，仅需要选择有TD-LTE覆盖的环境并提供交流供电，即可实现NB-

IoT 覆盖，真正实现即插即用。物联小站覆盖可达 MCL 140dB，横向无遮挡可覆盖 $2000m^2$，纵向可覆盖三层楼宇。

性能优化方面，“小和轻停”深度结合停车业务需求与网络特点，全面提升端到端性能。目前市场上 NB-IoT 智慧停车解决方案大都处于初创时期，方案整体性能仍需优化和提升。“小和轻停”在中国移动及锐捷网络等合作伙伴的共同努力下，开展了一系列停车业务性能的优化工作，并在 5G 联创实验室和移动物联网外场试验基地对性能进行了评估。特别是针对停车业务非常关注的终端功耗问题，网络侧为停车业务进行了定制化的参数配置和优化，引入 RAI（释放辅助指示）功能，并结合终端休眠电流优化，有效降低了终端功耗。

11.4.5 智能停车应用实践情况

自 2017 年下半年以来，随着 NB-IoT 网络的商用，国内陆续上线了多个基于 NB-IoT 技术的智能停车项目，参与方涉及众多车位检测器终端厂商、平台厂商、停车场物业以及 NB-IoT 网络运营商。

江西鹰潭部署了全国首个基于 NB-IoT 技术的智能停车应用示范项目。通过在某景区停车位铺设安装有 NB-IoT 通信模组的地磁感应设备，实现了景区停车位资源的信息实时采集和监控，有效解决了游客停车难的问题，促进了景区停车场的智能化运营。

浙江杭州在余杭区部署了基于 NB-IoT 的智能停车管理系统并投入使用。该系统具备 IoT 平台能力，车辆检测器数据通过 NB-IoT 网络传到 IoT 平台，IoT 平台提供高效灵活的数据管理，包括数据采集及分类、结构化存储、数据调用、数据分析、定制报表。

图 11.20 西安 NB-IoT 智能停车项目

陕西西安承建了截至目前全国最大的基于 NB-IoT 技术的路边智能停车项目。截至目前，已在城墙内区域上线了 1000 多个 NB-IoT 地磁车辆检测器，并且自 2017 年 11 月上线后运行近两个月以来，NB-IoT 地磁终端整体运行稳定。如图 11.20 所示，在提供 NB-IoT 自助停车的区域，西安当地车主用户只需要下载一个 APP 或者关注相关微信公众号，即可完成自助停车、自助查询、自助缴费等功能。

11.5 智能水表

水表是供水行业流量测量中使用最广泛和最重要的仪表之一。水表的使用量大面广，既关系到千家万户的切身利益，也是各企业节约和控制用水、降低生产成本的重要手段。

智能水表是一种利用现代微电子技术、现代传感技术、通信技术等对水量进行计量并进行用水数据传递及结算交易的新型水表。传统机械水表一般只具有流量采集和机械指针显示用水量的功能，智能水表与之相比有很大进步（见表 11.1）。

表 11.1 智能水表与机械水表对比

机械水表	智能水表
人工抄表抄读速度慢、计费周期长，一般都在季度以上，造成自来水公司长期垫资运营和水费回收率低	带有远传功能智能水表数据可以随时读取，方便按月计费或提前计费等多种方式，阶梯计价调费操作简单
机械抄表工作量巨大，自来水公司现有员工基本无法满足全面抄表到户，并且人工读数主观操作性强，表具跟踪管理难度大	智能水表可智能抄读和远程抄读，数据客观，计费准确误差极小，终端实时监控
机械表无法实时读取数据，无法进行数据分析	智能水表数据实时读取，便于实现智能分析
机械表无法实现水质、水压等多功能扩展	智能水表可加载水质、水压等监测功能，是未来智慧水务的终端单元

智能水表行业虽然发展多年，但一直受技术限制和稳定性困扰，直到近几年才稳定下来，并进入快速健康的发展阶段。同时受到漏损控制、智慧水务和阶梯水价等多项政策的推动，智能水表正加速替换机械水表。

十几年来，在国家相关政策的引导下，智能水表与抄表系统在我国经历了从无到有、不断发展的发展阶段。20 世纪 90 年代初，建筑智能化将“三表”远传的概念融入其中之后，远程抄表这个行业在我国一下子便进入了快速发展时期。各种制式的远传水表、抄表系统和远程抄表方式竞相出现：脉冲水表、IC 卡水表、带数据传输接口和通信规约的智能水表；分线制抄表系统、总线制抄表系统、无线抄表系统；专线网络传输、无线网络传输、电力载波传输、其他如电话线网络传输等。21 世纪初，一些研究单位和生产厂家开始对电子式水表重新定位，基本确立以具有数据处理与存储功能、带数据传输接口和通信规约的智能水表为主要研究目标，即不再依赖外围设备完成电子计量，而以表为工作单元实现真正的、完整的电子计量与远传的功能。

随着科技的进步和社会的发展，特别是信息技术的迅猛发展，使信息的传播达到了实时化和智能化，尤其是在公用事业领域，各类信息的采集和传输已经能够实现智能化，以往那种采用人工抄收和统计水表数据的时代已经成为历史。应用电子技术、计算机技术、无线传输技术、网络技术、测量误差修正技术和微功耗供电等先进技术的智能水表将成为水表发展方向。随着无线传输技术和移动公用通信网络的发展，远程水表技术开始迅速发展和成熟。

11.5.1 智能水表业务描述

目前，供水行业商业运营模式是，供水企业 - 水表 - 客户。作为供水企业与客户联系的重要纽带——水表，其安全、可靠、准确计量和科学、规范管理十分重要。

传统水表业务主要是水表读数采集，大部分供水企业都是通过人工以 1 个月、2 个月甚至更长时间为周期抄读一次水表。随着安全高效供水服务的迫切需求和阶梯水价政策的实施，传统机械水表无法满足新的业务需求，需要通过智能水表及时上报水务信息，实时感知城市供水系统的运行状态，并且可加载水质、水压等监测功能。智能水表业务具有数据量小、业务频次低的特点，属于典型的 LPWA 类业务，且呈现出上行流量大、下行流量小的业务特征。

11.5.2 智能水表行业现状

智能水表系统是将计量传感器、数据传输技术和微处理器智能控制技术结合在一起的一种远程计量、测控、抄读系统，是实现自来水行业水资源管理、水表抄读、水费收费管理自动化、数字化、网络化的管理系统。

目前实现数据传输技术主要包括以下几种：①采用有线网络；②借助运营商移动网络GPRS/CDMA 网络；③利用短距离无线传输技术。

1. 有线网络总线方式

如图 11.21 所示，智能水表直接连接在总线上，每条总线可接约 128 只水表，再将总线接到集中器上，集中器通过总线转换器，最后接入管理计算机，实现网络自动抄收管理的目的。这种方式比较适合小区物业等局域抄表。

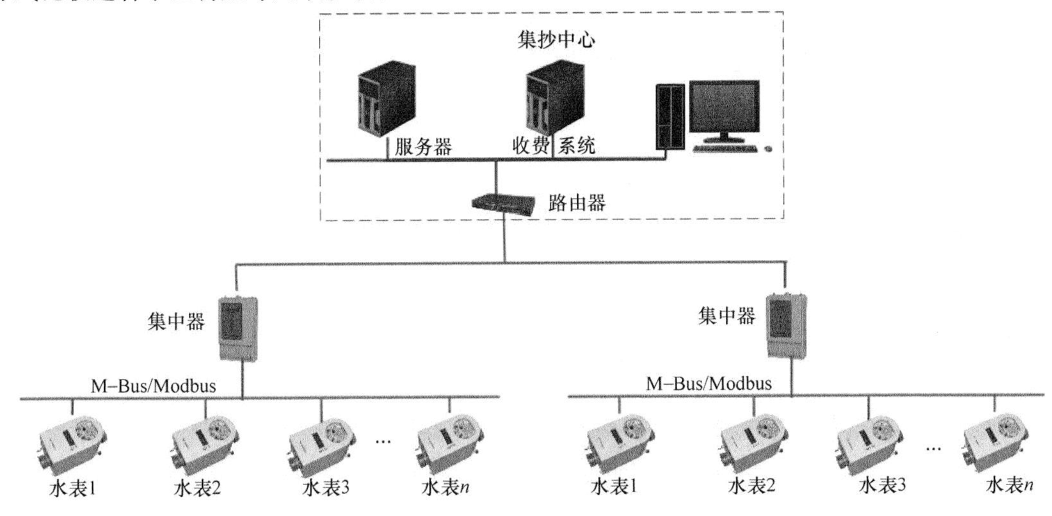

图 11.21　总线抄表方式

2. 利用运营商公网 GPRS/CDMA 方式

利用运营商的移动网络，实现无线抄表是一种适合大范围部署的解决方案。一般采用GPRS/CDMA 的网络。

如图 11.22 所示，用户水表中的采集器直接将数据传输到集中器，然后集中器通过 GPRS/CDMA 网络将数据录入到服务器中，实现网络自动抄收管理的目的。该方式实现了远程无线抄收，可以在任意地方实施抄表，简单、灵活、方便。

如果某一小区内某栋楼的数据读取失败，可由抄表人员进入每栋楼进行手动抄表，再将手抄器的数据导入管理计算机上进行数据管理，实现自动抄收管理的目的。

3. 短距离无线通信方式

以 ZigBee 为例，如图 11.23 所示，在这种部署方式中，用户水表中的采集器直接将数据传输到 ZigBee 集中器，然后 ZigBee 集中器通过 GPRS/CDMA 网络或有线网络将数据录入到服务器中，实现网络自动抄收管理的目的。

ZigBee 支持三种主要的自组织无线网络类型，即星形结构、网状结构和簇状结构。其中，网状结构具有很强的网络健壮性和系统可靠性。

这些抄表方式存在的问题总结如下：

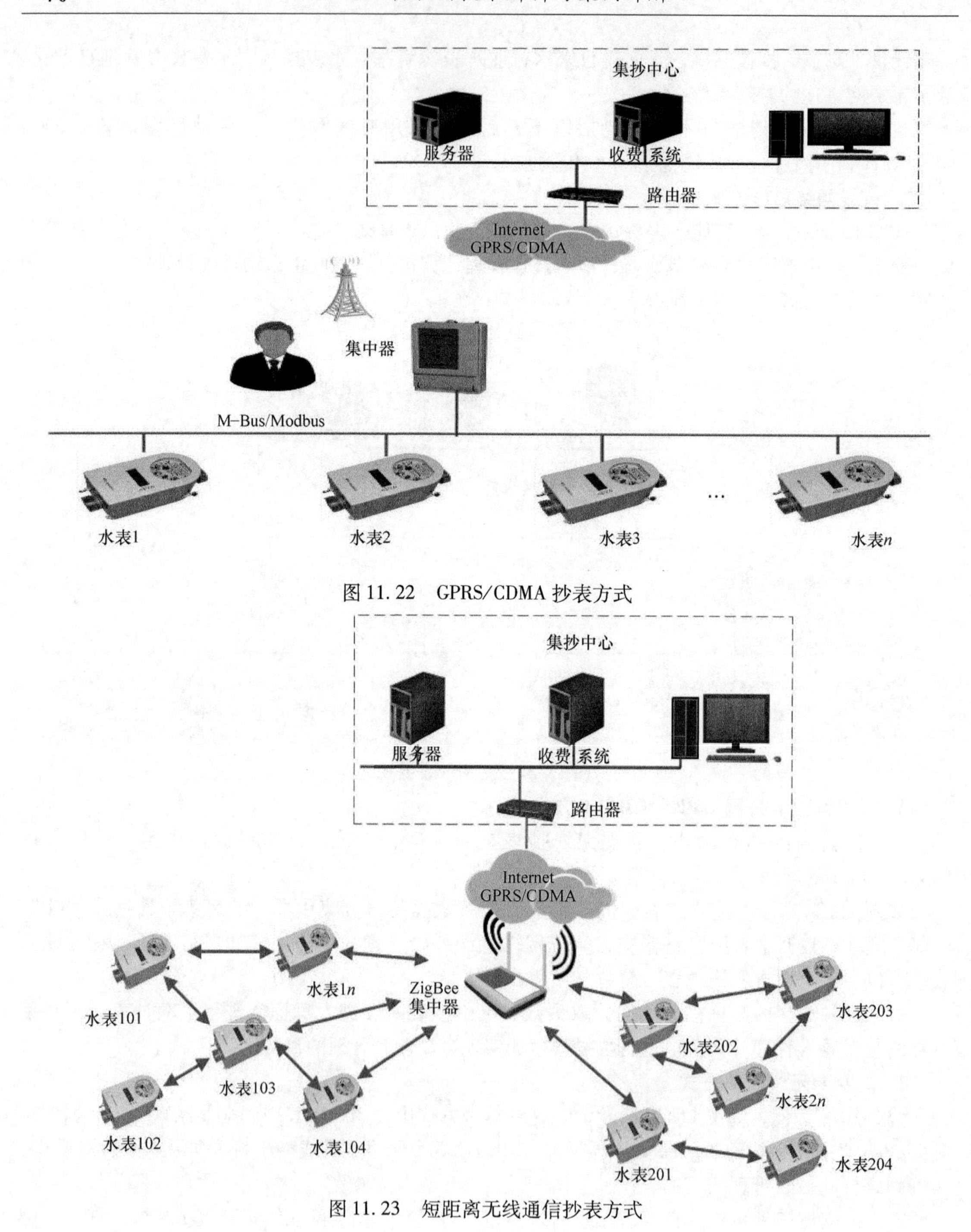

图 11.22 GPRS/CDMA 抄表方式

图 11.23 短距离无线通信抄表方式

（1）覆盖问题

目前，国内很多水表安装在管道井、楼道内、室内或地下，安装环境相对复杂。因此有线网络存在布线复杂、后期维护困难等问题，且成本较高。同时采用传统的运营商公网时，对网络覆盖要求较高，为保证传输效果往往需要加装信号放大器，但效果不尽人意。

(2) 数据传输安全和可靠性

对于传统的人工抄表方式，经常由于人为原因出现数据抄录错误，无法保证数据可靠性。对于通过 ZigBee 等短距离无线通信技术进行智能水表的数据传输，由于利用的是非授权频谱建立的自组网，容易受到干扰，数据传输的可靠性和稳定性较低；另外，其数据管理技术水平良莠不齐，数据传输、数据管理的安全令人担忧。

(3) 功耗

使用传统 GPRS/CDMA 公网进行数据传输的智能水表的高功耗问题是供水企业迫切需要解决的问题。如需外接电源，将增加成本，且由于水表的很多安装位置外接电源不方便，水表终端一般采用电池供电的方式，如内置电池，由于功耗大，需频繁更换电池，增加维护成本和管理难度。因此，对功耗要求非常苛刻，一般而言，电池的使用时间至少要在 3 ~ 6 年，而目前终端很难满足。

(4) 成本

无论是家庭用户，还是企业用户，抄表终端的成本始终是绕不开的话题，特别是对于海量连接数的家庭用户，对于成本更为敏感。抄表终端的成本包括两个部分：第一，一次性改造或者安装的成本；第二，系统的运行成本。最好的方案应当是一次性投入的成本尽可能低，无运行成本或运行成本非常低。而目前的表体费用较高，对于沿用传统的上门抄表模式的供水企业，人工监控成本也很高。

目前智能水表市场增长迅速，市场前景广阔。2015 年我国水表产量 7000 万台，其中智能水表 1500 万台，出口水表约 1000 万台，国内销售的 6000 万台最主要应用于新建楼盘与住宅改造。虽然目前国内房地产市场已经趋近平稳，但棚户区改造同样是巨大的市场。随着技术的不断提升以及智慧城市的演进，智能水表行业将稳步发展。

2016 年之前智能水表产量一直以近 20% 的速度增长，预计新一代的物联网以及 NB-IoT 智能水表将很快实现批量生产，将大大满足市场需求。《水表行业“十三五”发展规划纲要》指出，“十三五”期间智能水表（含智能应用系统）销售收入占全部水表销售比例要达到 40%，伴随着政策向好，智能水表的市场规模也将稳步提升，预计增速将达到 28%，到 2020 年智能水表的渗透率将接近 45%，年出货量 4500 万台。根据渗透率提升的预测以及销售收入的预计增幅比例，假定未来 40% ~50% 的新增水表需求为智能水表，按我国当前约 4.5 亿家庭用户以及智能水表价格 270 元/台计算，预计未来五年我国将新增智能水表超过 1.5 亿台，对应规模将达到超过 400 亿元，相较于当前每年 50 亿元的市场规模将有显著提升。

11.5.3 智能水表引入 NB-IoT 的优势

作为物联网专用网络，NB-IoT 的优势如下：

(1) 广深覆盖

在相同的频段下，NB-IoT 网络比现有的其他网络增益高 20dB。不仅可以满足农村这样的广覆盖需求，对于管道井、楼道内、室内或地下、厂区等对深度覆盖有要求的场景同样适用。

(2) 超低功耗

水表主要安装在管道井、楼道内、室内或地下，外接电源不方便，一般采用电池供电的方式。因此，对功耗要求非常苛刻，电池的使用时间要求在 3～6 年，目前终端很难满足。而 NB-IoT 的低功耗优势可以满足智能水表对功耗的要求。

11.5.4　基于 NB-IoT 的智能水表解决方案

1. 基于 NB-IoT 的智能抄表系统架构

基于 NB-IoT 的智能抄表系统架构如图 11.24 所示。

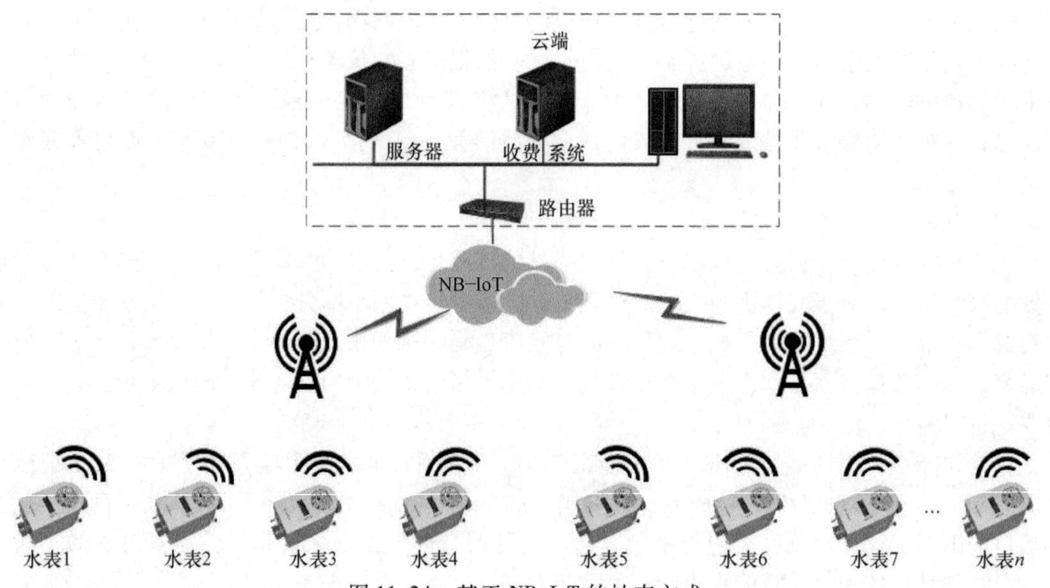

图 11.24　基于 NB-IoT 的抄表方式

智能水表的无线通信选择 NB-IoT 网络。水表采用电池供电，不需要市电，根据行业标准的要求，电池的使用寿命大于 6 年，因此整个产品的设计要求充分考虑耗电量问题。电池选择高能锂电池，通过选择低功耗器件，设定精密的微功耗工作方式来确保电池的使用寿命。通过采用双传感器、软件纠错、抗干扰技术、加密技术来保障数据采集、存储、传输的准确度。

2. 基于 NB-IoT 的智能水表方案

目前常用的智能水表方案有两种：

(1) 方案一

这种方案是将 NB-IoT 模组与水表集成为一体。根据不同的水表集成方式不一样。采用低功耗单片机与 NB-IoT 模组组成水表无线通信模块。

1) 水表采用单片机或光电模块采集数据时，采集模块与通信模块的连接接线图如图 11.25 所示。这种情况下，模块与表之间是通过总线通信的方式采集数据。采用的协议与表的协议一致。如日本爱知水表就是这种通信方式。

2) 对于水表为脉冲表时，采用干簧管采集数据，与模块的连接接线方式如图 11.26 所示。由于干簧管式脉冲表采用双脉冲计数的方式累计读数，表的读数直接由通信模块来计数完成。

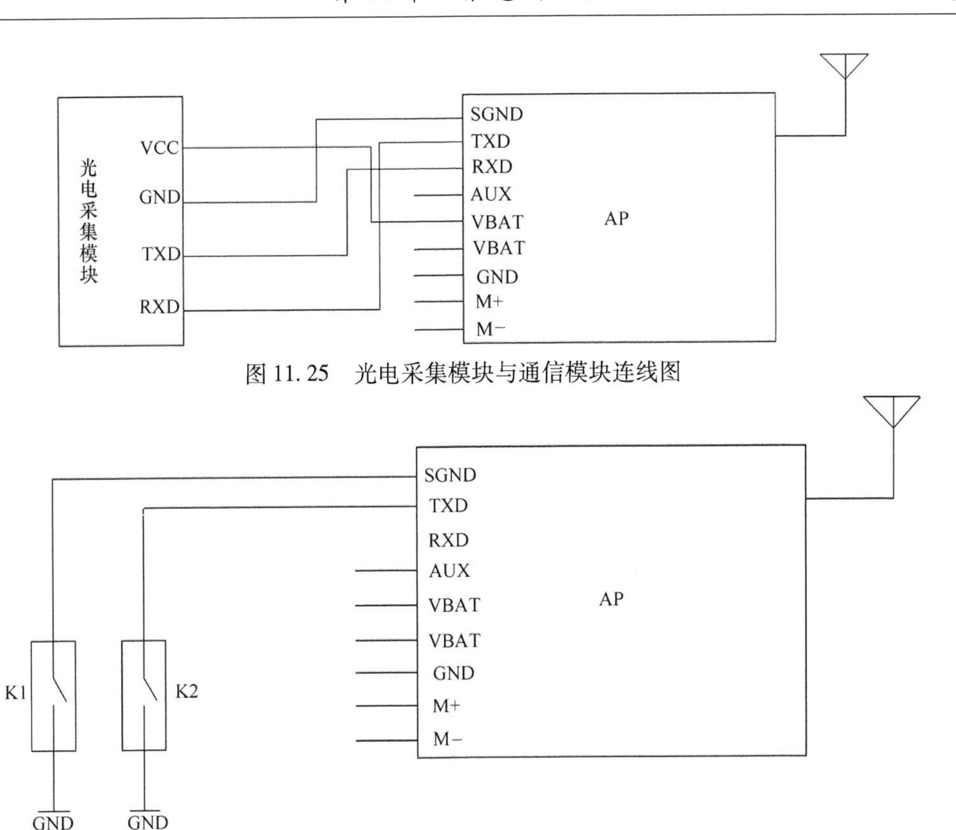

图 11.25 光电采集模块与通信模块连线图

图 11.26 干簧管与通信模块连线图

3）脉冲表采用霍尔传感器采集数据时，数据采集电路为脉冲计数输入接口，连线图如图 11.27 所示。水表输出的脉冲信号通过输入接口到单片机中进行处理。总线接口采用与水表一致的协议和物理接口。由单片机与水表模块进行通信，采集水表的数据。

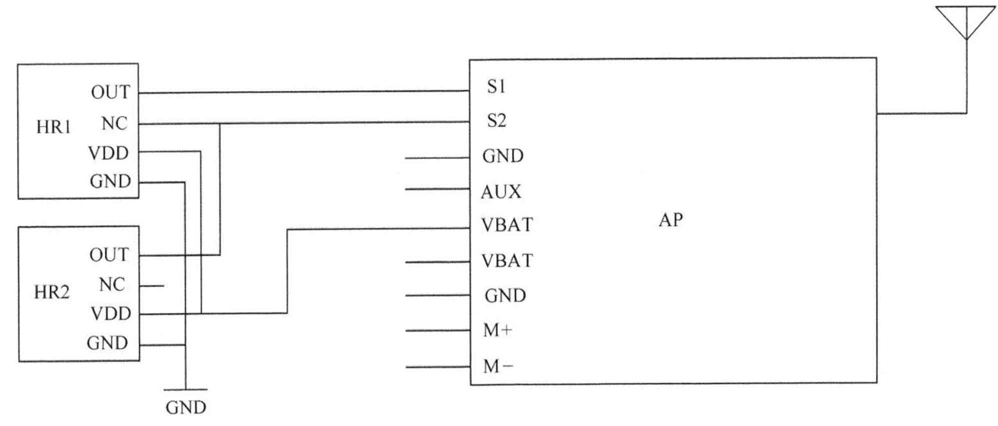

图 11.27 霍尔传感器与通信模块连线图

（2）方案二

该方案是 NB-IoT 模块做成单独的传输单元，与水表分离。NB-IoT 单元集成有通信接口，直接可以与现有的水表集成。特别适合于目前已有电磁水表的改造。

该类水表由以下几部分组成：低功耗 MCU、NB-IoT 模组、数据采集电路、信息显示、电源电路、总线接口、存储，如图 11.28 所示。

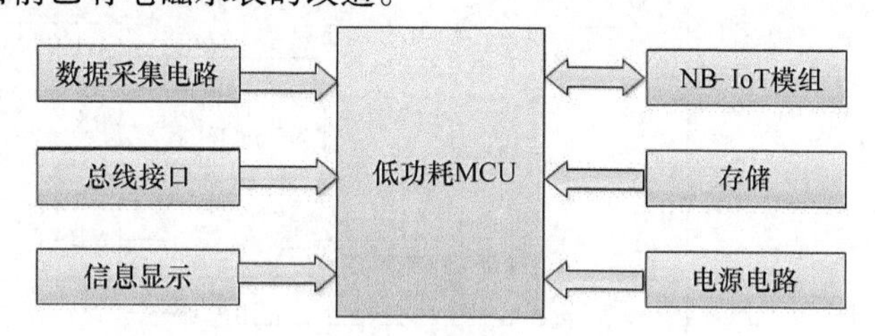

图 11.28　NB-IoT 模块与水表分离的方案

1）数据采集电路：数据采集电路为 4～20mA 的模拟量输入接口，A－D 转换的精度为 14bit。水表的输出信号可以通过 A－D 转换采集到 MCU 中进行处理。

2）总线接口：总线接口采用 RS－485，协议为 Modbus－RTU，该协议基本兼容目前国内主流的总线型水表。通过 RS－485 接口可以实现多个水表通过一个 NB-IoT 模块进行发送。

3）信息显示：在本次设计中，智能水表信息显示模块采用液晶显示，目前市场上的智能仪表的显示有 LCD 和 LED 两种，因为智能水表采用低功耗设计，而 LCD 的功耗相对 LED 要小得多。

3. 智能水表业务系统

智能水表系统综合管理软件体现了水表软件的功能齐全，包括了实时监测、设备维护、统计分析、历史查询、档案管理等功能模块，里面还包括了设备维护、漏损分析等功能。

主要功能模块如下：

- 数据连接：将采集到的数据传输到计算机上进行相应的数据处理。
- 抄表管理：可根据需要设置抄表时间、次数等。
- 档案管理：可对水表等分类计量。
- 实时监测：可随时观察用户表具使用状况（仅对 RS－485 和 M－BUS 通信）。
- 用户管理：客户档案管理是系统对客户档案的管理，包括查看、创建、删除、修改客户的操作。户号表务管理包括系统对用水户的开户、销户管理，以及对已存在用水户的更换水表管理、更换通信卡管理、户号信息修改的操作。
- 系统设置：设置管理员信息及抄表参数等。
- 结算缴费：对用户各表费用结算，打印清单，方便用户缴费。
- 历史查询：抄表历史查询，对单个用水户在选定时间段内抄表历史记录进行查询，并支持对查询出来的数据进行打印及导出电子表格等功能。报警历史查询，对多个及单个用水户在选定时间段内报警记录进行查询，并通过不同颜色来区分报警记录的处理情况，同样支持对数据进行打印及导出功能。
- 统计分析：用水统计可以对多个或单个用户进行用水统计，可以按照日/月/年分别进行统计，并自动生成汇总数据。支持统计数据的打印以及导出至电子表格功能。漏水分析，对考核水表用户在选定时间内的用水数据进行统计分析，给出漏水结论，正常率为 100% 时，表明不存在漏水情况，其他数据表明存在漏水。可以通过图表和数据列表清晰显示具体漏水时段。

11.5.5　NB-IoT 智能水表应用实践情况

我国目前智能水表应用已经在江西鹰潭等多地商用，为 NB-IoT 在抄表市场上的应用起到示范作用。

1. 提升社会服务水平

基于NB-IoT智能水表的应用，将使供水企业获取高密度、高精度、多维度与高价值的大规模水务数据。通过构建水务、城市各部门、各行业的信息互联通道，开展数据融合分析，可充分释放数据价值，促进综合应用，掌握行业规律，提升社会治理效率与民生服务质量。在城市治理安全方面，可降低社会管理成本。

2. 减少管网漏损，提高企业经济效益

NB-IoT智能水表的应用，使得供水企业高质量地大规模应用智能终端变为可能。除了能实时监控漏损、降低供水企业的产销差外，NB-IoT智能水表还提供更精准的计量（可计量到升）和用水异常监控，可增加售水收入、减少贸易纠纷，并为供水企业提供增值服务创造机会。

3. 提升管理效率，降低管理成本

1）与现有管理模式比，NB-IoT智能水表每天高频次水数据采集能力，可使供水企业对所有的水表运行状况了如指掌，从而大大降低人工成本，提高工作效率。

2）与传统智能水表比，NB-IoT智能水表的高密度、多维度采集功能，对于供水企业监控小区漏损和用户用水模式分析具有非常重要的意义。同时，NB-IoT智能水表更好地解决了互联互通问题，有利于提高供水企业的知名度。

11.6 智能电表

智能电网，即智能化的电网。通过采用现代先进传感测量、通信网络、自动控制、信息化、新材料等先进技术对现代电网升级改造，使之具有高度智能化、信息化、互动化。

智能电网的主要目标是，充分满足用户对电力的需求和优化资源配置，确保电力供应的安全性、可靠性和经济性，满足环保约束，保证电能质量，适应电力市场化发展，以实现对用户可靠、经济、清洁、互动的电力供应和增值服务。

随着全球经济社会的发展，世界各国的电网规模不断扩大，影响电力系统安全运行的不确定因素和潜在风险随之增加，而用户对电力供应的安全可靠性和质量要求越来越高，电力发展所面临的资源和环境压力越来越大，市场竞争迫使电力经营者不断提高企业运营效率。

基于电网生产、运行及企业管理、经营的特点，智能电网业务类型可按照输电、变电、配电、用电业务进行分类。

1. 输电业务

继电保护数据、安全稳定控制等输电线路的通信业务，始终在电力通信网中占据着至关重要的地位。在加快建设特高压电网的坚强网架的同时，输电环节必将广泛采用灵活输电技术，提高线路输送能力和电压、潮流控制的灵活性，并大力加强输电线路防灾减灾和抵御风险的能力。为此，通信系统需要重点实现输电线路在线监测的实时业务，利用先进的测量、传感、通信和控制等技术，解决监测手段、通信方式和信息处理等关键技术问题，以线路运行环境和运行状态参数的集中在线监测为基础，满足输电线路状态监测中心的数据传输要求。

2. 变电业务

为实现智能变电设备的各种信息的智能化，需使全站信息数字化、通信平台网络化及信息共享标准化，通信网络承载需满足高实时性、高可靠性、高自适应性和安全加密的要求，全面支持变电站通信网络的在线故障检测、故障恢复、网络冗余拓扑结构中的负载均衡控制、基于服务质量和等级的流量控制等功能。基于 IEC 61850 标准的智能变电通信业务主要分为周期性数据业务、随机性数据业务与突发性数据业务。其中周期性数据业务相对稳定，变化量小，不需要重发，但数据量大，时间要求严格，能实现全线速交换且交换延迟小于 10μs，如变电站电流与电压、时间同步等数据；随机性数据则体现在前后到达无相关性，如操作开关命令等访问控制；而突发性数据是故障发生时间隔层测控设备上传的保护动作、开关变位和事件顺序记录等报告，突发性强，一个时段内发生的事件受以前数据到达情况的影响。这些通信业务的数据交换要根据 DL/T 860 等的要求保持系统冗余，而且还需要系统具备对网络进行实时监视和控制的功能。

3. 配电业务

长期以来，电力通信呈现“骨干网强、接入网弱”的态势，配电环节的通信水平相对输电网而言差距较大。配电网自动化是利用现代电子技术、通信技术、计算机及网络技术，将配电网的在线数据、离线数据、用户数据、电网结构和地理图形信息进行集成，构成完整的自动化系统。由于配电网终端设备数量大、种类多、分布广，制约了智能配电业务的应用。配电终端设备层是整个配电网自动化系统的基础，它们完成柱上开关、环网开关、配电变压器、开闭所和集中抄表器等各种现场信息的采集处理及监控功能。

4. 用电业务

智能用电直接面向社会、面向客户，用电网信息数据的重要性日益突出。智能用电网中的各种装置都将通过互联网主动进行信息交换，将使智能电网自动化水平更高。构建智能用电服务通信系统提供双向的互动用电服务通信业务，在支持营销管理的现代化运行和营销业务智能化应用的同时，还要满足用户用电的灵活多样性需求，实现能源信息同步。新的用电通信业务应用也要能够推动终端用户用电节能模式的转变，提升用电效率，提高电能在终端能源消费中的比重，通过智能楼宇、智能家电、电动汽车与充电系统的信息采集和处理等领域技术创新，实现电表等信息的远程采集、家居智能用电分析与控制，为用户提供更多增值服务，拓展电网公司业务范围。

配电和用电业务中包含的重要一环是用电信息采集，即智能电表抄表。由于其业务特点与 NB-IoT 物联网的适用场景契合度非常高，因此作为智能电网中最适合采用 NB-IoT 的业务应用，引起广泛关注。本节将重点介绍智能电表这类业务。

11.6.1 智能电表业务描述

智能抄表业务，对电力用户的用电信息进行采集、处理和实时监控，实现用电信息的自动采集、计量异常监测、电能质量监测、用电分析和管理等功能。业务用户主要包括大型专变用户、中小型专变用户、三相一般工商业用户、单相一般工商业用户、居民用户、公用配变等。

智能抄表业务当前主要传输监测数据信息，包括终端电表上传电网主站服务器（上行方向）的状态量采集类业务，以及主站下发终端电表（下行方向）的常规总召命令等，具有上行流量大、下行流量小的特点。

智能抄表系统目前主要采用定时自动采集方式，记录居民电表、单相智能电表、三相智能电表和公用配变电表等智能电表的数据，应用类别不同，上报频次也不同，大部分居民电表每天记录 1 次，而有些具备特殊营销功能的电表需要每 15min 记录 1 次，记录数据缓存在集中器，由集中器统一上报给主站服务器。

11.6.2　电表行业现状

智能电网是物联网的重要应用领域。物联网技术在电力公司应用较早，现有的输变电状态监测、配电自动化、用电信息采集、统一视频监控等，都是不同形态的物联网应用。

以国家电网为例，目前电力物联网的架构如图 11.29 所示，可分为感知层、网络层及应用层等 3 个层次及公共支撑技术。

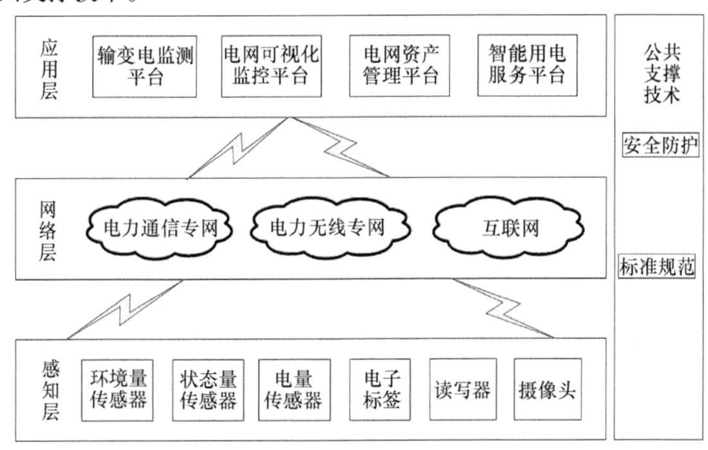

图 11.29　电力物联网体系架构

1. 感知层

感知层支撑电力物联网基础设施，由多种设备包括环境量传感器、电气量传感器、电力开关状态传感器、电子标签、视频传感器及智能终端等对电网环境、电力设备信息进行感知测量，通过无线或有线通信方式实现对感知信息的传输，并由汇聚节点进行统一汇聚、分析、处理并上报，将最终的结果上报到应用层进行数据交换及相关决策。

2. 网络层

网络层主要实现物联网设备对电力系统中各类测、感、调、信、控等采集的信息在感知层与应用层（服务处理端）的传输，包括公网、电力专网、无线专网等。网络层中，近距离采取有线或无线通信方式传输，远程通信采用光纤专网实现信息传输。此外，为适应智能终端和设备数量众多以及部署环境的千差万别，可以采用无线公网、无线专网、卫星通信等补充的通信方式。

3. 应用层

应用层即电力物联网的应用、服务或控制中心，利用中间件技术、云计算技术、虚拟化技术、数据挖掘技术等，实现对感知层采集的信息的集中存储、分布式快速处理及深度挖掘，形成决策或决策依据，提供智能化服务或可视化展现。

4. 公共支撑技术

公共支撑技术主要包括电力物联网信息安全防护、标识编码、标准规范等公共支撑技术。

具体到智能电表抄表业务，目前国家电网中的智能电表抄表系统架构如图 11.30 所示，主要由应用层的采集主站、传输层的通信通道和采集终端组成。

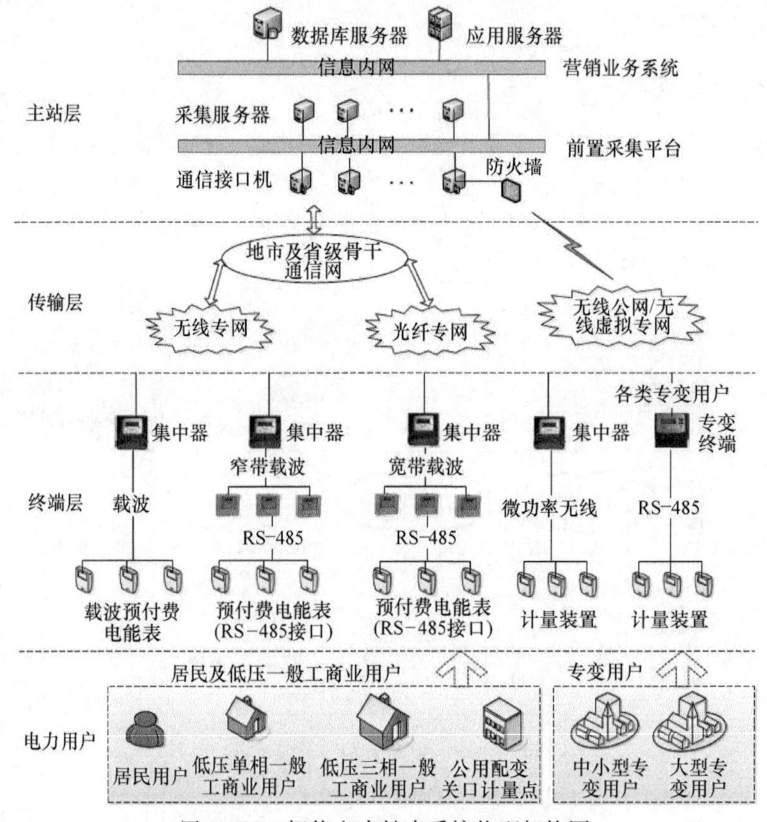

图 11.30 智能电表抄表系统物理架构图

1）采集主站：包含营销采集业务应用、接口服务器、前置采集平台和数据库，一般单独组网，与其他应用系统以及公网信道采用防火墙进行安全隔离，保证系统的信息安全。

2）通信通道：系统主站与采集终端之间的远程通信信道，主要包括光纤信道、无线公网信道、无线专网信道，目前电网中大部分情况是采取租用运营商无线公网的手段。

3）终端：安装在现场的终端及计量设备，主要包括专变终端、可远传的多功能电表、集中器、采集器以及电能表计等。其中，电表业务用户主要包括大型专变用户、中小型专变用户、三相一般工商业用户、单相一般工商业用户、居民用户、公用配变等。

目前智能电表抄表应用中存在如下问题：

(1) 覆盖问题

为了满足广覆盖要求，目前智能电网通常采用 2G 公网或 LTE 专网，但这两种方案信号穿透能力弱，无法满足智能抄表的深度覆盖要求。为应对深度覆盖，通常搭配有线网络或短距离无线通信技术，而这些方案都有各自的弊端。对于居民楼宇、工业园区和地下室等智能电表的主要应用场景，有线网络存在布线复杂、后期线路被破坏、易老化等维护困难的问题，而常见的近距离无线通信技术（如 Wi-Fi、ZigBee、蓝牙等）信号穿透能力弱，通信距离一般只有几十米，若要覆盖一个地区，则部署成本较高。另外，工作在非授权频谱，可靠性和安全性较差。

（2）容量问题

智能电表是一种典型的物联网应用，用户终端量大，对网络容量有较高要求。目前，TD－LTE电力无线专网和2G公网主要面对的是传统的语音业务和互联网高流量业务，信令开销较大且传输冗余多，不适合智能电表这种小数据量、业务频次低的LPWA业务，因此无法满足容量要求。在目前的抄表系统中，可以通过加入集中器作为中继的方式来缓解容量问题，但是会增加部署成本。

（3）业务应用问题

基于目前的智能抄表系统架构，绝大部分场景都需要集中器设备，需要多跳收集信息，这种复杂的方式制约了业务采集频度及互动需求的发展。随着费控业务、高频数据采集、双向互动等新型业务需求的涌现，越来越需要电表直采的部署方式，使电表通过一个网络直接与主站系统进行数据交互，减少中间环节，能够支撑更多新型的业务需求，也可以节省大量集中器、采集器等设备的投入。

基于上述智能抄表应用中遇到的问题，急需一种能够解决深度覆盖、具备海量用户接入能力、成本低的LPWA物联网技术应用到智能抄表行业中，在安全可靠、经济高效、节能减排、客户满意等方面取得突破，提升城市电力管理效率和服务水平，分析不同群体的用电习惯，促进科学合理地指导电网建设和改造，给老百姓带来实实在在的便捷和安全，满足经济社会可持续发展的需要。

11.6.3　智能电表引入NB-IoT的优势

NB-IoT具备覆盖范围广、穿透性强、容量大、功耗低、成本低的特征，其特有的窄带传输功能非常适合智能抄表这类“小数据”的业务需求。NB-IoT在行业中的优势具体表现在：

1）广覆盖：智能电表终端分布很广，通常需要覆盖整个城市或一个地区，NB-IoT可以充分发挥其广覆盖优势匹配该类应用；且电表主要分布在楼道、弱电间等楼宇内，大部分场景处于弱覆盖区域，而NB-IoT穿透能力强，可以较好地解决这类覆盖问题。

2）海量连接：物联网终端需求数量庞大，NB-IoT通过海量连接能力可以支持单小区单载波的1h抄表次数达2.5万次以上。对于目前智能电表最频繁的15min上报一次的业务，单小区单载波可以支持6000块电表。

11.6.4　基于NB-IoT的智能电表解决方案

国家电网目前主要是采用无线公网GPRS集中抄表，以及电力光纤专网和无线专网集中抄表，存在部署成本高、维护困难、网络覆盖不足、容量受限的问题。部分场景已在试点基于NB-IoT的抄表方案，采用基于NB-IoT的抄表方案之后，上述问题将得以解决。

1. 基于NB-IoT的智能电表系统架构

基于NB-IoT的智能抄表系统架构如图11.31所示。

采用基于NB-IoT的智能抄表方案，分为终端层、传输层、平台层和应用层四个部分。

终端层采用集成 NB-IoT 模块的电表，可以实现网络直接与智能电表通信，减少了中间环节，不再需要集中器设备，通过有线或者短距离无线通信技术进行多跳的信息采集，可以节省大量集中器、采集器等设备的投入，并且使终端具备随时在线的特点，使数据采集方式更加丰富多样，可以支持双向互动、灵活收费等更多业务需求。

传输层采用基于 NB-IoT 的无线公网作为接入网进行抄表，利用其广覆盖、海量连接、低功耗、低成本的特点，使电网更加安全可靠、经济高效、绿色节能；承载网可以采用 IP 承载专网提供安全可靠的数据传输。

平台层为整个抄表系统提供统一而开放的平台，其中包含数据采集存储和转发功能，大数据分析功能，连接管理功能，以及多样的能力开放的 API，为业务应用提供必要的信息和分析结果。

应用层主要是电网的应用管理系统，包含客户智能管理系统、账单系统、营销业务系统、资产管理系统等，以支撑电网的各项电力供应和增值服务。

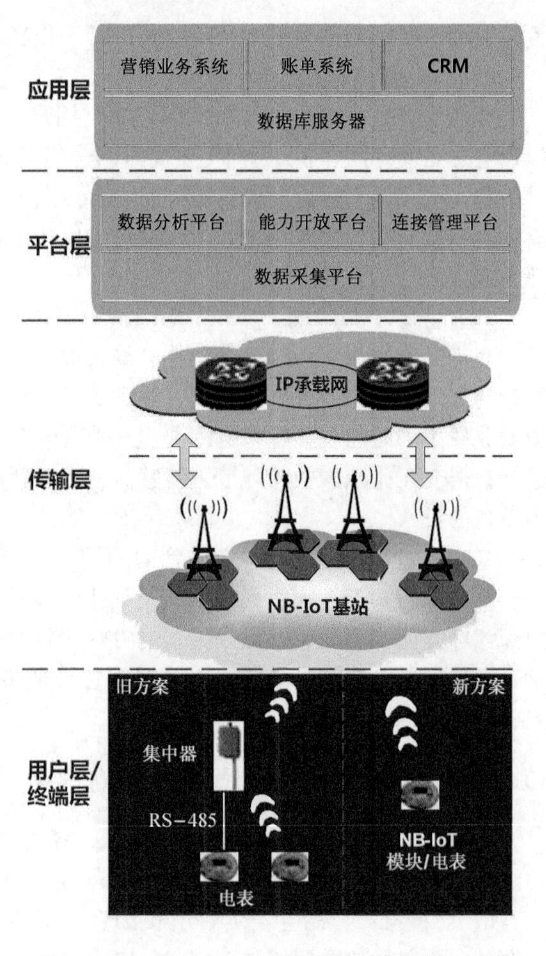

图 11.31 基于 NB-IoT 的智能抄表系统架构

2. 基于 NB-IoT 的智能电表应用方案

(1) 业务处理能力

智能抄表系统目前主要采用定时自动采集方式，记录居民电表、单相智能电表、三相智能电表和公用配变电表等智能电表的数据。应用类别不同，上报频次也不同，大部分居民电表每天记录 1 次，而有些具备特殊功能的电表需要每 15min 记录 1 次，即每天记录 96 次。抄表终端每次信息采集的上行数据量约为 200B，下行数据量为 20B。电网中规定常规抄表时间小于 15s。因此，单表数据速率要求达到上行速率 = 1600bit/15s = 106bit/s，下行速率 = 160bit/15s = 10.6bit/s；NB-IoT 系统设计的单用户上行最低速率为 160bit/s，单用户下行最低速率为 1200bit/s，均远高于业务要求，因此 NB-IoT 系统完全满足抄表业务要求的时延和用户速率。而实际的一些国内主流运营商网络中，大部分覆盖场景中用户速率在 kbit/s 级别，不到 1s 就可以完成抄表数据的传输，甚至在一些覆盖极好的场景下，用户速率达到十几 kbit/s，0.1s 就可以完成抄表数据的传输。

(2) 海量连接能力

按照目前的电表业务模型，对于普通居民电表来说，每天记录 1 次数据，对于特殊功能电表来说，15min 记录 1 次，每天记录 96 次数据。NB-IoT 系统单小区单日可支持电表数据采集 60 万次以上，对于特殊功能用户来说，单小区仍可支持6000块以上的电表完成信息采集。

据了解，随着行业发展，为了支持智能用电分析与控制、双向互动用电服务等更丰富的业务需求，采集频率会提升至5min，每块电表每天将记录288次数据。对于这种未来可能的应用场景，NB-IoT系统仍可以支持单小区2000块以上的电表完成信息采集。按照目前的网络建设密度，可以轻松满足未来的应用场景。

11.6.5　NB-IoT智能电表应用实践情况

从2016年6月NB-IoT网络标准诞生以来，具备广覆盖、低成本、低功耗、支持海量连接等优势，全球各大运营商开始积极开展NB-IoT移动物联网的试验和试点。

我国目前智能电表应用已经基于NB-IoT开展了试点。例如，中国移动与国家电网联合开展了智能电表业务的端到端试验，试验中使用中国移动自主研发的NB-IoT电表专用模块，通过NB-IoT网络实现电表直接采集用电信息数据，验证了NB-IoT技术来支撑智能电表等业务的可行性与适配性。后续将加速推进NB-IoT技术在智能电表行业的扩大规模应用。

11.7　智能单车

11.7.1　智能单车业务描述

20世纪六七十年代，当人们提及自行车，首先闪现在大家脑海中的是永久和飞鸽的“二八大梁”经典自行车。如图11.32所示，“二八大梁”指车轮直径为28英寸的自行车，车架杠子可以坐人、放东西。到20世纪80年代，捷安特（见图11.33）逐渐进入大家的视野。从赛车、越野车到休闲类自行车，捷安特逐步占领自行车市场。2015年以来，以摩拜单车（见图11.34）为首的智能共享单车快速成为热点，并被称为中国的“新四大发明”之一。

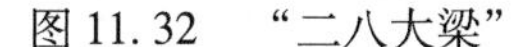

图11.32　“二八大梁”

图11.33　捷安特自行车

图11.34　摩拜单车

与传统的飞鸽和永久单车相比，智能单车是在车锁中集成了智能通信模块的新型自行车。用户可通过手机实现近距离开锁，无须使用传统车钥匙开关车辆。同时，用户可通过手机预约车辆，并获取骑行里程、消耗能量等相关骑行数据。

以摩拜单车为例，其创建了全球首个智能共享单车模式，并自主研发了集成GPS和GSM通信模块的专利智能锁。用户可通过智能手机 APP 随时随地定位并使用附近的摩拜单车，骑行到达目的地后，就近停放在路边合适的区域，手动关锁即实现电子付费结算，以下为用户使用流程：

1）安装注册：用户可通过手机扫码或在 APP 商城中搜索“摩拜单车”，在手机中安装 APP 客户端，并通过实名认证进行注册。

2）押金充值：新用户需缴纳 299 元的押金（现已免押金），并充值或购买月卡，成为真正的骑行用户享受便捷的骑行服务。用户可在“我的钱包”“我的卡券”中查询相关信息。当“月卡”快过期时，APP 首页上方将提示用户尽快充值，以免影响正常使用。

3）找寻车辆：当附近摩拜单车较多时，用户可直接选择适合骑行的车辆。当附近车辆较少时，用户可开启手机端的定位功能，通过 APP 在线查找附近的摩拜单车位置，并根据目标单车位置步行前往。

4）启用车辆：当用户到达目标车辆后，可通过 APP 扫描位于车龙头或车锁附近的二维码，或在 APP 中手动输入单车编号信息。如用户合法且车辆无故障，扫码或输入车辆编号后，单车车锁将自动开启，同时手机侧开始计时。此时，用户可检查车闸、链条、车座等是否均可正常使用，以保障骑行安全。如发现车辆存在安全隐患，可拍照并通过 APP 上报车辆故障，以便后台及时通知维护人员进行检修。

5）正常骑行：若车辆一切正常，用户则可开始正常骑行。骑行过程中，APP 及平台侧将记录骑行时间、轨迹等信息，并保存在“我的行程”记录中，供用户查询。

6）停车结算：当用户到达目的地附近，APP 将向您推荐合适的停车地点，如用户停放在推荐位置，将通过奖励积分等方式鼓励用户合理停放，以免因乱停乱放，影响正常交通。当用户选择合适地理位置停放车辆后，需手动关闭车锁。此时，APP 侧将对本次骑行进行费用结算，用户可通过储值或月卡完成本次骑行支付。同时，结合本次骑行距离、时间等信息，摩拜单车将奖励用户一定的积分。

11.7.2 智能单车行业现状

随着共享单车数量的爆发式增长，车辆上锁私占、乱停乱放、未成年人骑行、骑单车走快车道或闯红灯、逆向行驶的情况也常有发生，不仅增加了交通安全隐患，还给道路通行添堵，给城市建设、交通管理均提出了新的挑战。同时，大量共享单车的迅速投放、地铁口和购物中心等热点区域高峰时段集中使用，也给用户的业务体验带来了一些问题。

在单车运营初期，部分用户为方便个人出行使用，经常将车辆放置在室内、楼梯间、地下室等隐蔽区域，导致单车平台侧无法准确定位到车辆的位置信息，严重影响了车辆的日常管理和维护。随着共享单车投放数量的激增，单车乱停乱放的问题也随之出现。各地陆续出台管理办法。其中，北京市出台《北京市鼓励规范发展共享自行车的指导意见（试行）》（后简称《指导意见》），要求政府、企业、社会及承租人形成合力，共同促进共享自行车规范发展和管理，共同维护良好城市环境和交通秩序。

针对未成年人骑行问题，有数据显示 2017 年以来，因骑“共享单车”发生的意外事故多达 18 起，超六成骑行者为未成年人，其中 6 人不满 12 周岁。根据《道路交通安全法实施条例》相关规定，驾驶自行车、三轮车必须年满 12 周岁。未满 12 岁的未成年人严禁骑自行车上路，一旦遇到交通事故，其监护人需承担相关法律责任。北京市出台的《指导意见》也要求承租人自律，同时对骑行过程中发生的交通事故，按照公安交管部门事故认定承担相应责任。

在智能单车功耗方面，以摩拜单车推出的第一款共享单车为例，车辆含动能转电能模块，如车辆长时间无使用记录，车辆将因内存电量过低无法被再次启用。后期摩拜单车也在新型单车中添加了太阳电池板，但仍无法有效解决南方持续一个月的梅雨季等无阳光的自发电问题。

在用户体验方面，由于现有智能单车的智能车锁模块多使用GSM网络进行开关锁通信，但GSM网络在通信技术标准设计之初仅面向人与人之间的语音业务，并非面向物联网百万级海量连接场景。随着单车数量的增加，上下班高峰时段地铁口等热点区域的开关锁业务集中且频繁的发生，现有的GSM网络时常无法满足摩拜单车业务设计初期的秒开需求。针对如此大量且频繁的业务需求，现有通信领域这张面向人与人通信的GSM网络也在面临巨大挑战。

11.7.3　智能单车引入NB-IoT的优势

智能单车的迅速发展带来了物联网连接数的快速增长。随着NB-IoT技术和产业的不断成熟，其在智能单车行业中的各项应用优势也逐渐凸显。

3GPP标准在制定NB-IoT技术初期，重点面向智能抄表等物联网深覆盖、低功耗、海量连接等场景，与现今智能单车面临的乱停乱放、业务体验不佳等问题不谋而合：

1）广深覆盖：NB-IoT较GSM可实现超过20dB的增强覆盖，由此可在一定程度上有效解决共享单车被乱停乱放在室内、楼梯间、地下室等深度覆盖区域而无法准确定位的问题，避免共享车辆被个别用户私占、乱停乱放至隐蔽区域，从而便于运营企业开展车辆的检修、维护等日常管理。

2）超大连接：在上下班高峰期，在地铁口附近等业务热点地区，常常出现多辆共享单车密集开锁接入网络的现象，对无线接入网络的容量能力提出了较高的要求。NB-IoT的低功耗、海量连接能力，可以更好地满足用户密集接入的需求。

3）超低功耗：以摩拜单车为例，因考虑到GSM通信及GPRS定位模块的耗电问题，第一版单车设计添加动能转化电能的发电模块。但用户均反馈骑行费力，后续摩拜单车通过在车筐中增加太阳电池板，可通过太阳能自发电在一定程度上解决设备的耗电问题。基于NB-IoT模组的单车，协议更简化，通信芯片及模组集中化程度高，耗电量较原有基于GSM模组的单车将明显降低。

11.7.4　基于NB-IoT的智能单车解决方案

移动物联网在设计之初，即定位为针对物联网业务的深度优化网络，在功耗、覆盖、容量、定位等方面做了大量定制设计，来满足物联网业务需求。以摩拜单车为例，在成立之初即与中国移动在物联网领域深度合作，双方在智能共享单车在移动物联网环境下的应用方面，积累了丰富的实践和优化经验。

1. 功耗性能

移动物联网在功耗方面引入了新的省电模式来达到降低功耗，从而提升工作时间、提高运营效率。为直观显示移动物联网在功耗方面所做的优化，中国移动联合摩拜团队在实验室做了如下测试：

（1）GSM 智能锁续航时长测试与分析

终端续航时长和业务模型关系较大。GSM 智能锁的业务模型包含：开关锁、周期上报、定位。三种业务模型在终端的生命周期中都会产生耗电。

采用 GSM 现网环境，基于摩拜公司提供的业务模型，对 GSM 车锁进行功耗测试。假设开关锁的业务频次为一天 8 次，每次关锁都会进行一次定位，周期上报的周期为 1h，则 24h 的耗电包含：8 次开锁 +8 次关锁 +24 次周期上报 + 待机。

测试得到每个具体过程的耗电量见表 11.2。

表 11.2　现网环境下每种业务的耗电量

过程	平均电流/mA	耗电量/mAh	业务次数/天	一天耗电量/mAh
一次开锁	20.24	0.408	8	3.26
一次关锁 + 定位	18.50	1.083	8	8.66
一次周期上报	30.50	0.524	24	12.58
待机状态	3.86			88.62

经过计算一天的耗电量为 113.12mAh，假设终端电池电量为 5800mAh，不考虑太阳电池板供电的情况下续航时长为 51 天。

（2）NB-IoT 智能锁续航时长测试与分析

NB-IoT 智能锁采用数据传输方案，需要使用 15min 一次的心跳包维持链路连接。业务模型包含：开关锁、定位和 15min 一次的心跳包。三种业务模型在终端的生命周期中都会产生耗电。NB-IoT 车锁的主要耗电单元为模组和外置的 MCU，目前 MCU 功耗还有待优化到 GSM 车锁水平。

采用 NB-IoT 实验室环境，对 NB-IoT 车锁的业务模型进行了测试，假设开关锁的业务频次为一天 8 次，每次关锁都会进行一次定位，则 24h 的耗电包含：8 次开锁 +8 次关锁 +96 次心跳上报 + 时间休眠。

按照 MCU 优化到 GSM 车锁的水平对每个具体过程的耗电量进行调整，具体数值见表 11.3。

表 11.3　NB-IoT 环境下每种业务的耗电量

过程	平均电流/mA	耗电量/mAh	业务次数/天	一天耗电量/mAh
一次开锁	31.3	0.243	8	1.9
一次关锁 + 定位		0.918	8	7.3
一次心跳上报		0.243	96	23.3
待机状态	2.94			67.9

一天的耗电量为 100.4mAh，假设终端电池电量为 5800mAh，不考虑太阳电池板供电情况下续航时长为 58 天，相比 GSM 车锁续航时长提升 14%。

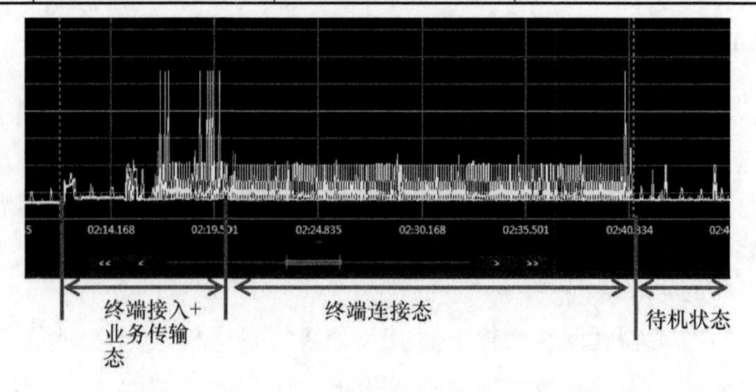

图 11.35　NB-IoT 智能锁业务传输电流变化过程

为进一步优化单车功耗，针对智能锁的业务传输电流变化过程进行了详细分析，如图 11.35 所示。从图中可以看出，终端在完成业务传输后，需等待 20s 左右释放链路，导致电量浪费。在完成业务传输后可通过优化方案实现RRC链路的立即释放，优化方案可以通过3GPP定义的NAS RAI功能实现，终端在NAS信令中指示数据是否为最后传输，数据传输完成后，MME可及时触发基站释放空中接口的RRC连接，不用等待RRC链路释放定时器超时再释放。

按照MCU优化到GSM车锁的水平，增加RAI优化功能，对每个具体过程的耗电量进行调整，具体数值见表11.4。

表11.4 NB-IoT大容量及时延性能

过程	平均电流/mA	耗电量/mAh	业务次数/天	一天耗电量/mAh
一次开锁	31.3	0.085	8	0.68
一次关锁+定位		0.760	8	6.08
一次心跳上报		0.085	96	8.18
待机状态	2.94			69.7

一天的耗电量为84.64mAh，假设终端电池电量为5800mAh，则不考虑太阳电池板供电情况下续航时长为69天，相比NB-IoT车锁RAI未优化前续航时长提升19%，相比GSM车锁提升35%。

更进一步地，可根据平台侧的大数据分析，在忙/闲时通过动态配置节电参数来降低闲时的功耗，从而进一步提高电池寿命。

2. 覆盖能力

移动物联网在设计之初，为了满足广覆盖，采用提高功率谱密度、重复传输等技术大幅度提高了覆盖范围。NB-IoT覆盖相比GSM提高20dB左右。单车主要的使用区域为路面，路面上GSM覆盖较好，可以满足单车需求，但是对于那些被停放在地下室、居民楼内的自行车，容易出现无法找到车的问题。NB-IoT相比GSM可多穿透一堵墙到两堵墙，有利于找回地下室、楼内的车辆，从而进一步提升运营效率。

3. 定位功能

业界针对乱停乱放问题提出了“电子围栏”解决方案。“电子围栏”的核心思想为当共享单车停放位置不是系统内标识为“可停车”区域时，用户无法关锁、计费。“电子围栏”的监管效果很大程度上取决于单车采用的定位方案。现有的定位方案，如卫星通信方案，移动网络方案等的定位精度见表11.5。

表11.5 现有技术的定位精度

方案		定位精度①/m
卫星定位	A-GNSS	10
移动物联网定位	三点定位	50~500
	E-CID	100~200
	OTDOA	50~300
	UTDOA	50~300

① 定位精度与用户所处的环境相关，基于卫星定位，其所处环境越空旷精度越高，基于基站的小区级定位，与基站建设密度相关。

目前定位方案的定位精度大多为几十米，与共享单车电子围栏亚米级定位需求存在较大差距。后续可采用移动物联网与差分GPS/北斗的混合定位技术，有可能支持到厘米级别的定位精度，从而更有效地满足共享单车的高精度定位监管需求。

4. 大容量与时延

单车的快速发展，带来了井喷的连接数。与此同时为提升用户体验，还需要满足严苛的时延要求，通信网络面临巨大挑战。

为验证NB-IoT是否可以在保证用户体验（开关锁时延3s左右）的情况下，满足共享单车每辆车的开关锁频次最高每小时20次、单小区每小时开关锁最大并发数2000次的业务需求，中国移动联合摩拜团队在实验室环境下，基于摩拜公司提供的单车典型开关锁业务模型，利用终端模拟仪对NB-IoT进行大容量测试，测试结果见表11.6。

表11.6　NB-IoT大容量及时延性能

用户分布	最大用户数	平均开锁时延/s	平均关锁时延/s	时延小于3s的用户占比	时延小于3.5s的用户占比
全好点	100/3min	2	0.54	83%	99%
极好/好/中点为1:5:4	100/3min	2.1	0.6	85%	98%
全好点	125/3min	2.3	0.63	82%	94%
极好/好/中点为1:5:4	125/3min	2.3	0.63	81%	92%
全好点	150/3min	2.3	0.6	79%	95%
极好/好/中点为1:5:4	150/3min	2.4	0.6	78%	94%

在每辆车以最高频次20次/h开关锁的条件下：

- 若用户均分布在信号好点，单小区可支持2000次/h的并发数，且99%的用户开关锁时延小于3.5s，用户体验较好。
- 若用户按照信号极好、好、中点以1:5:4分布，单小区可支持2000次/h的并发数，且98%的用户开关锁时延小于3.5s，用户体验较好。
- 若用户均分布在信号好点，单小区可支持2500次/h的并发数，且94%的用户开关锁时延小于3.5s，用户体验较好。
- 若用户按照信号极好、好、中点以1:5:4分布，单小区可支持2500次/h的并发数，且92%的用户开关锁时延小于3.5s，用户体验较好。
- 若用户均分布在信号好点，单小区可支持3000次/h的并发数，且95%的用户开关锁时延小于3.5s，用户体验较好。
- 若用户按照信号极好、好、中点以1:5:4分布，单小区可支持3000次/h的并发数，且94%的用户开关锁时延小于3.5s，用户体验较好。

11.7.5　NB-IoT智能单车应用实践情况

目前基于NB-IoT的共享单车已陆续在北京、杭州、成都、鹰潭等城市开展业务试点，并得到了良好的用户体验。以摩拜单车为例，自2016年以来摩拜单车与中国移动在全国陆续开展了多项有关NB-IoT的新型智能单车合作。

2017年5月，摩拜单车与中国移动研究院签订合作协议，并启动国内首个eMTC/NB-IoT/GSM多模外场测试。同时，摩拜单车与四川移动签订战略合作协议，基于NB-IoT 900MHz开展小规模试点。

2017 年 7 月，摩拜单车与中国移动联合在浙江杭州开展基于 NB-IoT 的新型智能单车测试验证，并在杭州首次投放 NB-IoT 共享单车。

2017 年 12 月，摩拜单车与中国移动联合发布《NB-IoT 智能共享单车》白皮书。

参 考 文 献

[1] 张晶. 智能电网 200 问 [M]. 北京：中国电力出版社，2012.
[2] 刘振亚. 全球能源互联网 [M]. 北京：中国电力出版社，2015.
[3] 全球能源互联网研究院有限公司. 有线 + 无线的电网数据通信网架构体系研究报告 [R]. 2016 - 12.
[4] 全球能源互联网研究院有限公司. 物联网技术在智能电网中的应用及发展 [R]. 2016 - 03.
[5] 全球能源互联网研究院有限公司. 窄带物联网（NB-IoT）技术应用分析报告 [R]. 2017 - 04.

第12章　工业物联

12.1　智能工厂业务描述

智能制造，指的是面向全生命周期，实现感知条件下的信息化制造，通过智能化的感知、人机交互、决策和执行技术，实现产品设计、供应链管理、制造流程、制造装配和产品服务的智能化。

信息化是智能制造的重要基础，将制造流程中的人、机、料、法、环等五要素的各种状态信息通过数字化的手段，在对应的ERP（Enterprise Resource Planning，企业资源计划）系统，PLM（Product Lifecycle Management，产品生命周期管理）系统和MES（Manufacture Execution System，制造执行系统）里进行管理，将制造的运营构建在数字化的管理手段之上，用数字决策或者辅助人的决策，使得制造的效率、成本和质量最优化。

智能工厂方案将ICT（Information Communication Technology，信息通信技术）与传统的制造技术结合在一起，提升制造业流程的数字化信息化能力，为智能制造提供灵活的数据采集、传输和处理的能力。可应用于如下场景：

1. 传统工具管理

传统的工具大量存在于生产制造各个环节，但其管理方式依赖人工记录及维护，效率低下，成本高昂，精度不高。通过在工具上外加智能传感器，针对其数量、状态、精准度、寿命等一系列信息进行监控和统计，可非常灵活准确地管理这些传统工具，降低管理成本，提高工具利用率，降低新工具投资费用。

2. 对有I/O采集接口的老旧设备进行智能化改造，使其具有无线通信能力

传统制造业的大量的老旧型号的设备机器，基于传统的工业控制机构，不具备远程数据通信和控制能力，需要靠人操作、维护、巡检，对人的经验依赖性很大，而且成本高、效率低。在可供电的固定场景，利用前端计算、协议转换、信息加密等手段，按照业务数据需求将数据上传到云平台，对设备状态进行综合性分析，实现预测性维护、效率分析、故障诊断等数字化用途，帮助企业保障生产的效率、质量及成本。

3. 物流跟踪，与材料订单或者成品订单绑定，协助上下游的计划

现在的物流追踪依靠车辆跟踪或者站点分发扫描标签或者使用RFID标签的方式，只能实时跟踪到车辆，不到站点无法了解货物的位置和数量的真实情况。对于高价值的货物或者对于到货时间有预期要求的货物，我们可以将具有通信能力的智能终端绑定到货物包装的载体上，以实时地获取货物的小区位置变化信息，进行运输速度和到货时间的预测，通过智能传感器监测环境变化、振动曲线、数量增减等运输情况，以获取丰富的物流过程信息。

4. 管理贵重资产，通过数据状态变化，分析利用率以指导投资计划

工业制造是重资产行业，每年需要大量投资各种设备、仪器、工具，但是这些资产的详细利用率并没有完全透明化地呈现出来，更多的是靠人的计算、判断和决策来决定投资的选择。利用不同类型的智能传感器采集资产在生产过程中的使用状态信息，例如满载、空载、空闲等不同的状态分析，给管理人员更多的数据支撑来做投资决策。

5. 环境监控，能耗管理（水电气等）

生产车间对于环境有严格的要求，温度、湿度、灰尘、有害气体、循环风速、光照等条件需要控制在一定的范围之内，并且可以按照阈值设定相应的设备进行动态调整。目前很多企业通过传统的环境监控器做到了现场的闭环控制，但是数据还没有上报到云端，无法做到历史数据可追溯以满足质量审核的标准和要求。而对于还不具备环境监控和控制系统的企业，无线的部署方式更灵活、更便捷、成本更低，可以快速地满足生产的要求，并且做到数据的云端处理和可追溯，大大提高了厂房智能化管控的能力。

6. 安防管理等厂房设施类

安全管理和消防管理是生产企业的重要关注点。但安全巡检目前更多的是人工记录的方式，数据的准确度和可追溯性不够，可以采用无线巡检装置，通过不同的输入类型上报不同的巡检项，保证按时按点巡检，同时统计历史数据用来分析优化。对于消防设施而言，除了巡检需求外，还可以对消火栓和灭火器加装相应的智能传感器，通过异常状态触发的方式，及时发送告警信号到管理平台，通知相关人员及时采取措施，保证消防设施时刻处在规定的状态。

除了上述创新应用领域之外，综合的数据采集和关联分析可以衍生出更多的应用场景，需结合工业制造的不同企业的不同需求做出基于流程和实际痛点具体问题的具体分析。

12.2 智能工厂行业现状

各个制造业的数字化信息化发展参差不齐，大部分处于基于工业现场控制的通信方式管理制造工艺流程，比如手动控制箱、工业总线通信，以及有限的信息化手段。如果没有实现完整的工业3.0自动化解决方案，制造工艺、流程、机器设备、产品等信息无法完整采集，这会大大影响企业制造的数字透明度和基于数据的业务管理及优化。

工业3.0自动化解决方案中的数据采集方案以有线的工业总线和工业以太网标准为主，需要成熟的流程设计、各种机器数据协议的配合、搭建有线的工业传感器、伺服机构、I/O转换传输、PLC（Programmable Logic Controller，可编程序控制器）、中央控制器、工控机、服务器等复杂的系统解决方案，其主要特点如下：

1）基于制造流程的设计，固定场景，现场布线。

2）基于网络分层和中央控制器的网络逻辑。

3）标准的总线协议，比如Profibus，掌握在西门子等国际工业巨头手中。

4）基于工业Wi-Fi、蓝牙或者其他无线手段的移动性管理，需要部署专用网络。

5）以正向控制逻辑为主，收集数据做可视化、实时使用数据做智能决策和闭环控制还处于发展阶段。

6）具有实时采集传输数据的能力，支持较低的时延。

在中国制造2025的大战略推动下，产业升级、两化融合、互联网+、工业物联网等新技术在不断地推动ICT和制造业的结合，以推进制造业的自动化、信息化，进一步降低成本，提高效率，提升竞争力。

ICT在现有工业制造领域具有广泛的市场需求：

1）大量的已部署的传统制造装备需要升级以具备预测性维护的能力，从而保障生产顺利进行，减少停机维修带来的损失。

2）环境智能监控，水电气管理以节能减排。

3）智慧安监消防保障生产安全。

4）仓储货架监控管理。

5）物流跟踪领域，打通上下游的物流数据。

6）资产精确管理以节省投资。

以上需求是非授权频谱技术的重点开拓市场，比如Wi-Fi、LoRa、ZigBee等已经部署在部分企业，但此类方案面临着技术可靠性、投资经济效益等综合因素的问题。因此，面向更深度更海量连接的智能制造连接需求，智能制造面临以下挑战：

1）海量连接点带来的网络拓展能力和弹性容量的需求。

2）公有频段无线专网部署投资和维护的经济性，复杂组网的稳定性、可靠性。

3）横向产业链拓展带来的厂外移动性管理的需求。

4）一些旧设备的升级改造使用工业总线以太网的综合布线难度较大，成本较高。

所以从连接成本、可靠性、安全性、部署灵活度、时延要求、容量拓展能力等方面综合考虑，智能工厂可以从工业总线、专网无线，以及NB-IoT等运营商网络服务做出最适合实际需求场景的最优通信解决方案。

12.3 智能工厂引入NB-IoT的优势

NB-IoT的海量连接能力、低成本、低功耗等特点可以很好地匹配数据连接增长的需求，可以支持工业制造数据采集需求。智能工厂引入NB-IoT的优势在于：

1. 海量连接的能力，可应对工业制造场景下密集连接量的需求

• 工厂对于数据采集点的需求很大，各类资产、设备、产品、物料等需要连接的物体，其密度可能在每平方米至十平方米一个连接的数量级别上，NB-IoT海量连接能力可应对此密度下的连接需求。

• 工厂应用NB-IoT的连接对于数据的实时性没有要求，不需要保持长连接，所以终端上报时间机制的合理设计以及NB-IoT的重传机制，可保障海量连接部署下的数据上报的可靠性。

2. 深度覆盖，支持工业制造复杂现场环境下的覆盖保障

• 制造工厂为了提高单位厂房面积的利用率，各种机器、设备、货架、生产线部署的密度很大，机器本身也产生复杂的电磁信号，工厂的整体电磁环境比较复杂，对于无线信号覆盖的可靠性提出很高的要求，NB-IoT这项技术具备强穿透性，能实现比GSM覆盖提升20dB。

• NB-IoT信号可穿透地下、大型建筑墙壁等，对于部署在负一层、负二层的仓库或者基础设施占地面积很大的单体工厂也可提供覆盖。

3. 超低的功耗，对于不方便连接电源或者移动性场景，可以大大降低更换电池的维护成本

• 智能制造的传统数字化方案不可避免地使用基于工业总线的传感和传输方案，这就束缚了生产线的灵活换型，为了达到混线生产的目的，只能采用冗余设计，配合多种产品混线生产的需要。所以生产线的数据采集对于无线部署的需求越来越多，为了摆脱电源线，不得不使用电池供电的智能终端应对一些应用场景。

• 低功耗特性是物联网应用一项重要指标，特别对于一些不能经常更换电池的设备和场合。在电池技术无法取得突破的前提下，只能通过降低设备功耗以延长电池供电时间。使用超低功耗的传感器，例如 MEMS（Micro - Electro Mechanical Systems，微型电子机械系统）传感器，以及超低功耗的 MCU（Microcontroller Unit，微控制单元），按照业务的数据场景设计最优化的上报机制，结合超低自放电速率的电池方案，因此 NB-IoT 设备功耗可以做到非常小，可以保障电池 3 ~ 5 年以上的使用寿命。

4. 支持单点连接或者多点网关汇聚，无线部署灵活多变

• 通过无线的终端或者网关，可以快速部署或者升级到生产设备资源上，并具备灵活变更配置的能力，按照生产设备资源调配的需求，移动位置或者改变配置逻辑，支持生产线的快速换型。

• 可以通过短距离无线自组网协议的网关汇聚同类应用，在局部范围内优化硬件和通信资费成本，降低维护复杂度，但要考虑无线干扰等可靠性设计。

• 将现有的设备 I/O 端口连接到 I/O 转 NB-IoT 的网关上，同时网关具备一定的运算能力，按照业务需求前端处理数据，将需要的结果按照设定的上报间隔上报，如果需要部分源数据，可以采用 eMTC 方案，在同样覆盖能力的条件下，上报源数据。使用网关功率较大，需要电源供应，不适合使用电池供电。

5. 集成传感器、处理器和无线模组的智能终端总成本相对较低

• 对于 NB-IoT 普遍通用的预测性维护的收益相对很难准确评估，大规模的部署对于成本有一定要求，所以 NB-IoT/eMTC 的无线模组目标价格为 5 美元左右，相对于传统的工业传输通信单元，具备价格优势。

• 使用智能传感器，尤其是 MEMS 传感器，结合 MCU，加上通信模组、电源和整体结构部分，一般性硬件成本可以控制在 30 ~ 40 美元，比传统的有线传感器、I/O 转换加上逻辑控制通信器的整体成本具有很大的优势。

• 嵌入式软件包括前端计算的开发成本可以按照大量部署分摊，在同样对比功能的前提下，单元成本和传统工业控制软件类似。

6. 无须部署专网，节省投资和维护成本，结合运营商资费的总成本最低

• 部署传统工业无线网络、Wi-Fi、蓝牙或者非授权频谱方案，都面临着建设和运营的 IT 成本，包括 AP、路由器、交换机以及相对应的能源消耗费用，以及维护网络的 IT 部门人力成本。

• 直接使用运营商网络，仅需支付 20 ~ 40 元/年/终端的资费，而且未来海量连接的布局下资费会进一步降低；相比较 Wi-Fi 等专网无线方案，可以节省大量的投资和维护费用。

• 可以选择运营商企业小型专网解决方案，部署室外室内覆盖及核心网，数据不出企业内网，仍然由运营商维护网络。

• 当连接数持续增加、需要扩容网络的时候，由运营商进行网络综合优化，无须企业在综合布线的无线专网上投入大量的人力物力。

7. 使用授权频谱的运营商网络的安全性和可靠性

• 安全性和可靠性是工业物联网的基本要求，也是苛刻的要求，以避免数据不准确或者丢失，从而造成生产的损失。

• 公共环境中的无线环境越来越复杂，各种无线信号的大量部署需要使用非授权频谱的网络充分优化以避免互相干扰，导致信号质量恶化。NB-IoT 使用授权频谱在抗扰性上是最优的选择。

• 移动协议的服务质量（QoS）大大高于其他非授权频谱，能提供电信级的可靠性接入，继承4G网络安全能力，支持双向鉴权以及空中接口严格加密，确保用户数据的安全性。

8. 支持定位精度要求不高的区域性移动管理

• 工厂对于资产和产品有区域性的定位管理需求。获得区域的定位信息可帮助实现资产的数字化管理或者物流跟踪的需求。

• NB-IoT具备室内覆盖定位的能力，支持资产的区域性定位管理需求，相对于RFID的资产管理，灵活度更大。

• 3GPP R14的定位增强技术可以做到50m的范围，满足物流跟踪的大部分速度分析和时间分析的需求；超长待机的节能模式对比GPS有较大优势，可以支持几年的生命周期不用更换电池。

12.4 基于NB-IoT的智能工厂解决方案

基于NB-IoT的智能工厂方案设计了一系列的NB-IoT智能终端，并在生产线的各个环节装配这些智能终端，提取所需要的数据，实现生产线的信息化。以爱立信的智能工厂解决方案为例，从生产的流程出发，以工业工程技术为主导，通过现场调研充分理解制造流程和相关数据痛点，定义出需求用例，然后将其中适用于NB-IoT技术的用例具体细化分析，设计方案，部署到生产实际使用，然后由生产工程人员给出反馈，不断地优化用例设计，方案整体架构如图12.1所示。

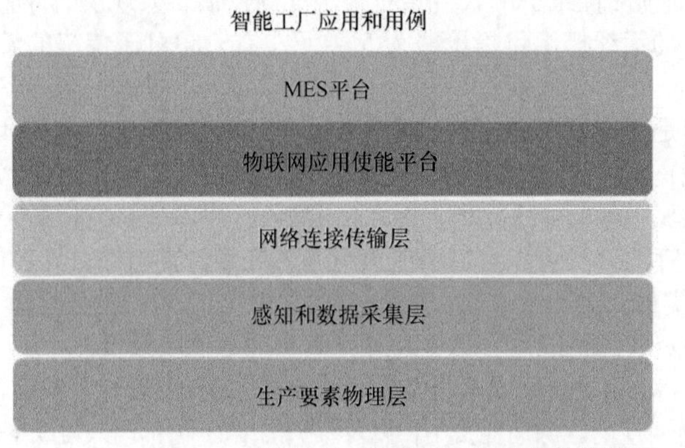

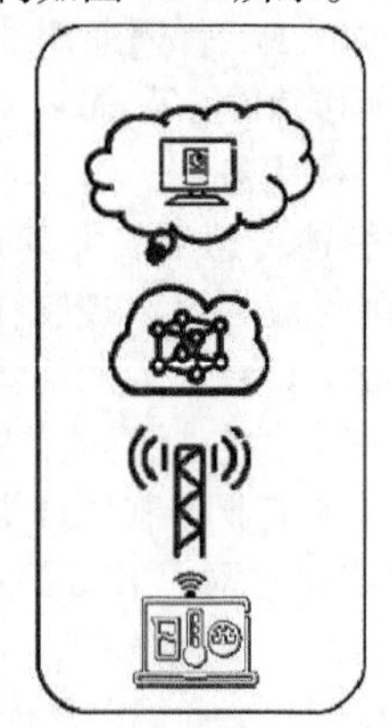

图12.1 智能工厂方案整体架构图

以智能工厂中的工具维护、生产线监控为例，具体实施方案如下：

1. 智能螺丝刀

工业产品的装配大量使用高精度力矩螺丝刀，为了保证装配质量，需要对螺丝刀的力矩定期维护校准，传统的方式都是靠经验判断结合一些产品和产量数据做间隔时间定义，或者采取频繁的抽样抽检方式。对于装配要求更高的产品，甚至每天每个班次都要检测力矩，维护成本和设备成本高昂。

利用由超低功耗的MEMS传感器和微处理器、NB-IoT模组构成的小型化、低功耗的智能终端，将传统的精密力矩螺丝刀升级成一个可以自动报告自身使用次数的智能产品，帮助生产维护人员从靠经验升级为靠精确计数的维护校正，同时通过长期数据的积累可以根据维护时的力矩测量值和使用次数关联，动态调整维护间隔。当实际校准力矩偏差大时，校准周期会缩短，需要进行较频繁的校准；当实际校准力矩偏差小时，校准周期会变长，可适当减少校准次数，这种精确的校准方式可节约成本，同时提高螺丝刀的使用寿命。

2. 测试系统预测性维护

爱立信南京工厂生产的基站产品对于测试的精度有很高的要求，而且测试系统本身由复杂的射频处理单元（见图 12.2）组成，射频路径特征作为补偿值需要在测试过程中调用，所以这个补偿值的精度就是测试系统误差的关键，其偏差与整个系统，尤其是测试连接部分的使用次数和时间有紧密的关联，需要系统校准和更换易损件来维护。现在的测试连接部分无设计硬件连接计数功能，通过机械电子有线的方式改造成本较高，导致仅仅通过软件的运行计数的误差较大，无法获得精确的使用次数和系统校准偏差的数据关联，不能通过自动的数据获取了解测试系统的校准周期间隔分布，不合理的频繁的校准周期间隔预示着测试系统出现重大故障的概率上升，从而导致宕机停产。

图 12.2　测试系统接口

通过在测试线添加一个基于位移传感器的 NB-IoT 终端，使其每个班次上报测试系统的物理连接次数，将统计次数和每天做测试系统验证的参数变化结合在一起，就可以指导校准维护人员按需校准，并且获得易损件使用次数和误差变化的管理。通过设定校准周期间隔告警阈值，提醒维护人员对频繁低于阈值的测试系统提前进行仔细检查维修，避免小故障变成大故障导致停产。图 12.3 所示为系统使用次数与误差变化的关系。

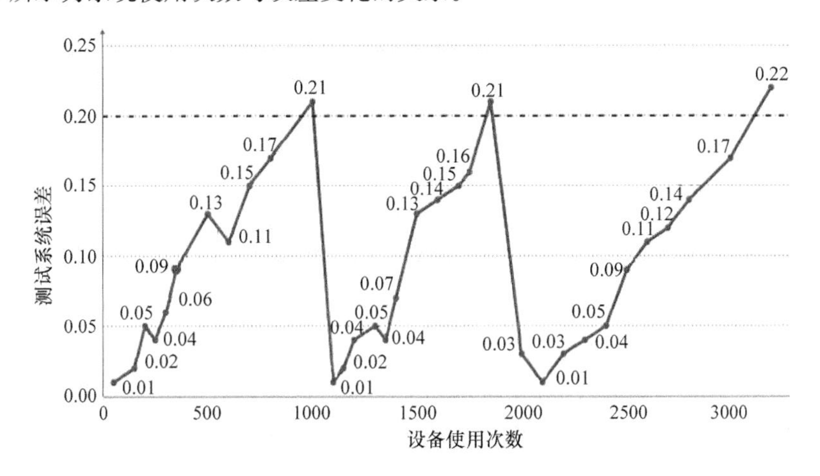

图 12.3　系统使用次数与测试系统误差系数关系

3. 灭火器监控

灭火器大量分布在工厂厂房的各个区域，需要靠巡检的方式保证其处在规定的位置，没有被盗、丢失或者由于其他的原因缺失，纯粹的人工管理方式在工厂这样的受控环境下尽管准确度足够，但是人力成本较高。

通过附加传感器的 NB-IoT 终端，可以获取灭火器位置变化的告警信息和区域性的定位信息，在基于地理位置的管理界面上可以非常直观地获取所有灭火器的数量、大体位置和状态信息，做到数据可视化的智能管理。

4. 无线按灯系统

基于精益生产流程的管理，生产现场故障告警有传统按灯（Andon，丰田精益生产的舶来词）系统，通过设置了不同故障类别的按键装置，点亮生产线安装位置的三色灯，并通过网线将触发信号同样发送到可视化大屏上，等待管理人员的处理，同时可供后台做故障类型统计分析。其最大的缺点就是这种被动通信的不及时性，整个沟通链从操作员到等待管理人员到管理人员初步分析再通知到相关故障处理人员，效率较低。同时，有线的部署方式非常复杂，布线+交换+专属服务器的综合成本较高。

如图 12.4 所示，支持 VoLTE 的 CAT-M1 eMTC 的无线终端支持无线部署，仅需一个电源供应则可以非常方便地通过按键上报故障类型做统计分析，又可以通过发起对应的语音呼叫到相关故障的值班手机上，便于操作员与工程师直接沟通问题细节，大大提高了问题的解决效率。

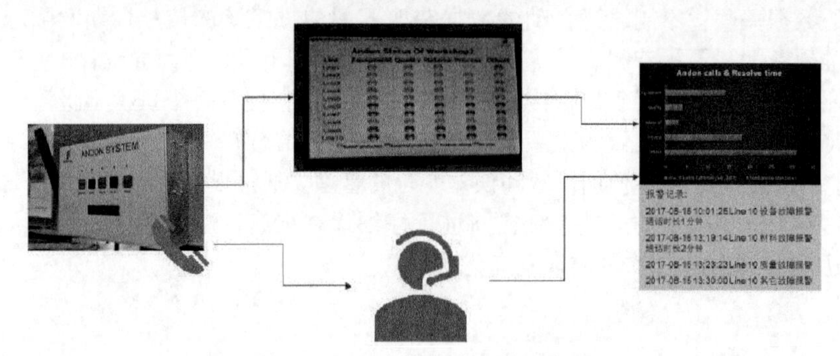

图 12.4　生产线故障告警示意图

对于不需要语音的场景，可以直接采用 NB-IoT 的方式将有线装置改成无线装置，降低部署成本，同时支持生产线的快速换型。

5. 流水线效率分析

生产线工艺平衡（Line Balance）是离散制造里流水操作环节的一个关键指标，其目的是保证每个工位作业时间分布的合理性，使每个操作工的工作节拍一致且合理，使得生产效率既合理又高效。但在实际情况下，由于各种人工操作问题，很难做到 100% 的均衡，因此，获取整个流程每个点的时间节拍数据，能够帮助工艺人员对理论和实际数据深入分析，解决相应的问题。传统的解决方案是部署基于工业总线和 PLC 的工业传感器，采集整个流程环节的数据。这类方案对于中小企业而言，新建和升级成本都较高，而且对于生产线调准换型不灵活，需要重新布线。

通过将同类型的传感器集成到 NB-IoT 无线终端上，并采用电池供电，可非常方便地部署在任何一个需要采集节拍数据的点位，先采集再定时传输，就可以在后台获得定时的数据（如每天或者每班次），再通过数据分析的手段找到对应的瓶颈所在，从而解决各类问题。

表 12.1 举例说明 IoT 采集单件工时做大数据的平衡率分析的简单方法。

$$平衡率 = \frac{装配单件工时 + 测试单间工时}{\mathrm{Max}(装配单件工时:测试单间工时) \times 2} \times 100\%$$

表 12.1 装配及测试单件工时平衡率分析表

件数	装配单件工时 IoT 统计	测试单件工时 IoT 统计	工序时间总和	平衡率
1	10	11	21	95.45%
2	11	10.5	21.5	97.73%
3	14	11.5	25.5	91.07%
4	9	11.3	20.3	89.82%
5	9.5	11.9	21.4	89.92%
6	12	10.8	22.8	95.00%
7	15	10.7	25.7	85.67%
8	10.5	11.5	22	95.65%
9	16	10.8	26.8	83.75%

6. 环境监控

基站生产车间需保证温湿度在一定范围内，当温湿度超过设定值时，需告警提示厂房设施维护人员调整空调和加湿装置。类似地，滤波器生产区域对环境清洁度要求较高，需要监测 PM10 颗粒物浓度，在超过阈值时进行告警。

7. 线边库货架缺料告警

在组装生产线的旁边有通用物料缓存区域，以小型物料为主，称为线边库。在缺料或者接近缺料的时候，可通过人工扫码现场物料盒的对应标签，发送指令给库房物料看板系统，库房根据信息将物料配送到相应区域。这种方式效率较低，基于人工判断操作容易出错。

我们将集成压力传感器的 NB-IoT 终端附加在物料盒底部，并在 NB-IoT 终端内配置物料信息，通过压力阈值设定在缺料时触发自动发送订单需求到库房物料看板系统，实现按需自动化物料管理。

8. 基于回收托盘的物流跟踪

为了满足日益增长的环保要求，几年前产品运输的堆垛托盘要求改成循环回收的金属托盘，但是由于回收完全依靠仓库和运输人员的管理能力，回收率较低，浪费严重。

通过 NB-IoT 基本的小区定位和数量统计功能，将每个托盘都绑定了电子 ID 信息，不依赖任何读取装置的情况下，可以做到全过程跟踪和统计，保证回收运输人员完成回收，在此基础上，后续可以进一步和产品订单信息绑定，在订单跟踪系统里做到实时的大体位置跟踪，并且可以计算运输时间和预计到达时间。

12.5 智能工厂应用实践情况

图 12.5 装载 NB-IoT 模组的智能螺丝刀

该方案已在爱立信南京基站生产工厂开展试点应用，并打通端 - 管 - 云与应用层，实现了工厂状态可视化。图 12.5 为工厂中装载了 NB-IoT 模组的智能螺丝刀。截至 2018 年 5 月份，工厂中的 NB-IoT 终端部署数量达到千级，随着方案的进一步优化，探索 5G 新技术在智能工厂的应用，高可靠、低时延、高速率的通信将会进一步提升生产的柔性化。

第13章　智能穿戴

13.1　智能追踪

13.1.1　智能追踪业务描述

在生活中，对人员及资产的定位追踪需求已经变得日益迫切。除了遍布大街小巷的共享单车的定位管理，人们经常可以看到各种寻狗寻猫启事。如果在小宠物身上放一个小巧的定位追踪器，你和爱宠之间失联的概率是不是会小很多？你是不是经常在旅途中、出租车上遗失自己的背包和箱子呢？如果在这些宠物和物件上放置一枚小小的定位装置，你的生活是不是会过得更舒心一点？除了这些，定位技术还可以用于其他领域，比如电动车、摩托车等交通工具的定位追踪与防盗、老人小孩的安全跟踪和报警、智慧城市里井盖的追踪定位管理等。

除了和日常生活相关的领域外，定位技术在零售、餐饮、物流、制造、油气、电力、医疗等各种行业也都有着广阔的应用前景。

在定位跟踪市场中有很多产品是对人的追踪。智能穿戴产品已经成为除智能手机外，在个人消费领域应用最广泛的产品形态，目前可穿戴产品绝大部分是蓝牙类的，无法脱离手机设备独立使用，如果可支持数据的独立实时传输和永远在线，此类产品将迎来更大的发展空间。

最近几年，儿童手表在国内销量增长迅猛，已经成为可穿戴设备的主力产品。老人和健康管理市场也孕育着巨大的需求。图13.1是IDC中国在2017年第一季度发布的可穿戴设备市场季度跟踪报告，可以看出近年来可穿戴设备发展迅速。但目前可穿戴产品的技术，特别是通信技术的瓶颈极大限制了产品的销售。

中国市场前五大可穿戴设备厂商排名，2017年第一季度

公司	2017年第一季度出货量(单位：千台)	2017年第一季度市场份额	2016年第一季度出货量(单位：千台)	2016年第一季度市场份额	出货量同比增长率
1.小米	3242	31.3%	3467	40.3%	-6.5%
2.步步高	841	8.1%	855	10.0%	-1.6%
3.乐心	586	5.7%	668	7.7%	-12.3%
4.奇虎360	439	4.2%	154	1.8%	185.1%
5.搜狗	430	4.2%	240	2.8%	79.2%
其他	4809	46.5%	3218	37.4%	49.5%
合计	10347	100%	8602	100%	20.3%

图13.1　中国市场前五大可穿戴设备厂商

13.1.2　智能追踪行业现状

随着我国北斗系统技术的发展，室外定位从 GPS 发展到 GPS + 北斗的多种定位技术，定位的速度和精度得到进一步提升。

随着物联网的发展，各行各业对提供位置信息的需求也越来越多，定位的要求也不单单局限于室外，大量室内定位的需求逐渐呈现出来。近些年来，除了基于传统通信网络的定位技术外，也出现了 Wi-Fi、蓝牙、红外线、超宽带、RFID、ZigBee 和超声波等室内定位技术。

定位跟踪综合使用了各种定位技术获取位置信息，并通过数据通信技术传输位置信息。定位需依托通信技术传输或承载。广域通信技术大部分基于 GSM、UMTS、LTE 或者未来的 5G 技术，其网络和芯片多数为手机产品研发。当前，手机的应用趋向更高速率、更高带宽，相应带来了功耗高、成本高、芯片面积大、覆盖有限等问题，较难满足定位追踪器产品的需求，而且部分国家 GSM 已经或面临退网，对相关产品的技术延续性构成威胁。

由于通信技术的瓶颈，目前定位跟踪产品（如儿童手表等）尺寸较大、使用时间短。这也迫使追踪器必须在通信技术上进行更新换代。

随着 NB-IoT 等移动物联网技术产业链的逐渐成熟，将使追踪器的续航能力、信号覆盖性能明显提升，用户体验显著提升，市场规模将快速增长。

13.1.3　智能追踪引入 NB-IoT 的优势

NB-IoT 的技术优势是覆盖广、功耗低，增强版本（R14）可支持速率增强、定位增强等特性，可以提供更好的实时性，而且定位精度更高。在功耗方面，NB-IoT 拥有 PSM 和 eDRX 两大节电技术，使得设备待机功耗相比于在 2G 和 4G 网络下有极大的降低，根据参数配置的不同可使用几周到几年。

13.1.4　基于 NB-IoT 的智能追踪解决方案

以上海欧孚通信技术有限公司为例，“终端 + 应用云平台 + APP” 全套解决方案的网络结构如图 13.2 所示。NB-IoT 终端设备通过运营商网络连接到 IoT 平台（比如 OceanConnect、OneNET 平台等），应用服务器通过 IoT 平台传输相应的数据，计算机客户端或手机 APP、微信小程序等接入应用服务器实现各种功能。

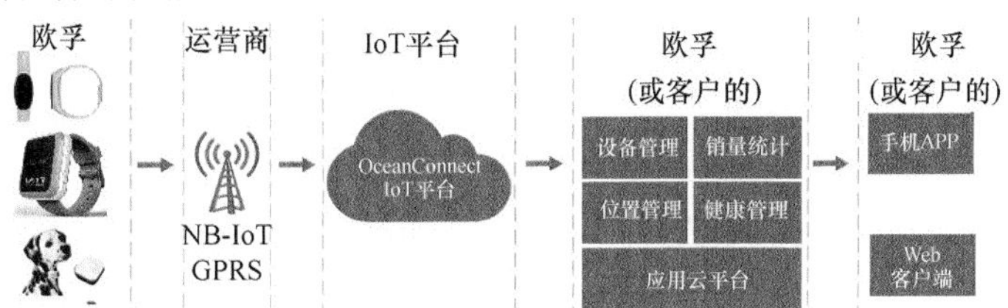

图 13.2　系统架构图

智能追踪产品主要包括宠物追踪器、老人和特殊人群健康胸牌、生命体征监控和定位手环、防拆卸腕表，及巡逻、环卫、建筑、工厂用定位器等。

1. 宠物追踪器

对使用 GPRS 技术的宠物跟踪器而言，待机时间是最大的问题。欧孚通信公司推出的基于

NB-IoT + GPS + Wi-Fi 定位功能的宠物追踪器，除了可以对宠物进行定位，还能够显示宠物一天的运动量，以确保它能够得到足够的锻炼。

用于宠物定位的宠物追踪器通常由 GPS 模块和无线通信模块两大部分组成，GPS 模块主要负责对宠物快速准确的定位，而通信模块则通过网络通信，将宠物实时的位置信息上传至云端服务器，系统架构如图 13.3 所示。用户只需使用相应的应用即可获知其具体的位置信息。

追踪器内置的 GPS 芯片尺寸为 41mm×41mm×13mm，重量仅为 34g，不会给宠物造成负担。

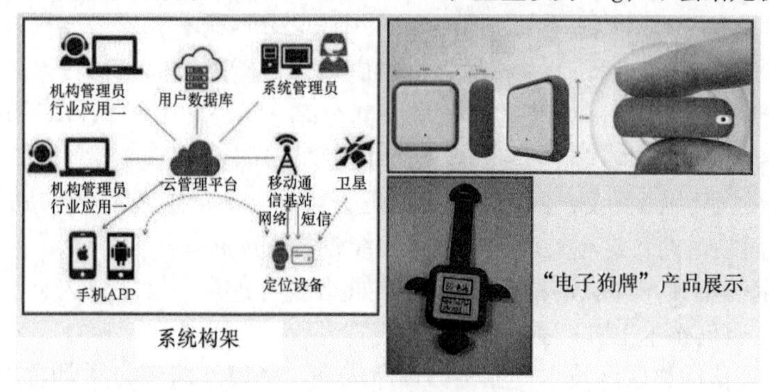

图 13.3 宠物追踪器

如图 13.4 所示，基于物联网的家庭犬类养殖服务平台通过为每一只宠物狗佩带 NB-IoT 定位终端，实时监控每只宠物狗所在的位置，把宠物的基本信息、免疫信息、位置信息与运动量信息关联到平台，做到每一只家犬可管、可控、可追踪。同时系统还提供与宠物相关的其他衍生功能，如宠物商城、宠物医院推荐、宠物社区等。

宠物追踪器利用 GPS/北斗和 Wi-Fi 进行定位，并使用低功耗 NB-IoT 做回传，具有电子围栏、实时追踪、历史回放等相关功能（见图 13.5），Web 服务器用于收集和保存宠物定位器相关数据，且支持 Web 客户端和手机 APP 访问。

图 13.4 家庭犬类养殖服务平台

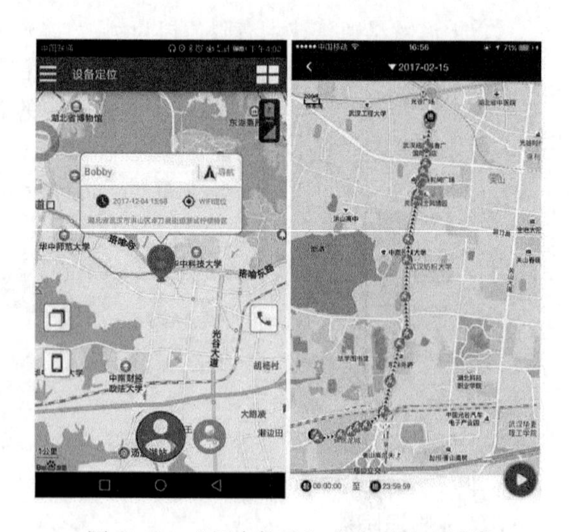

图 13.5 "历史轨迹"查询及轨迹播放

对于手机 APP 应用，允许一台定位器与多个 APP 用户绑定，同时也支持一个 APP 用户同时绑定多个定位终端。用户可通过填写终端 SIM 卡号以及通过手机扫描设备二维码进行设备绑定。设备绑定后昵称默认为手机号，可进行修改。同时支持终端电量显示、低电告警等功能。用户最多可以设置 8 个安全区域（电子围栏），且中心点可通过文字搜索确定。

Web 计算机客户端管理平台也同样可以实现类似功能，所有定位终端都可以呈现在一个页面，以便用户监控所有设备的实时位置。

通过输入 IMEI 号可查看在线、离线以及未启用等设备状态，如图 13.6 所示。

图 13.6　设备状态查询界面

用户可以查看 7 天、15 天、60 天内设备的信息，如图 13.7 所示。

GPS　huaweish　huaweish, 您好　公告　修改密码　退出

健康管理　监控　设备管理　报警通知

设备管理
全部设备 (9)
7天内过期设备 (0)
15天内过期设备 (0)
60天内过期设备 (0)
已过期设备 (0)

序号	设备名	IMEI号	激活时间	用户到期
1	OVI_NB_M301-16284	863137002816284	2017/06/23	2018-06-23
2	OVI_NB_M301-16250	863137002816250	2017/06/23	2018-06-23
3	OVI_NB_2301-16821	863137002816821	2017/06/24	2018-06-24
4	OVI_NB_2301-16847	863137002816847	2017/06/24	2018-06-24
5	OVI_NB_2301-16730	863137002816730	2017/06/24	2018-06-24
6	OVI_NB_M301-16920	863137002816920		
7	OVI_NB_M301-16938	863137002816938	2017/07/24	2018-07-24
8	OVI_NB_G902-38939	863703030738939	2017/08/18	2018-08-18
9	OVI_NB_M301-22068	863137003322068		

每页显示 20 条　1

图 13.7　设备管理界面

除此之外，用户还可以查看报警信息历史记录，如图 13.8 所示。

2. 老人和特殊人群健康胸牌

2016 年 10 月 12 日，全国老龄办在京召开新闻发布会，发布由全国老龄办、国家发展改革委、财政部、国土资源部、住房城乡建设部、交通运输部等 25 个部委共同制定的《关于推进老年宜居环境建设的指导意见》（以下简称《指导意见》）。《指导意见》是新修订《老年人权益保

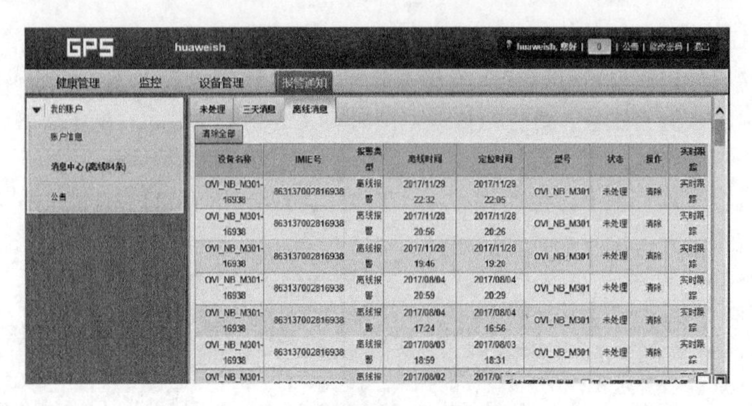

图 13.8 报警信息历史查询

障法》新增“宜居环境”专章以来，我国发布的第一个关于老年宜居环境建设的指导性文件。《指导意见》谋划了适老居住环境、适老出行环境、适老健康支持环境、适老生活服务环境、敬老社会文化环境等五大老年宜居环境建设板块，17 个子项重点建设任务，并提出了安全性、可及性、整体性、便利性、包容性的要求。

目前的智能化产品在老年人市场基本还是空白，大部分智能化产品瞄准的是校园市场、家庭环境等场景，这类产品由于功能花哨、操作复杂、界面过于前卫、续航能力差等问题，并不适合直接用于老年人市场。

欧孚通信公司针对老年人市场开发了 NB-IoT 和 GSM 单卡双模单待的健康胸牌，利用 NB-IoT 的低功耗特性做定位和数据通信，利用 GSM 在需要紧急呼叫时提供最便捷的语音通信业务。

定位胸牌 BLE（Bluetooth Low Energy，低功耗蓝牙）集室内定位和 GPS 室外定位为一体，在室内通过扫描部署的 iBeacon 信号源来采集位置信息，通过 NB-IoT 传输到后台，如图 13.9 所示。在养老院门口部署有 125kHz 的低频触发器，定位胸牌据此判定用户是否出入养老院，如果进入养老院则使用蓝牙定位，反之则使用 GPS 定位。

用户在按下 SOS 按键时，先通过 NB-IoT 把报警信息传输到后台，同时启动 GSM，把 SIM 卡切换到 GSM 模块，对设定号码进行轮流呼叫，直到接通为止。通话结束，切换到 NB-IoT 模式，GSM 模块切断电源，实现低功耗待机。

3. 生命体征监控和定位手环

很多人群需要佩戴手环/手表或其他穿戴设备，以便通过监测心率、温度、运动、血压等信息实现生命体征监测和定位监控，比如居家养老或养老院里的老人、学龄前儿童及在校学生、南极科考及高原工作等特殊环境人员、马拉松长跑及大型游乐场所的活动参与人员等。

通常对这类产品的功能要求如下：

- 支持贴身佩戴，周期检测生命体征如温度和心率（范围和检测周期可以由后台或 APP 配置）。生命体征不超标时进行持续监测（低功耗模式）；若超标，通过 NB-IoT 发送相应的超标报警信息到后台和 APP，同时周期性上报 GPS 位置信息和心率/温度（上报周期要求可以由后台和 APP 配置），便于监控佩戴人员生命体征并定位。
- 通过 SOS 按键，可以一键发送报警信息。
- 具备运动传感器，辅助检测人体生命体征及动态心率。

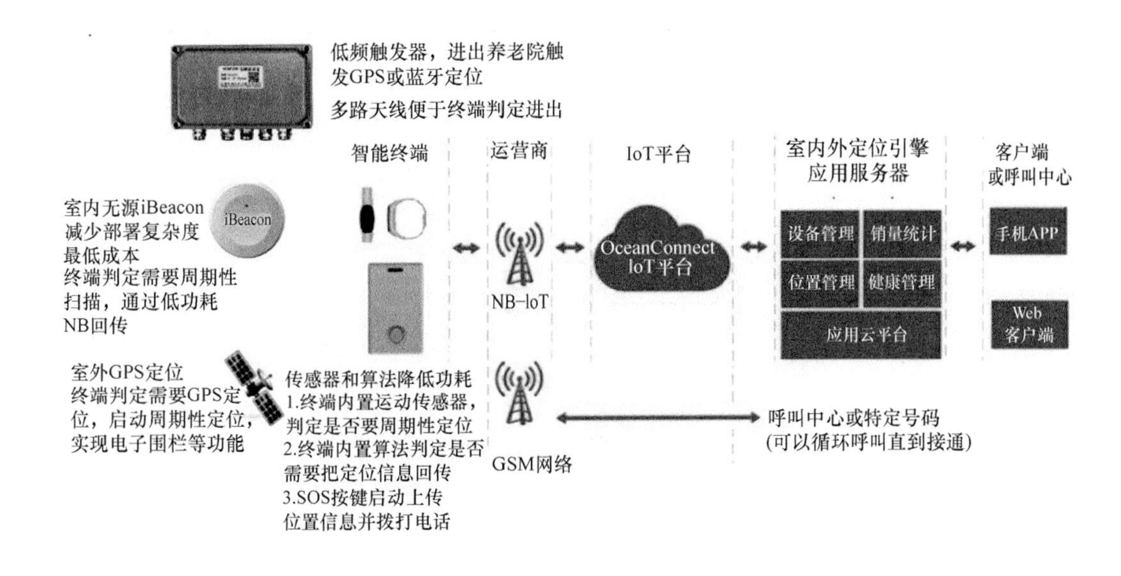

图 13.9 定位胸牌系统架构

• 支持电子围栏，在特定场景下可以设定出行的电子围栏，出入报警。

欧孚通信公司的 B2302 定位手环具备上述特性，集成了 NB-IoT 模块和贴片 SIM 卡，主要功能包括：

• 定位：既支持 GPS、Wi-Fi 的室外定位，也支持基于蓝牙的室内定位功能。

• 心率和温度监测：周期性（默认 5min）测试心率和温度，不超标则不上报。若测试超标，则进入报警状态，并启动 GPS 把位置信息、计步器、电量信息、温度/心率等参数上报。

• SOS 报警 ：SOS 按键长按 3s，发送 SOS 报警信息，并同步发送位置信息。SOS 报警后默认每 5min 上报一次，直到关机（电量耗尽或通过 SOS 按键关机）或由用户通过 APP 取消。报警时红绿灯闪烁提醒。

• 周期性同步网络（服务器客户端或 APP 下行任务）：在正常情况下，手环每 12h 周期性地与网络同步（服务器客户端或 APP 下行任务），同时上报电量、网络信号强度等信息。在上报周期也会同步下行任务，按要求变更参数配置（包括心率、温度的正常范围、周期性测量间隙等）。

B2302 定位手环支持电子围栏功能，支持各类报警（如低电、关机、SOS、心率/温度超标），检测数据范围和报警上报周期可以通过 APP 和后台配置。该产品如图 13.10 和图 13.11 所示。

后台和 APP 用户可以通过手环的各类报警信息及时获取各种状态，比如 SOS 报警、温度超标报警、心率超标报警、电池低电压报警、手环关机报警等，如图 13.12 所示。

手环在定位方面支持实时位置显示、轨迹回放、电子围栏等，如图 13.13 所示。

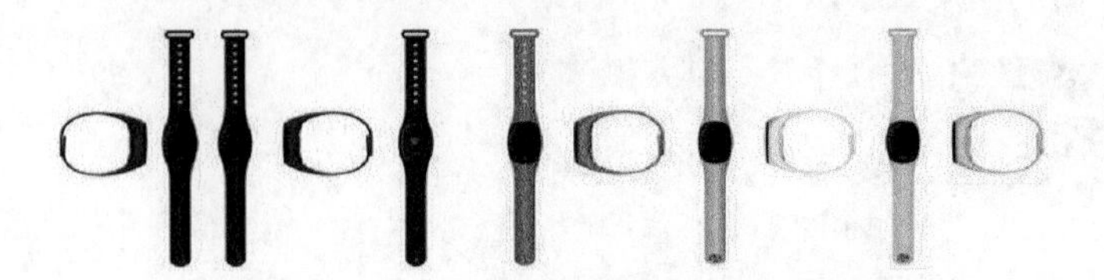

图 13.10　产品概念图

图 13.11　产品实物图

通过后台客户端和手机 APP 也可以设置个人的报警门限，并在报警后查看健康数据记录，如图 13.14 所示。

4. 防拆卸腕表

智能防拆卸腕表广泛应用于监狱、司法矫正领域、特殊人群（如失智老人及精神障碍人员等），以及其他需要进行行为管理的人群等，确保监控方实时了解被监管人员的动向，精准记录历史行径。

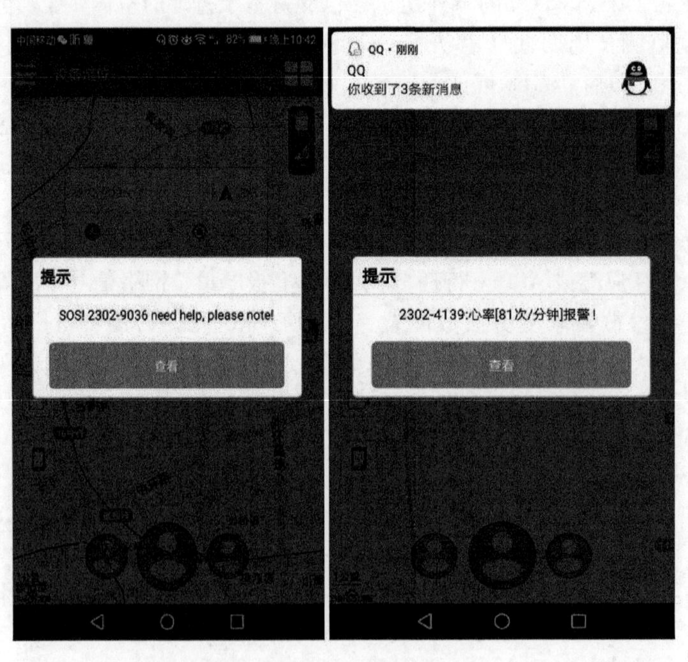

图 13.12　各种报警信息

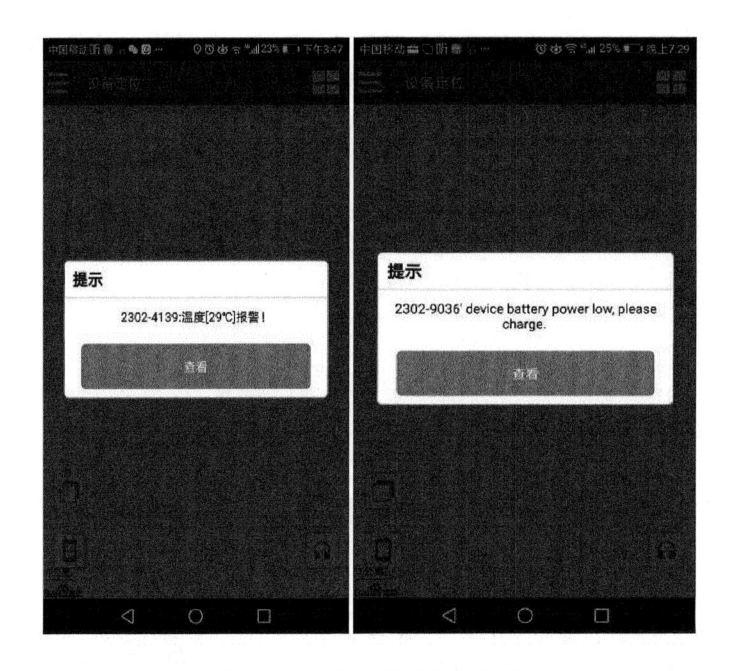

图 13.12　各种报警信息（续）

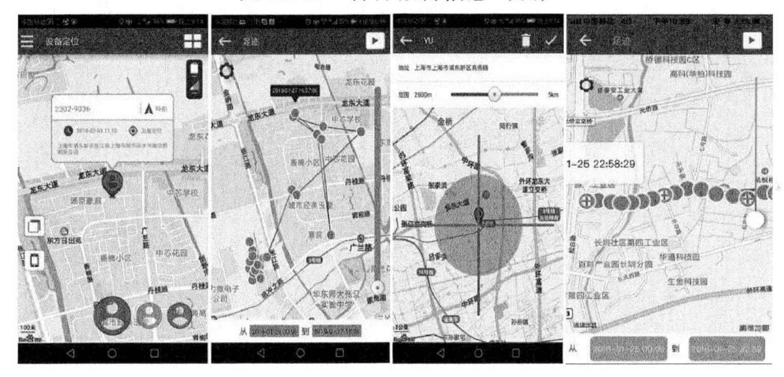

图 13.13　手机 APP 定位相关功能界面

对这类腕表有两大要求：一是防拆卸，监控腕表具有电磁阀开关，可以通过远程和后台指令打开电子锁，但用户自己不能打开。当监控腕表被剪断、摘掉时，会振动报警，启动定位同时向系统上报报警信息。由于需要持续佩戴，要求具备 IP67 或以上的防水能力。二是定位能力，要求支持 GPS + Wi-Fi + 基站定位等，进行室内外一体化的定位。

从产品形态看，可以分为两类：一体化产品，即带定位、通信和防拆卸表带的一体化产品；分体式产品，即防拆卸手环 + 蓝牙连接带定位的手持机或智能手机。

（1）一体化防拆卸手表 Z50

如图 13.15 所示，防拆卸手表 Z50 为一体机，用户不可自行拆卸，支持基于 GPS/北斗、Wi-Fi、蓝牙混合定位，精确监测位置信息；支持远程控制开关锁；机械与电子双重防拆，强拆立即告警；高度防水，具备 IP68 防尘防水等级；600h 以上超长待机；可与蓝牙网关自动配对，进入

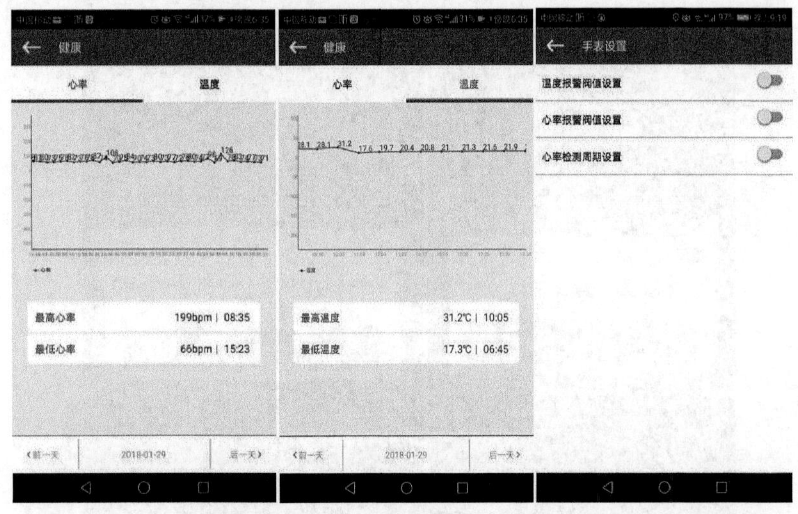

图 13.14　手机 APP 报警信息和设置界面

蓝牙省电模式；长按 SOS 紧急拨号键，发送紧急信息给联系人；可设置电子围栏，离开设定围栏区域自动告警；后台可查看任意时段历史轨迹。该腕表也有计步、闹钟、广播、整点报时、定时提醒、天气预报、低电报警等基本功能（其他参数见表 13.1）。

一体化防拆卸智能手表 Z50 体积偏大，用户佩戴或感不适。欧孚通信公司为提高佩戴舒适性，研发了新一代分体式防拆卸产品。

（2）分体式防拆卸手环与手持定位器

相比防拆卸手表，如图 13.16 所示的防拆卸手环更加小巧，佩戴舒适，支持 IP67 防水，待机使用时间更长，与手持定位器（见图 13.17）蓝牙绑定后即可实现定位追踪功能。

图 13.15　Z50 产品形态

表 13.1　Z50 产品参数

项目	规格
频段	NBIOT 850/900/
网络	GSM/GPRS
定位精度	1. 北斗、GPS 定位：10m 2. Wi-Fi 定位：2 ~ 5m 3. 基站定位：NB-IoT 基站定位待定 4. 蓝牙定位：1 ~ 3m
待机时长	最长可达 600h
防水等级	IP68
工作温度	-10 ~ +50℃

（续）

项目	规格
存储温度	-40 ~ +70℃
电池	聚合物锂电池 3.8V，500mAh
显示屏	TFT - LCD 1.33in，240×240
触摸屏	电容式触摸屏
重量	70g
表盘尺寸	39mm×49mm×15mm
表带长度	短/中/长三种规格可选，每种规格最大可调 20mm

手持定位器使用 2300mAh 电池，待机时间长。相比防拆卸手表，定位器充电简便，详细参数见表 13.2。

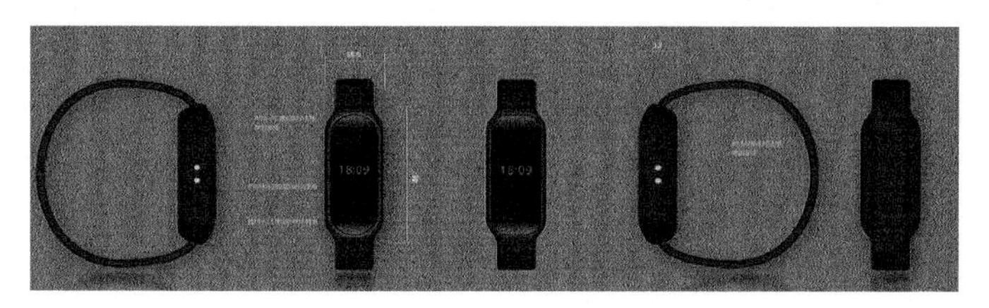

图 13.16　防拆卸手环产品形态

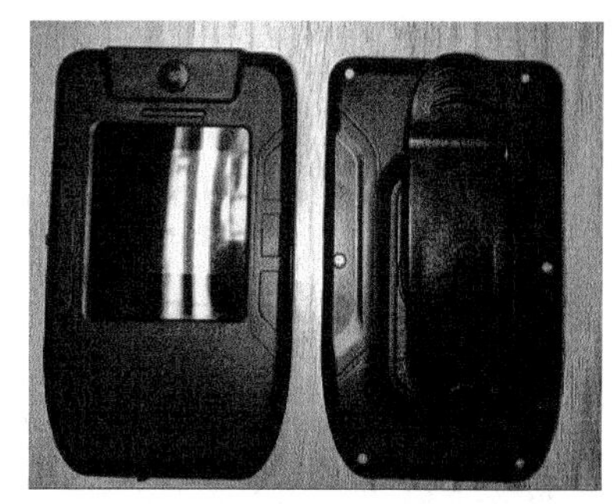

图 13.17　手持定位器产品形态

表 13.2　NB-IoT 手持定位器规格

项目	规格
尺寸/重量	99mm×58mm×16.5mm/120g
通信模式	NB-IoT（700/800/850/900MHz 可选）
定位	GPS/北斗/Wi-Fi/加速度计
传感器	加速度计（支持计步，睡眠检测）
SIM 卡	Push Nano SIM 卡
蓝牙	BLE（支持室内定位）
电池/充电	2300mAh 锂离子/Micro USB 充电
LED 指示灯	2 个 LED（红和蓝）
按键	2 个按键（SOS 键和复位键）
防水等级	IP67

5. 巡逻、环卫、建筑工厂用定位器

图 13.18　产品形态

如图 13.18 所示，此类定位器产品要求结构坚固，体积可稍大，用户可佩戴在腰上或挂在工作带上，方便携带，采用大容量电池避免经常充电，利用 NB-IoT 的低功耗传输和广覆盖，适合各种工地或特殊应用场景。此类定位器功能与其他类型的定位器基本相似，但是平台、手机 APP 等的功能有所增强，一般需要针对具体行业进行定制化开发。

13.2　儿童智能手表

13.2.1　儿童智能手表业务介绍

儿童安全一直是家长非常关心的问题，家长希望随时随地了解儿童的位置，儿童也需要在紧急情况下能迅速联系上家长。随着消费升级，家长对儿童商品的品牌和品质要求不断提升，相关产品的性能愈发得到家长的重视。手机有影响儿童学习、不易随身携带等缺点，并不是一种理想的解决方案。智能穿戴行业的快速发展，使智能手表技术逐渐应用在儿童领域，进而催生出儿童智能手表产品，其能有效满足儿童和家长的各种需求，已经逐渐成为新学期家长为儿童采购学习用品中的必备项。

儿童智能手表区别于普通的智能手表，不仅在于它服务于儿童，更关键的是其需要具备蜂窝网络通信功能。市面上的智能手表普遍采用 BLE（Bluetooth Low Energy，低功耗蓝牙）与智能手机相连，虽然待机时间尚可满足基本需求，但传输速率低、距离有限，并且不能直接联网，只能作为智能手机的扩展与延伸。普通智能手表必须通过智能手机方可联网，限定了其必须与智能手机终生相伴，不适用于面向儿童的手表类产品。两种智能手表工作模式对比如图 13.19 所示。

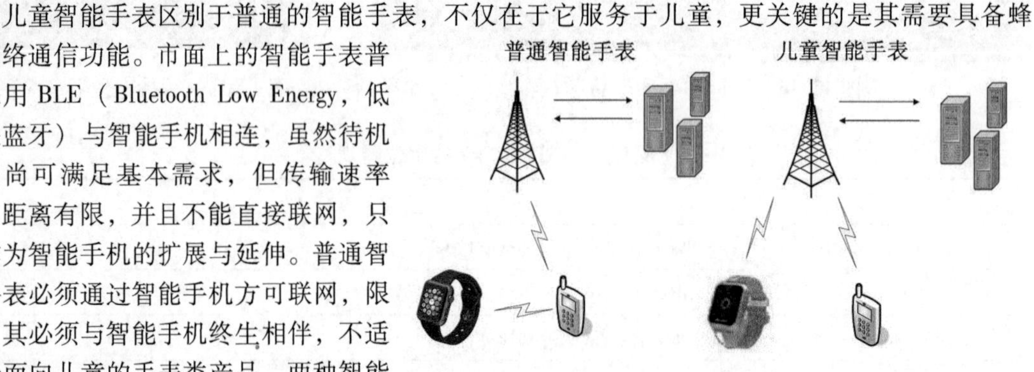

图 13.19　普通智能手表与儿童智能手表的联网模式对比

儿童智能手表自诞生起由于其为儿童服务的属性，决定了其使用场景须独立于手机工作，因此独立于手机进行网络连接是其必备的功能。然而随着智能设备的更新换代、市场的竞争、儿童的娱乐需求和家长的教育需求日益受到重视，更多的功能被添加进来。现阶段儿童智能手表可提供“语音通话”“位置服务”等功能，能够解决家长与儿童间的通信问题，满足家长对儿童位置时刻关心的安全需求；也提供了儿童教育、娱乐、社交、健康等更高级的功能，如“智能问答”“儿童社区”“运动健康”，使得儿童智能手表逐渐发展成包含多种儿童专属应用为一体的儿童智能穿戴设备。普通智能手表与儿童智能手表主要功能对比见表 13.3。

表 13.3　智能手表主要功能对比

功能	普通智能手表	儿童智能手表
语音通话	×	双向语音通话
定位	GPS/Wi-Fi/基站等定位	GPS/Wi-Fi/基站等定位
语音交互	√	√
电子栅栏	×	√
回拨监听	×	√
一键呼救	×	√
通话过滤	×	√
上课禁用	×	√
计步	√	√
摄像头	√	√
视频聊天	√	√
儿童社区	×	√
智能问答	×	√
运动健康	×	√
知识竞答	×	√
轻学习应用	×	√

随着市场的日渐成熟及巨头的纷纷加入、新技术的不断涌现，儿童智能手表正迎来发展的关键时期。

13.2.2　儿童智能手表行业现状

截至目前，我国 0～14 岁人口数量已达 2 亿，每年新出生人口近 1700 万。庞大的基数、稳定的增长，奠定了儿童市场坚实的客户基础。在“全面二孩”政策的带动下，年均新增人口将增加 200～300 万人，预计到 2020 年，0～14 岁人口数将达到 2.5 亿。预计未来 5 年，儿童消费市场总额增速将有望突破 20%。根据 IDC《中国可穿戴设备市场季度跟踪报告》，2017 年儿童智能手表在我国市场的整体出货量达 5000 万台左右，年增长率超 40%，并且未来 3 年增速将超过 20%。

按照网络制式划分，主要有 2G 儿童智能手表和 4G 儿童智能手表。

1）2G 儿童智能手表：基于 GSM 网络进行通话和数据传输，具有定位、通话、电子围栏、语音对讲等基本功能。其主要面向低龄儿童，追求功能简化，价格定位较低。

2）4G 儿童智能手表：基于 LTE 网络进行通话和数据传输，除具有定位、通话、电子围栏、语音对讲等基本功能外，还具有视频通话、儿童社区、在线知识竞技等更具实时互动性的功能，功能更加丰富、使用体验也更佳。其主要面向高龄儿童，价格定位较高。

但是待机时间短一直是儿童智能手表饱受诟病的地方。受限于儿童智能手表体积及目前电池能量密度，目前的儿童智能手表的待机时间无法充分满足用户需求。市面上的儿童智能手表，无论是 2G 还是 4G 的，都无法避免上述问题，待机时间大多为两三天，正常使用则需要一天一充，并且功能越多、耗电越快。目前的儿童智能手表的续航问题严重限制了儿童智能手表的市场潜力，迫切需要技术上的重大突破与创新。

13.2.3　儿童智能手表引入 NB-IoT 的优势

待机时间短是现有儿童智能手表最大的短板，极大地影响了用户体验。以五洲无线公司发售的阿巴町 2G 和 4G 儿童智能手表为例，研究发现其将近 80% 的电量消耗在了长连接待机上，而非具体功能上。具体耗电分布如图 13.20 所示。

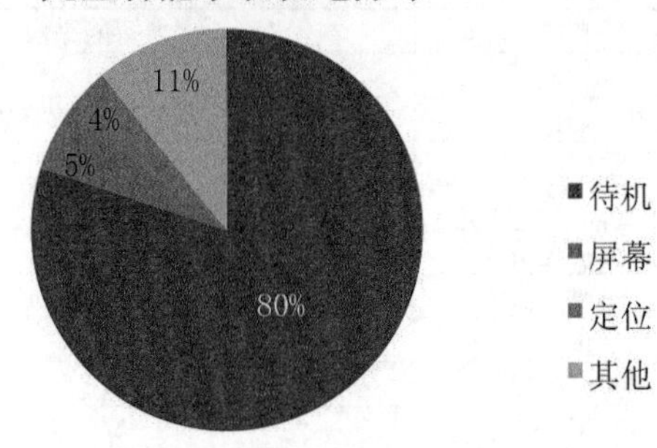

图 13.20 儿童智能手表耗电分布图

若想增加待机时间，只有增加电池容量、降低功耗。当前电池单位体积能量密度提高空间已接近极限，若增加电池容量，只能增大电池体积，增大电池体积无疑会增加儿童智能手表的体积，而目前手表体积已无任何增长余地；在目前的网络技术下，长连接 + 心跳的模式注定电量消耗是一个无法逾越的鸿沟，虽然各个厂商已在方方面面绞尽脑汁，但功耗降低空间有限。

NB-IoT 作为一个新的通信制式，除了在成本、覆盖、连接数等方面有优势，在低功耗技术上尤其做到了极致，其拥有 PSM 和 eDRX 两大节电技术，使得设备待机功耗相比于在 2G 和 4G 网络下有极大的降低，基于 NB-IoT 移动物联网的智能手表方案将有助于解决儿童智能手表的续航问题。

13.2.4 基于 NB-IoT 的创新解决方案

NB-IoT 将成为儿童智能手表延长待机时间的绝佳解决方案，它将帮助儿童智能手表更好地利用电量。换言之，延长待机时间，将会给儿童智能手表带来质的飞跃。下面以五洲无线公司的 NB-IoT/GSM 双模儿童智能手表方案为例，介绍基于 NB-IoT 的儿童手表创新解决方案的工作模式。

针对待机时间短，且大部分电量消耗在长连接待机模式，NB-IoT/GSM 双模儿童智能手表方案提出了如图 13.21 所示的基本架构。用户根据需求可选择不同的工作模式：超长待机模式、智能待机模式、快速响应模式。

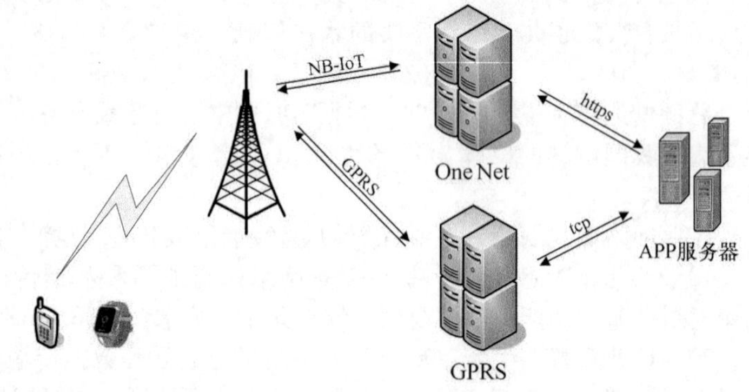

图 13.21 基于 NB-IoT 的儿童手表工作模式

1. 超长待机模式

手表关闭 GSM 模块的移动数据连接，通过 NB-IoT 网络与中国移动的 OneNET 平台保持连接，随时等待接收来自平台的数据命令，APP 服务器通过 https 与 OneNET 平台进行交互，构成完整的闭环数据通路。NB-IoT 采用 eDRX 模式，相比于 4G 网络长连接略有延迟，但可用于日常非紧急的通信，可以满足相当一部分用户的需求，况且 GSM 通话时刻处于待命状态。

此模式充分利用了 NB-IoT 的超低功耗特性，达到超长待机的效果，可将目前消耗于待机的电量完全转化为用于功能使用。预计此模式下至少可使用 15 天，待机时间将更长。

2. 快速响应模式

手表打开 GSM 模块的移动数据连接，NB-IoT 模块处于关闭状态，通过 GSM 网络与 APP 服务器长连接，随时处于待命状态，快速响应用户操作。即为目前普遍采用的GSM模式，避免了使用NB-IoT网络时处于eDRX模式下可能出现的下行数据不可达的情况，满足对响应速度要求较高的用户需求，此模式下一般可使用3天左右。

3. 智能待机模式

此模式是超长待机模式与快速响应模式的综合。其基本思路为基于儿童作息时间的相对规律性，通过行为分析可得出，在上午与下午的在校课堂时间及每日的入睡时间等特定时间段内，手表自动进入超长待机模式；在用户操作活跃期自动切换到快速响应模式。既可以实现待机时间的延展，又可满足需要实时的快速响应需求。儿童每日课堂时间与睡眠时间合计至少在18h左右，按此推算正常使用可达10天。

13.2.5 NB-IoT儿童智能手表应用实践情况

2018年开始，儿童智能手表市场将因为NB-IoT和eMTC等新通信制式为用户带来全新的产品体验，甚至产生企业级新一轮的行业洗牌。整个智能穿戴产业链已经开始迎接NB-IoT的到来。终端产业也纷纷推出高性能、低成本、高集成度的NB-IoT模块。

产业方面，欧孚通信公司早在2015年华为全球技术大会上，便展出了全球第一款基于NB-IoT的可穿戴应用产品，2016年4月推出了基于NB-IoT的智能手表W253，其采用NB-IoT单模设计，虽然无法做到实时通话，但集成有GPS，可以实现定位、计步、紧急呼救等功能，发挥NB-IoT低功耗技术优势，可实现比同型号GPRS版本更多的续航时间。五洲无线公司在2017年中国移动全球合作伙伴大会上，推出了基于NB-IoT技术方案的阿巴町N100儿童智能手表，如图13.22所示。作为业界首款NB-IoT+GSM双模儿童手表，在N100的技术方案中，NB-IoT提供数据连接，GSM提供通话服务，其间歇性休眠的工作模式可以大幅度降低儿童智能手表的功耗，最大化发挥NB-IoT技术的低耗优势，可实现超长待机40天。另外还有采用NB-IoT技术的电子表和智能学生卡，让原本普通的一个产品因为新技术的加入而增添了更丰富的使用场景。

图13.22　中国移动全球合作伙伴大会上阿巴町N100儿童智能手表展示

儿童智能手表可满足家长对儿童安全、教育的需求，以及儿童对社交、娱乐的需求，一经面市便大受欢迎，经过两三年的发展，已经初具产业规模，然而超长待机一直是难以解决的问题。NB-IoT作为一种新型物联网技术，具有低功耗的优势，将其创新性地运用在儿童智能手表产业，可以带来低成本的低功耗长连接服务，极大地提高了儿童智能手表的使用体验，使得产品与应用间的融合、交互变得更为丰富，从而进一步激活儿童智能手表的市场潜力。

第 14 章　智 能 家 居

14.1　智能家居概述

14.1.1　智能家居业务描述

科技已经渗透到我们生活的方方面面，智能家居成为未来的发展方向，下面我们来看看智能家居能给用户带来怎样的享受。清晨起来时，轻柔的音乐缓缓响起，卧室窗帘自动拉开，将你从睡梦中唤醒，开启新的一天；当你身处公司，可以通过 APP 查看家里孩子、老人的情况；辛苦了一天，当你回到家后，空调器已经自动调到舒适的温度，坐在沙发上或是躺在床上，通过 APP 可以方便地控制家里所有的灯光和电器；家庭防盗也是很多家庭很关心的问题，智能家居防盗系统可以为家庭提供室内防盗、防火、防燃气泄漏和紧急救助等功能。

以上场景就是智能家居可以为我们带来的体验。智能家居系统是集视频监控、智能防盗报警、智能照明、智能电器控制、智能门窗控制、智能影音控制于一体，与配套的软件相结合，人们通过平板电脑、智能手机和笔记本电脑，不仅可以远程观看家里的监控画面，还可以实时控制家里的灯光、窗帘、电器等，以构建高效的住宅设施与家庭日常事务的管理系统，从而提升家居生活的安全性、舒适性、便利性、高效性和环保性。

14.1.2　智能家居行业现状

目前，智能家居的概念已经深入广大消费者心中。根据国内外权威的市场研究报告及调研报告服务提供商——中国报告大厅发布的《2016—2021 年中国智能家居行业发展分析及投资潜力研究报告》测算，我国智能家居潜在市场规模约为 5.8 万亿元，发展空间巨大。其中，家电类智能家居产品市场份额最高。预计我国智能家居市场未来 3 ~ 5 年的整体增速约为 13%，市场爆发时间点即将到来。根据 HIS 市场预测，国内使用智能家电的家庭将在 2025 年达到 2832 万的规模。

据 GFK 监测数据显示，2017 年 1 月 ~ 4 月，我国智能电冰箱、智能洗衣机和智能空调器零售量分别占各产品整体零售量的 7.5%、22.5% 和 33.2%。由此可以看出，智能白色家电在我国家电行业发展迅猛，越来越多地获得广大消费者认可，市场前景广阔。

近几年智能家居市场火热，智能家电厂商与互联网科技巨头争相布局，陆续推出智能家居相关产品。我国智能家居行业已经过了概念普及阶段，目前处在技术推广阶段，但在销售阶段过于注重推广产品的技术先进性，而忽视了产品的易用性和实用性。在智能家居行业定位上，尚无统一的标准规定智能家居产品需要达到怎样的用户需求，能够为消费者提供怎样的服务，这使得消费者对于智能家居产品的认知一直处于较为模糊的阶段。

目前主流的智能家居技术方案是通过在家电设备中内置Wi-Fi模块，从而借助Wi-Fi无线接入技术，将家电设备状态信息周期性上报给云端服务器，然后云端服务器将这些上报的状态信息推送至手机端APP。如果用户希望控制家电设备，那么可以通过手机端APP来更改设备状态信息，再借助云服务器转发给智能家电设备，从而实现对设备的控制。

在无线通信技术中，Wi-Fi凭借技术研发门槛低、产品成本低等优势，成了智能家居产品开发首选技术方案。但是，Wi-Fi也存在无法忽视的痛点。

（1）功耗较高

从目前智能家居主流的传输协议来看，Wi-Fi的通信距离最长、数据速率最高，但是它的缺点是功耗太高，对通信模块功耗要求严苛的家电产品，Wi-Fi模块无法满足要求。

（2）覆盖能力差

Wi-Fi是短距离通信技术，在家庭场景信号通过墙体时衰减较大，导致角落中的家电设备无法获取信号，从而无法连接到网络，用户体验较差。

（3）安全可靠性较低

在享受智能化服务的同时，隐私和安全也是用户关注的问题，特别对于家庭场景而言尤为重要。Wi-Fi采用非授权的公共频段进行数据传输，基于密码进行安全认证管理，缺少用户鉴权和信令完整性保护，即使是以加密方式进行数据传输，也容易造成数据在传输过程中被破解、盗用，无法有效保证用户数据安全。

（4）易用性差

现在使用的智能家居系统需要用户进行复杂的网络配置，使得智能家居设备易用性差，降低了用户使用意愿，导致设备激活率不高。

14.1.3 智能家居引入NB-IoT的优势

目前家电市场中节能环保型家电是主流方向，采用NB-IoT技术的智能家用电器有如下优势：

1）安全性：NB-IoT沿用了LTE的安全机制并针对IoT应用场景进行了优化，支持用户卡与网络之间的双向认证与鉴权，可为控制信令、用户数据提供机密性与完整性保护，并具有抗伪基站的安全功能。其整体安全性高于LoRA、Wi-Fi等其他广域连接技术，能更好地保护用户隐私和数据安全。

2）低功耗：NB-IoT引入了eDRX省电技术和PSM省电模式，延长了终端在空闲模式下的睡眠周期，减少了不必要的信令交互，可极大地降低产品的功耗，延长更换电池的周期。

3）广覆盖：NB-IoT比GSM覆盖增强20dB，可额外穿透一两堵墙，能有效覆盖房间内空调器、电冰箱、热水器等家电。

4）大连接：NB-IoT具备支撑海量连接的能力，对于一个家庭而言，未来可能会有相当多数量的智能家电设备需要连接到网络，NB-IoT可提供更好的连接服务。

5）低成本：虽然目前NB-IoT模块价格稍高于Wi-Fi模块，但未来随着NB-IoT产业的成熟，市场规模的不断壮大，NB-IoT模块价格会不断降低，具有低于Wi-Fi模块价格的潜力。

6）易连接：采用NB-IoT作为数据传输方案，可使设备开机注册成功后自动接入服务器，还可实现智能家居设备的“永远在线”和“免配置”。这样，一方面避免了 Wi-Fi 连接时烦琐的连接配置操作，另一方面可极大提升设备的联网率，帮助家电厂商实现对设备状态的实时监控，从而进行故障预测与诊断，降低售后服务成本。

14.1.4 基于 NB-IoT 的智能家居解决方案

基于 NB-IoT 的智能家居方案采用端、管和云的系统架构，包含终端（集成 NB-IoT 模组的智能家居或家电设备）、NB-IoT 网络、云平台和后台系统四部分，如图 14.1 所示。

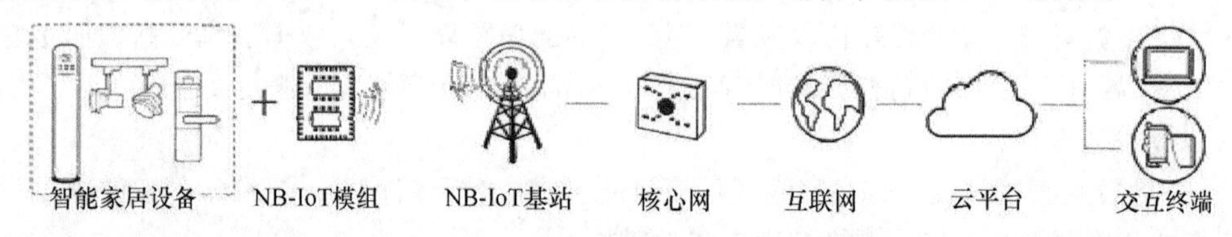

图 14.1 NB-IoT 智能家居实现方案示意图

现以海信的智能家居方案为例，详细描述智能家居系统方案。

1. 智能家居方案总体设计

智能家居系统采用分层和业务隔离的架构（见图 14.2），具体的分层包括：

1）接口层：主要负责终端设备的接入，包括设备端通信模块接入和 APP 端接入。通过对海信智能家居协议进行扩展以 NB-IoT 模块的接入，实现通用化的多技术、多协议接入。手机 APP 端通过 API 消息实现与应用后台的交互。

2）服务层：主要处理产品的业务逻辑，按基础业务、白电（白色家电）平台和各产品的特色业务平台来划分。其中，公用基础业务包括：基础数据服务、设备管理、用户管理、升级服务、广告、天气服务等；白电平台服务包括：设备状态远程控制、认证鉴权、状态管理、消息管理、模块升级、在线保修、智能门锁设备管理、用户分级管理、解析库管理、移动和场景模式等模块；特色业务部分根据接入的设备品类，分为：空调器特色业务、电冰箱特色业务、洗衣机特色业务、中央空调特色业务、智能门锁特色业务等模块。

3）数据层：数据层提供各业务的数据库存储和访问，以及文件存储和分布式缓存等。

4）后台系统：后台系统包括各产品的运营系统、运维系统和后台业务进程，以及基于大数据的统计分析系统。

从业务隔离的角度，系统将智能家居产品相关的专业业务和基础业务分开，在基础业务、技术方面，采用运营平台已有的成熟技术，降低了智能家居应用系统建设的风险，减少了重复搭建的工作量。

2. 搭建 NB-IoT 传输链路平台，建立 NB-IoT 终端统一的数据传输通道

通常物联网终端与平台之间传输具有数据量小、数据结构简单、传输环境复杂和功耗敏感的特点，要求传输协议简单、高效，采用 UDP 协议进行数据传输的 NB-IoT 模组可满足上述需求。但是 UDP 协议为不可靠传输，需要合理地构建上层协议，因此，本方案设计引入了 CoAP 和 LwM2M 协议，以实现满足数据可靠传输的需求，同时兼顾休眠和软件升级，实现了效率与可靠性的平衡，接入及平台技术方案如图 14.3 所示。

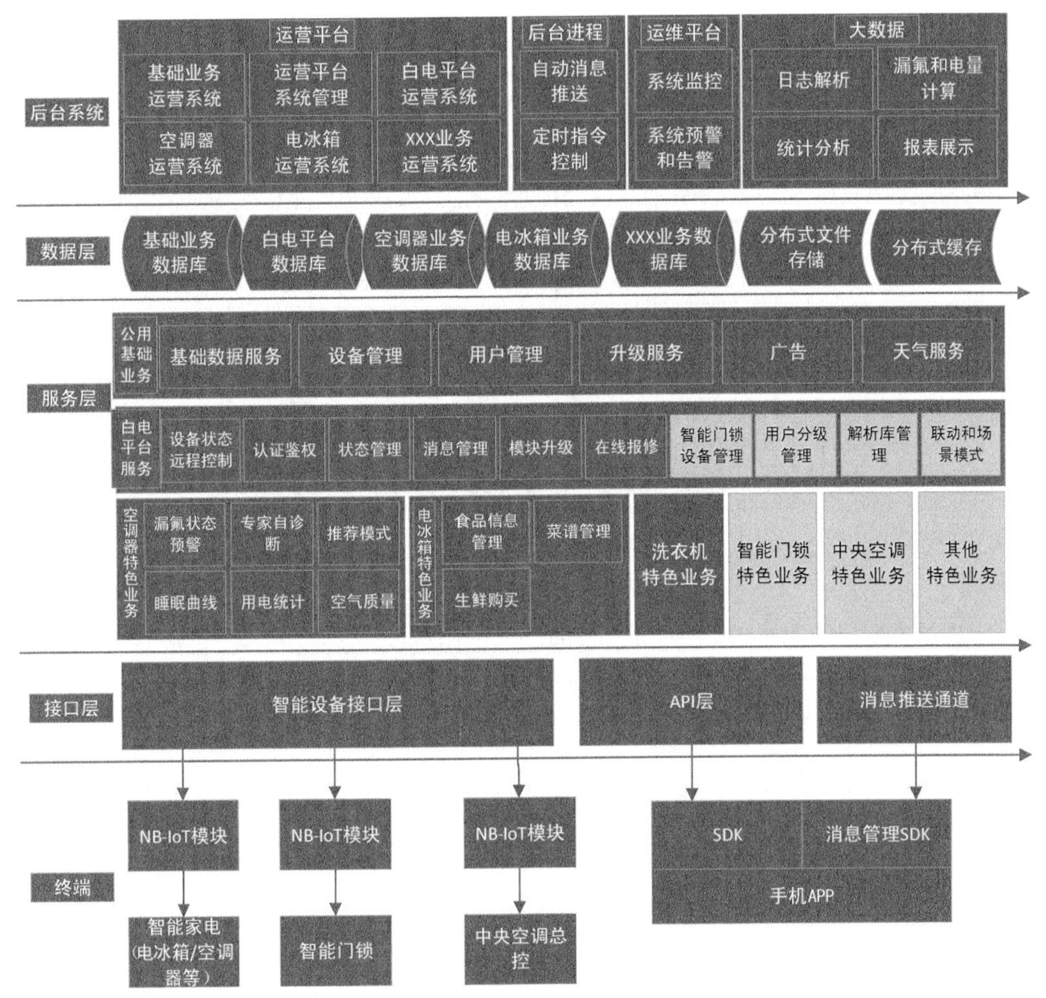

图 14.2 智能家居系统解决方案

为了实现不同类型家居设备方便快捷地接入，在 NB-IoT 模组和智能家居接口层之间建立了标准的数据传输管道，用于家居设备终端和后台应用之间数据交互和状态管理，包括 NB-IoT 模组接入 SDK、接入网和接入平台三部分。

在 NB-IoT 智能家居应用场景中，家居设备终端具有小数据、广覆盖、海量连接、高可靠性和低成本等特点，通常只是进行小数据量传输，不需要进行复杂的计算处理和用户界面，因此，在通信传输时都采用 UDP 传输协议，以便更好地满足低负荷、小数据和低成本要求。同时，针对不同类型应用需求，引入 LwM2M 协议，为不同类型的物联网终端定义统一的接口和处理方式，便于后台服务器进行规范处理。传输层采用 CoAP + LwM2M 协议，具有安全性高、通用性好、方便功能扩展和后向兼容等优势，有利于应用开发方式统一规范，缩短开发周期。

14.1.5 智能家居应用实践情况

在国外，美国从 20 世纪 80 年代开始进行智能家居系统方面的开发，一直处于领先地位。近

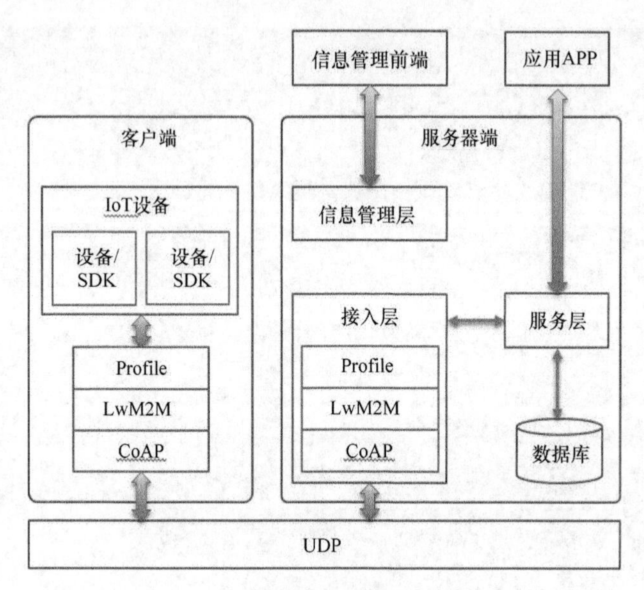

图 14.3 接入及平台技术方案

年来，以美国苹果公司及亚马逊公司等为首的一批国外知名企业，先后跻身智能家居系统的研发中。例如苹果公司开发的 HomeKit、亚马逊公司开发的智能音箱平台 Echo 等均已开拓出了很大的市场。此外，日韩新等国的龙头企业纷纷致力于家居智能化的开发，对智能家居市场更是跃跃欲试。

我国在智能家居行业相对于国外起步较晚，目前尚未形成国家标准。但近几年，我国在物联网领域的影响力和贡献度越来越大，从通信技术、平台架构，到智能家电、智能硬件已经逐步发展到引领行业发展。

2016 年以来，海信公司的智能家居方案先后在青岛、广东等地进行了试点。在青岛都市果岭小区和青岛大学宿舍楼，实现了包括智能家电、智能控制、智能灯光等全方位的智能化家居服务；在广东乐昌碧桂园小区和青岛海韵丽都小区，实现了电视机、洗衣机、中央空调等家电的智能化，并结合厨电用品，实现了食谱的智能监控。

除了直接面向消费者销售智能家电产品，通过采用 NB-IoT 技术，还实现了共享智能家居设备的商业模式，通过出租方式让用户使用智能家电设备。例如，高校学生对洗衣机有刚性需求，如果购买存在资金和使用场地的门槛，为此可以与高校合作提供场地，学生按照洗衣机使用次数或时间付费。

14.2 智能安防

14.2.1 智能安防业务描述

物联网技术的普及应用，使得家庭的安防从过去简单的安全防护系统向综合化体系演变，涵盖了众多领域，需要实时采集温湿度、水浸情况、入侵情况、可燃气体浓度等数据，通过物联网网关汇聚到对接的物联网云平台，平台端对这些数据进行处理后，为用户提供安全建议和告警，帮助用户有效应对火灾、水浸、陌生人入侵、燃气泄漏等安全风险，并可以在断网、断电等极端条件下正常运行，为用户提供无时不在的家庭安全服务，从而实现安全防范系统自动化监控管理。同时，还可以针对平台端所获得的相关安防数据进行大数据分析和治理，为用户提供更多后续服务。

14.2.2 智能安防行业现状

近年来，随着国内网络基础环境的提升、智能手机的普及以及物联网技术、互联网+、云技术的发展，安防产品的数字化迎来了新一波的发展热潮。随着视频监控产品的网络化、数字化、智能化，极大地推动了智能安防的发展，行业现状呈现如下特点：

1. 传统安防厂商向互联网方向转型趋势加快

“互联网+”、“万物互联”成为各领域的发展趋势，这一趋势对安防行业有着深远的影响。随着互联网，尤其是移动互联网技术的发展，以及4G等通信技术的升级，使得安防设备能接入到更多的移动终端，直接与更多终端家用客户对接，这是“互联网+”时代为家庭安防提供的发展契机。

2. 更多产品功能及新技术落地，应用日益丰富

在功能及智能化应用上，目前的家用产品很多具有Wi-Fi无线连接、Web前端、TF存储卡、手机远程预览、双向语音对讲、语音留言、录像、报警、云备份等功能。在云服务上，目前家庭安防成为云平台最有效的应用领域之一，不少安防企业相继加入，将“云”概念融入民用安防，为家用普及带来了更多希望。

3. IT、互联网等企业跨界杀入，市场竞争越加激烈

越来越多的IT互联网企业开始与安防企业合作，借助互联网平台进入安防市场，使市场竞争更加激烈。

随着行业的发展，业界专家、学者发现并指出基于Wi-Fi的安防系统面临如下难以解决的问题：

1）一旦断电，即便采用电池供电的传感器仍然可以实时报警，但由于物联网网关端已经断电或是失去上行网络连接，因而无法将报警信息上传至平台端，用户也无法收到该信息，意味着此刻该安防系统无法报警，处于瘫痪状态。

2）Wi-Fi配置复杂。通常Wi-Fi配置有两种方法：第一种为AP方式，即物联网网关对外提供一个独立的AP（Access Point），用户的客户端设备（如PC、智能手机、平板电脑等）连接上该AP的Wi-Fi网络后，客户端软件采用该设备特定的协议（如HTTP）与其进行连接并执行目标无线路由器的连接配置操作，该IoT设备经过客户端软件的配置后可以切换到Wi-Fi Station模式，并接入到所处环境中的目标无线路由器；第二种方式为以智能网全SmartConfig为代表的无线配置方法，物联网网关处于混杂模式下，监听网络中的所有报文，客户端软件将SSID和密码编码到UDP报文中，通过广播包或多播包发送，物联网网关接收到UDP报文后进行解码，得到正确的SSID和密码，然后连接到目标无线路由器。无论以上哪种方法，都存在操作复杂、等候时间长的问题。

14.2.3　智能安防引入 NB-IoT 的优势

采用NB-IoT 接入方式的物联网网关不但天然具有 NB-IoT 的海量连接、广覆盖、低功耗、低成本的优势，而且由于采取电池供电，可以有效地解决断电断网的问题，即便由于人为或意外原因造成交流电断电或家庭宽带接入断网，网关仍然能正常接入 NB-IoT 网络，因而可以将传感器上报的告警信息实时推送至用户端。

同时，NB-IoT 网关根本无须进行任何配置，只要在有 NB-IoT 信号覆盖的区域，即可接入网络，从而将自身以及所辖范围内各传感器设备均注册至平台端，并在相关隐患出现时及时上报告警信息，以及接收平台端的控制指令。

14.2.4　基于 NB-IoT 的智能安防解决方案

1. 智能安防架构

智能安防系统通常包含物联网平台、物联网网关、手机客户端、传感器四部分，下面以中国移动"和·家安"系统为例介绍其网络拓扑，如图 14.4 所示。

图 14.4　和·家安网络拓扑图

各环节功能描述如下：

物联网平台：OneNET 平台——中国移动物联网平台，负责业务运营、家庭安全数据存储、用户管理、安全设备管理、安全策略编辑和同步、第三方业务接入。

物联网网关：负责设备管理，NB-IoT 与 Wi-Fi 双网络接入。同时，与温湿度传感器、水浸传感器、红外传感器、门磁传感器、燃气泄漏传感器交互；与平台同步并将安全策略保存至网关中，以便停电时仍可保证本地告警功能。

手机客户端：与温湿度传感器、水浸传感器、红外传感器、门磁传感器、燃气泄漏传感器交互同步，查看实时数据。

传感器：将采集到的温湿度、水浸情况、红外探测情况、门磁情况、燃气泄漏数据上报到物联网网关。

2. 智能安防主要功能

防水：当用户家中管线爆裂或其他情况导致水灾，家中声光报警器会告警，用户手机将收到水浸告警，及早提醒用户，为用户降低损失。

防燃气：当用户家中出现燃气泄漏，家中声光报警器会告警，用户手机会收到燃气告警，自动开启排风扇，以降低事故率。

防火：当用户家中线路故障或其他情况导致火灾，家中声光报警器会告警，用户手机会收到火灾告警，并且自动拨打119，上报具体地址信息，为用户降低损失。

防盗：用户可以使用手机开门，授权他人开门，收到门状态告警；同时，可以实时了解窗户的开关状态；当有盗贼入侵时，家中声光报警器会告警，手机收到入侵告警，同时智能门锁将设置为不可打开状态，延长盗贼离开时间，为用户争取更多的时间和证据。

防护状态切换：用户可根据防护需求，手动设置防御状态，或者可设置根据位置信息自动切换状态。

全防御状态：当用户离家时，所有模块工作，进入高戒备状态。

半防御状态：当用户在家时，除红外传感器、门磁传感器外，其他模块工作。

无防御状态：完全撤防。

“和·家安”系统实现了以上全部功能，并且具备如下特点：

1）降低成本，互通性强：用户不再需要为适配多个厂商设备，安装多款网关。

2）统一入口，一致性的用户体验：用户手机中不再需要安装多家厂商的APP，统一了操作习惯和优化了用户体验。

3）智能联动：物联网网关不止兼容各种检测传感器，还兼容智能开关、智能家电等，统一筹划，让设备联动更智能。

4）语音操控：当用户不方便用手操作手机时，也可以用语音对“和·家安”进行完整控制。

3. 软硬件需求

（1）硬件需求

1）物联网网关：内置电源，支持ZigBee协议，兼容性强，能够与相关传感器连通，并通过NB-IoT将数据发送到家庭智能网关中处理。

2）相关外设：燃气泄漏传感器、温湿度传感器、水浸传感器、门窗报警器、声光报警器等。

（2）软件需求

1）手机APP。

- 状态查看：可以查看所有传感器状态及报警内容。
- 异常报警：监控发生异常警报时可以接收报警，并可开启和关闭警报。
- 一键切换安防状态：用户可以根据自身需求切换到离家时的全防御状态，在家时的半防御状态，以及无防御状态。

2）物联网网关上的软件。

- 智能网关插件实现设备管理、认证等功能。
- 物联网网关上软件实现策略同步和多协议字典功能。

4. 物联网网关硬件设计

物联网网关包括如下几部分硬件：CPU控制模块、ZigBee模块、Wi-Fi模块、NB-IoT模块、电源模块等。其中电源模块包括电池、交直流转换器、交流电源，可以实现在断电时将网关的交流电转换为直流电供电，维持网关的正常运行。

5. 物联网网关软件设计

物联网网关与 OneNET 端软件架构如图 14.5 所示。在物联网网关中安装中国移动自主研发的移动物联网基础通信套件，通过 NB-IoT 网络实现物联网网关与 OneNET 平台的通信。基础通信套件负责终端设备和平台间的交互，包括了三部分的内容，即最下层是基于 UDP 的受限应用协议（Constrained Application Protocol，CoAP），中间层是基于 CoAP 的轻量 M2M（Lightweight Machine to Machine，LwM2M）协议，最上层是在 LwM2M 协议里面使用的 IPSO 定义的资源模型，用于对传感器以及传感器属性进行标识，该部分内容遵循 IPSO 组织制定的 Profile 规范，并进行了部分扩展。

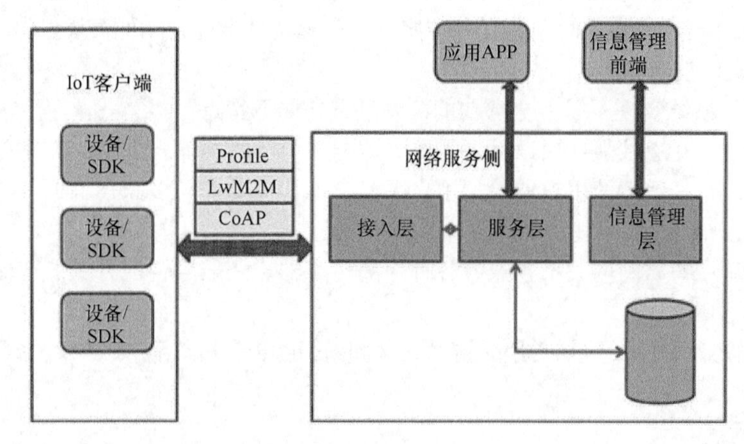

图 14.5 物联网网关与 OneNET 端软件架构图

智能安防系统总体流程如下：首先各个模块进行初始化，判断无线网关是否有电。如果正常供电，则采用 Wi-Fi 网络作为传感器和 OneNET 平台的传输媒介。ZigBee 模块接收来自门磁、水浸、红外线等传感器的异常信息，通过串口将用户数据传送至 Wi-Fi 模块。Wi-Fi 模块再将这些用户数据通过 Wi-Fi 网络传送到平台端。平台端对数据存储转发以及分析处理，并通过网络将相关信息推送到手机 APP 上，用户手机 APP 将显示异常告警信息。

同理，如果家庭发生断电的情况，物联网网关自动转换为直流电源供应。此时，NB-IoT 模块担当传输媒介，将数据通过 NB-IoT 网络传送至 OneNET 平台端，平台端对数据进行存储转发和分析处理，并通过网络将相关信息推送到手机 APP 上，用户手机 APP 将显示异常告警信息。

14.3 家居环境监控

14.3.1 家居环境监控业务描述

现代生活中，室内的空气污染是影响生活质量和身体健康的重要一环。同时，室内的温湿度、噪声及光照强度等指数对室内环境舒适度至关重要。装修污染、雾霾等环境问题日益严重，人们对室内环境的要求也逐渐提高。消费者更愿意尝试便利、舒适的智能家居产品，对智能空气净化等需求日益强烈，这使得新风系统的重要性大幅提升。繁忙的工作和生活导致主人不能时刻监测室内的环境状况，如果将环境控制提升到智能化的高度，智能家居系统能自动感知和监测室内的温度、湿度、空气质量等，并做出相应的调节，将会更加受到消费者的青睐。

家居环境监控用于对室内环境的有害气体浓度和室内环境舒适指标的实时监测，系统将家居环境监测结果和标准健康值进行对比评估并提醒用户，或根据室内环境情况联动家居设备的控制，从而为用户提供个性化的生活服务，使家居生活安全、舒适、节能、高效和便捷。通常情况下，室内的有害气体通常包括甲醛、TVOC（Total Volatile Organic Compounds，总挥发性有机物）、PM2.5、烟雾、煤气、一氧化碳和二氧化碳情况等，室内环境舒适指标包括：室内温度、湿度、光强、噪声和粉尘颗粒情况等。家居环境监控到底有多重要，让我们重新来认识这些影响家居生活质量的重要指标。

- 温度：这是对环境最基本的体感，感知温度不仅是给用户提供了一个室内温度信息，同时也可以通过温度的感知，为智能空调器、智能暖气开关的监控打下基础。
- 湿度：空气的干湿程度，或表示含有的水蒸气的物理量，了解湿度也是用户体感的一个重要依据，同时也是室内空气管理的重要部分。
- 噪声：凡是妨碍到人们正常休息、学习和工作的声音，以及对人们要听的声音产生干扰的声音，都属于噪声。对噪声的监测与管理，可以帮助保持一个适合生活的环境。
- PM2.5：指环境空气中当量直径小于等于2.5μm的细颗粒物。细颗粒物进入人体到肺泡后，会直接影响肺的通气功能，使机体容易处在缺氧状态。监测和及时治理是家庭必须做的事，尤其对于孕妇和孩子的健康至关重要。
- PM10：指粒径在10μm以下的颗粒物。可吸入颗粒物在环境空气中持续的时间很长，可吸入颗粒物被人吸入后会积累在呼吸系统中，会引发许多疾病，对儿童和老人的危害尤为明显。
- 甲醛：甲醛的主要危害表现为对皮肤黏膜的刺激作用。新装修的房间甲醛含量较高，是众多疾病的主要诱因。装修污染中甲醛对人体危害最严重，潜伏期最长，被认为是室内污染第一杀手，被世界卫生组织确实为“致癌和致畸形性物质”。
- TVOC：室内TVOC能引起机体免疫水平失调，影响中枢神经系统功能，出现头晕、头痛、嗜睡、无力、胸闷等自觉症状，还可能影响消化系统，出现食欲不振、恶心等状况，严重时可损伤肝脏和造血系统，出现变态反应等。
- 二氧化碳：超过一定量时会影响人的呼吸，原因是血液中的碳酸浓度增大，酸性增强，并产生酸中毒。空气中二氧化碳的体积分数为1%时，人会感到气闷、头昏、心悸；达到4%～5%时，人会感到眩晕。室内二氧化碳的浓度过高，对人身体健康也有一定影响。

一个完整的家庭环境监控系统主要包括：环境信息采集、环境信息分析，以及控制和执行三个部分，这些部分共同构成了家庭环境监测、联动控制体系。如图14.6所示，智能家居环境监控系统根据室内环境数据对智能家居设备进行控制，从而实现智能家居环境的监测控制。例如，通过一体化温湿度传感器采集室内温湿度，为空调地暖等设备提供控制依据；通过太阳辐射传感器、室外风速探测器、雨滴传感器采集室外气候信息，为电动窗帘提供控制的依据；通过无线噪声传感器采集室内噪声信息，为电动开窗器或背景音乐的控制提供依据；通过空气质量传感器、无线 PM2.5 探测器采集室内空气污染信息，为净化器、电控开窗器提供依据，进行自动换气或去污。

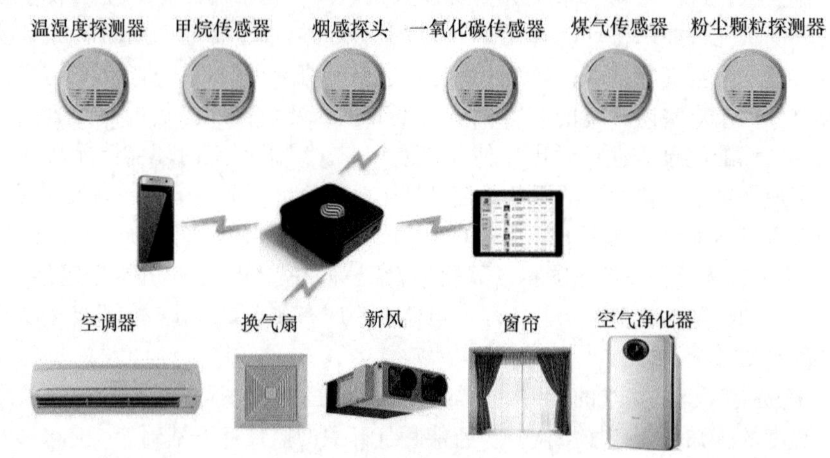

图 14.6　家居环境监控系统架构

14.3.2　家居环境监控行业现状

传统家居环境监控系统的功能主要是在住宅内监测家中空气质量的变化情况，为用户提供查询功能。然而对室内单一的有害气体、温湿度进行监测已经难以满足人们对家居环境舒适度的要求，影响人体舒适度的指标应全部纳入人们对家居环境的考虑范围。传统家居环境监控普遍存在功能单一、系统简单等问题，同时单品与单品之间还比较难互联互通，易用性较低。

目前最常见的通信技术是 ZigBee、Wi-Fi、蓝牙相关的技术方案，也有一部分厂商尝试将 RFID 引入智能家居系统。

目前 ZigBee 协议已经广泛应用在智能家居中，例如 Control4 等国际智能家居厂商目前均采用 ZigBee 协议作为其家庭组网协议，涵盖了家庭的家电控制、环境监控、能耗管理、家庭安防等方面。但是，ZigBee 网络中必须有一个类似路由器的角色，它本身没有额外的用处，既增加了系统成本，也增加了安装的复杂度。其次，ZigBee 虽然支持多达 65000 个节点，但是在家居场合，所有的开关插座窗帘控制节点加起来也不会超过 100 个。此外，ZigBee 穿墙能力弱，家居环境中即使是一扇门、一扇窗、一堵非承重墙，也会使信号大打折扣。当然，有些厂商会使用射频功放对 2.4GHz 信号进行放大，但是这样会造成额外的辐射污染，与 ZigBee 最初推崇的低功耗理念背道而驰。可见，灵活运用 ZigBee 技术的优点，并且克服其缺点，才能够更好地提供高性价比、高可靠性的智能家居产品。

目前 Wi-Fi 在智能家居的应用中仍然存在着一些缺陷，例如配置复杂、组网能力差、安全性低等。同时，Wi-Fi 接入方式的接入上限受限于 Wi-Fi 路由器的节点数量，其典型值为数十个节点。虽然 Wi-Fi 技术在目前社会非常普及，但是由于配置复杂、安全性差、信号差、容量受限等原因，在智能家居中仍然只能起到辅助补充的作用。

蓝牙由于传输距离较短、穿透性较差以及通信的主要方式还是采用点对点的方式，难以满足于现代智能家居组网需求。目前蓝牙通信方式在智能家居的应用中仍然只能起到辅助补充作用。

目前家居环境监测与控制系统采用的组网技术，可以说没有一种技术能满足所有的需求，亟须新技术以满足如下需求：

1）安装部署。环境监控涉及设备节点多是它的一大特点，基本每一个环境探测器都是一件产品，设备节点数量在智能家居系统中占有很大比重，必须考虑系统的整体成本和安装部署的复杂性。

2）网络覆盖。环境监测设备监测具有区域性覆盖特点，同时家庭用户存在个性化覆盖需求。一方面，家庭不同空间和功能场景，需要不同的监测设备进行覆盖。换而言之，完善的环境监测设备体系需要覆盖厨房、书房、客厅、书房、卫生间等区域；另一方面，用户个性化的需求，对环境监测设备也有不同的需求，例如书房更注重对噪声、光污染的监测，老人、儿童、孕妇等群体对温湿度等也有不同于普通成人的要求。另外，如果家庭住宅范围受到强干扰，可能导致家居监测和控制系统的不可用，影响用户的正常生活。

3）终端功耗。智能家居系统设备由于节点较多，且多为常开、常用设备，整体而言对能耗要求都比较高，而一旦电池电量耗用过快，将会直接影响到用户的体验满意度，影响整个系统“智商”。在居家环境监控中，“监”与“控”代表不同的分工，两者属于一个过程，运行机制也有所差异。“监测”主要依靠传感器，通常有实时监测和触发检测两种模式，因此，多数传感器并不需要同时全面开启工作状态，而是“即查即用”。“控制或者管理”主要以控制器或相应开关为纽带进行开启，相应的环境改善设备通常处于“休眠”状态，设备的监测结果达到一定的阈值才开启。例如，加湿气在监测到空气湿度不足、比较干燥的情况，将自动启动或人为用手机开启等。

4）可靠性与安全性。任何一种智能家居产品都必须考虑其可靠性和安全性，在芯片选型、硬件设计和组网方式上，需要选用技术成熟、性能可靠的芯片和硬件模块。由于家居环境监控业务广泛涉及通信网络、大数据、云平台、移动 APP、Web 等技术，其本身也沿袭了传统互联网的安全风险，加之家居监控终端节点升级困难，传统安全问题的危害在此环境下会被急剧放大。因此，家居环境监控也面临着巨大的安全风险。

未来家居服务是个性化的，每一种应用场景都有其独特的需求。另外，要让用户无须主动参与就可以享受家居智能化服务，一方面需要整合人工智能、大数据等更先进的技术，另一方面还需要形成更为完善的智能化家居平台，推动物联网智能家居取得更为广泛的应用。另外，未来还需要围绕家居监控的具体业务场景建立以终端、网络、平台和业务安全为支撑的安全生态体系，终端厂商、运营商、平台系统厂商等物联网生态参与者需要进一步明确各自的安全责任。

14.3.3　家居环境监控引入 NB-IoT 的优势

NB-IoT 技术应用于家居环境监控，能够与家居环境监控业务高度契合，有效解决设备节点多、设备覆盖广、能耗要求高等问题，保证环境系统运行的稳定性，提升智能家居用户体验。

1）在安装部署方面。NB-IoT 通信模块外观轻便、小巧，小型化的外观设计可后置安装在智能家居系统的任意终端节点上，如灯泡、环境监测装置、新风系统、空调系统和其他家电产品等。若在灯泡中装置 NB-IoT 模块，当人们要开灯时，就不需要走到墙壁开关处，直接通过遥控便可开灯。

2）在网络覆盖方面。家居住宅部分区域通常处于封闭环境，例如厨房、卫生间、地下室等，不仅安装环境复杂，而且网络信号往往难以得到保障。运营商网络在城市居民区往往提供优质的广域覆盖，非常适于智能家居的大规模普及。对于普通家居住宅区域，仅需考虑如何在终端中引入 NB-IoT 模块，安装部署十分简单。

3）在终端功耗方面。家居环境监测业务是在室内引入温湿度、有害气体监测等传感器，并且定时将室内环境信息上传，方便用户的监管。通常来说这些传感器的通信不需要特别频繁或者占用较高的服务资源，属于数据传输不频繁且能接受一定时延的业务。但是，智能家居中的组网终端必须定期与网络进行同步，这样就额外消耗了电池电量。NB-IoT 采用 PSM 省电模式，非常适合不同应用场景的终端个性化配置电池供电。终端在省电模式时射频关闭（与关机类似），同时终端可以根据具体应用场景需求进行或长或短的睡眠，从而解决终端频繁更换电池的问题。

4）在通信数据安全方面。作为与用户朝夕相处的家居网络设备，家居监控设备的通信安全对用户的重要性不言而喻，一旦发生信息窃取，将对社会秩序、公众利益造成不同程度的侵害。NB-IoT 在数据安全方面的明显优势在于，NB-IoT 网络需要提供用户与网络之间的双向身份识别和安全通道，实现信令和用户数据的安全传输。此外，NB-IoT 核心网具备防信令伪造、篡改、重放攻击的能力，可避免核心网网元暴露在互联网上，并增强网元之间访问控制能力，减小网络开放、跨网络通信等带来的风险。

目前的智能家居监测控制技术的发展趋势主要体现在对系统硬件控制系统的性能拓展和组网技术的提升上。在这种情况下，NB-IoT 网络覆盖范围的增加，无疑也进一步满足了家电设备的灵活化使用的需求，促进智能家居的发展。在家居场景中，家居环境监测设备不仅有超低功耗和长电池使用寿命的需求，还需要对所有的组网设备的无线连接进行实时监控，以便随时发现隐患时及时处理。NB-IoT 技术应用到家居住宅场景中，将实现在现场安装操作简单、可网络运营管理、工作稳定性强和低成本等独特的优点，并且采用 NB-IoT 技术的家居用电设备能够根据具体应用场景需求进行或长或短的睡眠。

14.3.4　基于 NB-IoT 的家居环境监控解决方案

就目前来看，智能家居环境监控以通信技术为纽带形成了相对完善的系统，通过计算机、智能手机、平板电脑等终端进行统一管控。因此，环境监控是传感器家用普及最突出和最典型的一环，对通信技术特别是无线组网技术也有较为明显的要求。目前行业中大致分为两种 NB-IoT 解决方案：一种是基于传感器组网系统，基本每一个环境探测器都是一件产品，如温湿度传感器、PM2.5 探测器、CO_2监测器等；另一种是产品形态集成化方案，把更多传感器集中植入到中心化的单品。

1. 南京物联家居环境监控解决方案

以南京物联传感技术有限公司的家居环境监控系统为例，该方案以 NB-IoT 为基础，连接温湿度传感器、CO_2监测器、PM2.5 探测器、光照传感器、噪声监测器等各类环境健康传感器设备，实时监测家庭温湿度、CO_2浓度、PM2.5 含量、光照强度、噪声大小等环境情况。当检测到环境异常时，会进行远程提醒。用户可以通过手机等移动终端随时随地查看家庭环境健康数据，同时可以设置联动加湿器、空调器等设备，进行环境健康问题自动处理。

如图 14.7 所示，该系统方案的环境健康产品包括门窗入侵传感器、温湿度监测传感器、漏水监测传感器等。应用 NB-IoT 新型物联网技术，有效克服了传统物联通信技术的缺点，产品依托运营商网络更稳定，通过设备之间的互联互通，能够构建家庭环境安全场景，实现对智能家居产品的远程控制、安防报警、运行状态监控等，为用户提供更稳定的智慧体验。

图 14.7　南京物联家居环境监控系统

门窗入侵传感器用于实时监测和记录门窗的开关状态，在特定时间段（用户根据实际需求进行设置），一旦出现门窗被打开，就会发出告警，信息将传送到用户智能手机、智能手表等控制终端，用户可随时随地查看。门窗入侵传感器可广泛应用于多个场景，除基本的门、窗户外，还用于监测保险柜、车库门、橱柜等开关状态。另外，还能够与开关照明、空调器等设备实现联动控制。

温湿度监测传感器用于实时监测室内温湿度情况，家里温湿度偏离舒适区域时，手机会收到提示信息；可以与其他 NB-IoT 设备（空调器、推窗器、加湿器等）互联，在温湿度不符合健康要求时，通过开启或关闭相关设备辅助改善室内环境；可以记录用户家庭温湿度变化，形成数据图表，分析用户空调器、加湿器等设备使用习惯，主动满足用户特定温湿度需求。另外，还可以用于衣柜湿度监测，并通过联动除湿器进行除湿。

漏水监测传感器用于实时监测漏水、渗水，并将报警信息及时推送至手机等终端，用户可以在第一时间了解漏水情况；当发现漏水、渗水，可控制机械阀门的情况自动断水。另外，还可以用于阳台等位置监测下雨，一旦发现下雨情况，可及时联动智能推窗器，及时关窗。

如图 14.8 所示，该方案通过 NB-IoT 技术有效连接各类传感器和控制器设备，从气、水、光、声四大方面，帮助用户对家居环境的全方位监测、检测和管控。在气方面，主要监测内容包括甲醛、VOC 等，相应的传感器通过感知探测，与人体舒适度感知和健康需求标准对比，如果人体不适或超过健康标准时，会及时进行本地报警及远程信息推送。同时，还支持联动电动窗帘、新风系统、空气净化器、加湿器、空调器等智能设备，自动进行相应的环境改善。在水方面，主要是对水质、水温等方面的监测，给用户提供饮水量、温度、频率、时机等各类建议，帮助用户进行饮水方面的健康管理。在光方面，检测光污染，并基于颜色、亮度、色温等设计各类用光场景，如设置最适宜阅读的色温。在声方面，对噪声实时监测和反馈，针对不同人群提供更适宜的环境。

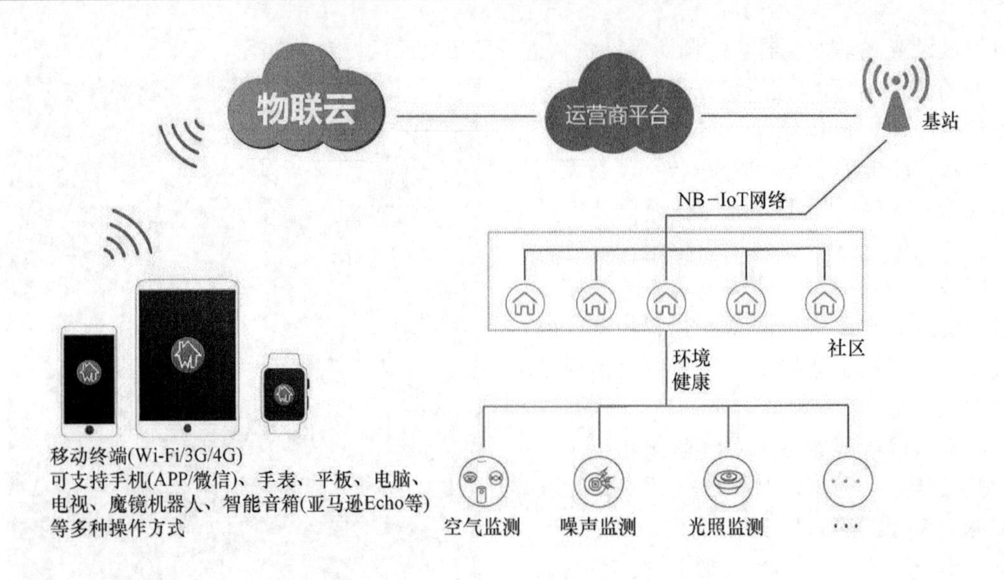

图 14.8　南京物联家居环境监控解决方案

对于大众家庭来说，家居环境监控具备什么样的功能至关重要，但能够实现什么样的效果、带来什么样的感受、达到什么样目的更加关键。简单来说，家居环境监控不仅要能够准确反馈用户所要了解的信息，而且还需要能够进行处理，最大限度地方便用户。

NB-IoT技术的应用，使南京物联家居环境监控解决方案得到了全新升级。连接上，突破了通信距离和空间障碍限制，有效覆盖家庭各个区域，同时设备连接能力大大提升，联网迅速，并具有较强的互操作性、稳定性和可拓展性；功耗上，NB-IoT的低功耗特性，大大延长了物联网终端的续航能力，有助于改善家居环境监控业务的体验；安全上，NB-IoT的组网结构更加明确，感知层节点可以直接与小区内的基站进行数据通信，从而避免了组网过程中潜在的路由安全问题。

得益于NB-IoT技术的应用，智能家居系统的生态体系进一步完善，实现了各类场景的互联互通，家居环境监控解决方案与智能安防、智能家电、节能照明等紧密联系。在此基础上，新的家居环境监控方案不但确保了与其他设备联动，而且为多种交互方式提供了基础。基于NB-IoT技术的家居环境监控解决方案已实现了丰富的交互设计，不限于计算机、手机、平台等终端设备反馈和查看环境监测信息，还支持用户通过智能电视（IoTV）、背景音乐盒、智能魔镜、人工智能机器人、智能手表、智能音箱等设备进行触摸、语音式的管理交互，真正让用户可以用最合理、最便捷的方式随时随地了解和管理家庭生活环境。

2. 720环境宝解决方案

柒贰零（北京）健康科技有限公司的720环境宝（见图14.9）同时拥有温度、湿度、噪声、PM2.5、PM10、甲醛、TVOC、等效二氧化碳等8种室内环境感知能力，可全方位感知室内环境数据，实时了解室内空气质量，为空气品质的治理提供了重要支撑。基于NB-IoT的720环境感知与治理平台，是由感知、通信、云、治理共同形成的一个闭环服务体系，通过监测和治理系统，随时发现空气质量问题，进行及时的清除与治理，保持室内空气清洁，守护家人的健康。

只有连接和通信才能让产品的数据成为大数据的一部分。智能终端产品的通信，除了可以进行交互通信外，还需具有低成本、低功耗、易使用等特点。720 环境宝提供了多种通信能力，包括蓝牙、Wi-Fi 和 NB-IoT，将这些通信能力整合起来，可解决不同消费者在不同场景的使用需求。蓝牙是最基本的通信能力，它只适合近距离的通信，满足用户一次性的操控与检测需要，通过手机进行操控，对特定场景进行检测，然后记录、分享数据。Wi-Fi 用于环境宝连接上网络，随时随地向云端发送数据，确保监测的实时性和连续性，以便第一时间获取数据，分享给多用户，进行远程管理与控制。由于引入 Wi-Fi 通信，环境监测从传统的仪器仪表变为了智能终端产品。我们可以看出，Wi-Fi 的出现让数据变得连续、永不间断、可多用户分享，同时还具备多种控制能力。但是，Wi-Fi 存在一个较大的问题，即配置起来较为麻烦，对一般用户而言，使用门槛较高。

图 14.9　720 环境宝

NB-IoT 技术可以让 720 环境宝的通信能力达到最佳状态。因为环境宝不需要太高的数据传输速度，不需要大流量，NB-IoT 技术正好可以满足该类业务场景需求。同时，NB-IoT 的引入，使得环境宝的通信能力更加强大，使用更为方便，还可大大扩展其使用场景。

NB-IoT 技术的广深覆盖能力使得环境宝不仅在室内，还可以在更多的场景使用，包括一般性的空间，甚至室外均可使用，如此便可形成一个较为强大的环境监测数据系统。

NB-IoT 的另一个非常有价值的特点，就是它的使用便利性，用户不需要进行任何配置和操作，只要开机即可以正常工作，这有助于确保大量的普通用户不被使用的复杂性挡在门外，大大提升使用体验，让产品变得更为实用，更适合普通消费者。正是这一特点大大降低了物联网应用的门槛，为更多物联网应用走进普通用户家庭奠定了基础。

720 环境宝的所有监测数据（见图 14.10）被传送到环境监测管理云中，在云平台中、进行数据的存储，形成室内环境数据云。随着大量的 720 环境宝的部署，将会形成一个全面的室内空气质量的大数据，是哪些污染物会影响居民的生活，不同地域、不同时间可能对居民生活产生影响的污染物是什么？这些数据对于流行病的发病，对于健康管理都是非常有价值的。一些诸如甲醛、TVOC 等污染物致病的影响，也会通过这些大数据形成更加科学的结论。在环境监测与管理云中，还建立了多个环境管理模型，通过这些模型，根据用户家中的温度、湿度、噪声、PM2.5、PM10、甲醛、二氧化碳数据，对净化器、新风系统、抽油烟机、加湿器、抽湿器、电动门窗进行管理与控制。同时，也会不断根据人们的生活习惯、使用场景，完善管理模型，比如根据不同的作息时间、不同的地域，甚至有无孩子来进行不同情况的管理与控制。

720 环境宝可以根据用户室内的温度、湿度、噪声、PM2.5、PM10、甲醛、TVOC、二氧化碳的情况，设定安全阈值，超过安全值即启动工作。此外，还可以根据这些污染物的浓度，设定风量、是否启动 UV 功能。当进入夜晚模式时，环境宝会关闭所有灯光，把声音控制在一个用户可以接受的范围里。为用户提供的是一个建立在科学监测的基础上的数据模型，根据不同场景、用户情况，进行有针对性的空气治理，用户不需要做任何设定，也不需要进行管理与控制，就可以拥有健康、清洁的空气。未来，在智能环境感知的基础上，720 环境治理会把更多的环境治理产品加入到这个智能化的体系中，除了空气净化器，还有电动窗户、智能抽油烟机、智能新风系统等。

环境感知与治理是一个庞大而复杂的体系，这个体系需要大量的环境感应设备，通过准确、科学、高效的环境感知，对环境进行感知与判断，这为家庭智慧化提供了最基础的能力。在这个基础之上，通过 NB-IoT 这样易用、适合于任何场景部署，不需要进行复杂配置的通信技术，去整合智能云平台和智能设备，就可以构建起一个多用途的智慧生活的平台，为用户提供一个高品质、安全、清洁的智能生活环境。

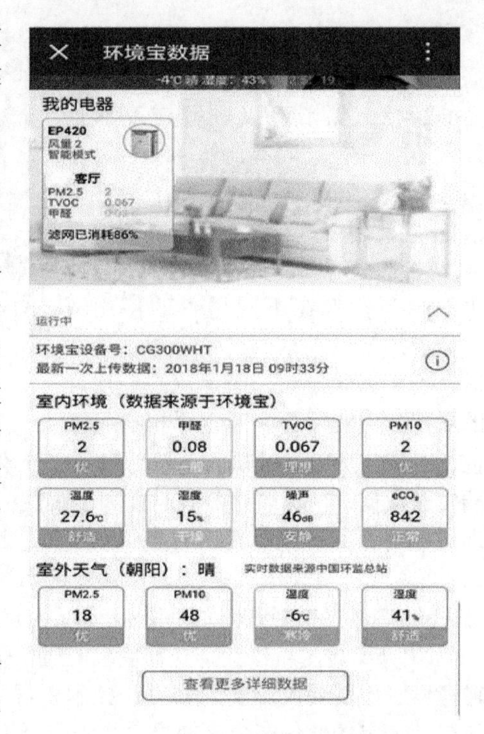

图 14.10　720 环境宝用户界面

14.3.5　NB-IoT 家居环境监控应用实践情况

尽管近几年智能家居得到长足发展，但传统的商业模式一直饱受诟病，整体仍然处于探索阶段。家居环境监测业务是智能家居的重要组织部分，目前受智能家居发展水平的影响，业务有较高的起步门槛，目前基于 NB-IoT 技术的家居环境监控业务在一些企业内部开展了应用试点。待进入实际应用后，依托 NB-IoT 技术优势，由环境监控拓展应用领域，进一步完善和连接家庭和社区背景音乐、智能养老、社区智能停车管理、智慧酒店等功能模块，有望打开智能家居快速落地缺口。以南京物联、720 等公司为例，以 NB-IoT 技术的家居环境监控解决方案为新起点，携手运营商等合作伙伴，不但实现了智能系统的升级，也加速了智能家居新模式的开启。未来以 NB-IoT 通信技术为基础，以云计算为引擎，以家庭环境大数据为支撑，打造环境监测管控平台，推出新型甲醛监测器、PM2.5 探测器、VOC 检测仪等环境监控系列新品，同时与第三方互联网、家电、保险等企业合作共建环境健康生态，推动基于 NB-IoT 技术的家居环境监控解决方案的落地，让用户通过手机就能够随时随地查看了解家庭环境健康情况，并及时获取环境质量改善解决方案和服务。

目前，南京物联研发的智能家居系统及相关设备已成功应用于全球 40 多个国家的智能家庭或智慧城市项目。CES 2018 上南京物联第四次亮相（见图 14.11），受到多家媒体和参观者广泛关注。现场展出智能家居泛生态系统产品包括白丁环境健康套餐、水浸探测器、烟雾火警探测器、光照传感器等环境监控系列设备。该系统可以让用户利用计算机、电视、手机（APP、微信等）、手表、平板、智能音箱（亚马逊 Echo、京东叮咚等）、机器人、智能魔镜、场景开关等终端，查看家庭环境状态，管理家中的各类设备，以及了解家人健康情况，享受更为安全、健康、舒适、高效的生活。

未来，NB-IoT 技术有望打开智能家居快速落地的缺口。目前一些环境监测管理设备的安装、联网、调试，以及后续的系统拓展升级、产品迭代添加等仍由专业人员执行。另外，特定的传感器也需要专业人员展开定期维护、检修和校正。基于 NB-IoT 技术的家居环境监控行业进入实际应用后，有望推动智能家居形成全新的运维服务模式。

图 14.11　CES2018 南京物联亮相展出

第 15 章　广 域 物 联

15.1　山体滑坡监测与预警业务描述

山体滑坡监测与预警包括对容易发生地质灾害的区域进行监测，并在监测到异常情况时进行临灾报警。

我国是一个自然灾害频发的国家，在广大山区，山体滑坡和泥石流是最为常见的灾害。目前，我们对绝大部分山体滑坡、泥石流等地质灾害缺乏自动化、智能化的监测预警手段，主要采用人工巡检、群测群防的方式。临灾报警的实时性也相对较差，无法及时通知可能被灾害影响到的公众避难。在这一方面，日本和美国已采用公众报警系统（PWS）分别用作对地震、海啸以及洪水、龙卷风等自然灾害的报警手段。公众报警系统只需在现有移动通信网络中增加少量组件即可实现，可根据报警需求的不同将具体灾害信息同时推送到指定区域的所有手机用户，并在用户手机上进行强制声音及视觉警报，具有报警速度快、报警范围大、精准直达个人用户等优势。

15.2　山体滑坡监测与预警行业现状

目前，比较常见的山体滑坡自动化监测方案主要有以下几种：

（1）全球导航卫星系统（GNSS）监测

在滑坡体及周边安装 GNSS 接收机，定期持续对地质灾害体所在地面监测点测量，获取各监测点位移数据，并上传至监控服务平台。监控服务平台可以根据监测数据判断该设备所部署的山体表面是否发生位移、是否有发生滑坡的威胁。这种测量方法的准确度较高，但是由于 GNSS 设备的成本较高，难以大量部署。同时，GNSS 定位设备功耗较大，不能用电池长期保证供电需求，所以需要部署太阳电池板来提供供电，进一步增大了部署难度和维护难度。此外，这种方式的另外一个缺点是无法提供快速报警。为获取高精度的位置信息，GNSS 监测一般需要先获取一定时间段的数据再进行解算，无法在临灾和灾害发生时及时上传数据以触发报警。因此，以 GNSS 为基础的形变测量设备难以有效地低成本监控大量山体滑坡的潜在威胁点并提供及时报警。

（2）裂缝位移监测

根据地质灾害体上表面（地面、岩崖面等）裂缝分布特点，按照裂缝分布特征以及裂缝位移方向，利用各种裂缝位移计、测缝计、激光测距仪（激光位移计）等，对地质灾害体裂缝进行位移监测。裂缝位移监测一般在裂缝两侧设置监测点，测量两点之间的相对位移，从而判断裂缝是否有增大迹象，预警山体滑坡的发生与否。这种设备的最大缺点是由于大部分暴露在地表之上，很容易被外界因素干扰，容易发生误报或损坏。此外，安装和调试都需要大量的人力工作。

（3）视频监控

在已有的山体滑坡监控方式中，视频监控也是一种解决方案。在山体滑坡潜在发生地区部署摄像头，长期监控山体滑坡发生的迹象及山体滑坡的发生。可以人为观察山体的情况，也可以通过智能化方案将采集到的视频进行图像识别，从而自动判断是否可能发生滑坡。但视频监控方案的缺点是部署不方便，且成本高。因为摄像头的运行需要较大功率，因此必须部署专门的供电线路，这就限制了此类方案可监测的范围和规模。

这些已有解决方案并未能广泛部署，其中的原因包括设备成本高、部署成本高、维护成本高、供电及数据传输问题难以解决。因此，目前地质灾害监测行业急需新技术、新方案，确保设备的部署和维护简单、低成本，同时可以更有效地覆盖大量潜在威胁地点，达到更好地防灾减灾目的。

此外，现有方案的另一个普遍短板就是报警方式效率低。已有报警方式包括：

（1）小范围声音广播

在受威胁较大的群众集中的区域，利用广播通知居民疏散。这种方式虽然能直接有效地通知到受威胁群众，但是，由于从监控到广播没有快速的传达机制，无法在短时间内实现临灾报警。只有在威胁发生之前，作为提前预防机制进行疏散，并且声音广播的传播范围有限，远离声音广播所达区域的人员无法及时得到报警信息。

（2）小范围声光报警

部分解决方案中利用了监测与局部声光报警结合的方式。对于类似公路的地区，可以较为有效地提示路过车辆和人员山体滑坡灾害的发生。但是，此类方式的报警范围仍然有限，只有小部分人员能够收到通知。如果灾害影响范围较大，大范围内其他没有声光报警提示的区域仍然无法及时收到报警信息。

（3）短信电话通知

利用移动网络直接对周围居民通过短信及电话的方式进行通知，这样可以更加直接地通知到受灾群众。但是，由于系统短信及电话的设计方式，很难达到短时间内通知到所有受灾范围内的居民。如果是预兆期较短的紧急灾害发生，基本不可能在短时间内通过短信和电话通知到所有群众，减灾效果大打折扣。

对于地质灾害的监测，我们需要将长期的监测数据与灾害实际发生时的数据相结合，进行数据挖掘和学习，从而更好地学习灾害的数据特征，以便可以更准确、更有效地对将来可能发生的灾害进行预测。目前的解决方案由于覆盖威胁地点数量有限，无法满足收集大量数据的要求，客观上限制了对灾害预警数据更好的学习。综上所述，地质灾害预警行业亟须可以满足如下需求的新技术引入，以便从根本上改变灾害监测及灾害报警的方式。

- 需要新技术支持易于维护及部署的灾害监测手段。
- 需要更及时、更精准、更大覆盖范围的报警手段，有效减少人员及财产损失。
- 需要长期采集地质灾害相关数据，结合大数据分析及人工智能算法，更精准地预测灾害的发生。

15.3　山体滑坡监测与预警引入 NB-IoT 的优势

1. 引入 NB-IoT 对设备设计实现的优势

（1）增强覆盖

由于地质灾害潜在发生地区多为偏远山区，传统移动通信技术的覆盖能力在这些地区有限，在很多需要监测的危险地点都难以搜索到移动网络信号，导致数据不能及时上传。因此，在将蜂窝网络基础设施升级支持 NB-IoT 后，可以更好地覆盖被监测区域，并且支持在更大的范围内部署传感器。

（2）低功耗

对于需要被监测的地质灾害潜在威胁地点，绝大部分地区是没有供电基础设施的。因此，一定要依靠电池及能源采集方式对监测设备进行供电，并且传感器设备一旦部署，如果经常需要更换电池这样的维护工作，会大量增加维护成本。传统的数据传输方式无法实现依靠电池长时间对地质灾害点进行监测，而 NB-IoT 的低功耗特点恰恰可以解决这一问题。经过合理的设备节电设计，结合 NB-IoT 的低功耗模式，最终的传感器设备可以达到部署在地质灾害威胁点后3～5年自动长期监测的目的。由于传感器设备的成本较低，在达到预期的使用寿命后，我们可以重新部署新的传感器设备替代老设备，进一步减少长期运营成本。

（3）低成本

传统地质灾害监测手段未能大量推广的其中一个原因就是监测设备的成本较高。如果用传统设备完全监测如此之多的潜在威胁地点，设备的部署及维护成本都是非常大的，很难形成可持续的运营模式。NB-IoT 通信模组有望在未来达到非常低的成本及价格。这样，即使被监测地区需要大量广泛的覆盖，所需的总体成本也是可控的，从而实现可持续运营模式。

由此可以看出，NB-IoT 的特性可以很好地支持广泛部署的传感器的设计和实现。

2. NB-IoT 结合移动网络的优势

地质灾害的监测手段是本行业的一大需求，而另外一个很重要的需求就是灾害即将发生时对周围群众的有效通知。只有在及时有效的报警手段的支持下，这套方案才能真正达到减少人员伤亡的目的。目前，在世界很多国家，移动运营商都在移动网络中启用了公众报警系统，用于提供地震、台风、洪水等紧急情况下的报警。这种报警方式基于移动网络的系统信令，因此可以快速、大批量、精准地通知到可能受灾的人群。基于 NB-IoT 的传感方式结合移动网络的公众报警系统，可以迅速准确地将山体滑坡这类的小范围灾害情况通知到受灾人群，极大降低人员财产损失。

3. 大数据量的分析优势

在 NB-IoT 数据连接的支持下，物联网地质灾害解决方案可以做到超大数量传感设备的部署。以此为基础，该应用方案可以长期收集大量测量数据。这些大量数据内包含着非常有价值的关于地质灾害发生前、发生时及发生后的特征。通过数据挖掘和分析，可以更好地了解地质灾害的数据特征，为有效预测地质灾害打下更好的基础，并且通过长期的学习，对地质灾害的预测精准度也会不断增强。

15.4 基于 NB-IoT 的山体滑坡监测与预警解决方案

结合 NB-IoT 技术特点及优势，基于移动物联网的地质灾害监测及预警系统可很好地解决以上问题和挑战。以爱立信公司的方案为例，如图 15.1 所示包括如下关键组成部分：

1. 基于 NB-IoT 模组的低功耗传感器设备

物联网传感器设备是此创新方案最重要的组成部分。在传感器设备中集成了 NB-IoT 通信模组，可以使得设备兼具低功耗、长寿命、低成本、部署范围大的优势。本方案中所设计的传感器设备，除 NB-IoT 通信模组以外，还包括低功耗微处理器设备及多种传感器单元。在微处理器单元中植入的智能算法，可以根据多种传感器单元采集数据，进行综合分析处理，并将处理结果通过 NB-IoT 网络发送到目标服务器。传感器设备的硬件及软件算法设计中均包含智能的节电设计，在满足迅速报警的同时，减少数据发送的频次，从而达到最大限度的延长电池使用寿命的目的。在合理的设计下，本方案的传感器设备可以在部署后免于维护，自动持续工作数年。由于模组及处理传感单元成本低，在达到预期使用寿命后，可以直接部署新一批传感器设备以替换老一批设备。

由于传感器设备的复杂度较低，其尺寸设计较小，部署所需的时间和成本很低，只需要简单的步骤即可将传感器部署到滑坡体及周边的浅表层。对于一个经勘查的山体滑坡风险地点，可以部署多个传感器协同工作对其进行监控。例如，一个中型滑坡区域需要部署 20 ~ 30 个传感器对其进行网格化覆盖，多个传感器的数据将被协同分析，从而更加精准地预测山体滑坡的发生。

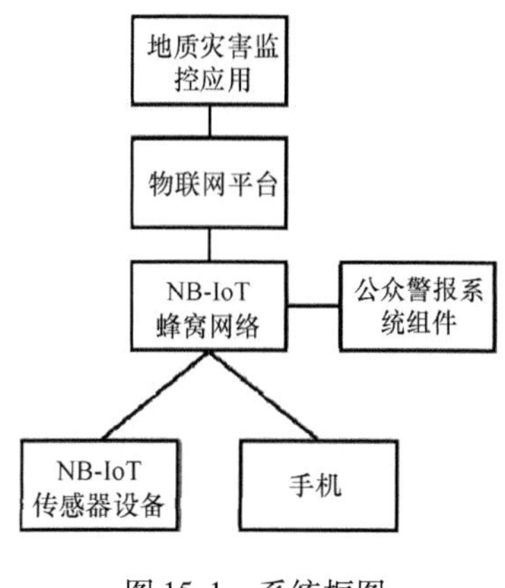

图 15.1　系统框图

2. NB-IoT 网络

NB-IoT 网络是提供传感器设备连接的关键使能部分。具体的 NB-IoT 技术细节及构成部分本节不再赘述。在同样的小区设置下，NB-IoT 所能覆盖到的范围更为广阔，可以支持将传感器部署到更偏远的山区里、更高的潜在威胁点上，从而为地质灾害的提前预测预防提供更充足的时间，也为人员的疏散提供更好的机会。

3. 物联网平台及应用服务

物联网平台及基于平台的应用服务主要完成以下功能：

1）设备管理：对部署到山体滑坡潜在威胁点的设备进行生命周期管理，包括设备注册、设备配置、设备更新等。

2）长期监控数据收集及存储：对大量传感器设备上报的监控数据进行系统化的收集及存储，便于查询及分析。

3）长期监控数据分析：利用数据挖掘及机器学习算法，对大量数据进行分析和计算，找到监控数据及灾害发生之间的关系，从而更好地预测未来灾害的发生。

4）数据呈现：实现以上数据的图形化呈现，对地质灾害研究人员及防灾减灾部门提供必要的帮助。

5）自动灾害报警触发：对同一山体滑坡点所收集的多传感器数据进行联合计算和分析，利用内置算法并结合以往灾害数据的分析结果，自动判断一个山体滑坡点是否即将或已经发生山体滑坡，并自动触发相应的报警装置。

4. 公众报警系统组件

将灾害信息同时推送到指定区域的所有手机用户，并在用户手机上进行强制声音及视觉警报。

由以上关键系统组成的基于 NB-IoT 的创新解决方案，可以实现在山体滑坡发生前和发生中自动由传感器触发、NB-IoT 传输、应用服务数据分析、公众报警系统推送报警信息的全自动流程，以便在灾害发生前提示指定区域内的群众安全疏散，或在灾害发生中对即将受到灾害影响的群众发出紧急通知。

15.5　NB-IoT 山体滑坡监测与预警应用实践情况

基于 NB-IoT 的山体滑坡监测与预警应用解决方案自 2017 年由爱立信公司联合中国移动及中国地质环境监测院在北京国际通信展共同推出后，得到了业界的广泛关注。目前该方案正在进一步的产品化开发中，将在近期选择少量地质灾害高危区域进行试点部署。

第5篇　开发和部署 NB-IoT 应用

行业客户选择 NB-IoT 作为物联网接入技术后，需要与运营商和产业联合开展系列工作以部署和应用 NB-IoT。这些主要工作包括应用开发、应用测试、应用部署、产业合作和推广等。

在应用开发方面，本篇将介绍如何获取开发资源，如何进行应用开发，并以校园创客活动为例介绍几个基于 NB-IoT 开展创新应用开发的案例。首先是如何获取开发资源，目前运营商和产业可以为行业客户提供以下便于应用开发的相关资源，包括通用模组、一站式的 Turnkey 解决方案、基础通信套件、物联网平台、连接管理平台等软、硬件终端产品及平台。其中，通用模组采用标准的接口、统一的尺寸、通用的封装实现 Pin2Pin 兼容，行业客户可以结合行业需求选择合适规格的通用模组和一站式 Turnkey 解决方案。芯片厂商将方案设计公司的工作一并完成，直接向终端厂商提供完成贴片的 PCBA、物料清单以及相关软件，终端厂商只需按照物料清单采购如屏幕、电池等器件，再加上产品外壳即可形成产品成品。基础通信套件是面向 NB-IoT 终端的通信中间件，通过规范统一的数据格式、编程与系统适配接口，实现终端与业务平台的通信、应用数据传输及设备管理等功能，是提升数据服务能力的重要组成部分。物联网平台为终端设备提供设备接入、数据存储、数据路由和转发，为上层应用提供数据推送、设备管理、数据查询、命令下发等功能，同时与基础通信套件结合，实现物联网设备大数据分析等服务功能。连接管理平台对接入平台的物联网 SIM 卡进行智能化综合管理，包括 SIM 卡信息查询、通信管理、数据统计分析等。开发者获取开发资源后，可结合不同的物联网应用场景，开发不同的应用。本篇将介绍通信套件的统一接口定义、集成方法，并举例说明如何围绕其应用开发接口进行一个实际的物联网应用开发。另外，将基于校园创客活动中的几个典型案例，介绍 NB-IoT 创新应用开发，包括城市积水检测、智能安全柜、智慧教室、水瓶比心机等。

在应用测试方面，本篇将介绍如何进行物联网应用的业务测试和终端测试。其中，业务测试会从功能和性能两方面开展，以保障端到端业务互通性及业务质量。终端测试是把控终端质量、保障终端和网络良好的互通性、提升端到端业务质量的重要手段，涉及对芯片、模组及终端的测试。考虑到芯片、模组、终端在功能和性能方面既有共性点，又有差异点，为了在确保终端质量的同时提升测试效率，测试认证内容会尽可能地复用共性点，并覆盖差异点。

在应用部署方面，本篇将介绍物联网开卡流程，以及如何方便快捷地获取网络覆盖的方法等内容。当一个新的客户进行物联网业务的入网办理时，运营商需要通过针对该用户的物联网卡在后台开通相应的账号与权限。由于物联网业务大多面向行业客户，往往需要批量供卡，因此，物联卡制卡流程与手机卡区别较大。当开卡完成后，行业客户想要对物联终端进行测试和部署时，首先需要了解网络信号覆盖的情况，宏基站仍是目前运营商进行网络覆盖的主要方式，如果某些应用场景因运营商的建设节奏和建设成本等因素无法通过宏基站进行覆盖，那么可以通过部署物联小站来解决，以实现快速低成本的网络覆盖。网络覆盖好后，如果客户想了解应用部署区域的网络信号质量是否满足要求，那么就需要有相应的测试工具。物联网的应用场景非常多样化，需要进行测试的场景对测试工具的便携性和体积都有一定的要求，本章将介绍一种便携式 NB-IoT 信号检测仪，以方便行业客户、解决方案提供商等低成本高效地进行网络信号质量的检测。

在产业合作推广方面，物联网产业链长、覆盖领域广，物联网技术发展和应用开发需要通信行业与垂直行业广泛深度融合，共同探索创新业务应用，寻求合作共赢的全新商业模式。本篇将介绍运营商、通信行业及垂直行业合作伙伴如何联合起来进行物联网技术和应用的合作及推广。

第16章　如何获取物联网开发资源

16.1　面向行业终端的通用模组参考设计

随着移动物联网市场的蓬勃发展，为了支撑行业客户快速推出面向行业市场的解决方案，本节将从行业客户关注的模组产品着手，针对当前物联网市场存在的碎片化严重、兼容性低及缺乏规模效应等问题，以通用模组为切入点，围绕行业标准和参考设计，介绍通用模组的设计理念、产业情况，有助于行业客户选择质优价廉的模组产品，快速构建物联网终端解决方案。

16.1.1　模组概述

终端模组设备逻辑结构如图16.1所示，主要包含主芯片和射频前端部分。依据需求，模组设备还可包含MCU单元、定位单元、传感器单元、SIM/USIM单元以及天线部分。当前，终端模组广泛应用于车载、智能计量、远程监控、物体跟踪、无线付款、安全监控和移动计算等领域。

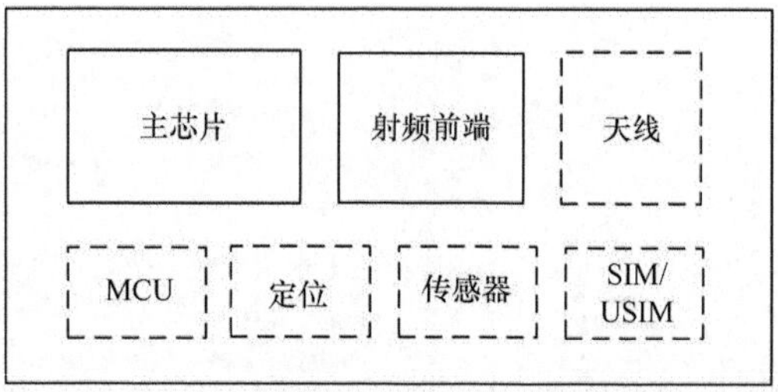

主芯片　射频前端　天线
MCU　定位　传感器　SIM/USIM

图16.1　模组设备逻辑结构图

16.1.2　通用模组研发背景

当前，国外、国内各大模组厂商已形成了面向物联网行业的完备产品体系，如移远、广和通、U-blox、Telit、金雅拓和Sierra Wireless等公司，其产品体系包括GSM/GPRS系列、WCDMA/HSPA系列、LTE系列、GNSS系列以及短距无线通信系列（如ZigBee、Wi-Fi等）。目前业界领先的模组厂商的产品系列已经能够在其部分产品线上实现Pin2Pin（引脚到引脚）兼容，但不同厂商的模组之间无法实现Pin2Pin兼容，不可避免地导致了物联网市场的碎片化，影响业务发展。

面对蓬勃兴起的LPWA物联网市场，各大模组厂商陆续推出了基于NB-IoT和eMTC的模组产品。但各厂商模组尺寸和接口规格各异，垂直行业变更模组的代价较大。考虑到当前物联网模组缺乏统一的标准，导致各模组厂商的模组产品在接口、尺寸及封装方面各不相同，造成了物联网市场碎片化严重、兼容性低、缺乏规模效应等问题。2017年12月，中国移动联合中国信息通信研究院、运营商以及国内外芯片、模组、智能硬件和垂直行业等领域的二十余家合作伙伴在中国通信标准化协会（CCSA）制定完成了移动物联网通用模组技术要求行业标准。通用模组行业标准制定遵循“贴近客户需求、兼顾产业能力”的设计原则，旨在整合不同行业的物联网应用需求，通过定义标准的接口、统一的尺寸、通用的封装，构建物联网通用模组体系，从而大幅降低了物联网应用开发和部署门槛。行业客户可以结合自身应用需求从标准化的物联网通用模组体系中选择质优价廉的产品直接进行终端集成，一方面避免了定制开发带来的周期长、成本高等问题，易于形成规模效应，降低物联网终端研发成本；另一方面，由于通用模组行业标准适用于 NB-IoT 单模、NB-IoT/GSM 双模等多种技术，各模组厂商的产品均可以采用相同的接口、尺寸和封装，实现完全的 Pin2Pin 兼容，行业用户可以更加方便、快捷地引入物联网模组。

16.1.3　通用模组标准简介

通用模组行业标准从封装方式、功能模式、尺寸大小、通信制式、供电电压类型、I/O 通信电压类型、支持频段、适用范围（民用级、工业级和车规级）及 GNSS 定位支持等 9 个维度进行定义，如图 16.2 所示。

封装方式	功能模式	尺寸大小	通信制式	供电电压类型	I/O 通信电压类型	支持频段	适用范围	GNSS定位支持

图 16.2　通用模组分类图

通用模组标准在尺寸大小方面针对垂直行业需求以及当前产业现状定义了多类通用模组型号，适用于但不限于智能表计、智能家居、物流追踪、共享单车、智能建筑和市政物联等领域。面向智能表计、智能家居和智能建筑等领域，采用小巧精简的设计思路，定义了典型的小尺寸（16mm × 18mm、16mm × 20mm）通用模组；面向物流追踪和共享单车等领域，考虑 NB-IoT 多模及定位等需求，还定义了典型的中尺寸（20mm × 24mm）和大尺寸（24mm × 26mm）通用模组。以下着重从单模 NB-IoT 及双模 NB-IoT/GSM 介绍不同类型通用模组的适用性。

单模 NB-IoT：从垂直行业需求以及当前芯片和器件产业现状分析，采用 1618 通用模组最为合适，其长度为 18mm，宽度为 16mm，误差 ±0.5% 范围内。采用 40 引脚 LCC 封装。模组布局如图 16.3 所示。

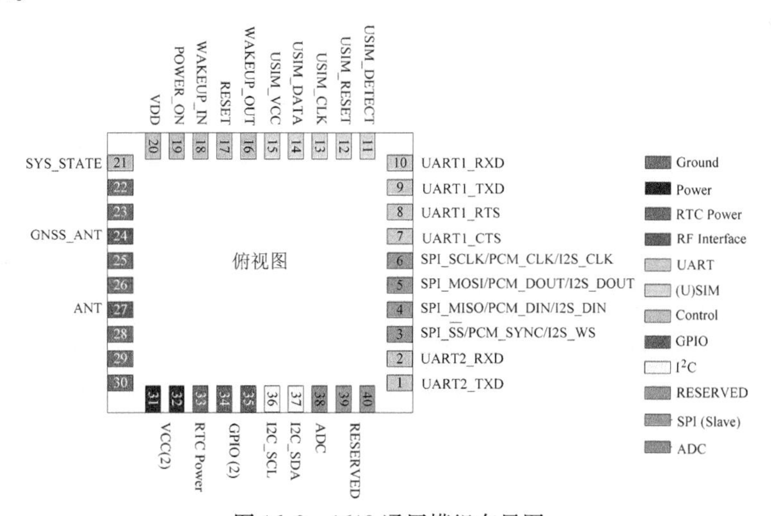

图 16.3　1618 通用模组布局图

双模 NB-IoT/GSM：从垂直行业需求以及当前芯片及器件产业现状分析，采用 2024 通用模组较为合适，长度为 24mm，宽度为 20mm，误差 ±0.5% 范围内。采用 52 引脚 LCC 封装。模组布局如图 16.4 所示。

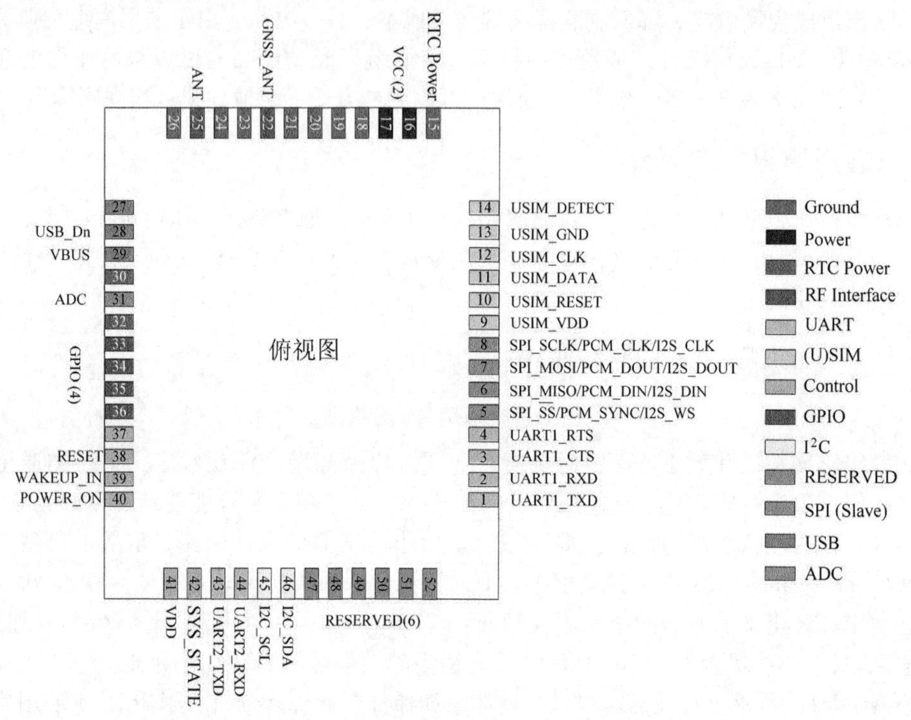

图 16.4 2024 通用模组布局图

16.1.4 通用模组参考设计

下面以锐迪科公司的两款 NB-IoT 通用模组参考设计方案为例，对通用模组进行介绍。

锐迪科公司于 2017 年 11 月先后推出了两款支持 NB-IoT 的物联网芯片——RDA8908 和 RDA8909。其中，RDA8908 为 NB-IoT 单模 SoC 主芯片，尺寸为 6.5mm × 7mm，其仅需配套 NB-IoT射频前端；RDA8909 为 NB-IoT/GSM 双模 SoC 主芯片，尺寸为 8.5mm × 9mm，除了配套 NB-IoT 射频前端外，还需支持 GSM 射频前端。因此，面向 NB-IoT 单模的通用模组参考设计可以采用基于 RDA8908 的设计方案，面向 NB-IoT/GSM 双模的通用模组参考设计可以采用基于 RDA8909 的设计方案。两颗芯片均集成 PMIC、BBIC、RFIC、FLASH 与 PSRAM。在频段方面，支持 690MHz ~ 1GHz 和 1690MHz ~ 2200MHz 的频率范围。在外围接口方面，具备 UART、I^2C、GPIO、USIM 与 ADC 等外设接口。在外围电路方面，仅需要增加相应频段的 PA、RF Switch 与时钟源器件，就可完成最基本的数据通信功能，同时主芯片支持 4 层通孔板的模组 PCB 设计。

基于 RDA8908/RDA8909 的通信模组参考设计中除了主芯片外，主要包含电源管理模块外围电路、射频外围电路、外围接口电路三部分。电源管理部分的设计主要包含输入电源的滤波电容、DCDC 外围电路的拓扑结构与无源器件选择、LDO（Low Dropout Regulator，低压差线性稳压器）外围电路的滤波电容。射频电路部分主要包含时钟源电路、射频接收与 PA 连接的匹配网络、PA 自身需要的外围电路、PA 与天线开关连接的匹配网络、天线开关与射频接收通路连接的匹配网络、负载开关对 PA 与天线开关供电的网络。外围接口电路主要包含与 USIM 芯片连接的拓扑网络、开机引脚外围电路、复位引脚外围电路等。

通用模组尺寸设计方面，考虑到 RDA8908、RDA8909 的高集成度，可以采用 RDA8908 实现 1618 通用模组设计方案（NB-IoT 单模），采用 RDA8909 实现 2024 通用模组设计方案（NB-IoT/GSM 双模）。在外围接口方面，RDA8908/RDA8909 支持 3.1～4.2V 的直流稳压电源输入，同时其 I/O 接口支持 2.8V 与 1.8V 可配置。除常规接口外，还具备 RTC 电源输入接口、芯片开机输入接口、芯片复位输入接口、芯片唤醒输入接口、I/O 电压参考输出接口。在温度特性方面，RDA8908/RDA8909 支持 -45～95℃ 的存储温度范围，-20～60℃ 的消费类工作温度范围，以及 -40～85℃的工业类工作温度范围。在软件能力方面，RDA8908/RDA8909 除包含 NB-IoT/GSM 通信能力和基于 3GPP 规定的 AT 命令外，还支持 IPv4/IPv6、TCP、UDP、PPP、CoAP、HTTP、HTTPS、MQTT、OneNET、FOTA 等。

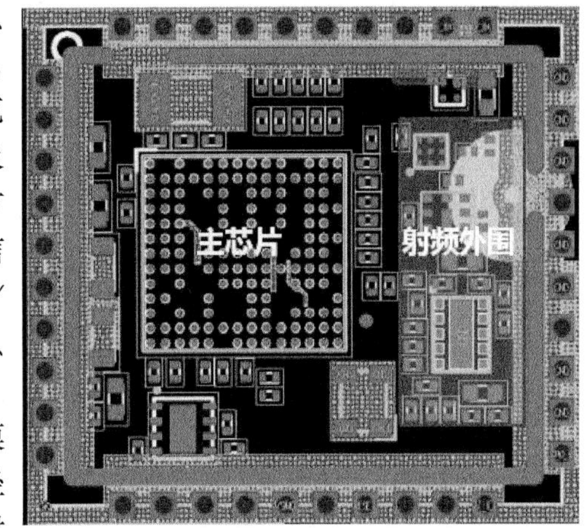

图 16.5　1618 参考设计 PCB 电路图

基于 RDA8908（NB-IoT 单模）的 1618 通用模组参考设计方案如图 16.5 所示。其中，主芯片已经集成电源管理模块、NB-IoT 基带、射频收发机，射频外围主要包括 NB-IoT 射频前端。

基于 RDA8909（NB-IoT/GSM 双模）的 2024 通用模组参考设计方案如图 16.6 所示。其中，

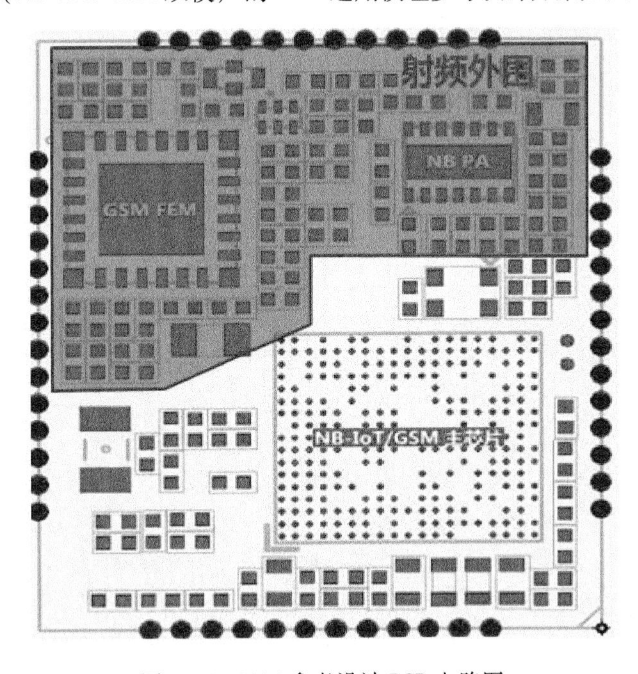

图 16.6　2024 参考设计 PCB 电路图

主芯片已经集成电源管理模块、NB-IoT/GSM 基带、射频收发机等，射频外围除了包括 NB-IoT 射频前端外，还包括 GSM 射频前端。

16.1.5　通用模组产业情况

目前通用模组已得到产业的广泛支持，不少厂商已推出相关产品。其中，联发科技和锐迪科公司都已相继推出了基于通用模组的 NB-IoT 单模及 NB-IoT/GSM 双模参考设计方案，各主流模组厂商也基于海思、高通、联发科技、锐迪科及中兴微电子等公司的主流 NB-IoT 芯片平台推出了通用模组产品，具体可参见表 16.1。

表 16.1　通用模组产业支持情况

模组厂商	模组产品型号	模组尺寸规格	芯片型号	支持的模式
骐俊	ML5530	1618	Boudica 120	NB-IoT
	ML5535	1618	Boudica 150	NB-IoT
	ML2510	1618	RDA 8908	NB-IoT
锐捷	RG-NB6118	1618	Boudica 120	NB-IoT
	RG-NB6210	2426	MDM9206	NB-IoT/GSM/eMTC
海信	MN2	1618	Boudica 150	NB-IoT
中磊	TPB40-8	1618	Boudica 120	NB-IoT
中移物联	M5311	1618	MT2625	NB-IoT
	M5312	1618	RDA 8908	NB-IoT
移远	BC30	1618	MT2625	NB-IoT
SIMCOM	SIM7030	1618	MT2625	NB-IoT
高新兴物联（原中兴物联）	ME3616	1618	MT2625	NB-IoT
移柯	L620	1618	MT2625	NB-IoT
	L630	1618	RDA 8908	NB-IoT
广和通	N700-CN	1618	RoseFinch7100	NB-IoT
新华三	IM2210-NB	1618	RDA 8908	NB-IoT
英伟达	T200	2426	MDM9206	NB-IoT/GSM/eMTC
欧智通	3115F-R	1618	Boudica 150	NB-IoT
盛华电讯	ST1328	1618	MT2625	NB-IoT
努比亚	NB100	1618	RDA 8908	NB-IoT
龙尚	A9600	1618	RDA 8908	NB-IoT

16.1.6　小结

随着物联网大爆发时代的到来，通用模组行标的成功制定以及十余款 NB-IoT 通用模组的推出，行业客户可以结合自身应用需求，从标准化的移动物联网通用模组体系中选择质优价廉的产品直接进行终端集成，避免了定制开发带来的周期长、成本高等问题，降低了移动物联网终端研发成本。另外，各厂商同类通用模组产品采用相同的接口、尺寸和封装，实现引脚（Pin2Pin）完全兼容，行业用户可以通过通用模组更加方便快捷地引入移动物联网新技术，这将有助于促进 NB-IoT 模组及终端产业的快速成熟和规模化应用，提升通信产业的中国制造实力。

16.2　面向消费领域的 Turnkey 解决方案

随着 NB-IoT、eMTC 等技术的商用，对于消费电子产品领域而言，不仅仅是手机，各种其他形态的设备（比如手环、手表和追踪器等）都有机会直接联网，万物互联指日可待。

2G 时代，国内手机行业设计能力和研发实力不足，一些芯片厂商推出了一站式（交钥匙式）的手机 Turnkey 解决方案，为产业的发展起到了极大的促进作用，具体表现在以下几个方面：

1）Turnkey 缩短了产业链环节，使得行业整体产能得以提高，效率提升。

2）Turnkey 可以将国内在制造领域的优势发挥到极致，有效规避了设计能力不足、研发实力不足等问题。

3）Turnkey 让手机价格下降，使其成为普通消费品得以普及，带动了整个通信产业的发展。

4）Turnkey 为国内手机行业的发展积蓄了力量、技术，使手机产业得到迅速发展并快速走向成熟，同时使产业从注重数量到质量与数量并重。

当前，消费电子领域厂商虽然很多，但一般偏重基于蓝牙、Wi-Fi 等短距通信技术开展相关产品研发，在 NB-IoT、eMTC 等新兴移动物联网技术方面的终端研发经验不足，产业形势与 2G 时的手机行业有相似之处，同样迫切需要芯片厂商能够提供 Turnkey 方案。当然也有不同之处，手机是一个独立使用的设备，而消费电子产品领域的物联网设备则不然，需要服务器和应用的多方配合。因此，面向消费者领域的 Turnkey 方案不仅包含终端的硬件设计，还要包含终端所需的周边服务的参考设计，传统的 Turnkey 方案也就升级成为内涵更为丰富的 Turnkey + 方案。

16.2.1　典型领域产业现状

消费电子产品领域可以广泛引入 NB-IoT、eMTC 等新兴通信技术。典型行业包括追踪器、智能穿戴等。

1. 追踪器

追踪器也称定位器、跟踪器，是一种内置了卫星定位模块和移动通信模块的终端，用于将定位数据通过移动通信模块上传至互联网上的服务器，从而可以在计算机或手机上查询终端位置。

追踪器市场规模较大，各研究机构对市场前景普遍看好。Future Market Insights 预计 2027 年 GPS 追踪器市场规模将超过 34 亿美元。MarketsAndMarkets 估计到 2023 年整个 GPS 追踪器市场规模可达 28.9 亿美元[5]，从 2017 到 2023 年的复合年增长率（CAGR）为 12.91%，其中亚太地区将是全球范围内增长率最高的地区，如图 16.7 所示。

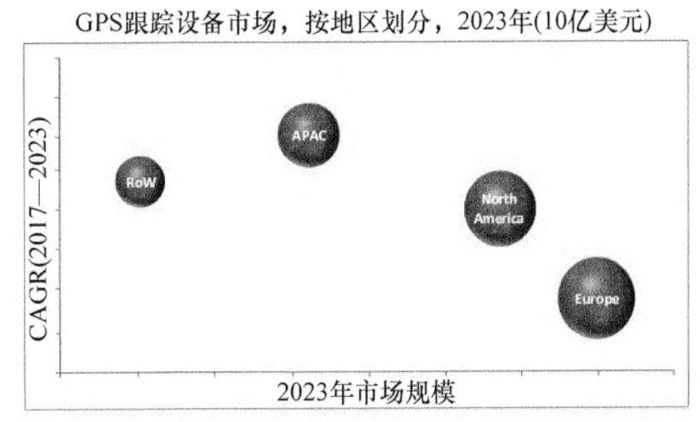

图 16.7　全球不同区域追踪器市场 CAGR 的预测
（数据来源：MarketsAndMarkets）

追踪器有两个核心功能，即定位和信

息上传。

定位功能主要通过卫星定位模块实现，也可辅以网络信号、蓝牙、Wi-Fi 和惯性导航等方法。卫星定位依赖于全球导航卫星系统（Global Navigation Satellite System，GNSS）。目前已有美国 GPS、俄罗斯 GLONASS、欧盟 GALILEO 和中国北斗卫星导航系统等 4 大 GNSS 系统。此外，还有日本 QZSS 和印度 IRNSS 等区域性系统。

- GPS 是在美国海军导航卫星系统的基础上发展起来的无线电导航定位系统。具有全能性、全球性、全天候、连续性和实时性的导航、定位和定时功能，能为用户提供精密的三维坐标、速度和时间。
- GLONASS 是由苏联国防部独立研制和控制的第二代军用卫星导航系统。该系统是继 GPS 后的第二个全球卫星导航系统。该系统于 2007 年开始运营，当时只开放俄罗斯境内卫星定位及导航服务。到 2009 年，其服务范围已经拓展到全球。该系统主要服务内容包括确定陆地、海上及空中目标的坐标及运动速度信息等。
- 伽利略卫星导航系统（GALILEO）是由欧盟研制和建立的全球卫星导航定位系统，该计划于 1992 年 2 月由欧洲委员会公布，并和欧洲太空总署共同负责。该系统由 30 颗卫星组成，其中有 27 颗工作星、3 颗备份星。截至 2016 年 12 月，已经发射了 18 颗工作卫星，具备了早期操作能力。
- 中国北斗卫星导航系统（BeiDou Navigation Satellite System，BDS）是我国自行研制的全球卫星导航系统。由空间段、地面段和用户段三部分组成，可在全球范围内，全天候、全天时为各类用户提供高精度、高可靠定位、导航、授时服务，并具有短报文通信能力，已经初步具备区域导航、定位和授时能力，定位精度为 10m，测速精度为 0.2m/s，授时精度为 10ns。

卫星定位模块应该同时支持多种 GNSS 系统，进行融合定位，加快搜星速度、提高定位精度。除了基于 GNSS 进行定位，也可以通过 Cell ID 等进行网络辅助的定位，或者通过 Wi-Fi、蓝牙、惯性导航等方式进行定位，如图 16.8 所示。追踪器可以采用多种定位技术融合定位，优势互补。

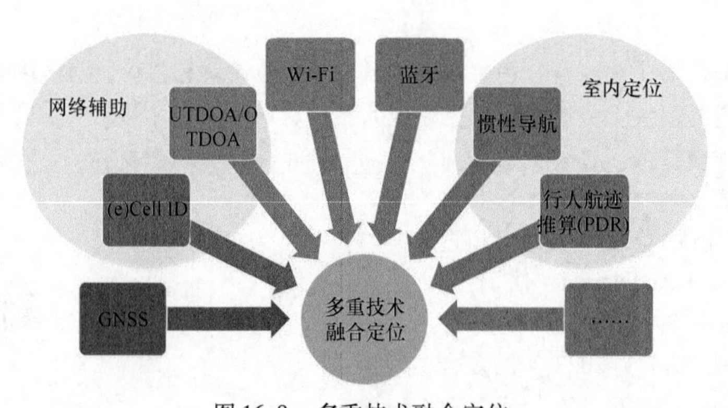

图 16.8　多重技术融合定位

从产品用途分类看，主要有个人追踪器、物品追踪器、宠物追踪器、车辆追踪器等几类。个人追踪器专注于儿童、老年人和独立工作者安全守护，车辆追踪器可以优化车辆管理，改善作业安全。

目前追踪器的通信模块以 GSM 制式为主，续航时间相对较短，个别场景下 GSM 覆盖无法完全满足要求。随着 NB-IoT 的引入，有望明显延长续航时间，增强覆盖，追踪器行业面临的几个痛点问题有望得以明显缓解或彻底解决，如图 16.9 所示。

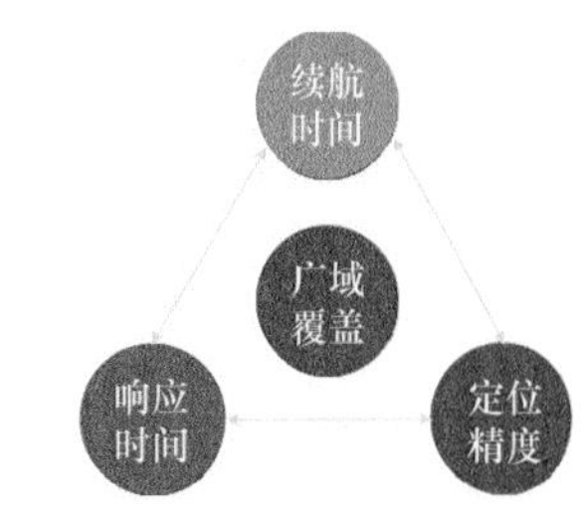

图 16.9 追踪器行业的几个痛点问题

2. 智能穿戴

智能穿戴设备是指应用穿戴式技术对日常穿戴进行智能化设计，开发出可以穿戴的设备，主要包括智能手表、智能手环、智能服装、智能眼镜等。近年来，随着人们消费水平的逐渐提高，智能穿戴设备的市场规模不断扩大。市场研究公司 IDC 2018 年 6 月发布的预测报告中称，预计 2018 年的全球穿戴设备市场销量达到 1.25 亿件，同比 2017 年增长 8.2%，而 2022 年的市场规模将达到 2 亿件。该机构预测：2018 年全球智能手表发货量为 4350 万件，到 2022 年将增长到 8910 万件，增长强劲；智能服装作为新兴市场，将具有广阔的前景，预计 2018 年全球销量为 340 万件，到 2022 年市场将增长到 1170 万件；而对于智能手环市场，IDC 预测其仍将有热度，但销量变化不大，全球销量将从 2018 年的 4510 万件增长到 2022 年的 4590 万件，如图 16.10 所示。

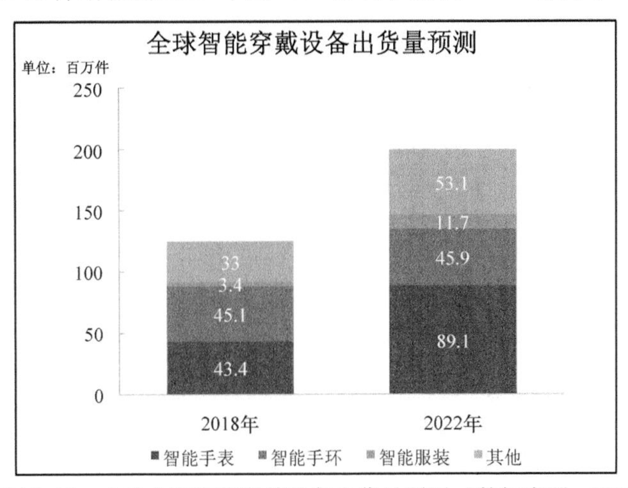

图 16.10 全球主要智能穿戴设备出货量预测（数据来源：IDC）

智能穿戴设备刚兴起时，其工作方式严重依赖于手机，数据传输、工作配置等都需要与手机进行蓝牙连接才能完成，一旦脱离了手机就无法及时获取信息和内容，用户体验受到严重的影响。因此，脱离手机使用成为智能穿戴设备的发展方向，使用移动网络进行数据交互乃至通话成为主流，智能穿戴进入了全新的 2.0 时代，智能穿戴市场被迅速引爆。比如，使用 2G 网络的儿童智能手表增长迅速。数据显示，仅 2016 年国内儿童智能手表出货量就达 1500 万，较 2015 年增长近一倍。

由于保持移动网络长连接的功耗较高，使用移动网络的智能穿戴设备续航不佳，市售的此类设备续航时间一般仅为 2 ~ 4 天。对于使用 2G 的智能穿戴设备来说，具有续航能力超过一周是此类设备的一大痛点需求。因此，2.0 时代的智能穿戴设备虽然能够脱离手机工作，在极大地改善用户体验的同时对续航问题上也提出了新的挑战。

16.2.2 Turnkey 解决方案及产品设计

在 Turnkey 方案出现以前，芯片厂商按照产品规划完成产品研发后，会向 ODM 厂商、设计公司（Design House）推广参考设计。设计公司拿到芯片厂商的参考设计后进行产品评估、规划、设计，完成原型软硬件开发、产品级软硬件开发和调试，然后向终端厂商推广其整套方案，如图 16.11 所示。

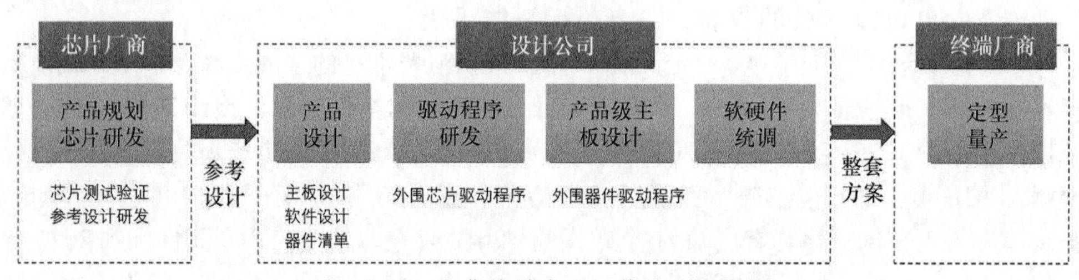

图 16.11 经典终端产业运作流程示意图

Turnkey 方案里芯片厂商将设计公司的工作一并完成，直接向终端厂商提供完成贴片的 PCBA、物料清单以及相关软件。终端厂商只需按照物料清单采购（如屏幕、电池等）器件，再加上产品外壳即可得到产品成品，如图 16.12 所示。

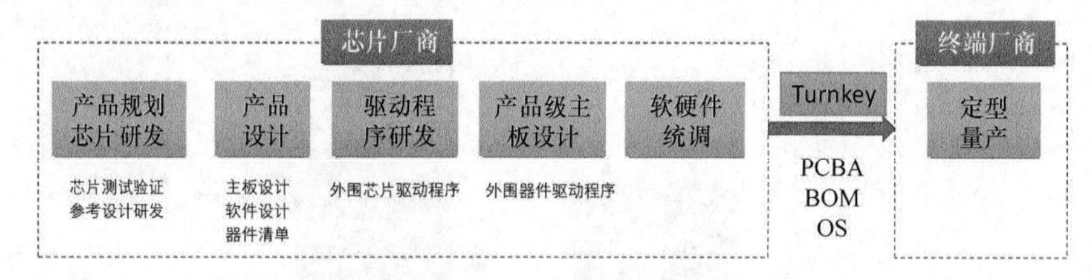

图 16.12 Turnkey 方案运作流程示意图

在 Turnkey 方案下，设计公司可以通过软硬件新功能研发参与到产业链中，但整体看来，其角色有明显的削弱。

与手机产品相比，追踪器、智能穿戴与人的直接交互相对较少，一般需要终端厂商提供相应的控制端应用程序，部署相应的应用服务器。因此，面向消费者领域的 Turnkey 方案也需要升级到 Turnkey +，提供更加全面、更加完善的一揽子解决方案。

1. 从 Turnkey 到 Turnkey +

Turnkey + 提供从终端 PCBA、应用服务器到控制端软件等三方面的全方位解决方案，如图 16.13 所示。

（1）终端设计

追踪器整体应该尽量小巧，选用合适的外壳材料保证产品牢固、轻巧。外形美观，厚度尽量小（建议 <10mm）；可以带有开孔，方便用户外接挂绳；颜色以鲜艳、显眼为主，以方便用户寻找。要求成品具有较高的整体性，不易拆解；具备充电接口和开关，建议进行一定的防水、防尘设计，开关要进行防误关机设计；建议具备 LED 指示灯，用来指示充电和运行状态；对于具

备 SOS 呼救功能的产品，建议单独设置颜色明显、尺寸较大、易于触及的 SOS 呼救按钮。几种追踪器外观如图 16.14 所示。

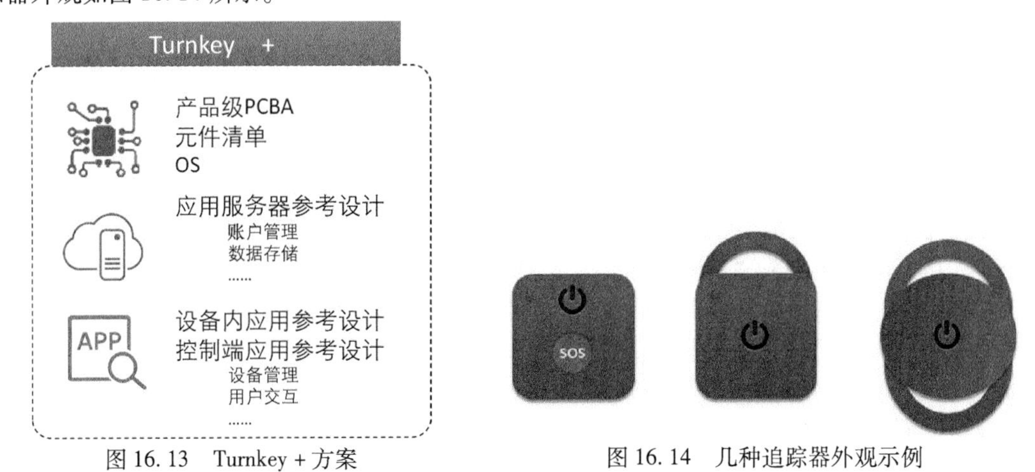

图 16.13　Turnkey + 方案　　图 16.14　几种追踪器外观示例

此外，追踪器还要求具备充电、开关机、LED 状态指示、定位、位置上报、远程蜂鸣、软件升级等功能，可以考虑支持计步、蓝牙防丢等扩展功能。追踪器应至少支持 GNSS 和基站（如基于小区 ID 的定位等）等两种定位方式。可选支持 Wi-Fi、蓝牙、地磁、惯性等辅助定位方法。

智能手表和智能手环外观由表盘和表带两部分构成，整体外形设计应美观大方。为了满足不同人群的需求，其大小的设计应有所差别。表带应使用安全无毒材质。对于面向儿童的智能穿戴设备，应额外注重表带材质对儿童健康的影响，其表带应遵循国家对儿童用品材质的标准，并通过食品级材质测试和皮肤过敏性测试等安全测试；对于面向运动的智能穿戴设备，表带应为防水材质。智能手表设备表盘形状可采用方形或者圆形，上面集成按键、LED 指示灯。对于经济型的智能手表，其显示设计可为非触摸屏设计或石英指针设计；对于高端型的智能手表，其显示设计建议为触摸屏设计。几种常见智能手表设备外观见图 16.15。

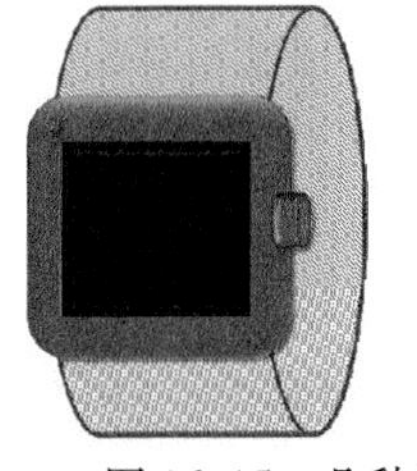
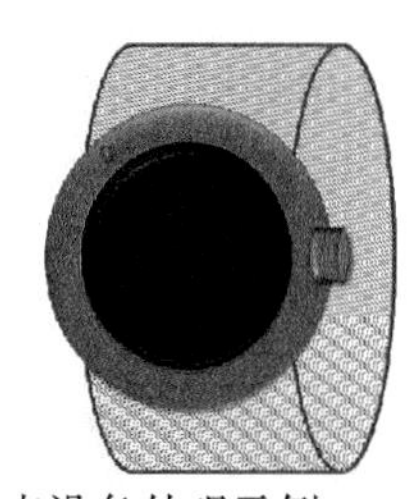

图 16.15　几种智能手表设备外观示例

（2）服务器方案

应用服务器（或云平台）负责用户账号管理、终端设备关联、信息的存储转发等。

• 账号管理：用户通过控制端应用可以建立账号，用户登录账号后方可关联或者绑定追踪器。用户的账号信息由应用服务器存储、管理。应用服务器需要保证用户账号信息不会被非法获取。

• 信息的存储、转发：追踪器将位置信息上报给应用服务器，应用服务器将存储该信息，查询与该追踪器绑定的账号信息，然后将数据转发给对应的控制端应用。建议在控制端应用上提供选项，允许用户设置位置信息在应用服务器存储时间的长短。应用服务器需要保证用户位置不会被非法获取，建议对信息进行加密，不同追踪器不宜共用同一个密钥。

• 终端工作参数配置：应用服务器应将来自控制端应用的配置参数传递给终端，参数送达后需要给控制端应用以反馈。

• 设备管理：应用服务器应该具备一定的设备管理能力，可以监测设备状态，探测到异常情况时给用户以提示。比如，某个处于开机状态的追踪器在既定时间内没有上报位置信息。

（3）控制端应用

对于追踪器，用户与设备的交互几乎完全依赖控制端应用，所以追踪器产品必须要有相应的控制端应用，可以是 PC 软件、Web 应用、手机 APP 等。控制端应用必须支持尽量多的平台，建议优先提供 Android 和 iOS 平台的移动端 APP，推荐提供基于 Web 的应用，也可提供 Windows 桌面应用程序。控制端应用可以与追踪器建立关联、配对关系，显示轨迹、发起实时定位、设置电子围栏，当终端移动出电子围栏后提醒用户，当终端电量低时提醒用户，当终端上的 SOS 功能被触发时应给用户以明显的提醒。

结合 NB-IoT 的技术特点，追踪器至少应具有以下可配置参数：

1）位置上报频率。

2）低电量设置。

3）eDRX、PSM 相关参数。

控制端应用可以对追踪器的上述参数进行配置。参数配置界面要尽量考虑人性化，避免技术化，建议控制端应用可以对追踪器进行远程关机。当追踪器处于低电量状态时，可以考虑降低上报频率，以满足续航要求。

对于智能手表和智能手环，控制端应用功能主要包括设备配对、工作参数配置、定位和轨迹显示等。

（4）低功耗设计

在进行低功耗系统设计时，需要从以下三个方面考虑：

1）动态功耗：采用较高的工艺制程可以降低芯片工作时的电流，这部分电流在动态功耗中占主导地位。在特定工艺下，降低时钟频率也可以降低动态电流，但降低频率不一定能降低功耗。这是因为程序的执行速度也是影响功耗的一个因素，频率降低，程序执行时间长，整体功耗有可能增加。在某些情况下，应采用更高的处理速率，将任务尽快完成从而使系统能尽快进行低功耗的睡眠状态。所以，对于处理器工作频率的选择是低功耗设计中很重要的一环。

2）静态功耗：静态功耗主要来自模拟电路的偏置电流、低功耗晶振，以及漏电流。在设计采用电池供电的低功耗系统时，静态功耗也是需要着重考虑的因素。

3）电池漏电功耗：电池漏电功耗取决于电池的自放电率。对于使用一次性电池的低功耗设备，选择电池时必须考虑电池的漏电功耗。

除了以上三种类型的功耗，还有另外一些需要考虑的因素。

在进行硬件设计时，还要处理芯片自身的漏电，以及外围电路（如按钮、LED、上/下拉电阻等）可能存在漏电。在软件层面上，当任务完成后，应该尽快使处理器进入空闲态，关闭不必要的电路模块，尽量避免使用轮询机制而应该采用中断机制，以达到省电效果。

对 RAM 容量、存取性能要求不高的系统，选用伪静态随机存取存储器（Pseudo SRAM）比 DRAM 更佳。PSRAM 的驱动电流跟 SRAM 相近或更低，而数据保持电流大大低于 DRAM。

不同的芯片制造工艺对功耗有直接影响。以台积电公司（TSMC）为例，TSMC 为 IoT 和可穿戴产品提供多种工艺及相应的研发工具，可显著降低功耗，加速产品面市时间。与原有方案相比，TSMC 的超低功耗制程可以将工作电压降低 20% ~30% 。

对于射频前端，使用集成化的射频前端模块与分立的射频前端组件相比，集成度高，体积更小，而且不需要再进行 RF 的调谐和匹配，使用方便。芯片参考架构如图 16.16 所示。

2. 方案及产品简介

作为 Turnkey 方案的开拓者之一，联发科技已针对 NB-IoT 推出两套芯片解决方案即 MT2625 和 MT2621，见表 16.2。

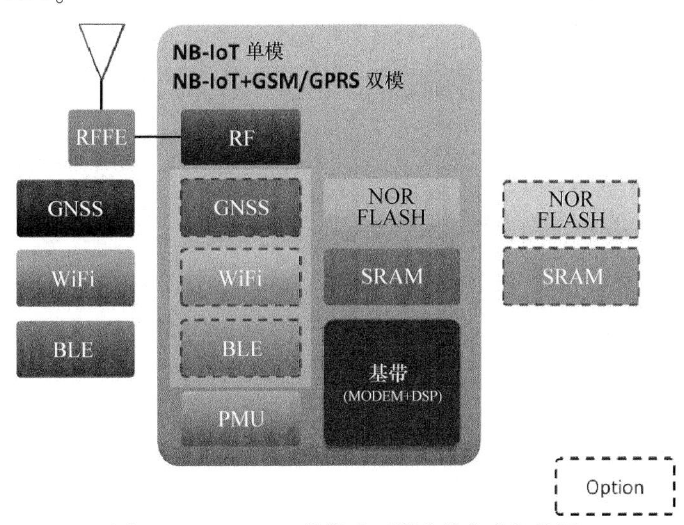

图 16.16　NB-IoT 单模或双模芯片参考架构图

表 16.2　MTK 芯片方案

型号	CPU 架构	CPU	内存	移动网	IO	发布日期
MT2625	ARMv7E-M	单核 104MHz，带 FPU	4MB PSRAM +4BM NOR	NB-IoT	I^2C，I^2S，PCM，SDIO，UART，SPI	2017 年 6 月
MT2621	ARMv7	260MHz 单核	160KB SYSRAM + 4MB SIPRAM	NB-IoT + GSM /GPRS	LCM，摄像头，蓝牙 4.2 等	2017 年 12 月

（1） MT2625

MT2625 是一款支持 NB-IoT R14 的系统单芯片（SoC），以超高集成度为物联网设备提供兼具低功耗及成本效益的解决方案，适用于家庭、城市、工业等场景。MT2625 高度集成 NB-IoT 调制解调数字信号处理器、射频天线及前端模拟基带，还集成了 ARM Cortex-M 微控制器（MCU）、伪静态随机存取存储器（PSRAM）、闪存与电源管理单元（PMU）。此外，MT2625 还整合一系列丰富的外围输入输出接口，包括安全数字输入输出模块（SDIO）、通用异步收发传输器（UART）、I^2C 传输协议、I^2S、序列外围接口（SPI）及脉冲宽度调制（PWM）。

MT2625 功能强大、封装尺寸小、引脚数目较少，可以满足对成本敏感及体积有严苛要求的物联网设备的需求，有助于厂商简化产品设计流程。

MT2625基于实时操作系统（RTOS），很容易针对各种不同的应用进行客制化，如家庭自动化、Cloud Beacon、智能抄表及诸多其他静态或移动型物联网应用。

MT2625的宽频前端模组涵盖3GPP R14规范超低频、低频、中频等全部频段，可以满足全球化市场需求。硬件参考设计如图16.17所示。

面向消费者领域，结合MT5932 Wi-Fi模块、MT3333 GPS模块及蓝牙等可以快速构建各种具备卫星定位能力的追踪器、智能穿戴等产品。

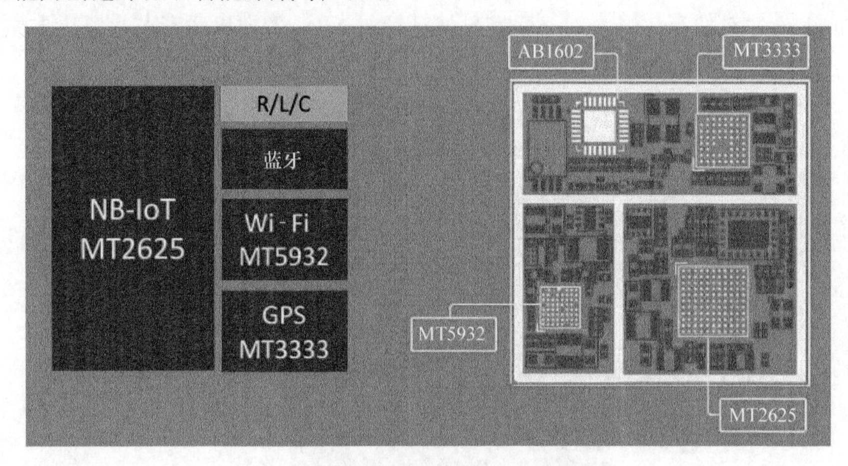

图16.17 MT2625硬件参考设计图

（2）MT2621

MT2621支持NB-IoT的R14与GSM/GPRS制式，可延伸覆盖范围，确保业务从GSM/GPRS网络向NB-IoT网络平滑过渡，同时还支持语音通话功能，适用于智能追踪、智能穿戴、智能抄表与工业应用等领域。对于生命周期较长，且需要长年运行的设备来说，MT2621是理想的选择，可满足未来移动网络设施从GSM到NB-IoT的演进需求。

MT2621具备高度整合的连接平台，支持单卡双待，同一号码可以同时在NB-IoT和GSM/GPRS两种网络上使用，节省PCB空间、简化设计、降低成本，有助于设计厂商加速终端上市。

此外，MT2621也可以支持所有3GPP R14内的超低频、低频、中频等各频段，单一设计可应用至全球市场，减少成本与研发时间。

相比MT2625，MT2621可以支持液晶显示器、相机与音频放大器等多媒体设备，通过内置的蓝牙4.2还可连接本地无线网络的外围设备。硬件参考设计如图16.18所示。

面向消费电子产品领域，结合MT5932 Wi-Fi模块、MT3333 GPS模块等可以快速构建具备卫星定位能力、通话能力在内的各种智能穿戴产品。

3. 产业进展

目前播思、五洲无线、欧孚、经纬智能、三星、科尚、沐迪等多个厂商已经推出追踪器、手表、手环、学生卡等多种产品，如图16.19所示。

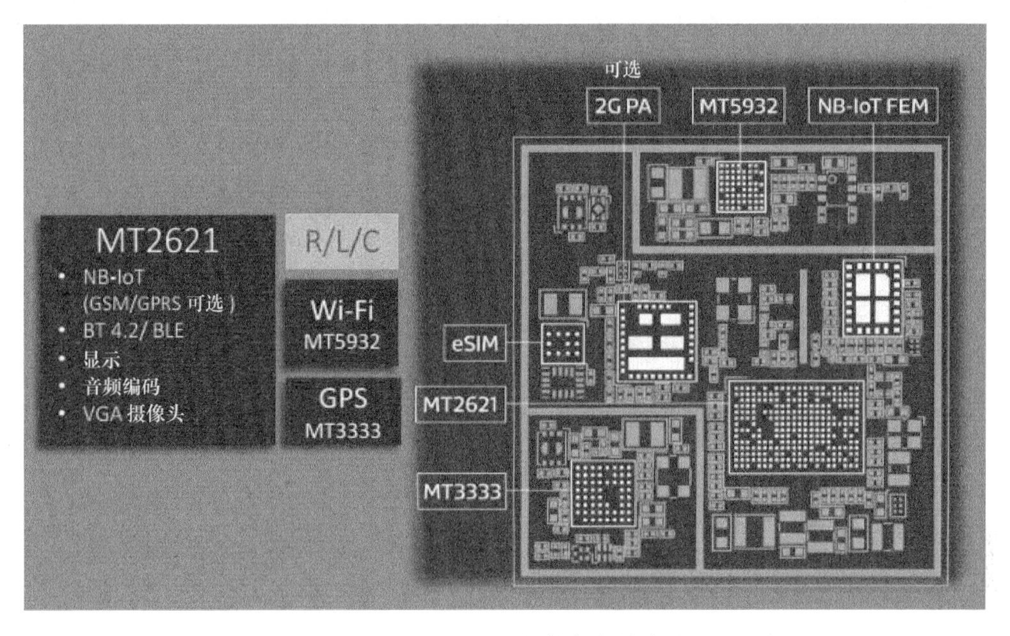

图 16.18 MT2621 硬件参考设计图

16.2.3 小结

移动物联网时代日渐成熟，Turnkey 方案必将成为消费电子领域的一个使能者，助力具有更长续航能力的物联网产品快速上市，惠及大众消费者，让物联网技术给我们的生活带来全新变革。

图 16.19 各厂商产品进展

16.3 基础通信套件

物联网终端形态、传感器类型以及系统软硬件环境千差万别，给物联网的应用开发带来了一定的挑战。针对物联网的应用开发，我们可以通过终端上的中间件来屏蔽底层的软硬件差异，降低应用开发的复杂度。同时，中间件也可以提供通信的基础能力，对数据包进行封装，并调用底层的接口连接网络。我们把这个中间件称为基础通信套件（或通信套件），当物联网模组或者芯片厂商完成对通信套件的集成后，基于这些模组和芯片的应用开发只需通过通信套件提供的接口（如 AT 指令）进行开发和调用即可。

基础通信套件，即面向移动物联网终端的通信中间件，是实现应用端到端联通的重要环节运作模式，可有效提升数据服务能力。基础通信套件实现了一套标准 SDK，规范了终端设备管理接口定义，并统一了终端侧的应用连接与通信协议，与移动物联网数据平台对接。标准化的基础通信套件有利于提升物联网运营的数据服务能力，同时也可以降低物联网设备的开发和接入难度，减少产品发布周期，推动相关产业发展。

综合考虑 NB-IoT 网络通信特点、终端侧计算能力受限以及数据服务平台架构，基础通信套件采用轻量级物联协议 CoAP 为应用通信协议，以 LwM2M 作为设备管理接口框架和资源管理模型基础。

图 16.20 所示是基础通信套件与物联网平台进行交互和连接的架构示意图。

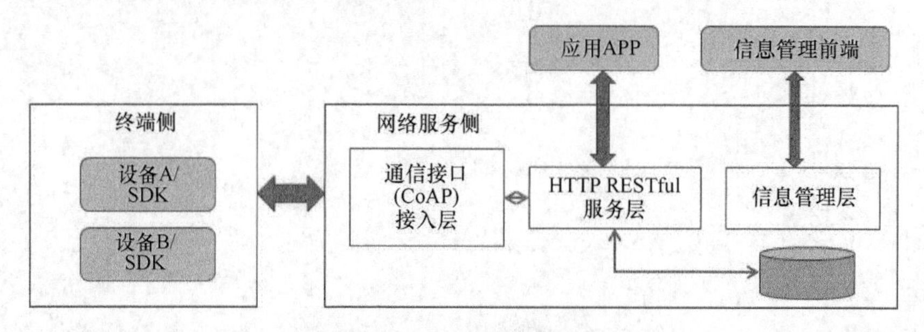

图 16.20　网络连接架构图

如图 16.20 所示，物联网系统包括终端侧（IoT client）和网络服务侧（Service）两个部分，终端和平台通过移动物联网进行连接和通信。

对于服务端而言，构建大规模云服务可以采用相对成熟的互联网 Web Services 相关技术。服务端的接入层负责应用协议转换和 Web 服务协议之间的转换，Web 服务一般采用 HTTP/RESTful 架构，由于 CoAP 的特性，接入层可以很方便地在 CoAP 和 HTTP 之间进行转换。服务端后面需要维护和提供信息管理数据库，保证对于终端设备中相关对象的识别，并与终端设备的认证信息一致。

图 16.21 所示为通信套件的系统架构图。

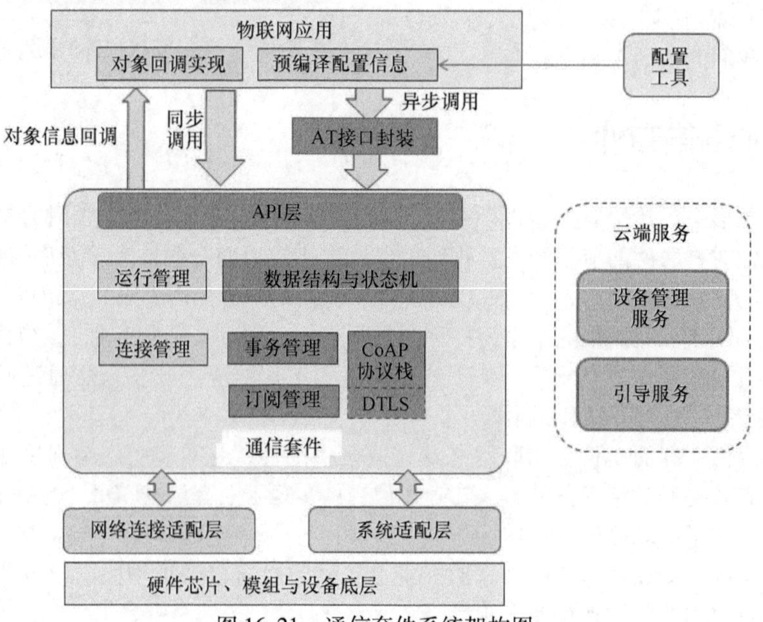

图 16.21　通信套件系统架构图

一个物联网设备可以分为三个部分：物联网应用层、网络连接底层与系统底层。通信套件作为中间件，为应用层提供编程接口，为底层提供相应标准抽象接口。

- 物联网应用层：指在物联网设备中具体化设备应用场景的相关部分程序，这部分程序通常由设备厂商定制开发。
- 网络连接底层：通常是由通信模组、芯片厂商提供，如 NB-IoT 芯片商。
- 系统底层：指设备相关硬件架构或者操作系统（部分移动物联网设备无操作系统），由设备厂商提供。

通信套件与物联网平台进行通信可基于 LwM2M 规范中定义的物联网终端中的对象（Object）和资源（Resource）模型，设备中对象的功能定义可以按照“传感器/传感器实例/传感器参数”三元组进行组织，即对象（如传感器）、对象实例（如终端中此类传感器的数量）和对象中的资源（如一个传感器中的各类属性）。例如，针对一种作为温度计的终端产品，可以定义为三元组“8811/1/2000”，其含义是一种温度传感器标号为 8811 的传感器对象（Object），当前第 1 个实例（Instance），其中标号为 2000 的资源（Resource）。一般而言，对于固定的对象，所包含的资源集合是一定的，如温度传感器包含了温度值、温度上下限和温度测量精度等资源。通过这种数字标准化定义，有效简化和规范了通信内容，解决了设备能力发现的问题。只需要保证入网设备是经过平台认证的设备，即可以确保设备信息和能力定义的一致性。

16.4　物联网平台

物联网平台一般指物联网设备接入、共享管理、在线开发等实现设备智能化的应用使能开发平台，其一方面适配设备入网所需网络环境和协议类型，另一方面提供丰富的 API 和应用模版支持各行业应用和智能硬件的开发，满足物联网领域设备连接、协议适配、数据存储、数据安全、大数据分析等平台级服务需求。

16.4.1　物联网通用平台介绍

国内物联网行业迅猛发展的几年间，物联网平台的系统服务成了产业背景下极其重要的组成部分，平台级服务标准化、系统化、可定制化等需求逐渐清晰。下面我们将以中国移动的物联网应用使能平台 OneNET（以下简称为“应用使能平台”）为例，详细介绍物联网平台在物联网业务发展中扮演的角色。

1. 平台架构

应用使能平台在物联网中的基本架构如图 16.22 所示。作为 PaaS 层，应用使能平台为 SaaS 层和设备层搭建连接桥梁，为 SaaS 层提供应用开发能力，为设备层提供设备接入能力。

2. 资源模型

目前国内行业内的业务平台具备一定的资源调配能力，以 OneNET 应用使能平台为例，应用使能平台面向开发者（包括个人用户和企业用户）提供了对产品进行在线管理的工具。开发者通过登录应用使能平台的账号，即可进入应用使能平台的管理平台——“开发者中心”实现产品的在线管理和开发。

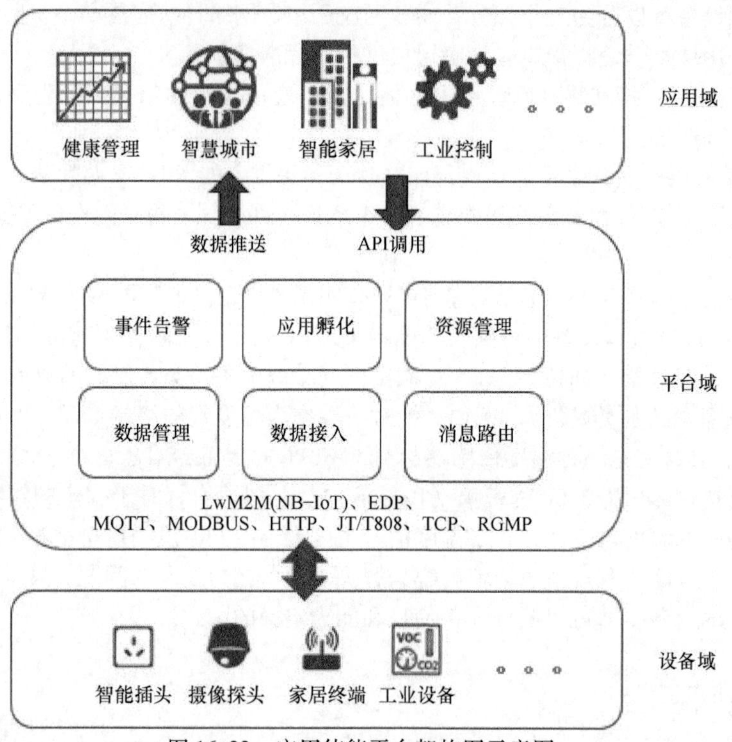

图 16.22　应用使能平台架构图示意图

应用使能平台的整体资源如图 16.23 所示，针对具体的产品在线管理和开发有两种模型。

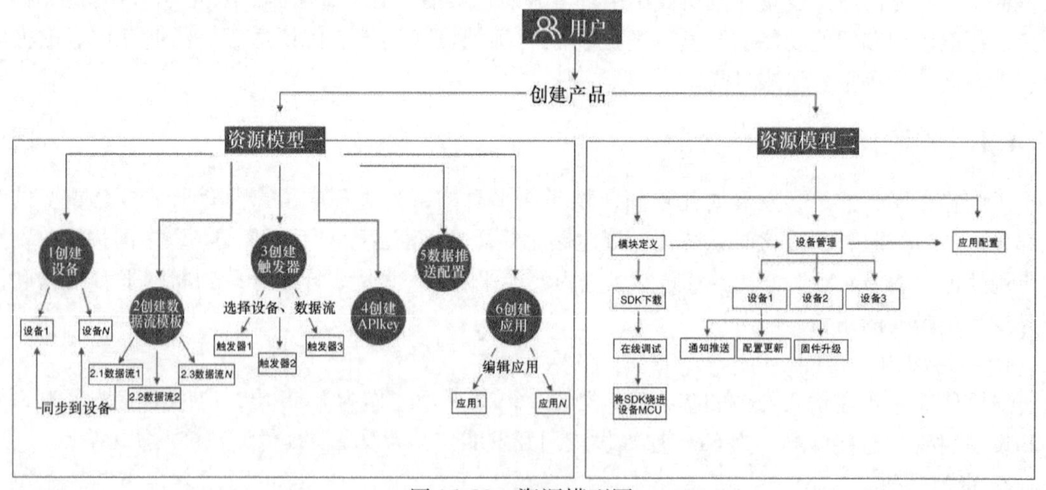

图 16.23　资源模型图

资源模型一主要适用于 LwM2M（NB-IoT）、EDP、MQTT、HTTP、TCP、MODBUS、JT/T808 等 7 种协议类型的接入设备开展应用使能平台接入。

资源模型二主要适用于 RGMP 等协议类型的接入设备开展应用使能平台接入。

下面将对这两种资源模型进行介绍：

• 资源模型一：应用使能平台上资源模型一的相关资源模型包括用户、产品、设备、APIKey、触发器、应用等，其组织架构形式如图 16.24 所示。

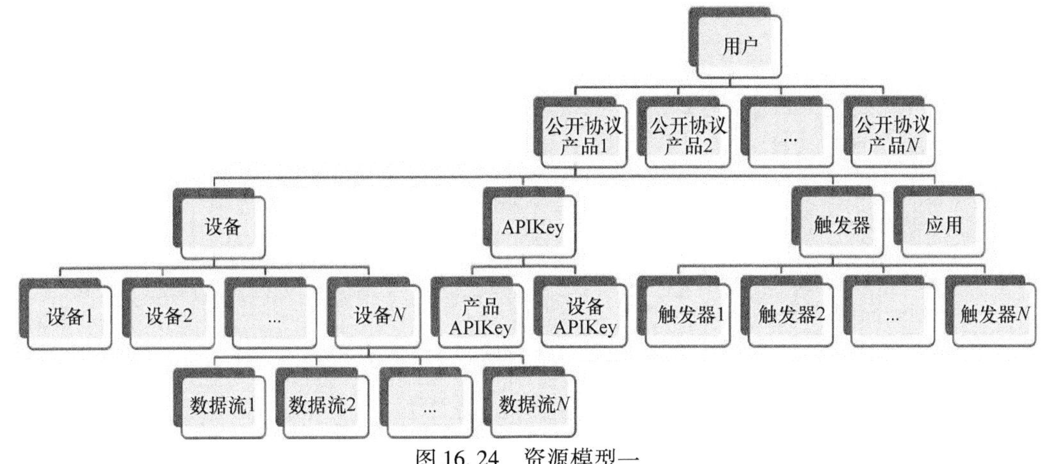

图 16.24　资源模型一

由图中可以看出，在每个用户账号下，终端上传的数据的管理是以产品的形式进行封装的，每个用户可以创建多个产品，用户可以对各个产品下的设备、APIKey、应用、触发器等资源进行管理（包括增、删、改、查操作）。

用户可以在一个产品中创建多个设备、APIKey、应用、触发器；在单个设备下，用户可以为该设备创建多个数据流，终端的数据则上传至相应的数据流下。

• 资源模型二：应用使能平台上的资源模型二主要适用于 RGMP 协议的产品开发。RGMP（Remote Gateway Management Protocol）协议和公开协议最大的不同是：平台不提供协议的报文说明，平台将根据开发者定义的设备数据模型自动生成 SDK 源码，开发者将 SDK 嵌入到设备中，实现与平台的对接。具体产品管理的相关资源包括用户、产品、模板定义、在线调试、部署管理、应用配置等，其资源模型如图 16.25 所示。

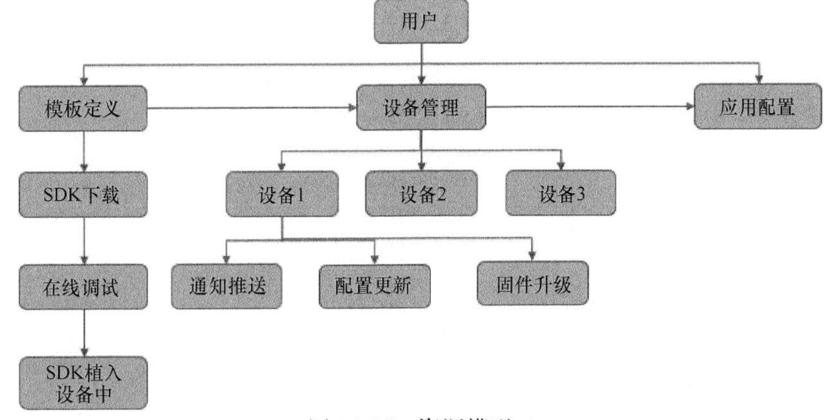

图 16.25　资源模型二

16.4.2 协议适用场景介绍

应用使能平台是一个基于物联网产业特点打造的生态环境，可以适配各种网络环境和协议类型。

具体协议的业务模型以及适用场景推荐使用的协议，见表 16.3。

表 16.3 协议使用场景介绍

服务类型	设备侧业务模型	平台侧提供的功能	推荐协议	适用场景
NB-IoT 服务	1. 需要设备通过 NB-IoT 网络上报数据 2. 设备对于深度和广度覆盖要求高 3. 设备对成本和耗电十分敏感 4. 设备对数据传输的实时性要求不高 5. 有海量设备需要连接，需要传输加密 6. 设备周期性上报特点明显 7. 设备大部分时间处在休眠状态	1. 平台存储设备上报的资源列表及数据 2. 平台下发数据及命令至设备 3. 平台接收海量大并发的数据传输和存储 4. 平台提供数据推送到应用	LwM2M (NB-IoT)	水、电、气、暖等智能表具以及智能井盖等市政场景
单点控制服务	1. 需要设备上报数据到平台 2. 需要实时接收控制指令 3. 有充足的电量支持设备保持在线 4. 需要保持长连接状态	1. 平台存储设备上报的数据点 2. 平台下发应用实时、离线自定义数据或命令 3. 平台下发固件更新地址通知 4. 平台提供数据推送到应用	EDP	共享经济、物流运输等场景
订阅发布服务	1. 需要设备上报数据到平台 2. 需要实时接收控制指令 3. 有充足的电量支持设备保持在线 4. 需要保持长连接状态 5. 需要设备间的订阅发布消息模式	1. 平台存储设备上报的数据点 2. 平台下发应用实时、离线自定义数据或命令 3. 平台下发固件更新地址通知 4. 设备订阅 topic，设备发布 topic 消息 5. 平台提供数据推送到应用	MQTT	广告订阅、设备间联动等场景
简单接入服务	1. 只需上报传感器数据到平台 2. 无须下行控制指令到设备 3. 无须保持长连接状态	1. 平台存储设备上报的数据点 2. 平台提供 API 实现消息互通 3. 平台提供数据推送到应用	HTTP	简单互连、数据上报等场景
工控传输服务	1. 设备类型主要是基于 TCP 的 DTU 2. 需要保持设备长连接 3. 实时性要求高 4. 接收工控命令消息格式 5. 周期性接收命令	1. 平台存储设备上报的数据点 2. 平台下发 MODBUS 格式要求的命令 3. 平台可以周期性的实时下发命令 4. 平台提供数据推送到应用	MODBUS	工控数据采集、命令下发等场景
数据透传服务	1. 需要保持设备长连接 2. 设备平台通信数据格式需要自定义 3. 多个子设备的网关接入平台 4. 需要自定义实现轻量级的 TCP 连接	1. 平台存储设备上报的数据点 2. 平台支持上传自定义的脚本 3. 设备上报自定义数据，平台配置脚本解析 4. 平台提供数据推送到应用	TCP 透传	自定义的轻量级 TCP 连接的场景

根据应用场景需求选择好推荐的协议后，下面将会对 LwM2M 协议的功能特点进行详细的介绍。

LwM2M 协议是 OMA 组织制定的轻量化的 M2M 协议，主要面向基于移动网络的窄带物联网场景下的物联网应用，聚焦于低功耗广覆盖物联网市场，是一种可在全球范围内广泛应用的新兴技术。具有覆盖广、连接多、速率低、成本低、功耗低、架构优等特点。

基于 NB-IoT 和 LwM2M 协议、CoAP 实现 UE 与应用使能平台的通信，其中实现数据传输的协议为 CoAP，应用层基于 LwM2M 协议实现。

CoAP 有以下特点：

- 基于轻量级的 UDP 之上，具有重传机制。
- 协议支持 IP 多播。
- 协议包头小，仅为 4 个字节。
- 功耗低，适用于低功耗物联网场景。

LwM2M 协议属于轻量级的协议，适用于绝大多数物联网设备，LwM2M 定义了三个逻辑实体，即

- LwM2M Server 服务器。
- LwM2M Client 客户端，负责执行服务器的命令和上报执行结果。
- LwM2M 引导服务器 Bootstrap Server，负责配置 LwM2M 客户端。

LwM2M 协议是基于 UDP 之上，具有重传机制的轻量级 M2M 协议，广泛适用于对低功耗、广深覆盖、海量连接以及对终端设备成本敏感的环境，如智能停车、智能抄表、智能井盖和智能路灯等应用场景。

16.4.3　整体流程

应用使能平台面向智能硬件提供了丰富的开发工具和可靠的接入服务，助力各类终端设备迅速接入网络，实现数据传输、数据存储、数据管理等完整的交互。

应用使能平台的接入协议包括 EDP、MQTT、TCP 透传等，主要是面向通过 TCP 与应用使能平台直连的终端，应用使能平台将接收到的数据按照协议解包存储，并以 API 的方式提供给应用层使用，如图 16.26 所示。

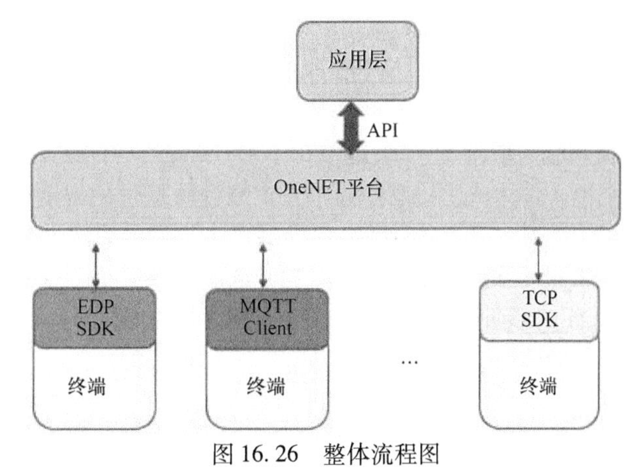

图 16.26　整体流程图

根据上述资源模型以及南北向的对接方式，应用使能平台的开发者（包括个人用户和企业用户）可以按照图 16.27 所示流程进行产品开发。

用户注册和产品创建主要实现用户在平台上的注册和产品的创建工作，后续的设备开发和应用对接的所有操作均在用户所创建的产品上进行。

图 16.27　产品开发流程图

具体平台接入及开发方法，请参见第 17 章。

16.5　连接管理平台

16.5.1　什么是连接管理平台

随着物联网浪潮的到来，一个人需要管理几万、几十万甚至更多的 SIM 卡，如果仍然还用传统 SIM 卡的管理方式，那么人们 24h 不寝不休也无法应付蜂拥而至的各种用量超限、欠费停机和异常故障的状况。所以，针对物联网带来的海量、高时效等工作特征，物联网连接管理平台应运而生。

物联网连接管理平台一般应用于运营商网络上，实现物联网连接配置和故障管理，保证终端联网通道稳定、网络资源用量管理、连接资费管理、账单管理、套餐变更、号码/IP 地址/MAC 资源管理，更好地帮助移动运营商和企业做好物联网 SIM 卡的管理。通过物联网连接管理平台能够获取物联网终端的通信连接状态、服务开通情况以及套餐订购情况等，能够查询到其拥有的物联网终端的流量使用、余额等情况，能够自助进行部分故障的定位以及修复。同时，物联网连接管理平台能够根据用户的配置，推送相应的告警信息，便于客户能够更加灵活地控制其终端的流量使用、状态变更等。

当前业界比较典型的连接管理平台有思科的 Jasper 平台、爱立信的 DCP 平台、沃达丰的 GDSP 平台和中国移动的 OneLink 平台。下面以中国移动 OneLink 平台为例对连接管理平台进行详细介绍。

中国移动物联网连接管理平台 OneLink 是基于中国移动的网络（GSM、LTE、NB-IoT 等），提供中国移动物联网 SIM 卡的基本信息管理、可连接性管理、终端连接状态管理、故障维护等方面功能的平台。

企业或个人可以利用连接管理平台所提供的智能化功能对其所拥有的所有物联网 SIM 卡进行综合管理。平台能够根据企业或个人预设的规则，自动对其下所有物联卡进行监控，定期输出报告汇报物联卡的工作情况，对于风险或异常进行实时的告警提醒并执行预设的自动化管控措施。连接管理平台的出现，极大减轻了物联网管理人员的工作量，提高了他们的终端管理效率。

16.5.2　连接管理平台的能力

以中国移动物联网连接管理平台 OneLink 为例，为用户提供了 12 大功能，能够全面高效地管理每一张接入该平台的 SIM 卡。

1. 综合信息面板

“信息面板”是整个平台的综合信息窗口，SIM 卡的综合统计信息在这里得到了完整的宏观呈现，包括客户 SIM 卡统计信息、流量池用量统计信息、业务告警统计、SIM 卡用量趋势分析。客户只需打开平台主页，即可对企业所有 SIM 卡整体运行情况一目了然。

2. SIM 卡通信管理

当客户由于业务需要，对某个特定的终端或者 SIM 卡信息进行详细查询和分析时，就可进入“通信管理”选项获取。“通信管理”选项包括 SIM 卡基本信息、通信功能开停、资源池信息查询、LPWA 管理四大功能模块。

SIM 卡基本信息以列表的形式全方位展示了每一张 SIM 卡的卡号、生命周期状态、开户激活日期等基本信息，方便客户快速浏览和筛选。针对每一张 SIM 卡，模块还进一步提供了实时会话信息，如终端 IP 地址、在线状态等，可用于终端实时监控诊断。此外，每一张 SIM 卡的已订购商品、当月用量和历史用量，以及通信历史记录都在这里得到详细而明确的呈现。

通信功能开停则提供了完全自助式的 SIM 卡基础功能开启和关停服务。如果考虑降低 SIM 卡异常使用导致的费用问题，客户可以将 SIM 卡不需要用到的功能关闭。例如，一辆智能单车无须使用到语音通话就可以将语音功能关停；一个数字仪表只需要使用数据连接就可以将语音和短信一并关停；如果一辆智能汽车当月数据流量使用已经超额，为了不让它继续产生高额的数据流量费，我们也可以将数据通信功能关停。

中国移动物联网连接管理平台提供的资源池包括流量池、流量共享和智能网语音三类。这三类资源池的基本信息、总使用量、每个成员用量都可以在“通信管理”里边获取到详细的数据和分析。

LPWA 管理是“通信管理”中基于窄带移动物联网专用的管理模块，主要用于 NB-IoT 的特有功能管理，包括节电参数设置和移动性事件订阅查询。NB-IoT 终端与 2G/3G/4G 终端相比有一个非常显著的优势——省电，所以 LPWA 管理提供了终端节电的参数远程在线配置能力，客户可以根据终端的具体使用场景，在线调整终端省电模式的等级。对于终端发生的移动性事件，LPWA 管理也提供了订阅和查询功能，便于客户监控终端的工作状态或者分析终端故障情况。

3. 生命周期管理

与传统的手机 SIM 卡不同，物联网 SIM 卡具有丰富、灵活的生命周期状态，能够适应各种复杂的业务场景。目前平台提供了“可测试”“库存”“待激活”“已激活”“已停机”“预销户”和“已销户”7 大生命周期状态。

- 可测试：处于可测试状态的 SIM 卡包含了少量的测试流量和测试短信（具体以客户选择的测试套餐为准），用于客户设备的正常性和连通性测试使用，超出免费提供部分的数据和短信将按正常资费计算。

- 库存：处于库存状态的 SIM 卡的行为类似于已停机状态的行为，用于完成正常功能测试后的长期存储。在此期间，卡的所有通信功能将关闭，同时也不会产生费用。如需激活使用，就必须在连接管理平台手动变更卡的状态至已激活，或等待库存期时间结束自动转至已激活状态。

- 待激活：处于待激活状态的 SIM 卡只是关闭了计费功能，通信功能正常，并遵循首话单自动激活原则，即产生上网或是短信行为就会立即自动激活。待激活状态可用于产品销售到消费者手中前的那一段不确定的库存期，并在消费者购买并使用后自动激活。

- 已激活：已激活状态的 SIM 卡就是在正常使用状态的 SIM 卡，按照其订购的套餐资费进行使用和计费。
- 已停机：SIM 卡在欠费后未充值超过一段时间会自动停机，此外客户也可以在连接管理平台上主动发起停机操作。
- 预销户：SIM 卡连续停机超过三个月会自动进入预销户状态，警示客户该卡即将会被销户，如需保留应尽早激活。
- 已销户：系统针对预销户的 SIM 卡在一定长度的保留期到期后就会进行资料清除和号码回收工作，并从网络中彻底清除，此后该卡相关信息将无法再找回。

平台生命周期管理模块即向客户提供了自助进行 SIM 卡生命周期状态变更的功能，可将已激活状态的 SIM 卡变更为已停机，也可将手动停机的卡重新激活，方便客户自行管理，提高效率。

4. 自动化规则

随着人工智能的快速发展，AI 越来越多的能够帮助人进行一些判断决策，减轻人的工作量。连接管理平台也提供了一套这样的功能，客户在平台中预先配置好合适的自动化规则后，系统后台将自动监控 SIM 卡和终端的工作状态。当系统发现 SIM 卡出现规则预设的状况后，会及时进行告警并立即进行预设的管控操作，将客户的风险控制到最低水平。

目前平台可以对 SIM 卡状态变化、卡资费变化、短信发送异常、累计用量和 NB-IoT 移动性事件的发生进行实时监控并提供告警处理。例如，客户可以设置 SIM 卡的流量使用超出套餐总额后发送邮件和短信通知，同时自动将超额的 SIM 卡进行停机。

5. 智能诊断

海量的物联网终端在运行过程中，不可避免地会有部分终端会因为各种问题发生无响应的情况。然而遇到此类情况，企业客户总是需要花大量的工作去一项问题一项问题的排查，耗时耗力。

智能诊断功能就是为了把企业客户从繁杂的故障排查工作中解救出来而打造的。当客户发现某一个终端出现无响应问题时，在平台中输入终端所使用的 SIM 卡的卡号，系统后台会依次的检测这张卡的各种状态是否正常，几秒钟之内就能给到客户一个准确的故障分析结论。

智能诊断的检测流程项目包括以下 5 项：

- 服务订购状态：检测该 SIM 卡的数据通信服务是否订购并开启。
- 卡生命周期状态：检测该 SIM 卡的生命周期状态是否处于已激活状态。
- 网络连接：检测该 SIM 卡最近是否有网络活动。
- 终端开关机状态：检测核心网中留存的该终端设备开关机状态是否为开机。
- 终端通信状态：检测核心网中留存的该终端设备数据连接状态是否为在线。

除了以上 5 项检测流程外，平台还能提供额外的信息帮助客户分析更为复杂的情况，包括最近一次数据连接会话记录、24h 内网络活动记录和核心网元上的交互信息等。最后，平台还提供实时刷新获取当前核心网上的终端状态的能力。

利用智能诊断的能力，连接管理平台能够帮助客户远程分析定位 90% 以上的终端连接故障。

6. 资费管理

为了让企业客户真正实现自助服务，平台提供了完整的资费管理能力，客户在这里可以自由地为自己所有的 SIM 卡订购和退订各类资费商品。

资费商品一共分为以下几类：

- 企业商品：企业商品是服务于整个企业的，客户需要以整个企业为单位进行订购，一经订购，整个企业所有 SIM 卡均能享受使用。例如企业专用 APN 的订购。
- 群组商品：客户可以将所属的 SIM 卡划分一部分组成一个群组，群组商品则是以整个群组为单位进行订购的，一经订购，整个群组所有 SIM 卡均能享受使用。例如流量池的功能商品和流量共享资费套餐商品。
- SIM 卡商品：SIM 卡商品就是订购在单卡上，只对单卡生效的商品。例如数据通信基础服务商品、×元×G 流量资费套餐等。

7. 账单管理

费用成本是所有企业客户都最为关注的问题之一。每月 SIM 卡的总体费用和单卡费用，客户都希望能够有一个清晰的了解。平台账单管理功能向客户提供了从整体宏观到单卡会话，完整而清晰的每月费用趋势和具体构成。

- 企业账单：展示企业当前所有账户的月度消费信息。
- SIM 卡账单：展示每一张 SIM 卡的月度消费信息。
- SIM 卡详单：展示 SIM 卡每一次会话的详细信息和用量信息。
- 余额查询：展示企业所有账户的当前余额信息。

8. eSIM 管理

人们日常使用的手机 SIM 卡一般分三种：普通 SIM 卡（即常说的大卡）、micro SIM 卡（前几年常用的小卡，iPhone 4 使用），以及更加小巧的 Nano SIM 卡。而 eSIM 则是一种极度精简体积的 SIM 卡，它的实体仅仅是一个微小的芯片，焊接到终端主板上，用户通常无法更换。正是由于 eSIM 卡无法更换，所以就需要搭配一种不换卡就能换号的方法。

连接管理平台提供了这样一种换号的功能，即“eSIM 空中写卡”。在产品销售后初次使用时或者产品进出口需要跨国切换通信运营商时，就可以在 eSIM 管理模块中完成 eSIM 的空中写卡流程，成功写卡后就能将该卡切换为想要的运营商卡号。当然在写卡完成后，所有的资费商品和各种配置信息均按照新的卡号进行重新订购和配置。

9. 安全管控

安全管控模块主要用于企业客户进行终端机卡分离风险的控制管理，提升客户安全管控能力。

使用安全管控功能前，客户需要将终端和 SIM 卡进行绑定操作，绑定完成后，该 SIM 卡就只能用在绑定的终端上。一旦网络系统发现 SIM 卡被挪用到其他终端上，平台端就会向客户管理员进行通知告警，并可根据客户管理员提前预设好的处理方案，将该 SIM 卡进行处理，避免异常使用带来的超额费用。

10. API 集成

物联网是一个庞大的产业，从产业上游到下游，需要许许多多的公司分工合作，各自承担自己所擅长的业务。运营商同样也需要与各个垂直行业的物联网公司建立广泛的战略合作，所以秉承积极开放的理念，连接管理平台也具备功能完善的能力开放体系，将平台的绝大部分能力打包成 API 服务的形式，提供给各合作企业使用。企业客户可以利用这些 API 将连接管理平台的能力植入到自己的业务系统中去。

平台提供了 7 大类共 100 多个 API，可满足企业客户不同的业务需求。

- 通信功能管理：提供客户查询 SIM 卡基础通信功能，以及通信功能的管理。
- 资费订购管理：提供客户查询和管理资费相关业务的能力，以及对群组成员维护的能力。
- SIM 卡生命周期管理：提供客户查询和管理 SIM 卡生命周期，以及 SIM 卡绑定 IMEI 信息查询。
- 通信状态信息：提供客户查询 SIM 卡开关机状态、IP 地址、在线状态，以及故障诊断功能。
- 用量及账务信息：提供客户查询企业、SIM 卡的业务使用情况和余额情况。
- 风险控制：提供客户查询机卡分离情况等安全风险分析。
- 增值服务：提供 LBS 定位等增值服务。

企业客户可进入平台中的 API 集成页面了解所有 API 的详细信息。同时，这里还提供了 API 调用示例和代码简易测试工具，帮助客户更加简单和快速的接入。

11. 统计分析

平台根据对企业客户的调研，整理了常用的客户关心数据，并形成统计分析报告，每月定期地呈现到平台页面上，统计内容主要包括费用、用户数和使用量三大维度。

- 费用：统计企业各个账户的月账单信息。
- 用户数：统计企业整体用户发展趋势。
- 使用量：统计企业下属群组和 SIM 卡的数据、短信和语音用量及走势。

12. 用户管理

连接管理平台会为每一位企业客户创建一个企业账号，同时会配置一个一级管理员。该管理员将拥有本企业所有的数据和功能权限。企业其他的账户都由该一级管理员进行创建和分配管理。

- 一级管理员：具备本企业所有的数据和功能权限。
- 二级管理员：可查看企业所有的 SIM 卡，可使用除账号管理、组织管理外的所有功能。
- 查看用户：仅能够查看企业所有 SIM 卡信息，无法使用自服务功能。
- API 用户：仅能够使用 API 集成功能。
- 组织管理员：仅能查看该企业下属特定组织的所有 SIM 卡，可使用大部分的自服务功能。

16.5.3 如何利用连接管理平台管理 NB-IoT 终端

面向 NB-IoT SIM 卡的管理，连接管理平台除了能够提供基本的 SIM 卡管理能力外，还为 NB-IoT SIM 卡提供了专属的节电配置和移动性事件功能。下面介绍的是部分日常用到的 NB-IoT 管理操作方式。

1. NB-IoT SIM 卡基本信息查询

登录连接管理平台，进入通信管理菜单，即可看到权限范围内的所有 SIM 卡信息列表，根据条件筛选出确定的一张 NB-IoT SIM 卡，单击卡号进入该卡的基本信息查询界面，如图 16.28 所示。

基本信息

MSISDN：	106480000000112	ICCID：	899562 OMFSS YYGXX XXXXP
IMSI：	460030912121001	开户日期：	2017-09-04 12:20:30
激活日期：	2017-09-04 12:20:30	网络类型：	4G
归属地：	北京	备注：	业务组1
卡状态：	激活	已绑定IMEI：	201636523123455

通信服务　会话信息　已订商品　用量　通信历史记录

开关机：开机　终端上报IMEI：201636752112345

接入APN	会话开始时间	IP地址	在线状态
CMIOTXX	2017-08-24 10:34:36	10.127.6.111	在线
CMIOT	2017-08-24 10:34:36	10.127.6.112	离线

图 16.28　连接卡基本信息查询界面图

基本信息包括 MSISDN（即通常说的卡号）、ICCID、IMSI、开户日期、激活日期、网络类型、归属地、备注、卡状态（生命周期状态）、已绑定 IMEI。

基本信息下方提供了 5 个选项卡，用于展示更加详细的 SIM 卡信息。通信服务中主要展示了该卡的数据、语音、短信和 APN 服务开通情况；会话信息则展现了该卡对应的终端实时数据连接信息，包括在线离线状态、IP 地址及真实终端 IMEI 等；已订商品则采用分类的方式展示该卡所订购的所有不同种类的功能和资费商品；用量则通过图形化的形式呈现该卡每月用量信息；通信历史记录是将该卡一定时间范围内的每一次会话连接记录进行详细呈现，包括会话类型、会话开始和结束时间及本次会话用量等信息。

2. NB-IoT SIM 卡用量查询统计

- 通信管理：在上述的 SIM 卡详细信息页面中，用量选项卡详细的提供了该 SIM 卡本月及历史的用量信息。
- 本月用量统计：快速呈现客户所最关心的本月数据、短信、语音和每个 APN 的使用量，其中超出套餐的使用量将采用红色数字进行突出提醒。
- 周期用量统计：除了本月用量外，连接管理平台对客户关注的每月用量历史和趋势也进行了直观呈现。客户可以选择按月和按日进行时间段统计，内容则可以选择数据、短信、语音和每个 APN 之一进行图表展示。这些数据除了图形展示外，客户也可以单击“数据导出”按钮，将详细的数据记录保存下来进一步分析。查询界面如图 16.29 所示。

3. NB-IoT SIM 卡资费订购变更

资费管理：登录连接管理平台，进入资费管理菜单，可分别选择企业资费、群组资费和 SIM 卡资费进行订购管理。

1）企业资费管理：企业资费针对整个企业生效，如订购 API 能力的企业即可调用平台提供的所有 API。

2）群组资费管理：企业可以根据不同的业务需要，选择不同的 SIM 卡成员，建立/维护不

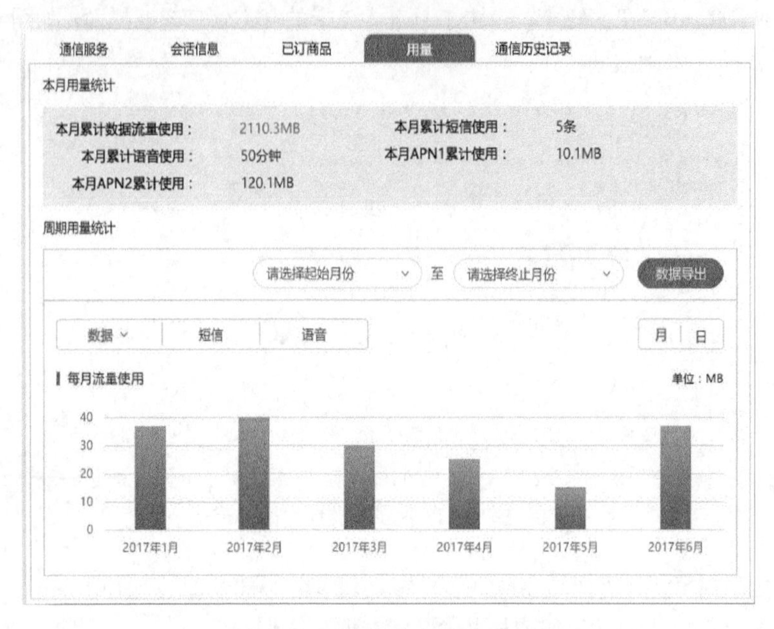

图 16.29　SIM 卡信息查询界面图

同类型的群组并订购相应的群组资费，群组成员可以共同享受该资费。

3）SIM 卡资费管理：即单卡的资费订购，与手机卡的资费类似。

4. NB-IoT SIM 卡账单查询

- 账单管理：登录连接管理平台，进入账单管理菜单，可分别选择查看企业账单、SIM 卡账单、SIM 卡详单和余额查询，每一类账单均以列表形式呈现，如图 16.30 所示。

账单号	账单周期	账户ID	账户名称	账单总额（元）	操作
10020170915235654560	2017年8月	100813726	摩拜北京	2,000.00	账单详情
10020170915235654560	2017年8月	100813725	摩拜上海	345.02	账单详情
10020170915235654506	2017年8月	100813724	摩拜重庆	23,345.50	账单详情
10020170915235654506	2017年8月	100813723	摩拜上海	346.00	账单详情
10020170915235654506	2017年8月	100813722	散卡账户1	1,123.25	账单详情
10020170915235654569	2017年8月	100813721	散卡账户2	345.02	账单详情

图 16.30　SIM 卡账单管理示意图

- 企业账单：在企业账单列表中，单击任意一个账户右侧的“账单详情”就会出现该账户最近 12 个月的各项消费科目清单，如图 16.31 所示。
- SIM 卡账单：在 SIM 卡账单列表中，客户可以清晰地了解企业任意一张 SIM 卡（包括 NB-IoT和非 NB-IoT 的 SIM 卡）每月消费明细，如图 16.32 所示。
- SIM 卡详单：在 SIM 卡详单界面中，输入任意 SIM 卡号系统会详细地列出这张 SIM 卡（包括 NB-IoT 和非 NB-IoT 的 SIM 卡）该月的详细会话历史记录明细。

图 16.31　账单详情

图 16.32　SIM 卡账单详情

• 余额查询：集中展示企业所有账户的基本信息和当前余额，并提供对应该账户的付费对象查询和充值缴费功能。

5. NB-IoT 终端节电配置

登录连接管理平台，进入通信管理菜单的 LPWA 设置二级菜单，即可看到权限范围内的所有的 NB-IoT SIM 卡信息列表，列表右侧即为每一个 NB-IoT 物联终端当前所配置的节电参数，包括 PSM 和 TAU，如图 16.33 所示。

通信管理

LPWA设置

终端节电参数管理

输入MSISDN、ICCID、IMSI　查询　高级查询

MSISDN	ICCID	IMSI	IMEI	卡状态	网络类型	APN类型	APN名称	低功耗模式	TAU参数（分）	操作
1064826053403	898600MFSS14562GH563	460030912100121	460030912100121	激活	4G	专用	CMIOT	PSM	--	节电设置
1064826053403	898600MFSS14562GH563	460030912100121	460030912100121	库存	NB-IoT	专用	CMIOT	PSM	--	节电设置
1064826053403	898600MFSS14562GH563	460030912100121	460030912100121	未激活	4G	通用	CMIOT	PSM	12	节电设置
1064826053403	898600MFSS14562GH563	460030912100121	460030912100121	停机	NB-IoT	通用	CMIOTGS	eDRX	12	节电设置

图 16.33　终端节电参数

根据条件筛选出确定的一张 NB-IoT SIM 卡，单击列表右侧的“设置”按钮弹出该卡的节电参数设置窗口（见图 16.34），客户即可在窗口中选择合适的参数，最后单击“确定”即可提交。由于 NB-IoT 终端的休眠特性，参数设置不会立即生效，须等待终端下一次唤醒并联网之后才能真正完成终端配置。

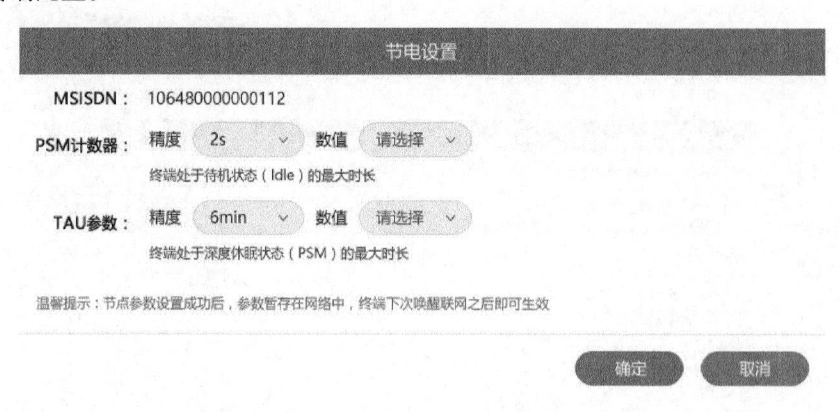

图 16.34　节电参数设置界面

PSM 参数：终端处于 Idle 状态的最大时间长度值，终端进入 Idle 状态后，如长时间没有会话交互，则终端在 PSM 参数设置的时间长度之后会自动进入 PSM 休眠状态。

TAU 参数：终端进入 PSM 休眠状态后保持休眠的时间长度值，终端休眠持续 TAU 参数设置的时间长度之后会自动唤醒激活并连接网络。

6. NB-IoT 终端移动性事件管理

登录连接管理平台，进入通信管理菜单的 LPWA 设置二级菜单。

- 移动性事件订阅：在 LPWA 设置二级菜单单击移动性事件订阅标签，即可看到权限范围内的所有的 NB-IoT SIM 卡信息列表，列表右侧即为每一个 NB-IoT 物联终端当前所有移动性事件的订阅状态，包括连接丢失、机卡分离、漫游状态、通信故障和 UE 可达五类，如图 16.35 所示。

MSISDN	ICCID	IMSI	IMEI	卡状态	网络类型	连接丢失事件	机卡分离事件	漫游状态事件	通信故障事件	UE可达事件	操作
1064826053403	898600MFSS14562GH563	460030912100121	460030912100121	已激活	4G	未订阅	未订阅	未订阅	未订阅	未订阅	订阅设置
1064826053403	898600MFSS14562GH563	460030912100121	460030912100121	库存	NB-IoT	未订阅	未订阅	未订阅	未订阅	未订阅	订阅设置
1064826053403	898600MFSS14562GH563	460030912100121	460030912100121	未激活	4G	已订阅	已订阅	已订阅	已订阅	已订阅	订阅设置
1064826053403	898600MFSS14562GH563	460030912100121	460030912100121	已停机	NB-IoT	已订阅	已订阅	已订阅	已订阅	已订阅	订阅设置

图 16.35　移动性时间订阅状态示意图

单击右侧“订阅设置”即可在弹出窗口中更改该卡每一个事件的订阅状态，该操作可以实时生效。

- 移动性事件查询：在 LPWA 设置二级菜单单击移动性事件查询标签，即可看到权限范围内的所有的 NB-IoT SIM 卡历史上报的所有移动性事件列表，列表按照时间先后顺序排列，如图 16.36 所示。

通信管理

LPWA设置

终端节电设置　移动性状态事件管理　移动性状态事件查询

输入MSISDN、ICCID、IMSI

导出

MSISDN	ICCID	IMSI	事件上报时间	事件类型
1064826053403	898600MFSS14562GH563	460030912100121	2017-12-21 12:32:32	连接丢失
1064826053403	898600MFSS14562GH563	460030912100121	2017-12-21 12:32:32	连接丢失
1064826053403	898600MFSS14562GH563	460030912100121	2017-12-21 12:32:32	连接丢失
1064826053403	898600MFSS14562GH563	460030912100121	2017-12-21 12:32:32	连接丢失

图 16.36　移动性时间列表图

所有 NB-IoT SIM 卡的移动性事件订阅成功之后，终端产生的事件消息将全部呈现在这里。如需进一步详细分析，还可以利用列表左上方的“导出”功能。

参考文献

[1] A Review of TSMC 28 nm Process Technology. https://www.chipworks.com/about-chipworks/overview/blog/review-tsmc-28-nm-process-technology.
[2] TSMC 55nm Technology. http://www.tsmc.com/english/dedicatedFoundry/technology/55nm.htm.
[3] TSMC Launches Ultra-Low Power Technology Platform for IoT and Wearable Device Applications. http://www.tsmc.com/uploadfile/ir/BusinessRelease/20140929150244254_UmXg/0929%20TSMC%20ULP%20E.pdf.
[4] https://www.futuremarketinsights.com/reports/gps-tracker-market/toc.
[5] http://www.marketsandmarkets.com/Market-Reports/global-GPS-market-and-its-applications-142.html.
[6] https://www.mediatek.com/products/nbIot/mt2625.
[7] https://www.mediatek.com/products/nbIot/mt2621.

第 17 章　物联网应用开发指南

17.1　基于 OneNET 平台的设备接入和应用开发

17.1.1　硬件接入 OneNET 平台

硬件接入主要实现开发者的终端设备在应用使能平台（例如 OneNET）上的创建、连接和数据交互。在完成用户注册和产品创建后，即可根据所创建产品的协议类型选择相应的硬件接入的开发，目前平台提供了市面上主流的 LwM2M 协议来帮助用户实现硬件接入。

1. LwM2M 协议接入说明

接入流程分为平台域和设备域两部分，用于帮助用户在首次接入时对平台的功能以及接入协议进行大致的了解。下面以中国移动 OneNET 平台为例，介绍应用使能平台的接入流程，如图 17.1 所示。

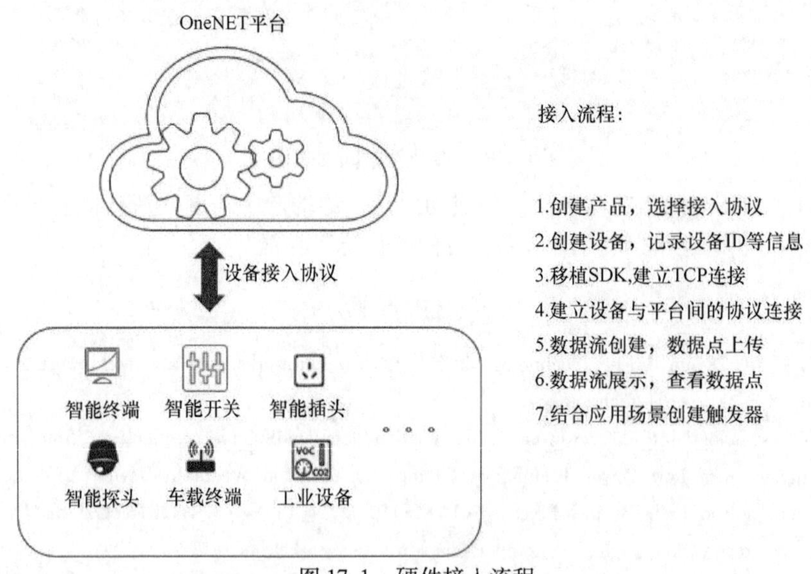
OneNET平台
接入流程:
1.创建产品，选择接入协议
2.创建设备，记录设备ID等信息
3.移植SDK,建立TCP连接
4.建立设备与平台间的协议连接
5.数据流创建，数据点上传
6.数据流展示，查看数据点
7.结合应用场景创建触发器
设备接入协议
智能终端
智能开关
智能插头
智能探头
车载终端
工业设备

图 17.1　硬件接入流程

基于 SDK 方式的 NB-IoT 模组接入应用使能平台的流程如图 17.2 所示。

接入步骤如下：

（1）第一步：创建产品，选择接入协议

首先，需要在平台创建一个 NB-IoT 的产品，在选择设备接入协议时选择 LwM2M 协议（因 NB-IoT 设备需通过 NB-IoT 基站接入平台，所以创建产品时联网方式请选择“移动蜂窝网络”），

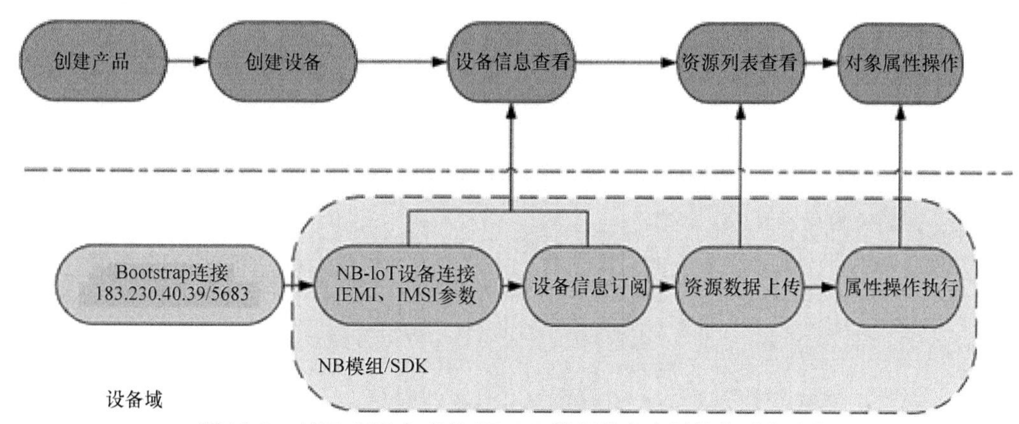

图 17.2　基于 SDK 方式的 NB-IoT 模组接入应用使能平台流程

创建产品后，记录该产品的用户 ID。

（2）第二步：创建设备，记录设备 ID 等信息。创建设备有两种方式：

- 第一种方式是通过页面单击添加设备，输入设备名称和鉴权信息（即 IMEI、IMSI），并记录下该设备编号。
- 第二种方式是通过调用创建设备 API 实现设备的创建，输入设备的设备名、接入协议、鉴权信息以及 MasterKey 等信息，即可在平台上创建设备。

（3）第三步：移植 SDK 或搭载 NB-IoT 模组，建立 TCP 连接。结合 NB-IoT 设备的实际接入方式，分为两种情况：

- 若设备搭载的 NB-IoT 模组已经实现接入应用使能平台，则设备可通过 NB-IoT 模组和 NB-IoT 基站以及核心网等网元连接，实现和应用使能平台进行交互，并与 bootstrap 服务器建立 UDP 连接。具体方式为设备上电后通过发送 AT 指令给模组，同时携带 endpoint name 参数（即鉴权信息，如 IMEI、IMSI 等）实现设备和平台之间的 UDP 连接。连接建立成功后，bootstrap 服务器会返回 LwM2M 接入服务器地址和端口。
- 若设备搭载的 NB-IoT 模组未实现接入应用使能平台，该情况建议开展 NB-IoT 模组接入应用使能平台的适配工作，或通过下载 NB-IoT 的 SDK（具体可参见 SDK 部分），开展相应的开发工作，自行移植至设备的 MCU 中。在 SDK 成功移植至 MCU 后，可在 MCU 中配置好 bootstrap 服务器地址、端口号，以及 endpoint name 参数（即鉴权信息如 IMEI、IMSI 等），通过 SDK 实现和 bootstrap 服务器的 UDP 连接。连接建立成功后，bootstrap 服务器会返回 LwM2M 接入服务器地址和端口。

（4）第四步：建立设备与平台间的协议连接

在第三步中完成设备获取 LwM2M 接入服务器的地址后，设备会自动完成和平台间的协议连接。

若已经连接成功，在设备信息中会看到一个在线标记，如图 17.3 所示。

（5）第五步：设备资源列表查看

图 17.3 在线标记图

在第四步中完成设备上线后，通过单击最右边的“资源列表”按钮可以进入该设备的资源列表中进行信息查看。设备上线后会上传一个资源列表到平台中，平台可以对这些资源做读、写、执行、订阅等操作。

在资源列表中可以看到设备下的对象名称、实例个数和属性个数，如图 17.4 所示。

序号	对象名称	实例个数	属性个数
1	Digital Input	1	4
2	Analog Input	1	1

图 17.4 设备资源列表查看图

（6）第六步：设备属性查看，资源数据操作

在第五步中看到设备资源列表后，单击某个具体的对象名称后可以看到具体的对象实例以及该对象实例下的属性值等信息。在如图 17.5 所示页面上可以实现对具体某个属性的读、写、执行以及查看详情等权限的操作。

序号	实例名称	属性名	属性类型	属性值	时间	操作
1	Digital Input_0	Digital Input State	boolean	null	null	读 写 执行 详情
		Digital Input Counter	integer	null	null	读 写 执行 详情
		Digital Input Counter Reset	opaque	null	null	读 写 执行 详情
		Application Type	string	null	null	读 写 执行 详情

图 17.5 设备属性查看、资源数据操作图

（7）第七步：结合实际场景开展 NB-IoT 应用

通过上述第一~六步操作，可以实现对具体 NB-IoT 设备的连接、资源列表查看、对象属性的读、写、执行等实际操作等，满足在 NB-IoT 环境下各类操作需求，接下来就可以结合实际场景开展 NB-IoT 应用了。

2. 协议详解

应用使能平台提供了采用 LwM2M + CoAP 接入设备的说明文档，用户可以下载查阅相关的具体内容，包括：

- LwM2M 协议、CoAP 的介绍；
- 资源模型的内容说明；
- SDK 接入接口规范；
- SDK 使用说明；
- SDK 移植说明。

需要特别指出的是，针对 NB-IoT 场景下的 LwM2M 和 CoAP 等协议，若设备搭载的 NB-IoT

模组未实现接入应用使能平台，且该模组暂未有接入平台的规划时，应用使能平台可以提供支持接入平台的 SDK。

3. 常见问题

(1) Q1：终端无法和应用使能平台建立连接

A：首先需确定终端是否正常附着到 NB-IoT 网络中，可以通过查看终端的 IP 地址来确定。在确定终端获取到 IP 地址后，如果还是不能完成注册，则原因很可能在于 NB-IoT 的核心网对应用使能平台进行了限制。

(2) Q2：SDK 初始化模组失败

A：SDK 在启动的时候会首先对当前模组的工作模式进行配置，使其能够附着到 NB-IoT 网络中，配置的方式是通过一系列 AT 指令，需要注意的是模组处理每条 AT 指令都需要一定的时间，因此，建议 AT 指令间可以延迟几秒，否则会造成初始化过程失败。

(3) Q3：无法连接到平台，返回 4.03

A：4.03 Forbidden 是鉴权失败，通常是因为 IMEI 和 IMSI 不对。平台通过设备的 endpoint name 鉴权，endpoint name 的格式应是 IMEI；IMSI，两者中间为分号。

(4) Q4：设备在应用使能平台门户页面上为什么是离线状态

A：设备的在线和离线状态只跟 lifetime 是否过期有关，lifetime 是设备连接（Register）的一个参数，单位为 s，不指定则默认为 86400，lifetime 到期后，平台就会把设备踢下线，此时设备无法上报数据，只能重新连接（Register）。设备可以在 lifetime 未过期时通过发送 Register Update 报文延长 lifetime。

(5) Q5：读/写/执行返回 TIME_OUT

A：TIME_OUT 是因为平台没有在指定时间内（25s）收到设备的响应，有几种可能情况：

1) 网络连接 session 被核心网回收。NB-IoT 设备通过核心网连接到平台，如果设备在一段时间内（各地情况不一，通常为几分钟）没有上行和下行的活动，核心网会回收连接，此时平台下发的消息无法到达设备。

2) 网络问题。NB-IoT 网络不稳定，尽管 CoAP 有重传机制，仍然有可能在 25s 内无法完成平台到设备的请求响应的全过程，导致超时。

(6) Q6：执行接口（Execute）无法下发二进制数据

A：LwM2M 协议中，Execute 操作的参数为字符串，不支持二进制，如要下发二进制，可以使用 Write 操作，请参照 API 文档写资源接口。

(7) Q7：连续上传数据，每 5min 才有一条数据保存到平台

A：CoAP 通过 message id 和 token 来过滤重复消息，对于上报（Notify）的包，因为每次 token 相同，如果 message id 也不变，会被当作重复消息被过滤。重复消息过滤的时间窗口是 247s，即第一条消息被处理后，247s 内的重复消息都会被过滤。

(8) Q8：上传的 Integer/ Float/字符串数据显示为 [10, 100, 123] 格式

A：没有使用 IPSO 定义的标准资源模型。对于非 IPSO 模型的 Object ID 和 Resource ID，平台无法判断资源的数据类型，只能按照二进制处理。

(9) Q9：平台是否支持 DTLS 加密传输

A：当前支持基于公钥的 DTLS 加密（使用 coaps 和 5684 端口连接），后续会支持基于 PSK 和 X. 509 证书的加密。

17. 1. 2 应用开发

应用开发主要通过 Restful API 的方式实现和应用使能平台的交互对接。在用户完成产品创建以及硬件接入后，即可根据所接入的硬件设备以及所上传的数据进行相关产品的开发。下面同样以中国移动的应用使能平台 OneNET 为例，介绍基础接入，具体如图 17. 6 所示。

接入说明：

1.OneNET平台可提供全量数据和设备分组数据推送的功能，实现设备上传数据点的实时推送

2.OneNET平台可提供应用平台通过API的方式和OneNET平台进行交互，实现调用读取，或是下发命令操作

3.OneNET平台可支持通过创建触发器的方式实现当满足触发条件后实时向应用平台进行消息通知的功能

图 17. 6 基础接入图

1. 数据推送服务

（1）功能描述及开发概览

“第三方平台开发”数据推送服务主要功能是当应用使能平台接收到项目相关设备的数据时，如果用户通过平台的“第三方平台开发”功能设置了数据接收地址，应用使能平台会把数据推送到用户指定的接收地址。数据推送服务以项目为单位，数据推送的消息模式可以设置为明文模式和加密模式，为了数据的安全，推荐使用加密模式。

开发用户配置和使用第三方平台整个流程如图 17. 7 所示。

根据图 17. 7，开发用户要配置和使用“第三方平台开发”数据推送服务，并且能接收到应用使能平台推送的数据的前提条件是：

1）在应用使能平台创建了相关项目，项目有真实设备并且能正常上报数据。

2）用户方已经开发并部署了应用使能平台能访问的数据接收服务程序。此程序必须包含 URL 及 token 验证接口和数据接口两个接口。接口具体格式见表 17. 1 和表 17. 2。

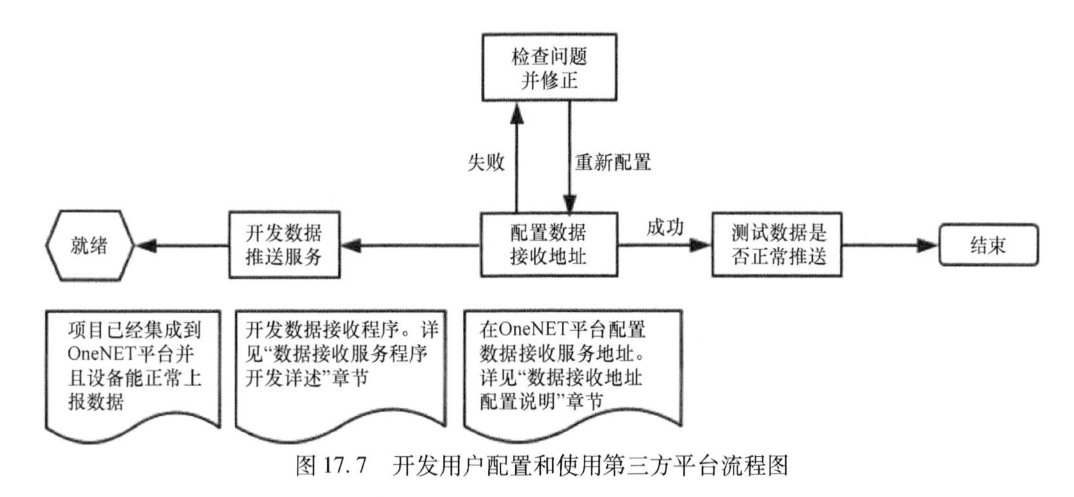

图 17.7　开发用户配置和使用第三方平台流程图

表 17.1　URL 及 token 验证接口

<table>
<tr><td>功能</td><td colspan="4">数据推送服务 URL 及 token 验证</td></tr>
<tr><td>HTTP 请求方式</td><td colspan="4">GET</td></tr>
<tr><td>请求 URL</td><td colspan="4">http：//ip：port/URI//此接口 URI 和“数据接收”接口的 URI 一样，并且和 OneNET 平台的“第三方配置开发”基本配置的“服务器地址”的值一样</td></tr>
<tr><td rowspan="4">请求参数</td><td>参数名称</td><td>类型</td><td>必须</td><td>描述</td></tr>
<tr><td>msg</td><td>String</td><td>是</td><td>URL 及 token 验证消息内容</td></tr>
<tr><td>nonce</td><td>String</td><td>是</td><td>用于验证时使用的随机串</td></tr>
<tr><td>signature</td><td>String</td><td>是</td><td>验证消息签名</td></tr>
<tr><td>返回结果</td><td colspan="4">验证成功直接返回请求参数 msg 的值//不要包含任何其他如换行、空格等不可见字符</td></tr>
</table>

表 17.2　数据接收接口

功能	数据接收
HTTP 请求方式	POST
请求 URL	http：//ip：port/URI
请求 Body	消息格式详见数据接收服务程序开发详述“数据消息格式”章节，链接：https：//open. iot. 10086. cn/doc/art284. html#68
返回结果	应用使能平台检测到数据推送请求状态为 http 200 即视为数据推送成功，否则视为推送失败，会重新推送。并且平台测在限定的时间内（目前是 20s）收不到响应也会认为此次推送失败，所以如果用户的业务逻辑复杂，处理时间久，建议收到消息时先缓存并返回响应，再处理业务逻辑

（2）数据接收服务开发详述

1）URL 及 token 验证

在用户提交与修改第三方配置时，应用使能平台会向填写的 URL 地址发送 http GET 请求进行“URL 及 token”的验证，当平台接收到期望的请求响应时，则配置会被保存成功，并且能接收到相应的数据推送消息。平台发送的“URL 及 token”请求形式如 http：//ip：port/test？msg = xxx&nonce = xxx&signature = xxx 为用户在平台配置的 URL。用户数据接收服务程序在接收到应用使能平台发送的“URL 及 token”验证请求时，常规的验证流程如下：

① 在请求中获取参数“nonce”、“msg”、“signature”的值，将“token”（此为页面配置参数

token 的值)、"nonce"、"msg" 的值计算 MD5（token + nonce + msg）加密值，并且编码为 Base64 字符串值。

② 将上一步中 Base64 字符串值通过 URL Decode 计算后的值与请求参数 "signature" 的值进行对比，如果相等，则表示 token 验证成功。

③ 如果 token 验证成功，返回 "msg" 参数值，否则返回其他值。

注：如果用户不想验证 token 的有效性，可以选择忽略上述验证。

2）数据接收

当用户成功在应用使能平台配置了第三方开发平台服务器地址后，应用使能平台在收到相关项目下设备数据时，会推送到配置的服务器地址。在开发数据接收服务程序时，要注意：

① 应用使能平台为了保证数据不丢失，有重发机制，如果重复数据对业务有影响，数据接收端需要对重复数据进行排除重复处理。

② 应用使能平台每一次 post 数据请求后，等待客户端的响应都设有时限（目前是 10s），在规定时限内没有收到响应会认为发送失败。接收程序接收到数据时，尽量进行缓存，再做业务逻辑处理。

推送的数据会根据用户的配置被分为加密模式和明文模式，加密模式下要先解密后，才能看到对应的数据消息格式。数据消息格式如下：

平台以 HTTP POST 请求形式向第三方平台注册地址推送数据，推送数据相关信息以 JSON 串的形式置于 HTTP 请求中的 body 部分。

第三方平台在接收数据时，根据加密选择，会接收到数据的明文消息或者密文消息。明文格式示例如下：

① 数据点消息（type = 1）

示例：


```
{
    "msg": {
        "type": 1,
        "dev_id": 2016617,
        "ds_id": "datastream_id",
        "at": 1466133706841,
        "value": 42
        },
    "msg_signature": "message signature",
    "nonce": "abcdefgh"
    }
```


② 数据点消息批量形式（type = 1）

示例：


```
{
  "msg": [
  {
    "type": 1,
```

```
      "dev_id": 2016617,
     "ds_id": "datastream_id",
   "at": 1466133706841,
   "value": 42
   },
   {
     "type": 1,
     "dev_id": 2016617,
     "ds_id": datastream_id",
   "at": 1466133706842, "value":43
   },
   ...
     ],
       "msg_signature": message signature",
     "nonce": "abcdefgh"
   }
```


③ 设备上下线消息（type = 2）

示例：


```
{
"msg": {
    "type": 2,
   "dev_id": 2016617,
  "status": 0,
  "login_type": 1,
  "at": 1466133706841,
  },
  "msg_signature": "message signature",
  "nonce": abcdefgh"
  }
```


密文格式：


```
{
"enc_msg":"xxxx",
"msg_signature":
"message signature",
"nonce":"abcdefgh"
}
```


说明：在明文传输时，存在 msg、msg_ signature、nonce 字段，分别表示明文传输的数据、msg 部分的消息摘要、用于摘要计算的随机字符串；在加密传输时，存在 enc_ msg、msg_ signature 等字段。

上述格式中，相关字段的具体意义说明见表 17.3。

表 17.3　加密字段意义说明表

字段	字段说明
Type	标识数据类型，当前版本范围［1，5］
dev_ id	设备 ID
ds_ id	公开协议中的数据流 ID
At	平台时间戳，单位为 ms
Value	具体数据部分，为设备上传至平台或触发的相关数据
status	设备上下线标识 0 - 下线，1 - 上线
login_ type	设备登录协议类型 1 - EDP，2 - nwx，3 - JTEXT，5 - JT808，6 - MODBUS，7 - MQTT，8 - gr20
cmd_ type	命令响应的类型 1 - 设备收到 cmd 的 ACK 响应信息，2 - 设备收到 cmd 的 Confirm 响应信息
cmd_ id	命令 ID
msg_ signature	消息摘要
nonce	用于计算消息摘要的随机串
enc_ msg	加密密文消息体，对明文 JSON 串（msg 字段）的加密

平台基于 AES 算法提供加解密技术，具体如下：

- EncodingAESKey 即消息加解密 Key 的 Base64 编码形式，长度固定为 43 个字符，从 a ~ z，A ~ Z，0 ~ 9 共 62 个字符中选取。由服务开启时填写，后也可申请修改。
- AES 密钥计算为 AESKey = Base64_Decode(EncodingAESKey ＋"＝")，EncodingAESKey 尾部填充一个字符的"＝"，用 Base64_Decode 生成 32 个字节的 AESKey。
- AES 采用 CBC 模式，密钥长度为 32 个字节（256 位），数据采用 PKCS#7 填充，初始化 iv 向量取密钥前 16 字节；PKCS#7：K 为密钥字节数（采用 32），buf 为待加密的内容，N 为其字节数。buf 需要被填充为 K 的整数倍。在 buf 的尾部填充（$K - N\% K$）个字节，每个字节的内容是（$K - N\% K$）。
- Base64 采用 MIME 格式，字符包括大小写字母各 26 个，加上 10 个数字，和加号"+"、斜杠"/"，一共 64 个字符，等号"＝"用作后缀填充。

出于安全考虑，平台网站提供了修改 EncodingAESKey 的功能（在 EncodingAESKey 可能泄漏时进行修改，对应上第三方平台申请时填写的接收消息的加密对称密钥），所以建议保存当前的和上一次的 EncodingAESKey，若当前 EncodingAESKey 生成的 AESKey 解密失败，则尝试用上一次的 AESKey 解密。

平台的加密消息部分为 enc_ msg = Base64_ Encode（AES_ Encrypt［random（16B）＋msg_ len（4B）＋msg］），即以 16 字节随机字节串拼接 4 字节表示消息体长度的字节串（此处 4 字节长度表示为网络字节序），再加上消息本身的字节串作为 AES 加密的明文，再以 AES 算法对明文进行加密生成密文，最后对密文进行 Base64 的编码操作生成加密消息体。

对加密消息体的解密流程为：

① 首先进行加密消息体的 Base64 解码操作，aes_ msg = Base64_ Decode（enc_ msg）。

② 对获取的解码内容以 AES 算法进行解密操作，获取明文部分，plain_ msg = AES_ Decrypt

(aes_msg)，解密中使用的密钥由 EncodingAESKey 计算得来，使用的初始化 iv 向量为计算出的 aes 密钥的前 16 字节。

③ 去掉 plain_msg 的前 16 字节，再以前 4 字节取出消息体长度，根据消息体长度获取真实的消息部分（推荐以消息体长度获取真实消息，以兼容 plain_ msg 未来可能出现的结构变更）。表示加密传输的数据，后两字段与明文传输一致。

2. API 调用服务

API 调用主要实现应用层通过 Rsetful API 的方式和应用使能平台进行交互对接，实现命令的下发、数据的读写以及相关业务的交互。下面针对终端设备在使用协议接入应用使能平台的 API 进行详细介绍。

针对 LwM2M 协议，目前主要开发了以下几种 API 用来实现上层应用和应用使能平台的交互和对接，具体可参见表 17.4。

表 17.4　API 说明表

操作对象	API 功能
设备	创建设备
资源	读设备资源
	写设备资源
命令	下发命令 - 执行
列表	获取资源列表
订阅	订阅查看某个设备
数据点	查看数据点

部分 API 的示例见表 17.5 和表 17.6。

表 17.5　创建设备 API

HTTP 方法	POST
URL	http：//<API_ ADDRESS>/devices
HTTP 头部	api-key：xxxx-ffff-zzzzz，必须为 MasterKey Content-Type：application/json

HTTP 内容	{
	"title"："mydevice",　//设备名
	"desc"："some description",　//设备描述(可选)
	"tags"：["china","mobile"],　//设备标签(可选,可为一个或多个)
	"protocol"："LwM2M",　//接入协议
	"location"：{"lon"：106,"lat"：29,"ele"：370},　//设备位置{"纬度","精度","高度"}(可选)
	"private"：true|false,　//设备私密性(可选,默认为 ture)
	"auth_info"：{"xxxxxxxxxxxx"："xxxxxxxxxxxxxx"},　//NB-IoT 设备:{"IMEI 码":"IMSI 码"},IMEI(不超过 17 位)和 IMSI(不超过 16 位)都由数字或者字母组成
	"obsv"：true|false,　//是否订阅设备资源,默认为 true
	"other"：{"version"："1.0.0","manu"："china mobile"}　//其他信息(可选,JSON 格式,可自定义)
	}

（续）

HTTP 方法	POST

HTTP 响应
响应消
息内容
	{
	"errno"：0，
	"error"："succ"，
	"data"：
	{
	//平台分配唯一 ID
	"device_id"："233444"
	}
	}

说明	1. other 字段如果有可填写，如果没有也不影响设备的创建 2. 响应消息中 errno 表示错误码，error 表示错误原因，如果创建设备失败，则没有 device_id 字段 3. NBCoAP 设备 auth_info 中 IMEI（不超过 17 位）和 IMSI（不超过 16 位）均由数字或者字母组成

表 17.6　读取设备资源 API

HTTP 方法	GET
URL	http：//api. heclouds. com/nbiot
HTTP 头部	api-key：xxxx-ffff-zzzzz，必须为 MasterKey
HTTP 参数	"IMEI"：121，　　// NB-IoT 设备的身份码，和 ep_name 两者必填其一 "ep_name"：121，　　// NB-IoT 设备的身份码，和 IMEI 两者必填其一 "obj_id"：1212，　　// 设备的 object id，对应到平台模型中为数据流 id，必填 "obj_inst_id"：1212，　　//NB-IoT 设备 object 下具体一个 instance 的 id，对应到平台模型中数据点 key 值的一部分，选填 "res_id"：2122　　// NB-IoT 设备的资源 id，选填

成功返回	{
	"errno"：0，
	"error"："succ"，
	"data"：[{
	　"obj_inst_id"：123，
	　"res"：[
	　{
	　"res_id"：1234，
	　"val"：Object　　//可为 boolean、string、long、double 类型数据
	　}，
	　………
	　]
	　}，
	　………
	]
	}

说明	obj_instance_id 不存在的时候，resource_id 必不存在

其余 API 的详细信息请访问中国移动应用使能平台（OneNET）门户网站 http：//

open. iot. 10086. cn/来查阅。

二进制推送服务对内容大小有限制，为满足用户接收数据稳定性的要求，对二进制最大上传明确了大小限制，API 使用更新说明见表 17. 7。

表 17. 7　API 使用更新

更新接口	更新内容
5. 5　二进制数据 - 新增	1. 增加二进制最大上传限制，最大支持 800KB 的数据 2. 数据大于 800KB 时，系统将返回 request entity too large 错误信息

17. 1. 3　接入实例

目前行业对于各类物联网接入已普遍支持实现，在平台类功能逐步完善过程中，接入是走向智慧化道路的基本要求。下面我们仍以中国移动物联网应用使能平台 OneNET 为例，详细展开介绍。应用使能平台可以实现在各种网络下和终端的连接，支持多种主流协议，最大限度地满足各种用户的不同需求。通过提供主流联网方式，汇聚多种输出能力，尽可能地为开发者创造便捷。强大的应用孵化能力，拖拽之间即可完成应用创建。

1. 基于模组实现 NB- IoT 设备接入实例

下面以中国移动自主品牌 NB- IoT 模组 M5310 为例来介绍如何实现 NB- IoT 设备接入。

（1）上电初始化

注意：每个 AT 命令之间应该留有一定时间间隔

```
M5310
OK                          //开机启动信息
AT                          //开机之后循环发送 AT 直到返回 OK,证明模块初始化正常
OK
AT + COPS = 1,2,"46000"     //设置手动注册移动运营商 MNC
OK
AT + NEARFCN = 0,3555       //锁定频点为 3555,锁频可以有效减小搜网时间,但是频点设置错误会
                              导致搜网失败,建议通常情况下不要设置锁频
OK
AT + CSCON = 1              //打开信号提示自动上报
OK
AT + CEREG = 1              //打开注册信息自动上报
OK
 + CSCON:1                  //自动上报的网络信号提示——已连接
 + CEREG:1,19E6,94,7        //自动上报的网络注册信息——1 - 本地网络已注册入网,5 - 漫游已
                            //注册,其他情况为注册异常,详细请参考 AT 命令手册
                            //如果未使能自动上报,则用户需要使用 AT + CEREG? 查询注册状态
AT + CGDCONT?
 + CGDCONT:0,"IP","nbiot. MNC002. MCC460. GPRS",,0,0
                            //查询当前 APN,此步骤可省略
OK
```

注：需要确认入网状态为已注册才能进行后续数据收发操作，如果不使用自动上报功能，可使用AT+CEREG? 命令主动查询当前注册状态直到变为已注册，目前测试开机注册时间范围为20~120s。

（2）UDP数据收发

1）创建UDP Socket。

AT+NSOCR=<type>，<protocol>，<listen prt>[，<receive control>]

例如：

```
AT+NSOCR="DGRAM",17,2334,1      //创建本地UDP监听端口,开启数据到达自动上报
0                               //创建成功返回socket编号,数值0~6,最多监听7个
                                  端口
OK                              //创建UDP成功
```

2）发送UDP数据。向目的UDP地址发送数据可使用AT+NSOST或AT+NSOSTF命令，具体如下：

AT+NSOST=<socket>，<remote_addr>，<remote_port>，<length>，<data>

AT+NSOSTF=<socket>，<remote_addr>，<remote_port>，<flag>，<length>，<data>

例如：

```
AT+NSOST=0,183.230.40.150,36000,10,30313233343536373839
0,10                      //第0号Socket成功发送10字节UDP数据
OK
+NSONMI:0,30              //第0号Socket接收到30字节数据
```

3）接收UDP数据。当接收到UDP数据时，可以使用AT+NSORF读取，当读取长度大于实际接收长度时，返回缓冲区实际接收数据长度。

```
AT+NSORF=<socket>,<req_length>
+NSONMI:0,30              //提示第0号Socket接收到30字节数据
AT+NSORF=0,30             //读取接收到的30字节数据:0,183.230.40.150,36000,30,
                            5B3131372E3136392E33362E31353A323137395D30313233343536373839,0
                          //读取到183.230.40.150:36000发过来的30字节数据
```

注：本示例的测试服务器为中移物联网公司内部测试服务器，会自动回复“[远程IP：端口]接收数据”，只做测试用途，不保证服务器功能。

4）关闭UDP。

```
AT+NSOCL=<socket>               //<socket>为0创建时系统分配的id
OK
```

（3）应用使能平台数据收发

1）应用使能平台端创建设备。访问中国移动应用使能平台（OneNET）门户网站：http：//open.iot.10086.cn/，创建NB-IoT产品及设备。

创建设备所使用的鉴权信息IMEI及IMSI需要记录并在终端登录时使用，返回的device_ id为平台端创建的设备接入标识，如果需要查询设备信息，需要提供设备id。

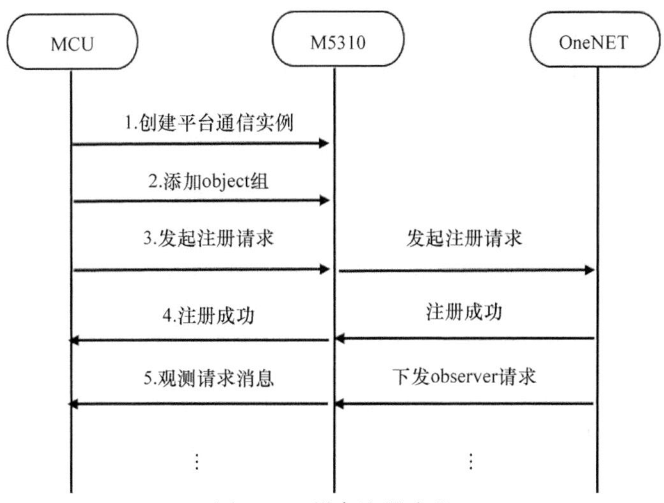

图 17.8　设备注册流程

2）设备注册流程如图 17.8 所示。

① 创建一个通信实例设备，该指令目前只允许拥有 1 个实例。

```
AT+MIPLCONF=49,0000B80B00003A161900636F61703A2F2F3138332E3233302E3430
2E34303A353638330C0074657374323B303030303031,1,1
0
OK
```

配置格式可使用中国移动提供的生成工具转换，具体请参考 AT 手册中 +MIPLCONF 说明，如需程序自动生成配置数据，请联系 FAE 获取源码；目前仅支持一个实例，需要销毁创建的实例才能再次创建。

② 向通信套件添加 object 组。

```
AT+MIPLADDOBJ=0,3200,0
OK
AT+MIPLADDOBJ=0,3201,0
OK
```

LwM2M 规范定义了每个对象对应客户端的某个特定功能实体 object，instance 代表着这个 object 的不同实例。通过 objectid 和 instanceid 可以确认到一个指定的 object 实例，而每个 object 下可以有多个 resource 属性数据。例如：一个设备有芯片温度传感器与外界温度传感器的值需上报，温度传感器便是一种 object 对象，而具体到某个温度传感器则需要 instanceid 来区分；某个温度传感器所对应的单位、温度等数值可视为其 resource 属性，具体的编码规范可参照 IPSO 规范或 OMA 模型规范 http：//www. openmobilealliance. org/wp/OMNA/LwM2M/LwM2MRegistry. html。

在注册前添加的 objects 在注册时会通过注册信息发给应用使能平台，注册成功后平台会对添加的所有 object 下发 observer 请求；当前版本传输的 object 皆应在注册前添加。

③ 发起注册请求，由于注册结果为异步事件，注册是否成功应以步骤 0 为准。

```
AT+MIPLOPEN=0,15
OK
```

④ 注册结果上报，上报的注册请求服务器收到后会返回本次注册结果，如在超时时间还未收到服务器回复，则也会注册失败，如下：

```
+MIPLOPEN:0,1                 //注册成功
+MIPLOPEN:0,0                 //注册失败或超时
```

⑤ Observe 请求消息，该消息为平台下发，模块会自动处理 Observe 请求，用户可不必处理。

```
+MIPLOBSERVE:0,2657,3200,0,-1,0
+MIPLOBSERVE:0,2658,3202,0,-1,0
```

3）数据上报流程如图 17.9 所示。

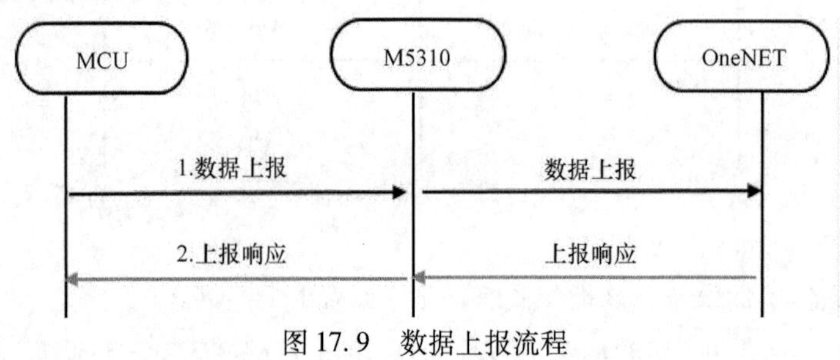

图 17.9　数据上报流程

① 用户上报数据。

```
AT+MIPLNOTIFY=0,3200,0,5500,5,"1",1          //flag 为 1 时添加数据并上报，<ackid>默认
                                               平台侧将无 ACK
OK
```

② 平台响应上报。

```
AT+MIPLNOTIFY=0,3200,0,5500,5,"1",0          //flag 为 0 时只添加数据不上传数据
OK
AT+MIPLNOTIFY=0,3200,0,5750,1,"juidl",1,278  //flag 为 1 时添加数据并触发上报
OK
+MIPLNOTIFY:0,278                             //设置<ackid>情况下收到平台的上传信息
                                               回复
```

注：<ackid>被设置为大于 1 的情况下平台侧有响应，如果默认上传数据平台侧不会有 ACK 回复。

<ackid>仅在<flag>参数为 1 时设置有效。

每次 notify 上报数据长度应小于 500 字节。

4）设备管理流程如图 17.10 所示。

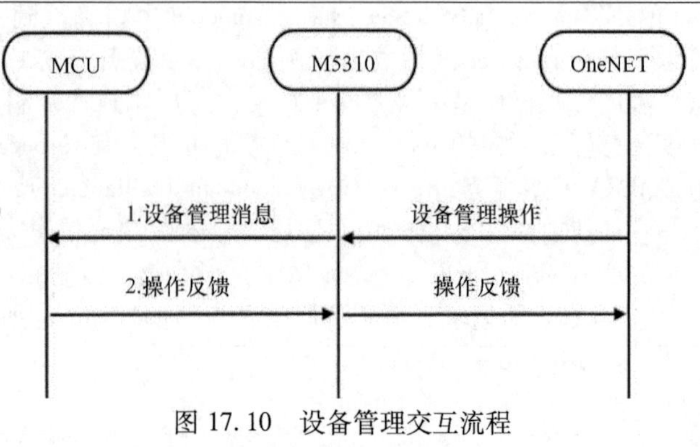

图 17.10　设备管理交互流程

设备管理目前版本提供 3 种操作：write、read、execute。

MCU 应在执行平台下发的规定操作后数秒内（建议 3s）上报对应操作结果，否则传输信息可能丢失。

① read 操作，读取指定 object 下指定 instance 下的所有 resource 请求。

```
+MIPLREAD:0,289,3200,0,-1                        //收到平台侧下发的读取 object,instance 下的所有 resource 请求
AT+MIPLREAD=0,289,3200,0,5500,5,"1",0            //终端读取某个 resource 值,但不触发上报
OK
AT+MIPLREAD=0,289,3200,0,5750,1,"juidl",1        //读取 resource 值,并触发上报数据
OK
```

控制平台下发读操作的 API 报文示例如下：

```
GET                    http://api.heclouds.com/nbiot?IMEI=test2&obj_id=3200 &obj_inst_id=0 HTTP/1.1
Host:                  api.heclouds.com
api-key:<API-KEY>      //<API-KEY>参数请替换成产品或者设备 API-KEY
Content-Length:0
```

读取指定 object 下所有 instance 下的所有 resource 请求如下：

```
+MIPLREAD:0,289,3200,-1,-1                       //收到平台侧下发的读取 object 下所有 instance 下所有 resource 请求
AT+MIPLREAD=0,289,3200,1,5500,5,"1",0            //终端读取某个 resource 值,但不触发上报
OK
AT+MIPLREAD=0,289,3200,0,5500,5,"1",0            //终端读取某个 resource 值,但不触发上报
OK
AT+MIPLREAD=0,289,3200,0,5750,1,"juidl",1        //读取 resource 值,并触发上报数据
OK
```

控制平台下发读操作的 API 报文示例如下：

```
GET                    http://api.heclouds.com/nbiot?IMEI=test2&obj_id=3200 HTTP/1.1
Host:                  api.heclouds.com
api-key:<API-KEY>      //<API-KEY>参数请替换成产品或者设备 API-KEY
Content-Length:0
```

读取指定 object 下指定 instance 下的指定 resource 请求如下：

```
+MIPLREAD:0,289,3200,0,5500                      //收到平台侧下发的读取 object 下指定 instance 下指定 resource 请求
AT+MIPLREAD=0,289,3200,1,5500,5,"1",1            //终端读取指定值,上报
OK
```

控制平台下发读操作的 API 报文示例如下：

```
GET               http://api.heclouds.com/nbiot? IMEI = test2&obj_id = 3200&res_id = 5500 HTTP/1.1
Host:             api.heclouds.com
api-key: <API-KEY>   //<API-KEY>参数请替换成产品或者设备 API-KEY
Content-Length: 0
```

资源读取 API 报文协议见表 17.8。

表 17.8　资源读取 API

操作	Read（资源读取）
lwm2m-URI	address / {Object ID} / {Object Instance ID} / {Resource ID}
参数说明	{Object ID}：必选，如设备上的传感器类型 {Object Instance ID}：可选，该类型传感器的编号 {Resource ID}：可选，该传感器的某种类型的数据，如温度的当前值，最大值等
CoAP-Method	GET
CoAP-Option	Option 1：Uri-Path（11）：{Object ID} Option 2：Uri-Path（11）：{Object Instance ID} Option 3：Uri-Path（11）：{Resource ID} Option 4：Accept（17）：第 1 节中的 Content Format 表中的类型，如 application/vnd.oma.lwm2m + tlv 这个参数是指明读取数据的格式
CoAP-payload	
Success	2.05 Content
Failure	4.00 Bad Request，4.01 Unauthorized，4.04 Not Found，4.05 Method Not Allowed

注： 每次 read 操作后模块响应上报 COAP 报文长度应小于 512 字节。

② write 操作。

```
+MIPLWRITE:0,290,3200,0,5500,0        //平台下发向 3200,0,5500,0 写入值 0
AT+MIPLWRITE=0,290,1                  //终端向平台回复写入操作成功
OK
AT+MIPLWRITE=0,290,0                  //终端向平台回复写入操作失败
OK
```

控制平台下发写操作的 API 报文示例如下：

```
POST http://api.heclouds.com/nbiot? IMEI = test2&obj_id = 3200&obj_inst_id = 0&mode = 2 HTTP/1.1
api-key: <API-KEY>                 //<API-KEY>参数请替换成产品或者设备 API-KEY
Host: api.heclouds.com
Content-Length: 47                 //数值根据 HTTP 报文实际 body 大小修改

{
"data":[{
"val":0,
"res_id":5500}],
}
```

资源写入 API 报文协议见表 17.9。

表 17.9　资源写入 API

操作	Write（资源写入）
lwm2m-URI	address / {Object ID} / {Object Instance ID} / {Resource ID} / {NewValue}
参数说明	{Object ID}：必选，如设备上的传感器类型 {Object Instance ID}：必选，该类型传感器的编号 {Resource ID}：必选，该传感器的某种类型的数据，如温度的当前值，最大值等 {NewValue}：必选，写入的资源属性值
CoAP-Method	PUT/POST
CoAP-Option	Option 1：Uri-Path（11）：{Object ID} Option 2：Uri-Path（11）：{Object Instance ID} Option 3：Uri-Path（11）：{Resource ID} Option 4：Content-Format（12）：格式为 Content Format 表中的几种格式，如 application/vnd. oma. lwm2m + tlv
CoAP-payload	{NewValue}，数据格式为 Option4 中指定的数据格式
Success	2.04 Changed
Failure	4.00 Bad Request，4.01 Unauthorized，4.04 Not Found，4.05 Method Not Allowed

注：每次 write 操作下发 COAP 报文长度应小于 512 字节，故下发数据段长度最大 480 字节。

③ execute 操作。

```
+MIPLEXECUTE:0,291,3200,0,5500,ping          //平台下发的执行指令,内容为 ping
AT+MIPLEXECUTE=0,291,1                       //终端向平台上报本次执行操作成功
OK
AT+MIPLEXECUTE=0,291,0                       //终端向平台上报本次执行操作失败
OK
```

控制平台下发 EXECUTE 消息的 API 报文示例如下：

```
POST
http://api.heclouds.com/nbiot/execute? IMEI=test2&obj_id=3200&obj_inst_id=0&res_id=5600 HT-
    TP/1.1
api-key: <API-KEY>                    //<API-KEY>参数请替换成产品或者设备 API-KEY
Host: api.heclouds.com
Content-Length: 21                    //数值根据 HTTP 报文实际 body 大小修改

{
"args": "ping7"
}
```

资源执行 API 报文协议见表 17.10。

表 17.10　资源执行 API

操作	Execute（资源执行）
lwm2m-URI	address / {Object ID} / {Object Instance ID} / {Resource ID} / {Arguments}
参数说明	{Object ID}：必选，如设备上的传感器类型 {Object Instance ID}：必选，该类型传感器的编号 {Resource ID}：必选，该传感器的某种类型的数据，如温度的当前值，最大值等 {Arguments}：可选，待执行的命令，如重启，关机等
CoAP-Method	POST
CoAP-Option	Option 1：Uri-Path（11）：{Object ID} Option 2：Uri-Path（11）：{Object Instance ID} Option 3：Uri-Path（11）：{Resource ID}
CoAP-payload	{Arguments}，格式为 Content Format 表中的 text/plain 格式
Success	2.05 Changed
Failure	4.00 Bad Request，4.01 Unauthorized，4.04 Not Found，4.05 Method Not Allowed

注：每次 execute 操作下发 COAP 报文长度应小于 512 字节，故下发数据段长度最大 480 字节。

5）设备注销流程如图 17.11 所示。

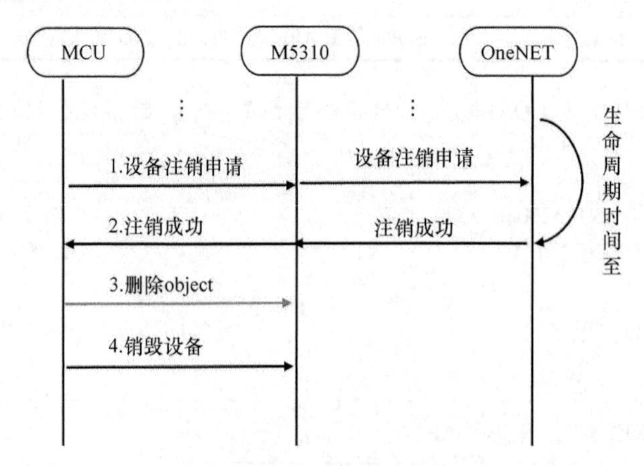

图 17.11　设备注销流程

```
AT+MIPLCLOSE=0                //设备向平台发起注销请求
OK
 +MIPLCLOSE:0,1               //注销成功,该次登录平台的 resource 信息都将被清理
AT+MIPLDELOBJ=0,3200,0        //删除建立的 3200 object
OK
AT+MIPLDELOBJ=0,3202,0        //删除建立的 3202 object
OK
AT+MIPLDEL=0                  //销毁建立的 OneNET 平台通信实例
OK
```

注：用户可在向平台发送注销请求后执行销毁实例，此时模组会自动删除所有 object；用户亦可直接执行销毁实例，模组将会在向平台提出注销请求后删除 object，再销毁 object 以及通信实例。

6）长数据收发，在进行长数据收发时，用户需要对相关数据进行分包处理。

分包大小设置：配置工具中生成配置参数时加上下列参数，参考 AT 指令集中“+MIPLCONF”命令说明：

-u 设置 BLOCK1 的大小，对 write 和 execute 有效，范围为 0~6，大小为 $2^{(4+n)}$

-g 设置 BLOCK2 的大小，对 read 有效，范围为 0~6，大小为 $2^{(4+n)}$

-x 设置主动分包门限，范围为 0~2，大小为 $2^{(8+n)}$

① 模组长数据接收（write/execute 接口）。

a）write 指令 API 报文示例如下：

```
POST
http://api.heclouds.com/nbiot? IMEI = test2&obj_id = 3200&obj_inst_id = 0&mode = 2 HTTP/1.1
api-key: <API-KEY>                    // <API-KEY>参数请替换成产品或者设备 API-KEY
Host: api.heclouds.com
Content-Type: application/json


{
"data":[{
"val":"11111111111111…… ",            //val 长度可变(大于 1KB)
"res_id":5750}],
}
```

模组接收到的数据流如下述示例，如图 17.12 所示。

```
+MIPLWRITE:0,16820,3338,0,5750,0,512,11111111111111112444444444444444444444444444444333
33333121111111111111111111111111111111111111113333333333231231233333333333333333333
3333333333333333333333333333333333333333331111111111111111111111111111111244444444444
44444444444444444444444444444444444444444444444444444444466666666666666666666
66666666666666666666666666666666666666666666666666666666666666666666666666666
66666666666666666666666666666666666666666666666666666666666666666666666666666
666666666666666666666666666666666666666666666666
[2017-09-29_10:35:11:241]
[2017-09-29_10:35:11:241]
+MIPLWRITE:0,16821,3338,0,5750,1,343,666666666666666666666666666666666666666666666
66666666666666666666666660333333333333333333333333333333111111123333333333333333331211
111111111111111111111111111111111233333333333333333312111111111111111111111111111111
1111111111111eeeeeeeeeeeeeeeeeeeeeeeeeeeeeeeeeeeeeeeeettttttttttttttttttttttttttttttt
ttttttttttttttttttttttttttttttttttttttttttttttt12
```

图 17.12　数据流示例图

上述表示接收长数据的两个数据包，最后的字段为 payload 数据，在接收分包长数据段时，+MIPLEXCUTE/+MIPLWRITE 会额外显示分包结束标志与本包长度，具体可参考 AT 命令手册。

数据发送完毕后，只需要对最后一包的包序号进行回复，如图 17.12 所示回复如下：

```
AT + MIPLWRITE = 0,16821,1                //终端向平台回复写入操作成功
OK
AT + MIPLWRITE = 0,16821,0                //终端向平台回复写入操作失败
OK
```

b）execute 指令 API 报文示例如下：

```
POST http://api.heclouds.com/nbiot/execute? IMEI = test2&obj_id = 3200&obj_inst_id = 0&res_id = 5600 HTTP/1.1
api-key: <API-KEY>                        //<API-KEY>参数请替换成产品或者设备 API-KEY
Host: api.heclouds.com
Content-Length: 21                        //数值根据 HTTP 报文实际 body 大小修改

{
"args": "6666666666……"                   //args 长度可继续变大( >1KB)
}
```

接收示例图如 17.13 所示。

```
+MIPLEXECUTE:0,53238,3200,0,5750,0,512,66666666666666777777777777777777777777777777
777777777777888888888888888888888888888888888888888888888888888888888881111111111
111222222222222222222223333333333323333333333332222222222222233333333333322222222223
244444444444443333333errrrrrrrrrrrrrrrrrtttttttttttttttttttttttttttttttttttttttttttt
tttttttttttttte334444444444444444444444444444444444444444444444444444444434444444
4444444444444444444422222222222222222222222222222222222444444444444444444444444444
444444444422ttttttttttttttttttttttttttttttttttttttt
[2017-09-29_11:01:24:311]
[2017-09-29_11:01:24:311]
+MIPLEXECUTE:0,53239,3200,0,5750,1,192,4444444444qwwwwwwwwwwwwwwwwwwwwwwwwwwwwww
wwwwwwwwwwwqqqqqqqqqqqqqqqqqqqqqqqqqqqqqqqqqqqqqqqqqqqqqqqqqqqqqqqqqqqqqqqqqqqqqq
qqqqqqqqqqqqqqqqqqqqqqqqqqqqqqqqqqqqqqqqqqqwwwwwwwwwwwwwwwwwwww
```

图 17.13　接收示例图

数据包最后三个字段的含义与 write 相同。

对 API 控制台回复，数据发送完毕后，只需要对最后一包的包序号进行回复，如图 17.13 所示回复如下：

```
AT + MIPLEXECUTE = 0,53239,1              //终端向平台上报本次执行操作成功
OK
AT + MIPLEXECUTE = 0,53239,0              //终端向平台上报本次执行操作失败
OK
```

② 模组长数据发送（read 接口），当使用 Read 接口时，超过设置长度会触发模组执行内部 Block 分包发送，整个流程模块内部自动完成。

Read 指令 API 报文示例：

a）读取指定 object 多个 resource 请求如下：

```
GET http://api.heclouds.com/nbiot? IMEI = test2&obj_id = 3200 HTTP/1.1
Host: api.heclouds.com
api-key: <API-KEY>                //<API-KEY>参数请替换成产品或者设备 API-KEY
Content-Length: 0
```

b）模组端回复如下：

```
+MIPLREAD:0,19500,3200,-1,-1                                    //收到平台侧下发的读取 object
                                                                 下所有 instance 下所有 re-
                                                                 source 请求
AT+MIPLREAD=0,19500,3200,0,5850,1,"12222.....33333",0          //终端读取某个 resource 值,但
                                                                 不触发上报
OK
AT+MIPLREAD=0,19500,3200,0,5750,1,"juidl....kkkkkk1",1         //读取 resource 值,并触发上报
                                                                 数据
                                                                //例子中加长 resid 5850 和 5750
                                                                 的 payload 长度,使其总和在
                                                                 1KB 至 2KB 之间,默认分包阈
                                                                 值 1024
```

2. 基于 MCU 实现 NB-IoT 设备接入实例（LwM2M）

基于 MCU 的方式实现 NB-IoT 设备接入，即通过移植 SDK 至设备 MCU 中，通过 MCU 和模组进行交互实现连接到应用使能平台。该场景适用于实验阶段或是终端设备对接入应用使能平台有较紧急意愿，但设备所用模组暂未支持接入应用使能平台的情况下。

具体的接入实例及步骤如下：

1）SDK 移植：首先需要完成对 SDK 的移植操作，实现把 SDK 植入需连接到应用使能平台的 MCU 芯片中。

2）网络配置：在连接应用使能平台之前需要对设备侧进行网络配置，包括：接入机的地址和鉴权信息等参数（即 IMEI、IMSI），请参见图 17.14。

```
Char uri [ ] ="coap://183.230.40.40:5683";
Const char endpoint_name [ ] ="imei ; imsi "; //imei ; imsi
```

图 17.14　网络配置

同时还需要对设备和平台所交互的资源进行资源配置，在设备端的 SDK 中，设备上所有与应用使能平台进行交互的数据变量都需要表示为资源，比如：温湿度传感器的温度和湿度分别可以表示为 2 个资源。配置好资源属性后，设备在向服务器注册的过程中会携带相应的资源列表，服务器端会主动向设备订阅（Observe）资源列表中所有资源，见表 17.11。

表 17.11　服务器端订阅资源

属性	描　述
objid	描述了设备上的传感器类型
instid	描述了该类型传感器的编号

（续）

属性	描　述
resid	描述传感器的某种类型的数据，如温度的当前值、最大值、最小值
flag	该资源的可操作性，支持的类型有可读/可写/可执行
type	该资源的数据类型，支持的类型有 bool/int/float/string/bin
write	用户写该资源的钩子函数
execute	用户执行该资源的钩子函数

注意：objid 和 resid 是不能够随意定义的，必须遵守《IPSO-Smart-Objects-Expansion-Pack》文档中的规定。

配置示例如图 17.15 所示。

```
Nbiot_resource_t dic;
Dic.objid          =3200;
Dic.instid          =0;
Dic.resid          =5501;
Dic.type           =NBIOT_VALUE_INTEGER;
Dic.value.as_int    =rand();
Dic.flag           =NBIOT_RESOURCE_READABLE | NBIOT_RESOURCE_WRITABLE;
Dic.write          =write_callback;
Dic.execute        =NULL;
```

图 17.15　配置示例

3）心跳设置。设备端的 SDK 在初始化的时候会设置 lifetime 的值，并在向服务器注册的时候上传该值，SDK 在到期后会主动向服务器发送 Update 消息，如服务器端未收到 Update 消息，服务器端将抛弃所有上报的 Notify 消息并向该设备发送 RST 消息。

4）数据发送。如果有资源的值被更新了，则需要调用 nbiot_ device_ notify 通知 SDK 该资源的值发生了变化，由 SDK 择机上传至应用使能平台。

5）下行处理。命令由第三方应用发送至应用使能平台，并由云平台转发至终端设备，读写命令和执行命令均直接发送至终端，SDK 会自动调用该命令对应的资源中的 write 钩子函数或者 execute 钩子函数，用户只需要编写该两个函数即可以完成下行命令的处理。

17.2　基于通信套件的物联网应用开发

物联网应用场景众多，需要开发不同的应用才能满足不同场景的需求。如前所述，通信套件提供了一个规范统一的编程与系统适配接口，能有效降低应用开发的复杂度。下面将介绍通信套件的统一接口定义、集成方法，以及如何围绕其应用开发接口进行一个实际的物联网应用开发。

17.2.1　通信套件的接口定义

通信套件定义了五类接口：

① 应用层统一的 API：提供基础通信套件对外提供应用需要使用的、统一的能力开放 API。

② 应用层统一的 AT 指令集：提供基础通信套件对外提供应用需要使用的统一的 AT 指令集。

③ 底层系统接口的能力开放接口：底层系统接口是基础通信套件需要使用的底层功能，包括：操作系统内存、获取系统时间、获取随机数等接口。

④ 底层网络接口的能力开放接口：底层网络接口是指基础通信套件需要使用的网络功能，用于建立物理的网络连接，发送和接收网络数据。

⑤ 网络和终端间的通信接口：提供终端与平台间的通信接口要求，包括三部分：第一部分是注册，注销，更新注册消息；第二部分是观测消息，取消观测，消息上报；第三部分是设备管理操作，包括 read/write/execute/discover 操作。这部分接口参考了 LwM2M 中 DM 接口设计与定义。

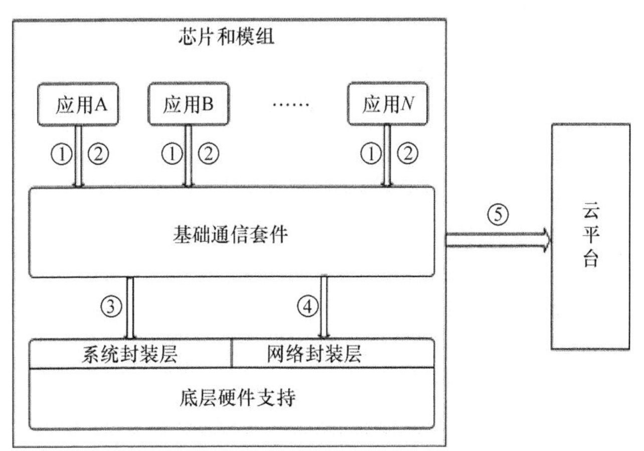

图 17.16　通信套件相关接口交互

相关接口在系统中的位置对应图 17.16 中①～⑤标号。

可以发现，通信套件为应用提供了两种接口：同步 API 调用和异步 AT 指令，这与通信套件的集成方式有关。因为在受限设备中，通信套件可能被部署在通信芯片一端，应用侧需要跨进程、跨硬件进行调用，这时就需要提供 AT 指令集来进行这种操作。图 17.17 展示了两种接口的集成和使用区别。对于应用程序开发而言，目前大部分采用基于 AT 指令的接口的开发。

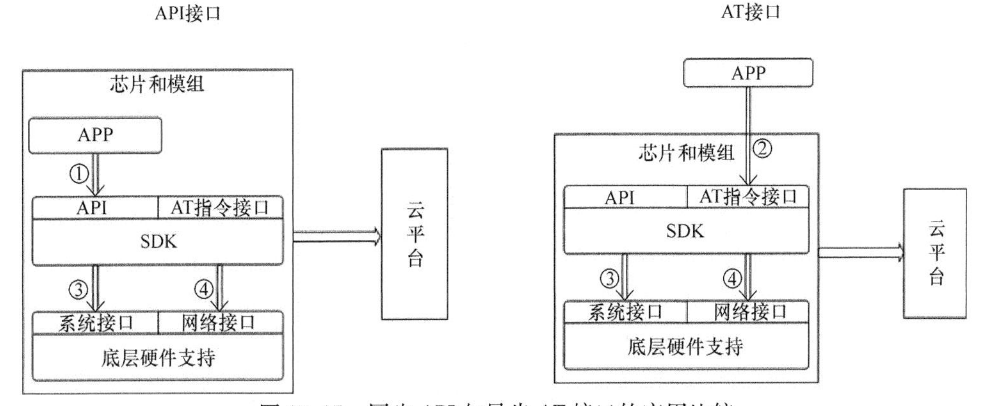

图 17.17　同步 API 与异步 AT 接口的应用比较

17.2.2 通信套件与终端的集成方式与流程

通信套件集成到物联网终端可以分为两个部分：

1）系统集成：将通信套件集成到一个终端系统中，这部分工作主要需要物联网设备模组厂商或者芯片厂商来完成，主要流程包括：核心代码移植、Adapter 接口实现、AT 接口实现。

2）应用集成：基于已经集成了通信套件的芯片或者模组，进行具体的物联网应用或者设备开发，仅需要基于统一的通信套件 API 进行应用程序设计即可。由于通信套件的接口设计尽量清晰、简洁，基于通信套件的物联网应用开发相对简单。

下面将重点介绍一个基于基础通信套件的物联网应用开发示例。

17.2.3 物联网应用开发示例

本节以智能路灯物联网应用的开发为示例，介绍基于通信套件的应用开发环境与方法。

图 17.18 所示为智能路灯案例的应用场景示意图。

该场景中主要物联网功能定义包括：路灯状态查询、路灯远程开关、路灯远程调光、路灯自动巡检、路灯故障告警、在线远程升级等。

1. 硬件环境搭建

下面以如下实验环境为例来介绍硬件环境搭建。在该环境中，采用的通信模组为 QUECTEL BC95，处理器模组为 STM32F103。硬件连接示意图如图 17.19 所示。

作为演示，此处接入光线传感器、LED 光源，进行故障告警、调光以及远程开关功能的演示。

光线传感器通过 STM32 GPIO 总线连接获取光强信息，LED 可以通过 GPIO 总线 PWM 功能进行控制并实现光强调节。

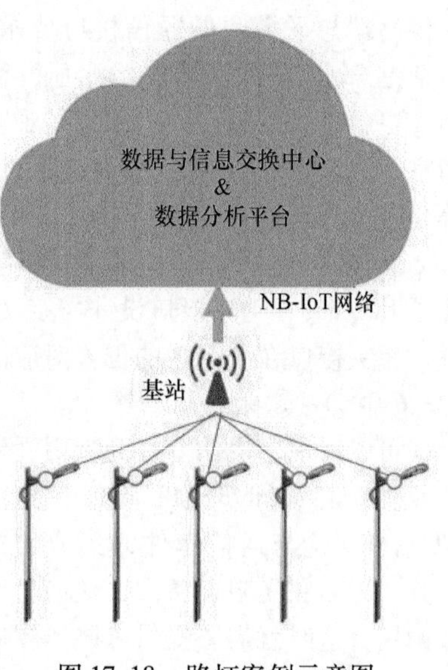

图 17.18 路灯案例示意图

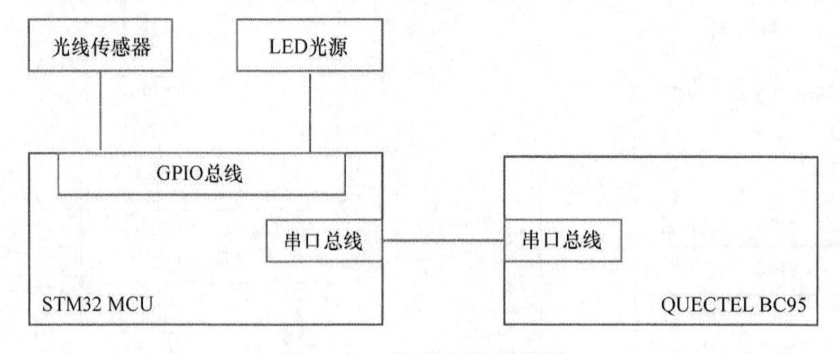

图 17.19 硬件连接示意图

STM32 串口总线与通信模组串口总线相连，实现串口通信，用于发送和接收 AT 指定。

实际搭建环境如图 17.20 所示。

2. 构建初始化配置文件（初始化配置信息）

构建初始化配置文件是进行应用开发的第一步。初始化配置信息有重要的作用，因为不同的物联网设备有不同的特性信息，通信套件初始化时需要设备中对应的这些配置参数，而配置参数则由设备应用层提供。这些配置参数需要按照规范要求的格式组织，在初始化时应用程序将指向该配置数据的地址指针提供给通信套件，基础通信套件获取对应的配置参数来完成初始化工作。

图 17.20　硬件搭建图

配置信息是一组二进制数据块，可以通过配套的生成工具转换生成。可从官方获取与通信模组相应版本生成工具，首先通过 XML 格式描述能力配置，然后通过工具将对应的 XML 格式文档转换为二进制数据块。

生成的二进制数据可以烧制 MCU 固定存储区，对于当前的实验环境，可以创建字节数组的常量存储区保存。当设备初始化后，通信套件被 AT 指令中 AT + MIPLCREATE 接口调用，这部分数据将转换为 BCD 码作为参数传入通信套件，通信套件解析数据信息后，进行相关初始化工作，完成通信套件的内部初始化。

如果想获取通信模组相匹配生成工具以及对应 XML 模版，可从中移物联网公司官方网站（https://open.iot.10086.cn/）下载。

初始化配置信息的主要内容包括：Linktype、Bandtype、APN、Username、Password、MTU 等主要字段信息，相关解释如下：

- Linktype：表示可选链路及传输协议类型，如 Non-IP、TCP、UDP 等。
- Bandtype：表示可选频段类型。
- APN、Username、Password：用于 APN 连接设置。
- MTU：设置最小传输单元大小。

更为详细的初始化数据定义可以参考通信套件的终端规范。

3. 软件开发环境构建

软件开发环境的构建包括三个主要步骤：IDE 选择、基础开发环境的搭建以及构建入口程序。

（1）IDE 选择

如前面的硬件环境的选择，对应这里使用 IDE 工具 Keil uVision5 进行开发。

Keil MDK-ARM 开发工具源自德国 Keil 公司，被全球上百万的嵌入式开发工程师验证和使用，是 ARM 公司推出的针对各种嵌入式处理器的软件开发工具，支持 ARM7、ARM9、Cortex-

M0、Cortex-M0+、Cortex-M3、Cortex-M4、Cortex-R4 内核核处理器。

（2）基础环境与框架的搭建

首先下载 STM32 固件库。由于我们在示例中使用 STM32F103，此处准备的固件库是 STM32F10x_ StdPeriph_ Lib，可以在 ST 公司官网（http：//www. st. com/）下载。

然后建立 STM32 工程。建议新建一个文件夹作为工程目录，后面所建立的工程文件都放在这个文件夹下面，我们这里新建文件夹名称为“NB_ OneNET”。

启动 KEIL 新建一个工程，将新工程目录定位到指定的文件夹。

接下来出现选择 Device 界面，如图 17.21 所示，根据使用的芯片型号选择，在示例中，我们选择 STM32F103RE。

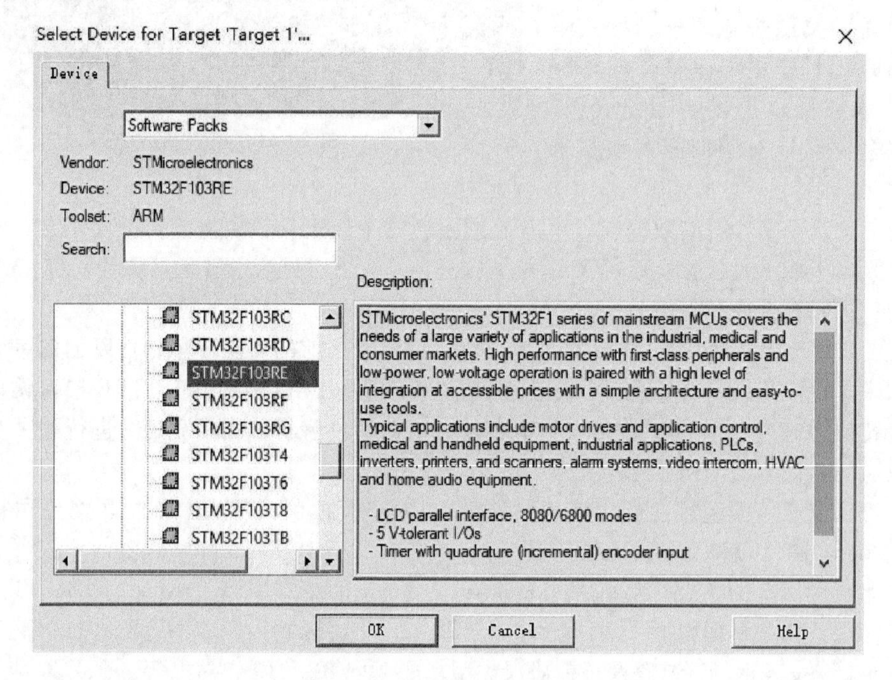

图 17.21 选择 Device 界面

在“NB_ OneNET”文件夹中创建三个目录：CORE、USER、STM32F10x_ FWLib，CORE 用来存放启动文件，USER 用来存放主程序文件。

下面为工程目录加入相应的系统库和支撑文件。

1）打开下载的固件库目录中的 STM32F10x_ StdPeriph_ Driver，将其中 inc 及 src 两个文件夹复制到工程目录的 STM32F10x_ FWLib 文件夹中。

2）将 Libraries \ CMSIS \ CM3 \ CoreSupport 目录的 core_ cm3. c 和 core_ cm3. h 复制到工程目录的 CORE 文件夹中。

3）找到 Libraries \ CMSIS \ CM3 \ DeviceSupport \ ST \ STM32F10x \ startup \ arm 目录，将 startup_ stm32f10x_ hd. s 复制到工程目录的 CORE 文件夹中，如图 17.22 所示。

4）最后，在 Libraries \ CMSIS \ CM3 \ DeviceSupport \ ST \ STM32F10x 目录中，将

stm32f10x. h、system_ stm32f10x. c、system_ stm32f10x. h 三个文件复制到工程目录 USER 文件夹中。

5）随后，还要在工程中导入工程目录中固件库代码文件，并在工程中导入 STM32 对路灯硬件控制所需的驱动代码，如对 LED 的驱动代码、路灯电压状态等传感器驱动。

在 IDE 中看到的工程目录树如图 17. 23 所示。

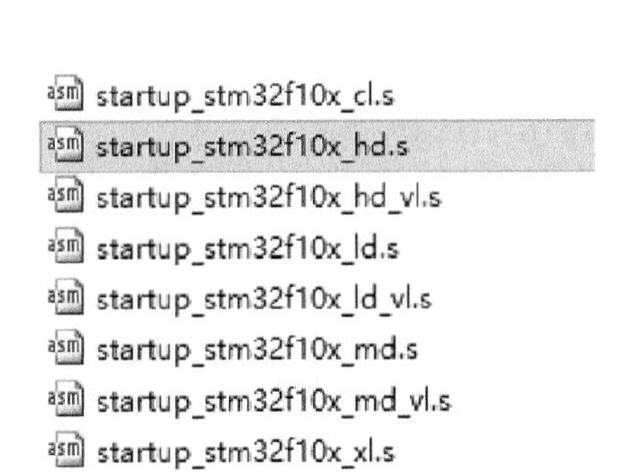

图 17. 22　为工程目录加入系统库和支撑文件

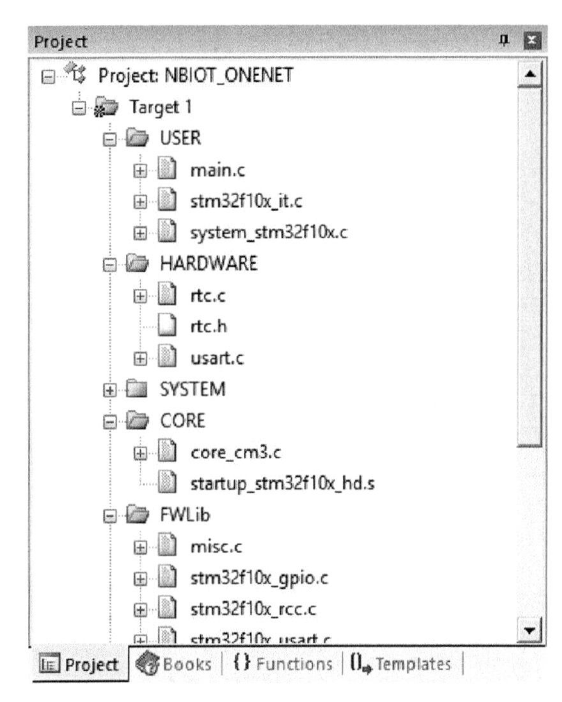

图 17. 23　工程目录树

（3）关于应用入口程序

在 startup_ stm32f10x_ hd. s 中对内存堆栈进行配置，并且设置硬件支持的所有中断处理函数。

STM32 的程序入口也在 startup_ stm32f10x_ hd. s 文件中，在 main 主函数调用前，先调用 SystemInit 函数进行硬件初始化配置，随后从 main 函数开始运行，如图 17. 24 所示。

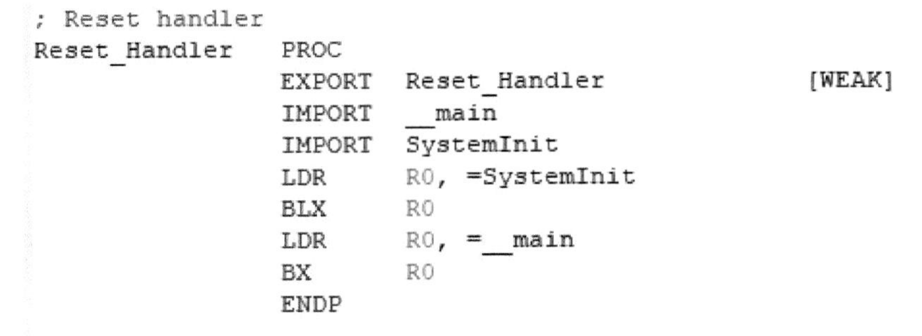

```
; Reset handler
Reset_Handler    PROC
                 EXPORT  Reset_Handler             [WEAK]
                 IMPORT  __main
                 IMPORT  SystemInit
                 LDR     R0, =SystemInit
                 BLX     R0
                 LDR     R0, =__main
                 BX      R0
                 ENDP
```

图 17. 24　硬件初始化配置

所以，我们构建一个 main. c 包含 main 主函数作为应用入口程序，开始实际的程序开发。

4. 应用开发

通信套件被集成进芯片或模组后，应用开发者将调用通信模组提供的串口 AT 指令接口驱动通信套件运行，所以需要通过串口 AT 命令来调用进行相关工作。

主入口程序中程序接口如下：

```
main ()
{
    app_ init ();    // 程序初始化
    //安装传感设备
    app_ installObject (OBJECT_ LIGHT, OBJECT_ LIGHT_ COUNT, OBJECT_ ATTR_ COUNT, OB-
    JECT_ ACTION_ COUNT);
    app_ start ();
    //消息处理循环
    while (1)
     {
        struct st_ msg_ t msg;
        app_ getMessage (&msg);
        app_ dispatchMessage (&msg);
     }
}
```

这里包含了三个主要部分：程序初始化、安装传感设备，以及 while 循环中的消息回调处理。

代码中使用了 st_ msg_ t 结构体用于进行消息处理结构，其详细定义如下：

```
typedef struct st_msg
{
    uint32_t id;
    uint8_t type;
    union
    {
        struct
        {
            st_uri_t uri;
        } asRead;

        struct
        {
            st_uri_t uri;
            st_data_t * dataArray;
            uint16_t    dataCount;
        } asWrite;
```

```
        struct
        {
            st_uri_t uri;
            uint8_t * buffer;
            uint32_t length;
        } asExec;

        struct
        {
            uint32_t eid;
            uint8_t * buffer;
            uint32_t length;
        } asEvent;
    } parameter;

} st_msg_t;
```

st_ msg_ t 结构体中定义了消息 id、消息类型 type，应用程序可以响应四种不同的通信消息，包括：READ、WRITE、EXECUTE 以及 EVENT 通知，这些消息通过 OneNET 平台发送到通信模组，再通过 AT URC 指令上报给应用底层串口消息处理程序，将消息内容解析到 st_ msg_ t 结构中。通过 app_ getMessage 函数获取一个消息结构数据，通过 app_ dispatchMessage 函数将消息分发到对应的回调函数，应用消息回调函数定义如下：

```
void app_onRead(const st_msg_t * msg);
void app_onWrite(const st_msg_t * msg);
void app_onExec(const st_msg_t * msg);
void app_onEvent(const st_msg_t * msg);
```

当应用程序收到不同的事件请求后，对不同的消息请求做相应处理，再将处理结果反馈给通信模组，并上报给 OneNET 平台，我们定义了应对不同消息请求的回复接口如下：

```
#define RESULT_204_CHANGED          2
#define RESULT_205_CONTENT          1
#define RESULT_404_NOT_FOUND        11

void app_readResponse(const st_uri_t * uri,const st_data_t * value,uint32_t mid,uint8_t result);
void app_writeResponse(uint32_t mid,uint8_t result);
void app_execResponse(unit32_t mid,unit8_t result);
```

下面将分别介绍程序中的三个主要功能部分。

(1)初始化程序

main 主函数将 app_init()进行应用初始化工作，我们通过 AT 指令操控 BC95 模块，配置串口相关时钟、串口参数，并打开串口中断，代码如下：

```
GPIO_InitTypeDef GPIO_InitStructure;
USART_InitTypeDef USART_InitStructure;
NVIC_InitTypeDef NVIC_InitStructure;

//串口时钟初始化
RCC_APB2PeriphClockCmd(RCC_APB2Periph_AFIO, ENABLE);
RCC_APB2PeriphClockCmd(RCC_APB2Periph_GPIOA, ENABLE);
RCC_APB1PeriphClockCmd(RCC_APB1Periph_USART2,ENABLE);

//GPIO 初始化
GPIO_InitStructure.GPIO_Pin = GPIO_Pin_2;
GPIO_InitStructure.GPIO_Speed = GPIO_Speed_50MHz;
GPIO_InitStructure.GPIO_Mode = GPIO_Mode_AF_PP;
GPIO_Init(GPIOA, &GPIO_InitStructure);
GPIO_InitStructure.GPIO_Pin = GPIO_Pin_3;
GPIO_InitStructure.GPIO_Mode = GPIO_Mode_IN_FLOATING;
GPIO_Init(GPIOA, &GPIO_InitStructure);

//初始化串口
USART_InitStructure.USART_BaudRate = bound;
USART_InitStructure.USART_WordLength = USART_WordLength_8b;
USART_InitStructure.USART_StopBits = USART_StopBits_1;
USART_InitStructure.USART_Parity = USART_Parity_No;
USART_InitStructure.USART_HardwareFlowControl ;
USART_HardwareFlowControl_None;
USART_InitStructure.USART_Mode = USART_Mode_Rx | USART_Mode_Tx;
USART_Init(USART2, &USART_InitStructure);

//设置串口中断
NVIC_InitStructure.NVIC_IRQChannel = USART2_IRQn;
NVIC_InitStructure.NVIC_IRQChannelPreemptionPriority =3 ;
NVIC_InitStructure.NVIC_IRQChannelSubPriority = 4;
NVIC_InitStructure.NVIC_IRQChannelCmd = ENABLE;
NVIC_Init(&NVIC_InitStructure);
USART_ITConfig(USART2, USART_IT_RXNE, ENABLE);
USART_Cmd(USART2, ENABLE);
```

构建串口数据接收中断处理函数：

```
void USART2_IRQHandler(void)
```

```
{
    unsigned int data;
if(USART2 - >SR & USART_FLAG_RXNE)
{
    data = USART2 - >DR;
    usart2_recv_buffer[usart2_rcv_len + +] = data;
    .......

//通知应用从串口收到数据
bc95_recv_callback(usart2_recv_buffer,usart2_rcv_len);
}
}
```

构建串口数据发送函数:

```
void usart2_write(uint8_t * buffer,uint32_t length)
{
    uint32_t i;
    USART_ClearFlag(USART2, USART_FLAG_TC);
    for(i = 0; i < length; i + +)
    {
        USART_SendData(USART2, * buffer + +);
        while( USART_GetFlagStatus(USART2, USART_FLAG_TC) = = RESET );
    }
}
```

通过串口发送指令控制 BC95 通信模组初始化，并开始连接 NB-IoT 网络。

```
void bc95_init(void)
{
    usart2_write_cmd("AT+NRB\r\n");
    usart2_write_cmd_resp("AT+CFUN=1\r\n", "OK", 2000,resp);
    usart2_write_cmd_resp("AT+CGATT=1\r\n", "OK", 3000,resp);
    ...........
}
```

（2）安装和管理传感设备

主函数中的 app_ installObject 函数进行对应用抽象对象的添加安装。

```
app_installObject(OBJECT_LIGHT,OBJECT_LIGHT_COUNT,
OBJECT_ATTR_COUNT,OBJECT_ACTION_COUNT);
```

参数中 OBJECT_LIGHT 为对象定义的对象 ID。

参数中 OBJECT_LIGHT_COUNT 为对象定义的实例个数。

参数中 OBJECT_ATTR_COUNT 为对象定义的可读写资源个数。

参数中 OBJECT_ACTION_COUNT 为对象定义的可执行资源个数。

如下是具体的宏定义：

```
#define OBJECT_LIGHT            3311
#define OBJECT_ATTR_DIMMER      5851
#define OBJECT_ACTION_ON        6001
#define OBJECT_ACTION_OFF       6000

#define OBJECT_LIGHT_COUNT  5
#define OBJECT_ATTR_COUNT   1
#define OBJECT_ACTION_COUNT 2
```

OneNET 平台通过 URI 指定请求消息对应的关联对象 ID、对象的实例索引 ID 以及可读写或可执行的资源 ID。

st_ uri_ t 结构定义如下：

```
struct st_uri
{
    uint8_t      flag;
    uint16_t     objectId;
    uint16_t     instanceId;
    uint16_t     resourceId;
} st_uri_t;
```

（3） 消息回调的处理方法

```
#define RESULT_204_CHANGED      2
#define RESULT_205_CONTENT      1
#define RESULT_404_NOT_FOUND    11
```

以上是 RESULT 结果的宏定义，用于回调消息处理完成后返回给通信模组的结果。

```
#define URI_FLAG_INSTANCE_ID   (uint8_t)0x02
#define URI_FLAG_RESOURCE_ID   (uint8_t)0x01

#define URI_ISSET_INSTANCE(uri)   (((uri) - >flag & URI_FLAG_INSTANCE_ID) !=0)
#define URI_ISSET_RESOURCE(uri) (((uri) - >flag & URI_FLAG_RESOURCE_ID) !=0)
```

以上是针对 st_uri_t 结构定义中的 flag 相关判断宏，URI_ISSET_INSTANCE 用于判断 URI 结构中 INSTANCE_ID 是否被设置，URI_ISSET_RESOURCE 用于判断 URI 结构中RESOURCE_ID是否被设置。

下面 st_data_t 结构体的定义用在 READ 请求以及 WRITE 请求所携带的参数，具体定义如下：

```
struct st_data
{
    uint32_t          id;
    uint8_t           type;

    union
    {
        bool          asBoolean;
        int64_t       asInteger;
        double        asFloat;
        struct
        {
            uint32_t     length;
            uint8_t *     buffer;
        } asBuffer;
    } value;
} st_data_t;
```

下面一组接口用于控制硬件及获取硬件信息，演示中需要获取光强传感器数值，并通过设置整型值对 LED 灯亮度进行调节；另外，还需要对灯的开关进行控制。

```
int  hal_getLightDimmer(uint8_t index);
void hal_setLightDimmer(uint8_t index,int value);
bool hal_doLightTurnOn(uint8_t index);
bool hal_doLightTurnOff(uint8_t index);
```

下面是针对 READ、WRITE、EXECUTE、EVENT 几个消息的回调处理函数：

```
void app_onRead(const st_msg_t * msg)
{
    uint32_t msgid = msg->id;
    st_uri_t uri = msg->parameter.asRead.uri;

    if(uri.objectId == OBJECT_LIGHT)
    {
        if(URI_ISSET_INSTANCE(&uri) && URI_ISSET_RESOURCE(&uri))
        {
            if(uri.instanceId < OBJECT_LIGHT_COUNT)
            {
                app_readResponse(NULL,NULL,msgid,RESULT_404_NOT_FOUND);
```

```
            }
            else if(uri.resourceId == OBJECT_ATTR_DIMMER)
            {
                st_data_t data;
                int value = hal_getLightDimmer(uri.instanceId);

                data.id = uri.resourceId;
                data.type = DATA_TYPE_INTEGER;
                data.value.asInteger = value;

                app_readResponse(&uri,&data,msgid,RESULT_205_CONTENT);
            }
        }
    }
}

void app_onWrite(const st_msg_t * msg)
{
    uint32_t id = msg->id;
    st_uri_t uri = msg->parameter.asWrite.uri;
    st_data_t * dataArray = msg->parameter.asWrite.dataArray;
    uint32_t dataCount = msg->parameter.asWrite.dataCount;

    if(uri.objectId == OBJECT_LIGHT)
    {
        if(URI_ISSET_INSTANCE(&uri) && URI_ISSET_RESOURCE(&uri))
        {
            if(uri.instanceId < OBJECT_LIGHT_COUNT)
            {
                app_readResponse(msgid,RESULT_404_NOT_FOUND);
            }
            else
            {
                for(int i =0;i < dataCount;i++)
                {
                    if(dataArray[i].id == OBJECT_ATTR_DIMMER)
                    {
hal_setLightDimmer(uri.instanceId,dataArray[i].value.asInteger);
                        app_readResponse(msgid,RESULT_204_CHANGED);
                    }
```

```
                }
            }
        }
    }
}

void app_onExec(const st_msg_t * msg)
{
    uint32_t id = msg->id;
    st_uri_t uri = msg->parameter.asRead.uri;


    if(uri.objectId == OBJECT_LIGHT)
    {
        if(URI_ISSET_INSTANCE(&uri) && URI_ISSET_RESOURCE(&uri))
        {
            if(uri.instanceId < OBJECT_LIGHT_COUNT)
            {
                app_readResponse(msgid,RESULT_404_NOT_FOUND);
            }
            else
            {
                switch(uri.resourceId)
                {
                case OBJECT_ACTION_ON:
                    {
                        hal_doLightTurnOn(uri.instanceId);
                    }
                    break;
                case OBJECT_ACTION_OFF:
                    {
                        hal_doLightTurnOff(uri.instanceId);
                    }
                    break;
                }
            }
        }
    }
}
```

```
void app_onEvent(const st_msg_t * msg)
{
    LOG_PRINT("on event:%d",msg->asEvent.eid);
}
```

5. 编译与运行

在工具编译栏中单击［编译］按钮开始编译，如图 17.25 所示。

图 17.25　工具编译栏

在工具编译栏中单击［download］按钮将编译的程序下载到 MCU，或者在菜单中选择 Debug -> Start/Stop Debug Session 进行下载调试，如图 17.26 所示。

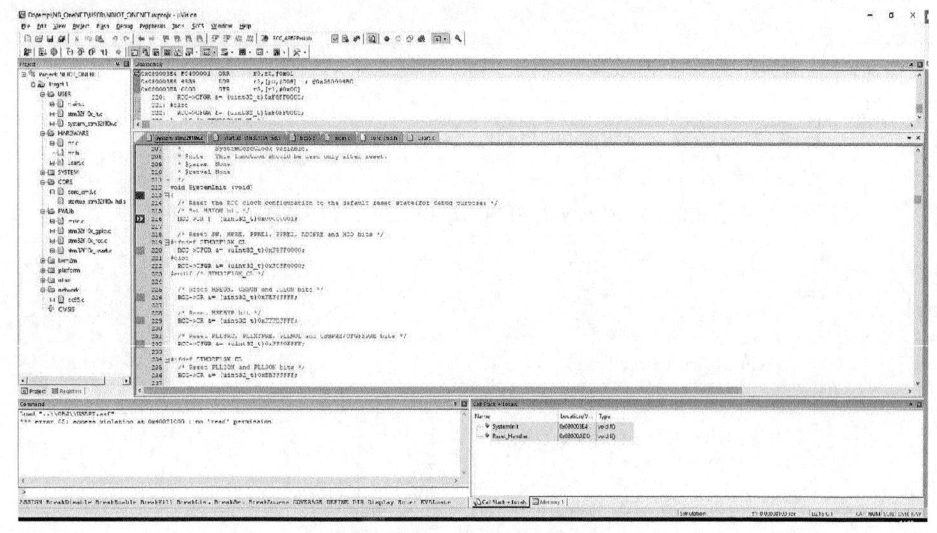

图 17.26　下载调试程序

如果设备能够正常连接网络与物联网平台，通过平台侧或者终端日志，即可以看到最终运行效果。

17.3　校园创新及案例

17.3.1　5G 联创进校园创客活动

目前，我国积极开展工程学科教育改革，重视产学研结合，很多高校有需求把物联网技术及人工智能技术等前沿学科融入其信息学导论课程中，并在导论课程中提高大学生对于工程学科的认知水平，锻炼他们在学习中进行创新开发实践的能力。因此，中国移动公司和北京邮电大学依托 5G 联创中心平台开展了合作试点。通过 5G 联创进校园试点，打造前沿创新课程体系，为学校提供端到端的网络环境、物联网模组以及物联网云平台能力，同时组织基于物联网技术的创客马拉松和暑期创新营等双创活动，对学生的优秀创新成果进行展示和孵化，并联合高校高水平实验室进行信息技术基础研究和前沿研究联合攻关。

为了使得校园创客们有更好的条件进行创新研发实践，中国移动为北邮校园提前部署了 NB-IoT基站，并为学校配备了 NB-IoT 开发板，协助创客团队申请了 OneNET 账号。同时开设了物联网开发课程介绍了物联网应用开发工具和优秀案例，启发了校园创客的思路。

2017 年中国移动联合北京邮电大学组织了 2 次创客马拉松活动、1 次暑假创新营活动，首次创客马拉松活动照片如图 17.27 所示。活动中涌现出 50 多个优秀的创客团队，前后共提交了近 60 项优秀的创新应用设计，其中有 3 个优秀应用设计在中国移动 2017 合作伙伴大会中展示（如图 17.28 所示），2 个优秀应用设计入围中国移动万物互联创客大赛前 40 名，1 个创客项目获得了中国移动万物互联创客大赛第二名。2018 年，5G 联创进校园创客活动计划推广到全国其他 6 所重点高校。

图 17.27　中国移动 5G 联创进校园在北邮创客马拉松活动

17.3.2　基于开源硬件的校园物联网技术创新实践

2017 年 5G 联创进校园创客活动主要推广的是基于物联网的创新设计实践活动。为方便学生进行 NB-IoT 的创新实践，活动方在校园提供了端到端的网络环境、硬件及平台等资源，本节将介绍基于开源硬件 Microduino 和 mCookie 的物联网开发案例。

图 17.28　来自高校的创客项目在 2017 年中国移动合作大会上展示

1. 开源硬件介绍

开源（Open Source）最早以开源软件（Open Source Software）的形式出现，开源软件是一种源代码可以任意获取的计算机软件，这种软件的版权持有人在软件协议的规定之下保留一部分权利并允许用户学习、修改、增进，以提高这款软件的质量。开源协议通常匹配开放源代码的要求，开源软件同时也是一种软件散布模式。一般的软件仅可获取经过编译的二进制可执行文件，通常只有软件的作者或著作权所有者等拥有程序的源代码。

开源之风从软件吹到了硬件，催生了开源硬件（Open Source Hardware），也驱动了创客运动的发展。开源硬件指采用开源软件类似方式设计的计算机和电子硬件，开放包括电路板设计图等信息，完成硬件设备协作发展。全球最著名的三款开源硬件平台分别是Arduino、BeagleBone和Raspberry Pi。其中，BeagleBone和Raspberry Pi都属于微型电脑（SoC），基于Linux操作系统。Arduino属于单片机，更适用于在中小学校园中运用推广。Arduino是一款便捷灵活、方便上手的开源硬件平台，包含硬件（各种型号的Arduino板）和软件（Arduino IDE）。Arduino能通过各种各样的传感器来感知环境，通过控制灯光、电动机和其他的装置来反馈、影响环境。板子上的微控制器可以通过Arduino的编程语言来编写程序，编译成二进制文件，烧录进微控制器。Arduino功能非常强大，例如：欧洲大型强子对撞机中就有Arduino的身影。另外，Arduino也被广泛用于面向K12的编程教育中，支持通过Scratch、Google Blockly等图形化编程工具。

下面以国内开源硬件的领导者美科科技（北京）有限公司发布的电子积木系列Microduino和mCookie为例介绍NB-IoT开源硬件。如图17.29和图17.30所示，Microduino和mCookie是为各年龄段的玩家、设计师、工程师、学生以及富有想象力的发明家们设计的小巧、强大、可堆叠的电子硬件，玩家可以用它来搭建开源项目或创建出新的硬件创新原型方案。所有的Microduino和mCookie电路板都是Arduino兼容的。资深的玩家可以在Arduino开发环境下自己编写程序，通过USB线传输代码，新手则可以利用开源Scratch进行可视化编程来拖放预写入的代码。Microduino和mCookie大大缩减了尺寸和原型设计成本，改善了Arduino兼容板的实用性和灵活性，为各个年龄段及拥有不同熟练度的玩家带来更好的体验。另外，mCookie还采用了弹针设计，磁性连接堆叠，不易损坏且易使用。此外，mCookie还提供多种微处理单元供选择、丰富的联网模式支持、各具特色的功能模块及众多传感器。Microduino和mCookie模块、传感器及相应的套件常常被应用于帮助玩家实现创意、电子原型开发、产品小批量等阶段，还被大中院校、K12教育课堂作为创新编程教育而广泛采用，如图17.31所示。

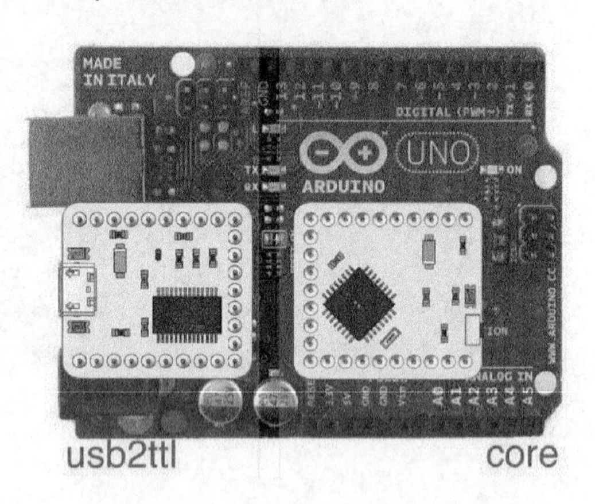

图17.29 Arduino和Microduino对比图
（上面两个小的电路板为Microduino）

为了便于开源硬件社区开发基于NB-IoT的创新应用，美科科技在其mCookie开源硬件基础上开发了面向开源硬件社区和青少年的开源硬件NB-IoT模块，还支持接入中国移动OneNET平台能力，如图17.32所示。

mCookie NB-IoT模块说明如下：

1）支持开源硬件社区：

- 硬件模块Arduino兼容。

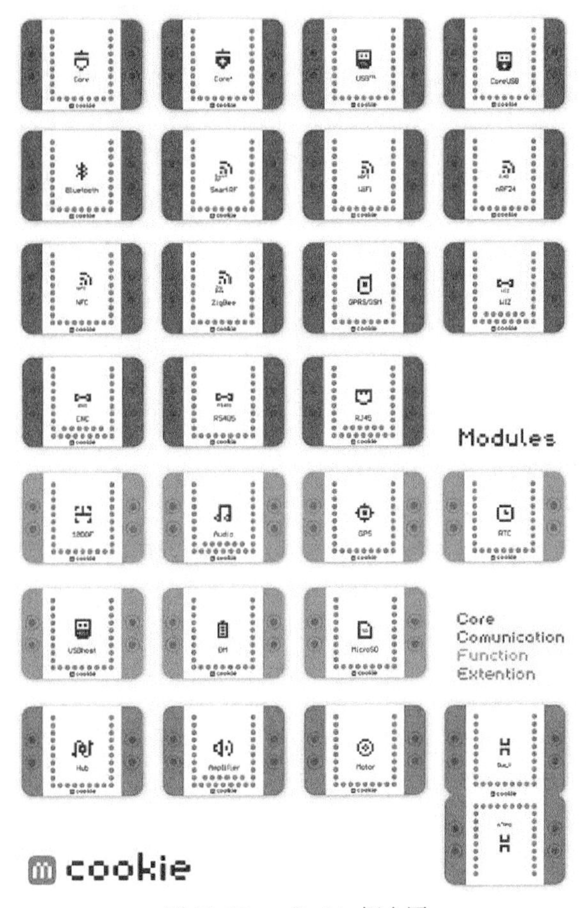

图 17.30　mCookie 概念图

图 17.31　学生们在物联网创马实践活动中调试 Microduino

- 支持 Arduino IDE 开发。

2）适合青少年使用：

- 兼容乐高积木，能够无缝堆叠在乐高积木中。
- 提供可堆叠模块设计。
- 与扩展模块之间无须连线焊接，采用磁性连接。
- 与传感器直接无须焊接。

3）通信电气性能：

- 射频特性：支持在 Band 8 频段下运行，发射功率 23dBm。
- 通信模块供电方式：支持 MicroUSB 数据线供电或接电池。

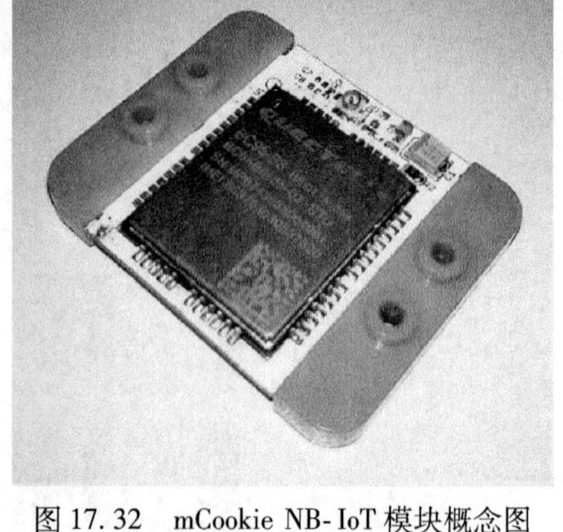

图 17.32　mCookie NB-IoT 模块概念图

- 工作电压：3.1～4.2V（推荐 3.6V）。
- I/O 电平：UART 以及中断引脚耐受电压为 3.3～5.5V，通过模块板载电平转换实现。
- 通信模块需具备 USIM 卡支持能力，提供 UART 接口和中断接口与中央控制模块之间进行通信，通信波特率为 9600bit/s，固件升级波特率为 115200bit/s。

通过将 NB-IoT 技术和 OneNET 平台引入开源硬件，能够为开发者及广大青少年学生提供一种移动物联网技术的快速原型搭建学习系统，支持基于中国移动 OneNET 平台快速搭建各类物联网应用原型，方便开发者进行物联网创新应用开发。

2. 基于开源硬件的校园物联网应用开发案例介绍

（1）校园数字气象站解决方案

1）项目背景。校园数字气象站能够用于气象科普教学，帮助学生了解身边的气候环境，可同时监测大气温度、大气湿度、土壤温度、土壤湿度、风速、风向、气压、辐射、照度等诸多气象要素，并能将采集到的数据汇聚到校园气象监测服务系统上。通过在校园气象站建设中引入基于开源硬件的解决方案，利用 NB-IoT、云平台技术，将创客教育中的精髓与科普工作相结合，增加了气象科普工作的技术先进性、交互性、趣味性、参与性、创造性，更贴近生活。

2）解决方案。基于 NB-IoT 的智能校园气象站实现能够大大降低系统复杂度，并节约设备安装部署成本。表 17.12 对比了两类校园数字气象站，采用 NB-IoT 技术既可以替换 Wi-Fi 功能模块，也不再依赖校园网 Wi-Fi 接入，避免为保证 Wi-Fi 接入对网络覆盖的高要求，有利于将校园数字气象站推广到更广大的偏远地区。

表 17.12　基于 NB-IoT 与基于 Wi-Fi 的开源硬件套装对比

特征	Wi-Fi 数字气象站	NB-IoT 数字气象站
基座：电源管理模块、显示模块、时钟模块	有	有
基础气象传感器（6 要素）：大气温度、大气湿度、气压、风速、风向、雨量	有	有
气象传感器扩展（9 要素）：太阳辐射、土壤温度、土壤湿度	有	有

（续）

特征	Wi-Fi 数字气象站	NB-IoT 数字气象站
气象传感器扩展（空气质量）：PM 值	有	有
存储扩展：SD 卡模块	有	有
物联网连接	Wi-Fi 模块	NB-IoT 模块

智能校园气象站还需要气象监测服务系统，用于管理气象站设备，收集和汇总气象数据，可以部署于信息中心、云端，或学校。直接将气象站数据对接中国移动 OneNET 平台，可以降低学校气象监测服务系统部署和运维开销，见表 17.13。

表 17.13　传统气象监测服务系统与基于 OneNET 平台的气象监测服务系统对比

特征	气象监测服务系统	OneNET 平台
设备管理	有	有
设备控制	有	有
收集数据	有	有
可视化图表	固定形式	自定义图表，灵活方便
气象数据共享	有	有

3）产品展示。

如图 17.33 所示，通过对 OneNET 平台进行自定义，可以灵活方便提供气象监测服务系统所需的各种图形化展示。

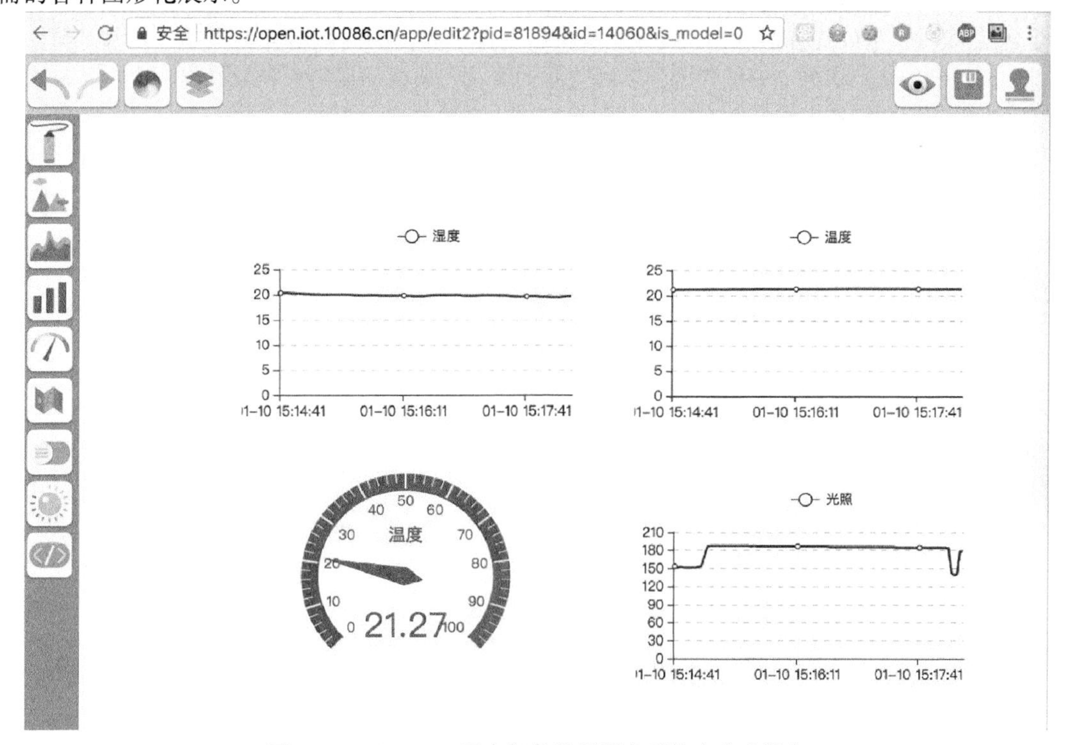

图 17.33　OneNET 平台气象监测服务系统自定义服务

以校园数字气象站为基础，结合各类生活场景，通过引入移动物联网开源硬件平台，结合图形化编程，能够创作出更为丰富多彩的物联网创新应用原型。譬如以下两个方面：

• 雾霾观察，即为气象站套件增加 PM 传感器，用于记录环境的 PM 值。这样同学们就可以更加深入了解 PM2.5 的定义及成因，对于 PM2.5 及其他空气问题的治理方法就有更为真实的感受。

• 湿地保护，需要增加一个探测组件，即实体拼装湿地探测船，通过传感探测，将湿地信息以通俗易懂的方式进行传递，可以在实际应用场景下让大家对湿地保护有更生动且深刻的认知。

（2）城市积水检测解决方案

1）项目背景。传统的道路积水测量系统大都靠人工测量，危险且工作环境恶劣，随着人口红利的消去，成本的上涨，依靠自动化测量的需求越来越明显。在北京这样的大城市，个别地方有积水检测系统，但是覆盖面积小，难以形成网络。通过这种模式的积水测量很难做到积水数据的及时上报和即时显现预警。传统的积水测量有三种主要方法，一种方法是利用电子水尺测量，这种方法单点成本超过 2000 元，成本高，且无法大面积部署，无法自动化即时监控和上报数据，水尺被电解质污染，测量不准的情况普遍存在；第二种方法是利用雷达水位计来测量，这种方法成本更高，单点部署成本超过 6000 元，且无法大面积部署和自动化测量，读数受到障碍物影响存在较大误差；第三种方法是利用压力式水位计来测量，这种方法虽然成本不高，但由于各积水点因为携带泥沙淤积质量和水密度不同，导致测量数据不准确。

项目的创意来自曾经的北京城市道路大水灾。北京的 2012 年“7·21”特大暴雨期间，仅几天的降雨就带来了百亿元的经济损失，79 人在此次暴雨中遇难。而 2017 年的“7·6”暴雨，截至当日 18 时，全市共转移 13325 人，主要集中在房山、门头沟、延庆、怀柔、密云、昌平等区，全市关闭景区 100 个。于是学生创客团队在创客马拉松活动期间头脑风暴出一个主意，来解决城市道路积水实时监测系统和智能手机即时查看的设计。

2）解决方案。城市积水检测的解决方案如图 17.34 所示。红外积水高度检测仪放置在城市积水道路两侧，如立交桥下、道路灯杆处等。通过检测仪上的 NB-IoT 模组，将数据通过 NB-IoT 网络上传至 OneNET 平台。应用服务器从 OneNET 平台读取数据进行数据处理和应用展示，同时制作数据开放 API，可供其他应用开发商调用。

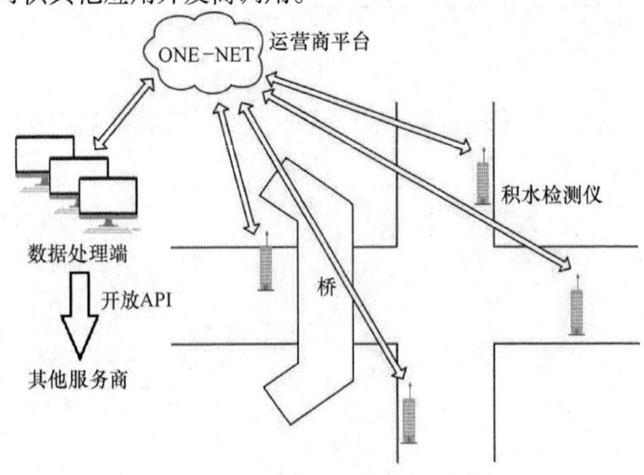

图 17.34　城市积水检测解决方案设计图

方案采用 mCookie 模块，通过 NB-IoT 网络及时将信息传输至 OneNET 平台，然后从 OneNET 平台直接调用数据将积水点直接显示在数字地图相应的位置，并以 Web 页面的形式展现给每一个消费用户，无论是司机还是行人，都可以通过手机浏览器或者微信小程序看到自己行进的路途中哪些是超过 20cm 的红色积水点，可能会导致普通轿车陷车，这样司机就会提早及时避开前方道路；哪些是超过 10cm 的黄色积水点，汽车可以通过，但是行人通过比较危险，至少会弄湿鞋子和裤子；哪些是低于 10cm 的绿色积水点，提醒大家通过时没有危险，但要小心翼翼。在数据方面，数据调用做成了开放式 API，欢迎其他应用开发者调用融合到其他应用中去。

3）产品展示。城市积水检测创新设计在 2017 年中国移动合作伙伴大会进行了展示，受到业界关注和好评。该创新方案还晋级了中国移动 2017 万物互联创客大赛前 40 强。

如图 17.35 所示，积水检测器设计的特点在于：将电子测量模块与物理模相分离，方便安装、更换，增加电子设备的耐久性；利用浮漂测量，避免水体密度、泥沙淤积、路基晃动带来对测量的影响；检测器形成独立封闭环境，减少溅水带来的影响；成本低廉，支持大量部署。

图 17.35　城市积水检测产品设计图

（3）智能安全柜

1）项目背景。智能安全柜需求来源于校园学习生活，例如冬季的操场运动，学生们为完成长跑达标，学生们裹着厚厚的羽绒服，背着沉沉的书包来到操场，并把羽绒服和书包放到操场边的看台就匆匆去跑道三五成群地开练，可当他们满头大汗地跑回来时却可能发现书包不见了，羽绒服被别的同学穿错了。本项目利用了电子锁密钥算法，巧妙用了 NB-IoT 的特性去完成密钥无线传输部分，实现创新产品应用的闭环。

2）解决方案。智能安全柜的解决方案设计如图 17.36 所示，柜体部分包含四大模块，分别是门锁本体、门锁电路控制部分、中央处理模块和物联网模组部分。其中，门锁电路控制部分直接控制门锁电路实现开锁和闭锁，中央处理器部分实现密码验证算法，NB-IoT 模组实现密钥数据和控制指令的传送。在应用服务器部分实现后台的密钥鉴权和控制，以及前台部分的微信小程序。

智能安全柜的业务逻辑如下：同学们来到操场边准备锻炼，首先在一个安全柜里将羽绒服和大书包放好，然后关门用手机扫描柜门上的二维码激活密钥锁门并将密钥从服务器传至用户手机侧。于是用户可携带手机去跑步锻炼，当锻炼回来，用户使用手机 APP 扫描二维码，激活柜门电子锁开锁，取出衣物离开。

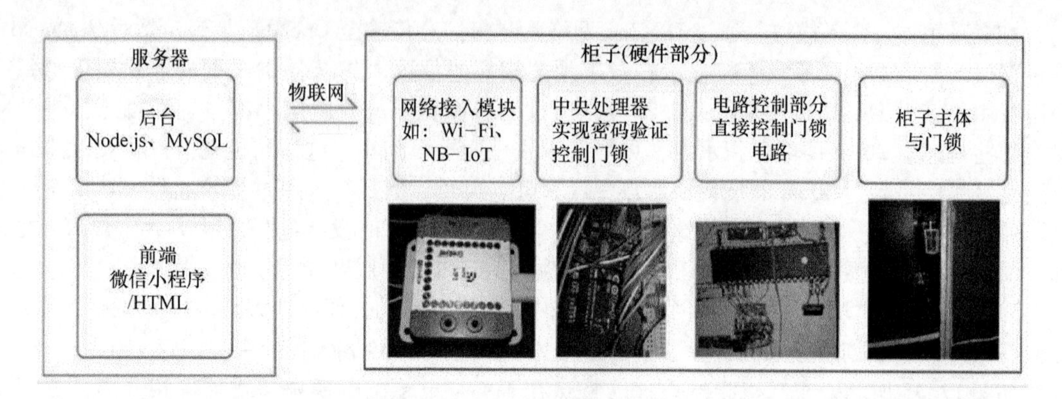

图 17.36　智能安全柜解决方案设计图

3）产品展示。原型产品模型的搭建和产品设计如图 17.37 所示，包括：硬件的整体设计图和电路部分设计图，以及外形的三视图。

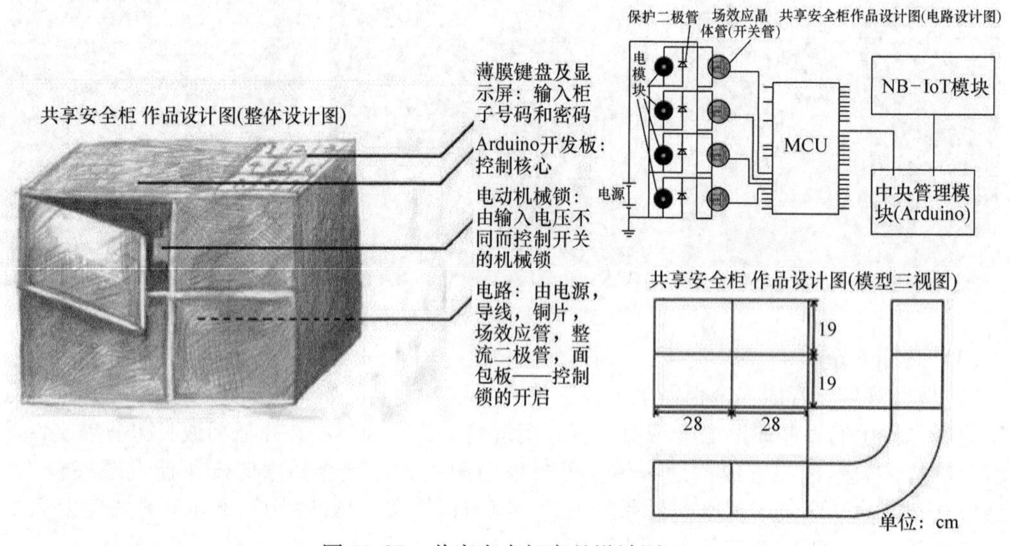

图 17.37　共享安全柜产品设计图

（4）智慧教室解决方案

1）项目目标。智慧教室物联网应用的创客团队致力于发挥 NB-IoT 海量连接的优势，而校园内数量占优的是桌椅等设备，于是学生们通过研究桌椅连接全校的教室，对教室的情况进行查看。

2）解决方案。智慧教室的解决方案设计中采用了“SDK（基础通信套件）+数据存储转发+数据分析”三位一体的解决方案架构，如图 17.38 所示。利用 NB-IoT 模组将数据传入 OneNET 云端进行数据分析，再将数据处理结果传入应用服务器。在应用服务器端进行相应处理后，传感器端可出现相应变化。设计的关键在于数据的传输分析以及应用的 Web 网页的开发。

其中，在每个座椅的硬件模块中，通过在 Arduino IDE 中编写代码实现基本功能，利用

mCookie 的执行器、传感器、NB-IoT 模组完成硬件功能的实现；在 OneNET 云端编写传感器和核心模块接入代码，完成数据采集、协议封装、数据上传等工作；数据上传成功后，OneNET 平台在相应数据流下会生成随时间推移的数据点；在应用服务器端，使用 PHP、HTML、CSS、SQL 等语言设计实现网站，在 Web 端定义 My CC 智慧教室系统。

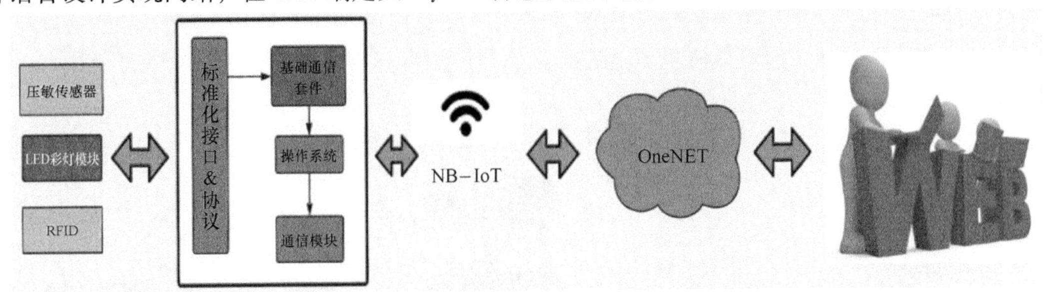

图 17.38　智慧教室解决方案设计图

3）产品展示。智慧教室的创新团队把用户 UI 设计作为重点，因为对于一款互联网应用，好的用户体验和界面友好是成功的关键。同时，学生们在设计中充分考虑了作为一款校园 APP 的独特性，比如，该应用可以选择以学号登录，自然而然免去了繁杂的注册过程，同时把关注同学和朋友作为一个亮点，这样可以选择预约相邻座位来共同学习。此外，还有更丰富的社交功能，比如：发帖功能等等。图 17.39 所示为同学们设计的应用的 UI 的 Web 主界面。

图 17.39　智慧教室 Web 应用界面图

（5）水瓶比心机

1）项目背景。大学校园中，每日产生大量的废品垃圾（如空瓶等），遵循垃圾分类的环保趋势，学生们的创意设计从智能回收饮料瓶的智能垃圾箱开始，同学们为这样的行为模式设计了“笔芯（比心）福利”，即每个向水瓶比心机里投放了一个饮料瓶的用户都有机会在手机 APP 上累计福利值，当投放水瓶达到一定数量时，水瓶比心机会吐出签字笔笔芯作为回报。

2）解决方案。该产品定位于垃圾单一分类的智慧应用产品。这款物联网设计产品的亮点主要体现在：基于 OneNET 云平台和 mCookie 套件，使用物联网传输技术传输数据；以计数众筹的方式实现自动奖励机制，提升人们的环保意识，是一款“物联网 + 众筹共享 + 环保回收”的文化创意产品。产品的解决方案设计如图 17.40 所示，通过水瓶投入口的红外计数计算某人投入水瓶的数量，该数量和捆绑的投瓶人身份信息将通过 NB-IoT 网络传到 OneNET 平台，应用服务器从云端读取数据，并通过微信小程序呈现给用户。同时，水瓶的高度即垃圾箱的满载量也通过红外测量，并通过物联网传送到 OneNET 平台，应用服务器读取该数值和垃圾箱的位置信息呈现在用户的微信小程序上。当某用户的信用数值大于某一设定门限值时，通过物联网将控制信息发送给垃圾箱 CoreUSB 端，启动电机投放笔芯等奖品回馈用户。整个设计实现投瓶数量与用户个人福利信用信息的绑定。

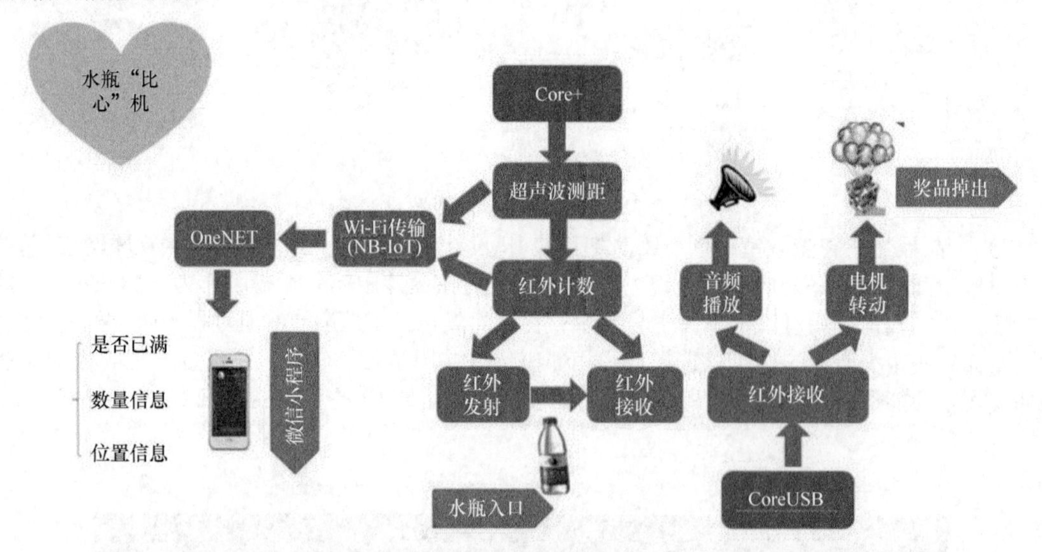

图 17.40　水瓶比心机解决方案设计图

3）产品展示。水瓶比心机产品的设计图如图 17.41 所示，产品原型已经具备的功能包括：水瓶投入的计数、水瓶累计高度的测量、实现水瓶数量计算、用户信息及信用分数的统计和奖品的发放。

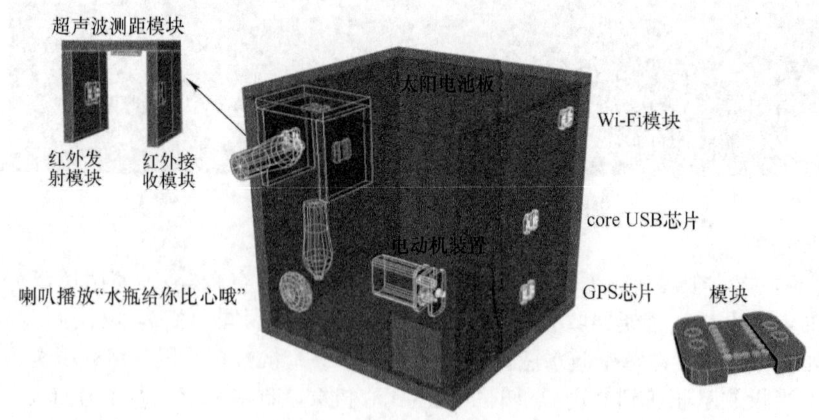

图 17.41　水瓶比心机产品设计图

第 18 章　如何进行应用测试

18.1　如何测试应用的业务质量

为保障应用的端到端业务互通性及质量，可以从业务的功能和性能两方面进行测试。

（1）业务功能测试

业务功能测试通过完整的端到端业务流程测试，验证终端和业务平台之间的互通。业务功能测试应覆盖好、中、差点等不同的网络环境，侧重检查终端与业务平台之间的业务交互的准确性和完整性。业务功能测试应匹配终端不同的业务模型，如针对表计类业务，需考查数据上传的准确性，以及在业务平台侧呈现的完整性。

（2）业务性能测试

业务性能测试考察业务时延、业务速率、移动性能等关键指标，对于功耗较敏感的终端，需考察其在集成了传感器、屏幕等外设后的功耗性能。

业务时延测试：考查终端数据传输时延性能是否满足业务需求。对于不同业务，具体时延测试内容有所差异。例如，对于智能停车业务，考查从车辆到达（或离开）触发业务上报，到平台收到上报数据的时延；对于移动 POS 终端，考查开机时长以及一次交易消耗的时间。

业务速率测试：考查终端在不同网络覆盖下的数据速率是否满足业务需求。当前表计类设备对数据速率要求较低，但可穿戴设备对数据速率则更为敏感。

对于具有移动性需求的业务应用，如共享单车、物流跟踪等业务，需要对该业务终端进行移动性能测试等。移动性能测试需重点考察终端在实际移动中业务连续性、数据中断时延及业务稳定性等指标。

18.2　如何保障终端品质

高质量的终端是保证业务功能和性能的基础条件之一，而完善的终端测试认证体系是保障终端高品质必不可少的环节。

终端测试及认证是把控终端质量、保障终端和网络良好的互通性、提升端到端业务质量的重要手段。完备合理的终端测试体系不仅可以最大程度保障终端质量，而且可以通过针对终端的不同属性合理分配测试内容，尽可能简化测试，降低测试成本，提升测试效率。

通常来讲，终端测试体系包括：测试标准制定、测试系统研发、测试执行、结果认证四大方面。

测试标准由标准组织或企业负责制定，终端国际测试标准组织包括 3GPP RAN5、GSMA 等，其中 3GPP RAN5 定义了终端一致性测试标准，GSMA 制定了终端外场测试标准及 NFC 等关键特性的测试标准。通信领域，国内行业标准组织主要是中国通信标准化协会（CCSA），负责制定我国通信行业标准。企业标准则由运营商等公司自行负责制定。

测试系统研发主要由仪表厂家完成，依据测试标准中定义的测试用例进行测试脚本开发，形成相应的测试系统。通常来讲，测试系统包括：协议一致性、无线资源管理（RRM）一致性及射频一致性、卡接口一致性等。

测试执行由测试实验室负责，测试实验室依据测试标准通过测试系统或者人工来执行测试，并将测试结果提交到相应的认证组织。

认证组织负责制定认证规则、管理认证执行、发布认证结果。

通常，移动物联网终端在模组基础上增加天线等外设，形成面向具体行业应用的最终产品；模组在芯片基础上，集成射频前端器件，根据终端需求进行定制化开发；芯片是通信解决方案的基础。根据芯片、模组、终端实现功能的差异，测试认证内容应有所区分。同时，从芯片、模组、终端量上看，芯片量大、产品类型少，终端量小、产品类型多，模组则介于两者之间。

如能有效区分测试内容，将尽可能多地测试下沉至芯片，对终端则执行尽可能少的测试例，模组介于其中，承担通信类关键测试，以期实现芯片、模组、终端测试内容互不重叠又互相补充。根据以上理念，建立移动物联网终端的“芯片-模组-终端”三段式测试体系，可以为产业提供行之有效的低成本测试解决方案。

具体来讲，三段式测试认证体系指将测试认证内容逐层分解到芯片-模组-终端三个层面，如图 18.1 所示，在芯片层面主要进行功能测试，在模组层面主要进行性能测试，在终端层面主要进行业务测试。将无线通信功能和性能测试下沉到芯片平台，网络兼容性、低功耗等关键功能和性能在模组层面进行测试，天线性能、应用业务、终端可靠性、卡接口、安全等内容在终端层面测试。三段式测试认证能够避免重复测试，降低模组、终端测试成本的同时，保证测试内容的完备性。

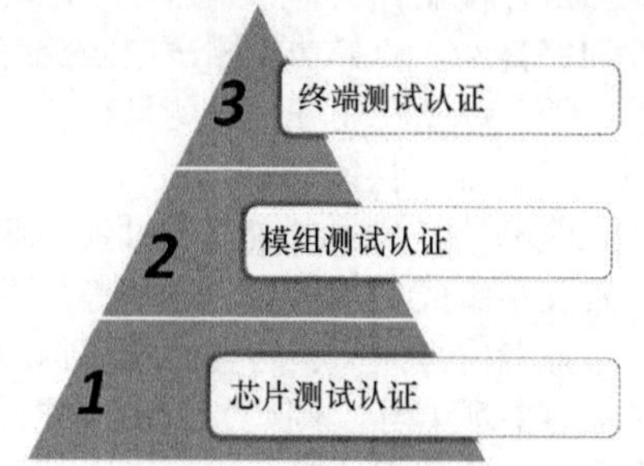

图 18.1　三段式测试认证

18.2.1　芯片测试

芯片平台是终端无线通信能力和基本业务能力的核心，需要重点考察其无线通信协议功能和无线资源管理功能等，保障终端与网络的互联互通。芯片测试主要包括：协议一致性测试、无线资源管理一致性测试、网络兼容性测试、基础通信套件测试等。其中无线资源管理一致性测试中，如涉及与射频器件相关的测试，建议在模组测试中考察。如基础通信套件并未集成到芯片中，而是集成到模组或者终端中，则需要在模组或者终端中考察，但不必在模组或者终端中重复进行考察。

1. 协议一致性测试

协议一致性测试是为了验证终端实现符合相应协议标准，保证不同厂家的终端在网络中能够互联互通，并表现一致。该项测试主要验证终端无线通信层协议栈实现的正确性，其测试标准由 3GPP 定义，主要测试标准为 TS 36.523-1。

当前移动物联网终端协议一致性测试标准基本完成，包括：通用过程测试、空闲态测试、数据链路层测试、RRC/NAS 测试等内容。

（1）通用过程测试

该测试包括控制面优化传输测试、用户面优化传输测试、短消息能力测试、PDN 连接建立测试等主要协议流程测试。

（2）空闲态测试

该测试考察芯片的 PLMN 选择、小区选择、接入限制及小区重选功能。

（3）数据链路层测试

该测试考察芯片 MAC 层、RLC 层、PDCP 层等功能实现是否符合标准要求。其中 MAC 层主要测试随机接入过程、HARQ 进程处理、DRX 功能、MAC 控制单元处理等内容，RLC 层主要测试排序、接收状态触发、PDU 分段等内容，PDCP 层主要测试完整性保护、加密/解密等内容。

（4）RRC/NAS 测试

该测试考察芯片接入层和非接入层信令过程符合标准要求。其中 RRC 层主要测试对寻呼消息的处理、RRC 链路挂起和恢复、重定向、RRC 链路重建、RRC 链路失败等，NAS 主要测试附着、NAS 完整性保护和加密、路由区更新过程等。

2. 无线资源管理一致性测试

RRM 一致性测试由 3GPP 定义，相关测试标准为 TS36.521－3。该部分测试内容是对终端无线资源管理能力进行测试，反映的是终端在变化的无线环境中的性能，关注的是终端重选、切换等移动性过程的测量准确性、时延和成功率是否达标。

在测试内容上，包括以下方面：

1）空闲状态下的小区重选，包括同频小区重选、异频小区重选场景，考察重选时延和成功率。

2）RRC 连接控制，包括同频、异频小区 RRC 连接重建、基于竞争的随机接入等过程，考查功率精度和成功率。

3）定时和信令特性，包括终端定时精度、时间提前量精度、失步下无线链路监测、同步下无线链路监测、DRX 及失步下无线链路监测、DRX 及同步下无线链路监测等。

3. 网络兼容性测试

网络兼容性测试是终端芯片和真实网络设备进行配对测试，达到保障终端与不同网络良好互通性的目的。由于网络兼容性测试侧重考察终端的通信功能，与芯片关系密切，建议在芯片层面考查。

网络兼容性测试基于真实网络设备环境开展，适用于网元敏感性测试，如时延测试等。通常网络兼容性测试在实验室环境中进行，稳定的网络环境适合重复性测试。在实验室测试环境接近于现网实际场景时，可以提前发现并解决芯片和网络的兼容性问题。如有必要，网络兼容性测试也可在外场环境中进行。

网络兼容性测试内容包括：附着、控制面数据传输、用户面数据传输等关键过程，考察芯片和网络功能实现的一致性。此外，还包括不同覆盖等级下的业务时延测试，通过信号衰减器构建不同的信号覆盖环境，测量下行、上行数据传输过程中，从平台侧发送数据到终端侧完成接收的时延，以及终端发送数据到平台侧完成接收的时延，考察重复次数、芯片处理时延、网络处理时延对端到端时延的影响。

4. 基础通信套件测试

如果芯片内置了基础通信套件，则应开展相应测试，测试框架如图 18.2 所示。基础通信套件作为终端侧 SDK，负责规范化应用描述模板，使透传数据变得可解析；简化通信复杂度，降低开发门槛；结合物联网业务特点，优化传输效果。

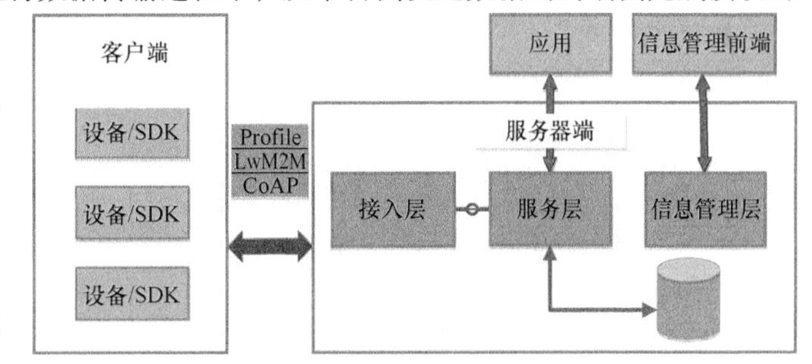

图 18.2　基础通信套件测试框架图

在终端侧，需要解决的首要问题是在数据采集的同时，屏蔽通信层特性差异对应用开发产生的影响，降低用户进行应用移植和开发的复杂度，便于应用的快速开发和迭代。基础通信套件终端侧 SDK 屏蔽了芯片与网络的交互细节，使得应用开发商只需少量代码调用标准接口即可完成应用开发，而无须关注于芯片 AT 指令集，从而大大降低应用开发门槛。

基础通信套件测试主要包括：设备侧功能接口测试，以及接入侧功能接口测试。设备侧功能接口测试包括：对终端设备的资源管理、网络连接、会话管理、请求响应、定时任务功能等；接入侧功能接口测试主要实现和平台侧的通信功能，包括网络连接驱动、网络传输控制、数据封装/解析、网络安全等。

基础通信套件测试对象不局限于芯片，视基础通信套件实现层面，相关测试可上移到模组层面或者终端层面。

18.2.2　模组测试

相对于芯片平台，模组对测试成本更为敏感。保障基本通信能力的一致性测试下沉到芯片平台能够大幅减少模组测试内容。模组测试应面向行业应用需求，形成标准化的测试方案并开发相应测试系统，做到高效低成本。

模组测试内容力求简洁高效，根据面向的业务应用需求，测试认证内容包括：保证低耗能的功耗性能测试、保证广覆盖的射频性能测试、保证兼容性的业务互通测试，以及针对部分提供定位功能的模组的定位能力和定位功耗测试。如图 18.3 所示，以上模组测试方案具备测试用例少、测试覆盖广、测试成本低的特点。

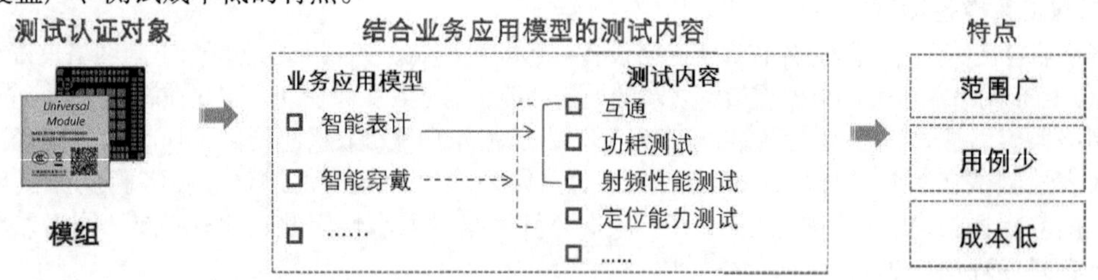

图 18.3　移动物联模组测试内容

对应上述测试方案的模组测试系统需包含移动物联网络模拟器、GPS/北斗定位系统模拟器、电流测试仪器及其他配置仪器仪表，具备通信功能测试（含基础通信套件）、功耗测试、射频测试、定位测试能力，如图 18.4 所示。同时，根据测试内容以及成本需求，可以简化测试系统，如不包含定位测试，则系统仅需要网络模拟器、电流计、主控制电脑即可。

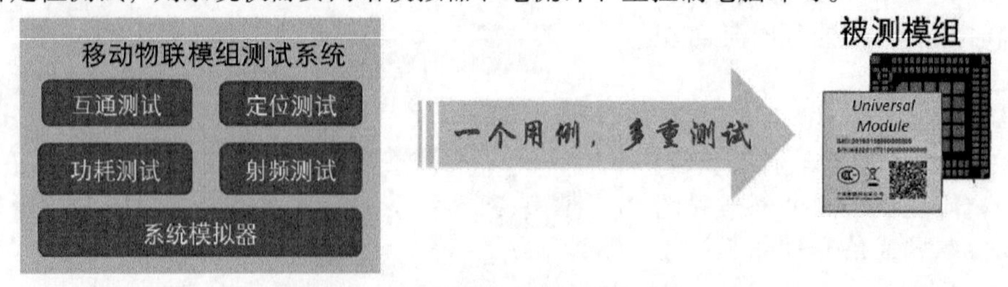

图 18.4　移动物联模组测试系统

仪表是测试可靠性的关键。以对电流计的要求为例，电流计应至少能够准确测量微安级电流，考虑到模组功耗性能在持续优化，则要求电流计的电流测量精度达到纳安级；其次，模组最大发射功率下峰值电流达到 100mA 以上，发送完成后进入节电模式，电流立即下降到 10μA 以下，即电流动态变化范围较大，这要求电流计具备多个量程且具有自动量程切换功能，在电流测量过程中，能够根据被测电流大小自动调整到适合的量程中，避免大量程下测小电流带来测量误差。

1. 功耗性能测试

模组功耗测试借助电流计和网络模拟器完成，网络模拟器提供移动物联网仿真小区，电流计提供稳定的供电电压同时测量模组工作电流。功耗测试考察模组待机状态、节电模式（PSM）、非连续接收（eDRX）状态、不同覆盖区域数据发送和接收状态下的耗电性能。

（1）空闲状态功耗性能测试

该测试考察模组处于空闲状态（RRC_IDLE）的平均电流。该状态下模组可被寻呼到，具有较好的时延特性。该状态下待机电流和寻呼周期相关，NB-IoT 寻呼周期可取值为 2.56s、5.12s、10.24s、20.48s，在评估功耗性能时需明确相应寻呼周期。

（2）PSM 状态功耗性能测试

该测试考察模组处于 PSM 状态的平均休眠电流。可借助仪表测试，通过附着过程或者周期性路由区更新过程开启 PSM 功能，测量模组处于 PSM 状态的平均电流。需要注意的是，通过该测试项，可以同步考察模组从 PSM 状态唤醒的时长和耗电。

（3）eDRX 状态待机功耗测试

根据业务需求，仪表分别配置若干个典型 eDRX 周期，如 20.48s、约 2min、约 10min 等，测试不同 eDRX 周期下模组待机电流。随着 eDRX 周期拉长，模组待机电流应逐渐下降。

（4）上行业务功耗测试

该部分测试主要考察模组应用于智能表计等上报类业务的耗电。智能表计多为周期性上报业务，数据上报周期长，且为终端侧发起的上行业务，适合配置 PSM。具体可配置终端发射功率为 0dBm、10dBm、23dBm 等不同功率，模拟终端处于信号覆盖好点、中点、差点，测量终端发送固定字节数据的耗电量。

（5）下行业务功耗测试

该部分测试主要考察模组进行下行业务的耗电，模拟 MCL = 120dB、144dB、164dB 等不同覆盖环境，测试终端在 eDRX 配置下能够周期性监听寻呼消息，测量模组在不同 MCL 下接收固定字节数据包的耗电量。

（6）双向业务功耗性能测试

该部分测试主要考察终端处于不同覆盖等级下的双向业务功耗性能，对应的业务模型为应用业务平台通过下发数据请求，触发终端进行上行数据传输。仪表模拟覆盖环境为 MCL = 120dB、144dB、164dB 等，测量模组在不同覆盖环境下，接收固定字节数据包再发送固定字节数据包的耗电量。

2. 射频性能测试

模组射频性能主要定义了模组的发射机指标、接收机指标、解调性能指标等，对终端接入网络等性能具有重要影响。该部分内容的考察主要采用 3GPP 定义的射频一致性标准 TS36.521－1。

此外，重传下的射频接收灵敏度、NRSRP/SINR 测量精度等射频指标，对终端接入网络的能力影响较大，未包含在 3GPP 射频一致性测试标准中，可以在模组测试方案中设计用例进行考察。

3. 互通测试

互通测试重点考察模组与网络的互联互通，验证模组对头压缩、控制面传输、速率控制等功能的支持程度。由于芯片测试已尽可能考察了芯片的协议一致性、无线资源管理一致性，以及与网络的兼容性能力，针对模组的互通测试需要重点考查在不同业务模型下、不同网络配置下模组与网络的互通能力，以作为芯片测试的有力补充。

因此，模组互通测试应根据该模组的未来应用场景，尽量选择典型的业务模型和网络配置，特别是芯片测试中尚未覆盖到的配置场景，用来检验其在该配置情况下的互通能力，从而在终端业务测试前，尽可能较全面的考察其与网络的互通能力，降低终端业务测试的压力。

4. 定位测试

面向共享单车、宠物跟踪器等应用业务的模组需具备定位能力，定位功能测试适用于支持定位功能的模组。该部分测试可借助 GNSS 模拟器，考察模组 GPS 和北斗定位能力，同时考察模组定位功耗，定位测试架构图如图 18.5 所示。

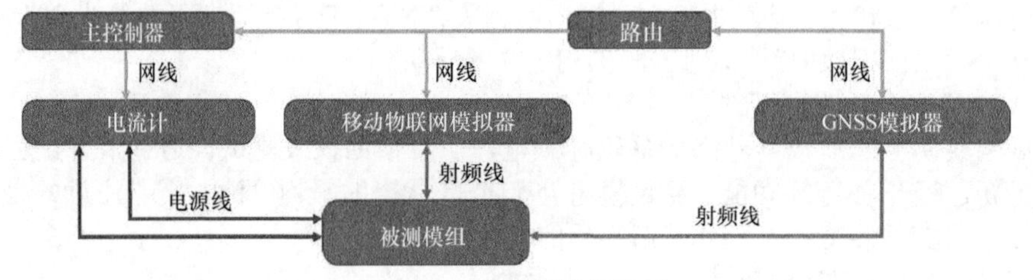

图 18.5　定位测试架构图

具体可通过记录并回放的方法，将在真实环境中采集到的卫星信号，通过 GNSS 模拟器回放，将终端上报的定位信息和实际位置信息相对比，检验终端定位准确性，同时测试终端定位精度、首次定位启动时间等。同时，在 GNSS 模拟器的基础上，增加电流计为模组供电并测量电流，测量模组一个定位和位置信息上报过程中的平均电流，以此考察模组定位过程耗电量。

18.2.3　终端测试

1. 辐射性能测试

由于移动物联网终端部署的环境复杂多样，要求移动物联网的覆盖必须广泛，以确保终端在极复杂恶劣场景下依然具有良好的网络接入能力。对于移动物联网终端来说，其空中接口辐射功率和接收灵敏度直接影响接入网络能力，需对其进行重点考察。

目前移动物联网终端形态多样，尺寸各异，为 OTA 测试带来很大挑战。在天线形态上，物联网终端天线可分为外置和内置两大类。外置天线是目前应用最广泛的天线形式，设计简单、成本低、性能尚可都使其具备很强的竞争优势。典型的棒状天线、吸顶天线、甚至金属丝天线，都在物联网终端上得到了应用，尤其在表计类、环境监测类等非消费电子类产品上应用广泛。内置天线则不同于外置天线，内置天线在消费电子类产品上应用广泛，如可穿戴设备、家电设备等。随着市场对外观要求越来越高，预计更多的设备将采用内置天线。

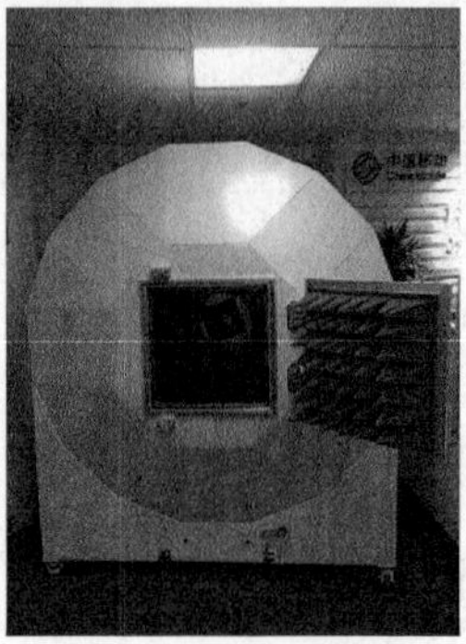

图 18.6　OTA 测试暗室

针对多样化的终端和天线，需针对不同终端的特点采用不同的 OTA 测试方案。当前典型混响室可对较大尺寸的终端进行测试，而全电波暗室（见图 18.6）则可对较小尺寸的终端进行测试。

经过广泛讨论，移动物联网终端天线性能测试可参考以下建议：对于小尺寸终端可选用传统暗室测试方案或混响室方案，尺寸范围以暗室静区所能容纳的被测终端尺寸为准。超过普通暗室静区尺寸且不超过混响室可测终端尺寸的终端采用混响室测试方案，尺寸范围以混响室可测终端尺寸为准。超过混响室测试尺寸的终端，可测试天线的无源指标。除非存在更典型且合适的测试模型，否则可以考虑只采用自由空间一种测试模型开展测试。

2. 卡接口测试

卡接口测试包含机卡一致性测试以及空中接口写卡功能测试。

机卡一致性测试考察 UICC 电气接口、USIM 应用特性以及 USAT 应用特性等，电气接口测试包含上电转换测试、触点电气测试、供电电压测试等内容，USIM 应用特性测试验证码号处理接入控制、PIN 码处理等是否符合要求，USAT 应用特性测试验证 UICC 指令、事件下载等功能是否符合要求。机卡一致性测试可以采用 3GPP 定义的测试标准，基于仪表实现测试用例并测试，在 GCF 中进行机卡一致性认证。

对于支持空中接口写卡功能的 eSIM 卡，除进行以上机卡一致性测试以外，还需进行空中接口写卡功能测试，并考察 eSIM 和写卡平台的互通。

3. 可靠性测试

考虑到终端使用场景的多样性，终端厂商需考虑跌落、电池、高低温、湿度、老化、结构等可靠性测试，以保证终端在管道井、油田、水下等环境能够正常工作到需求年限。

4. 安全测试

移动物联网端到端安全主要涉及终端、无线接入网、核心网、数据信息交换中心和业务平台等部分，安全测试中和终端相关的测试包括：网络接入安全测试、终端操作系统安全测试以及业务安全测试。

（1）网络接入安全测试

网络接入安全保障用户接入服务的安全性，主要避免针对无线接入连接的攻击。网络接入安全测试在芯片平台协议一致性测试中已经有鉴权、完整性保护、加密/解密测试用例覆盖，如果已经在芯片层面执行该部分测试，则终端可以不重复测试。

（2）操作系统安全测试

对于带有操作系统的物联网终端，需测试终端操作系统满足以下安全要求：

- 具备通过升级消除重要安全漏洞的能力。
- 预置应用不存在高危漏洞。
- 正确设置自身的业务能力和数据访问权限。
- 避免在代码中硬编密码，在配置文件中不应明文存储密码。
- 对敏感信息（如终端位置、用户交易信息）应加密传输，保证敏感信息在传递过程中可抵御监听或篡改，不应在日志中记录敏感信息或进行模糊化处理。
- 对输入终端的数据进行严格验证，防止恶意信息输入。

（3）业务安全测试

业务安全主要在于保障终端和业务平台之间业务传输通道的安全性，用于认证和数据安全传输。业务安全测试检验终端根据网络部署情况是否支持传输层安全性协议。

第 19 章　如何进行应用部署

19.1　物联网开卡流程

当一个新客户进行物联网业务入网办理时，运营商网络就需要借助物联网卡的形式，在后台为客户开通相应的账号与权限。由于物联网主要面向的不是个人用户，而且往往需要批量供卡，于是通信运营商搭建了物联网专网，以满足物联网业务个性化和全网统一运营的需求，因此，物联网卡制卡流程与现网区别较大，下面介绍物联网卡的开卡流程。

什么是物联网卡？它的全称是物联网机器卡，是专门用于物联网领域的 SIM/USIM 卡，包括可插拔机器卡、不可插拔机器卡及 SoftSIM 机器卡等多种形态，供各种企业用户、模组厂商、卡商等用户使用。那用户可以在什么地方获取到物联网卡呢？用户可以在所在省市的运营商 CRM（Customer Relationship Management，客户关系管理）前台进行业务办理。例如卡商工厂、企业可以通过经销省市的运营商分公司客户经理集中办理，也可以到当地运营商营业厅前台，或者拨打客服热线申请办理。客户与经销省市运营商分公司签署好协议，明确所需订购的资费套餐后，运营商按照客户需求在后台制定好接入方案的数据，并将号码与卡数据进行一对一绑定后，物联网卡就算开通成功了。

用户在开卡的时候需要准备什么开通数据呢？开通数据主要包括：网络数据准备和业务数据准备。网络数据准备方面，主要包括 APN 数据和短信接入数据准备。其一是 APN 数据，即 APN 接入相关信息，包括 APN 名称（例如 CMNBIOT）、IP 地址需求数量、客户服务器 IP 地址段、APN 路由方式等，同时明确开通范围（全网或本地）。如果客户需要专用 APN 接入的方式，客户还需要提出专用 APN 接入申请。其二是短信接入数据，客户申请开通短信时，需要短信接入码、短信接入平台地址及端口、企业代码、物联网业务网关用户名及密码、服务代码等。业务数据准备方面，主要包括个体信息和订购业务数据准备。其一是用户个体信息，包括个人开户、新集团和存量集团成员的信息。其中，新集团或存量集团首次订购物联网卡业务时，需确保该集团的关键联系人信息准确，保证后台能直接将该集团客户登录业务管理平台的账号、密码以短信形式下发给客户联系人手机。其二是订购业务数据，这部分根据个人开户、新集团和存量集团成员的不同，区分为不同的开通数据方式。以中国移动为例，集团成员套餐可以通过以下两种方式订购：一是在个人开户时直接订购个人套餐，添加成员只完成添加工作，不再额外订购成员套餐；二是在个人开户时只完成开户入网，不订购任何个人套餐，待添加成员的同时再选择订购成员套餐。这两种方式均可。

19.2　如何获取网络覆盖

NB-IoT 的网络覆盖主要以通过运营商提供的移动网络为主。

频率方面，由于NB-IoT是窄带系统，同时为了更好地体现NB-IoT网络广覆盖的特点，各运营商均采用相对低的频段部署NB-IoT网络，在三种工作模式中，stand-alone工作模式的基站下行发射功率最高，覆盖更具优势。

目前各运营商的NB-IoT商用网络部署正在进行中，主要以宏基站建设为主。无线侧设备方面，鉴于FDD频段上的NB-IoT技术产业更加成熟，NB-IoT的无线侧宏基站与LTE FDD基站共平台建设，即NB-IoT逻辑上是独立制式的网络，但在无线侧设备上与LTE FDD共硬件。为节省天面资源，降低铁塔租赁成本，NB-IoT可采用与现有2G/3G/4G多系统共天线的建设方式，即原则上与现网基站共用天线。

NB-IoT网络由于其部署频率低，且采用了扩展覆盖能力的技术，其宏基站覆盖能力相较于GSM基站增强20dB。但由于建设节奏、建设成本及深度覆盖能力等原因，部分场景无法通过宏基站获取网络覆盖，此时，最快速、最有效、成本最低的方式是采用物联小站。

物联小站是一种可通过无线或有线进行数据回传的NB-IoT网络补盲设备，为特定应用场景的NB-IoT网络提供了低成本、易部署的覆盖方案。物联小站便捷部署的技术特点使其极为适合室内深度覆盖、移动车载覆盖和远郊低成本覆盖等场景，例如地下停车场、室内场馆、跨境铁路、车载物流、工业厂房、山区矿业等。

产品结构上，物联小站接入网络采用900MHz的NB-IoT，可支持有线和无线回传，无线回传时可支持2G/3G/4G网络。单台设备可覆盖1万~3万m^2，每天可接入2000用户，体积1.5L、重2kg、功耗26W。

创新技术上，物联小站针对不同业务场景，采用了多种创新技术：创新天线技术，可适配平层和多层场景，增强覆盖；自动频点功率设置技术，自动避免网络干扰；便利接入技术，可复用4G小基站的安全网关或防火墙接入，无须网络硬件升级改造；个性化参数配置技术，针对垂直行业不同业务类型，独立优化参数配置方案，提升业务性能和体验。

目前物联小站已完成多次应用试点，以及与主流NB-IoT芯片模组的互通验证，可满足各类行业的应用需求。在物联网蓬勃发展的大环境下，物联小站可为越来越多的业务应用提供便捷优质的网络覆盖。

19.3 如何测试网络质量

为了节约功耗，提高通信稳定度，得到良好的用户体验，在NB-IoT终端的位置规划和安装过程中，需要部署人员对设备安装地点的网络信号进行检测，以保证该物联网终端处于良好的网络环境中。由于大部分物联网终端本身没有屏幕反映信号质量，因此需要额外的设备进行检测。

目前，如扫频仪、示波器和智能路测终端等设备虽然可以进行网络信号检测，但这些设备的测量操作、数据处理和结果显示非常复杂，要求测量人员具备极强的专业知识。而实际进行终端部署的行业人员普遍不具备此操作能力，同时上述设备普遍体积大、价格昂贵，不适合一般的施工团队在部署时使用，难以普及。在这种需求下，便携式NB-IoT信号检测仪能够提供一种低成本、高效的测试方案。

便携式 NB-IoT 信号检测仪通过内置 NB-IoT 模组与基站进行通信，通过模组测量出的网络信号的 NRSRP 和 SINR 来判断周围环境的信号质量，并模拟终端进行业务测试，评估时延、丢包率等关键指标。由于检测仪在出厂前皆经过严格的检验和校准，因此，测量结果接近实际的物联网终端，并且准确可靠。实物图如图 19.1 所示。

便携式信号检测仪需要先通过蓝牙与手机建立连接，通过手机中的微信小程序控制终端完成信号强度检测、业务测试等操作。信号检测仪通过蓝牙将测试结果反馈给手机，通过信号格数的方式显示网络信号强度，同时显示丢包率和时延等关键技术指标。微信小程序的界面如图 19.2 所示。

图 19.1 便携式 NB-IoT 信号检测仪

图 19.2 便携式信号检测仪微信小程序界面图

综上所述，便携式 NB-IoT 信号检测仪能够准确测量周围环境的网络信号质量，检测结果与 NB-IoT 终端实际测试结果接近，可帮助施工人员优质、高效地完成物联网终端的选址和安装，保证终端的使用性能；同时还兼具操作简单、结果直观、造价低廉、体积小巧等优点，适合实际施工人员以及专业人员使用，易于普及和推广。目前检测仪已在多省的网络验收、智能停车和智能市政等行业终端部署中应用。

第 20 章　如何开展产业合作和应用推广

物联网技术发展和应用开发需要通信行业与各行各业进行广泛、深度地融合，才能实现由单一领域创新向跨领域协同创新，由面向个人服务向面向各行各业服务的转变，从而助力万物互联时代的到来。

物联网产业具有产业链长、覆盖领域广的特点。一般来讲，包括芯片供应商、传感器供应商、无线模组厂商、网络运营商、平台服务商、系统及软件开发商、智能硬件厂商和系统集成及应用服务提供商八大环节。同时，物联网产业链各环节需要深入了解各行各业对信息技术的需求，与垂直行业共同探索创新业务应用，寻求合作共赢的全新商业模式。

但是，由于跨行业协作尚无成熟模式，同时许多垂直领域的企业并没有看到物联网全新网络能力的潜力，或者仍然处于观望态度，因此跨行业协作和融合创新仍存在巨大挑战。

为全面推进产业合作和跨行业融合创新，中国移动于 2016 年 2 月成立了 5G 联合创新中心（简称 5G 联创中心），聚焦物联网等六大重点工作领域，联合通信及垂直行业合作伙伴，共同推动基础通信能力成熟，孵化创新应用和产品，构建合作共赢的融合生态。经过两年的推进和运营，5G 联创中心已经成为一个初具规模和影响力的联合创新平台，目前已经汇聚超过 112 家合作企业，开展了包括网联无人机、智能单车、智能家居、智慧追踪、智能工厂、智能市政、车联网在内的一系列跨行业创新项目。

在 5G 联创框架下的产业合作一般基于联合项目开展，合作伙伴通过交流确定合作意向和方向，成立联合创新项目和团队并完成统筹规划。在项目实施阶段，联合团队共同分析行业痛点，研究业务和商业模式，围绕方案制定、产品研发和成熟度测试推进产品研发全生命周期管理。基于 5G 联创的产业合作，以产生实质成果为导向，主要输出形式包括：端到端技术和解决方案及原型、演示及示范、创新业务及应用等。

联合项目的研究成果及技术、产品成果，将依托创新论坛合作伙伴会议、专题沙龙、展览展示活动，以及包括官方网站、微信公众号在内的线上渠道等进行成果宣传及推广，形成示范效应。同时，可借助 GTI、GSMA 等国际产业合作平台，开展面向全球的技术产品和商业的合作。

合作成员可以借助 5G 联创开放实验室（北京实验室、天津实验室、山东实验室、江苏实验室、上海实验室、浙江实验室、四川实验室、重庆实验室、广东实验室等）提供的基础实验环境和应用孵化能力，共同推进合作项目实施及成果落地，开展与垂直行业合作伙伴的深度合作及创新，打造面向 5G 的新业务、新应用。

5G 联创中心合作伙伴分为“成员”和“众创合作伙伴”两种。“成员”主要包括通信行业主流设备厂商、终端厂商、仪表厂商、垂直领域领军企业，以及重要产业合作组织及研究机构等，牵头重点联合创新项目，参与开放实验室构建。“众创合作伙伴”一般包括垂直领域中小创新型企业和地方开发者组织或个人，依托开放实验室环境，开展创新产品研发和测试。5G 联创中心加入流程如图 20.1 所示。

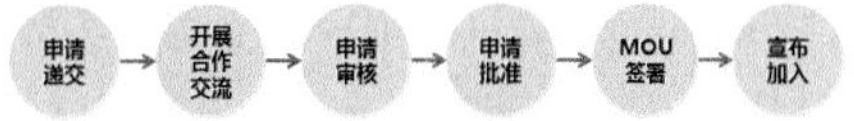

申请递交 → 开展合作交流 → 申请审核 → 申请批准 → MOU 签署 → 宣布加入

图 20.1　5G 联创加入流程

附　　录

附录A　缩　略　语

缩略语	英文全称	中文名
AKA	Authentication and Key Agreement	认证与密钥协商
APN	Access Point Name	接入点名字
AS	Access Stratum	接入层
AS	Application Server	业务服务器
CIoT	Cellular Internet of Things	移动物联网
CDR	Call Detailed Record	呼叫详单
CG	Charging Gateway	计费网关
DNS	Domain Name System	域名系统
ECGI	E-UTRAN Cell Global Identifier	E-UTRAN 小区全局标识符
eDRX	Extended idle mode DRX	扩展的空闲模式 DRX
EPS	Evolved Packet System	演进分组系统
ESM	EPS Session Management	EPS 会话管理
GUMMEI	Globally Unique MME Identity	全球唯一的 MME 标识
GUTI	Globally Unique Temporary Identity	全局唯一临时标识
HSS	Home Subscriber Server	归属签约用户服务器
IoT	Internet of Things	物联网
IMSI	International Mobile Subscriber Identity	国际移动用户识别码
IWK-SCEF	Interworking-SCEF	互通的 SCEF
LPWAN	Low Power Wide Area Network	低功耗广域网
MAC-I	Message Authentication Code for Integrity	完整性消息认证码
MME	Mobility Management Entity	移动管理实体
MO	Mobile Original	移动主叫
MSC	Mobile Switching Center	移动交换中心
MSISDN	Mobile Subscriber Integrated Service Digital Network Number	移动用户综合业务数字网号码
MT	Mobile Terminated	移动被叫
NAS	Non Access Stratum	非接入层

（续）

缩略语	英文全称	中文名
NAS-MAC	Message Authentication Code for NAS for Integrity	NAS 完整性消息认证码
NCC	Next Hop Chaining Counter	下一跳链计数器
NH	Next Hop	下一跳
NIDD	Non-IP Data Delivery	Non-IP 数据传输
PCC	Policy and Charging Control	策略及计费控制
PCO	Protocol Configuration Options	协议配置选项
PDN	Packet Data Network	分组数据网
P-GW	PDN Gateway	分组数据网网关
PLMN	Public Land Mobile Network	公共陆地移动网络
PSM	Power Saving Mode	省电模式
PtP	Point to Point	点对点
QoS	Quality of Service	服务质量
ROHC	Robust Header Compression	健壮性头压缩
RRC	Radio Resource Control	无线资源控制
SCEF	Service Capability Exposure Function	业务能力开放功能
S-GW	Serving Gateway	服务网关
SCS	Services Capability Server	业务能力服务器
SLA	Service Level Agreement	服务等级协议
SMS	Short Message Service	短消息业务
SMC	Security Mode Command	安全模式命令
S-TMSI	S-Temporary Mobile Subscriber Identity	临时移动用户标识码
TAI	Tracking Area Identity	跟踪区域标识
TAU	Tracking Area Update	跟踪区更新
TEID	Tunnelling Endpoint Identification	隧道端点标识符
WB-E-UTRAN	Wide Band-Evolved UMTS Terrestrial Radio Access Network	宽带 UMTS 陆地无线接入网

附录 B　NB-IoT 关键信令流程

B.1　附着

UE 初始附着到 E-UTRAN 网络的流程如图 B.1 所示。

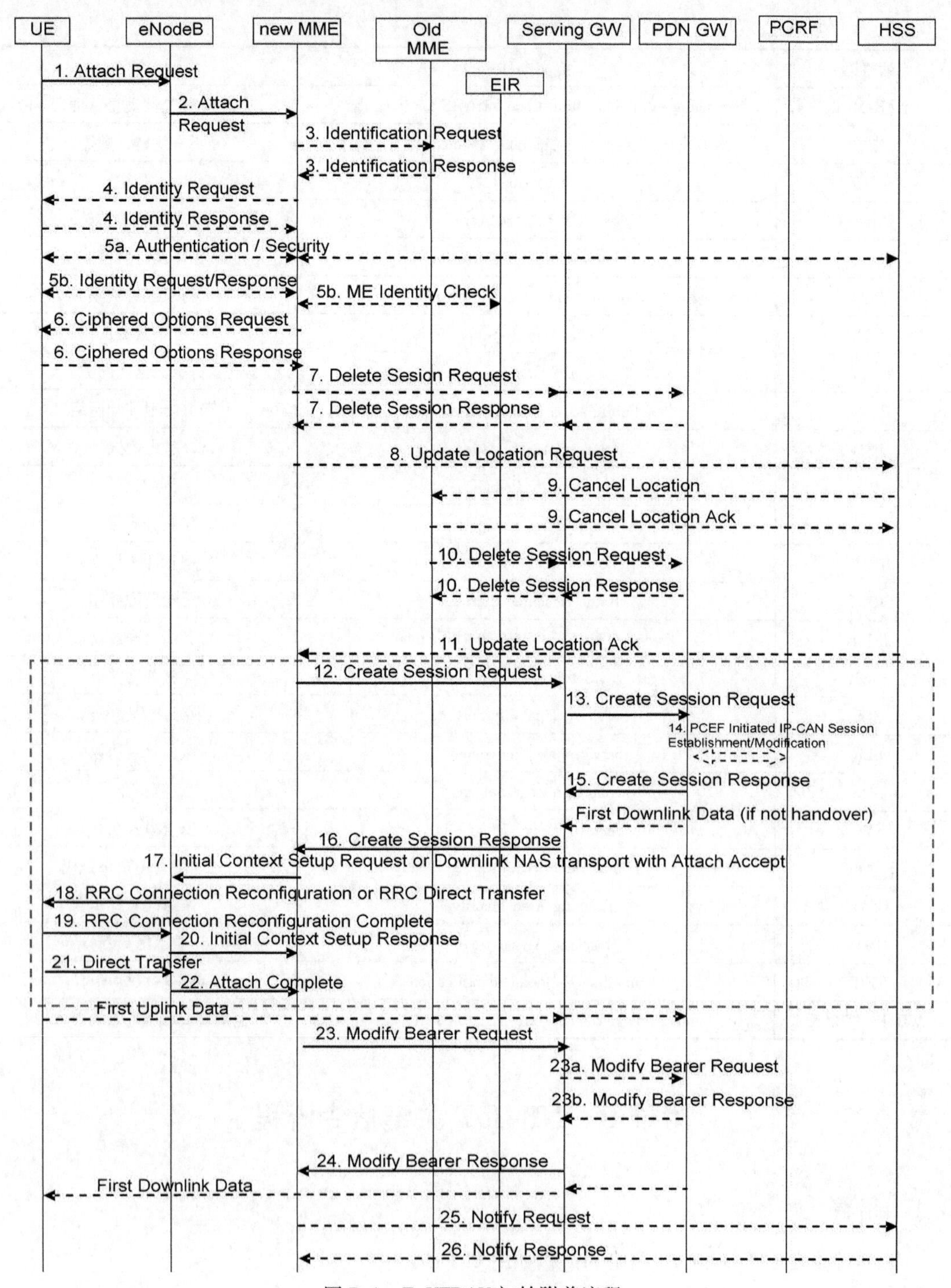

图 B.1　E-UTRAN 初始附着流程

• 步骤1：支持NB-IoT的E-UTRAN小区应在系统广播消息中广播是否能够连接到支持EPS附着时不建立PDN连接的MME。

如果待接入的PLMN不支持不建立PDN连接的EPS附着，并且UE只支持不建立PDN连接的EPS附着，则UE不能在该PLMN的小区内发起附着流程。

如果UE能够进行附着流程，UE发起Attach Request消息以及网络选择指示给eNodeB，相比于LTE的流程，消息还需包含Preferred Network Behaviour信元。Preferred Network Behaviour表示终端所支持和偏好的NB-IoT优化方案，包括：是否支持控制面优化；是否支持用户面优化；是偏向于控制面优化还是用户面优化；是否支持S1-U数据传输；是否请求SMS without Combined Attach；是否支持Attach without PDN Connectivity；是否支持控制面优化和IP头压缩。

如果UE支持Non-IP数据传输，则PDN类型可设置为“Non-IP”。

如果是NB-IoT UE，则UE可能在Attach Request消息中不携带ESM消息。此时，MME不为该UE建立PDN连接，步骤6、步骤12～16、步骤23～26不需要执行。此外，如果UE在附着时采用控制面优化，则步骤17～22仅使用S1 AP NAS Transport和RRC Direct Transfer消息来传输Attach Accept和Attach Complete消息。

如果UE支持控制面优化和IP头压缩，并且UE在Attach Request消息携带ESM消息，以及PDN类型为IPv4或IPv6或IPv4v6，UE应在ESM消息中包括Header Compression Configuration。Header Compression Configuration包括建立ROHC信道所必需的信息，还可能包括头压缩上下文建立参数，例如目标服务器的IP地址。

• 步骤2：eNodeB根据RRC参数中的旧的GUMMEI标识、选择网络指示和RAT（NB-IoT或WB-E-UTRAN）获取MME地址。如果该MME与eNodeB没有建立关联或没有旧的GUMMEI标识，则eNodeB选择新的MME，并将附着消息和UE所在小区的TAI+ECGI标识一起转发给新的MME。

如果UE在Attach Request消息中携带Preferred Network Behaviour，并且Preferred Network Behaviour中指示的NB-IoT优化方案与网络支持的不一致，则MME应拒绝UE的附着请求。

• 步骤3：如果UE通过GUTI标识自己，并且UE在去附着之后MME已经发生变化，新MME通过UE的GUTI获取旧的MME地址，并发送身份标识请求消息到旧MME请求获取UE的IMSI，由旧的MME返回IMSI和未使用的EPS认证向量等参数。如果旧MME不能识别UE或者附着请求消息的完整性检查失败，则返回恰当的错误缘由。

• 步骤4：如果UE在新MME及旧MME中无法识别，则新的MME发送标识请求给UE以请求IMSI。UE使用包含IMSI的标识响应消息通知网络。

• 步骤5：如果网络中没有UE上下文存在，并且第一步的附着请求消息没有完整性保护或加密，或者如果完整性检查失败，则UE和MME之间应进行认证和NAS安全建立过程。否则本步可选。如果NAS安全算法改变，则该步骤只执行NAS安全建立过程。在该步骤之后，所有NAS消息将受到MME指示的NAS安全功能保护。

• 步骤6：如果UE在附着请求消息中设置了加密选项传输标记，则可以从UE获取PCO和/或APN等加密选项。PCO选项中可能包含有用户的身份信息，例如用户名和密码等。

• 步骤7：如果在新的MME中存在激活的承载上下文（Bearer Context）消息（如没有事先去附着就在同一个MME再次附着），则删除在相关的S-GW中旧的承载上下文消息。

• 步骤8：如果从上一次去附着之后MME发生改变，或第一次附着，或ME标识改变，或UE

提供的IMSI或GUTI在MME中没有相应的上下文信息，则MME发送位置更新消息给HSS。消息中的MME能力指示了该MME支持的接入限制功能状况，更新类型指示了这是一个附着过程。

- 步骤9：HSS发送取消位置消息给旧MME，旧MME删除移动性管理和承载上下文。
- 步骤10：如果旧MME有激活的承载上下文存在，则旧MME发送删除承载请求消息给相关GW以删除承载资源，再由GW返回删除承载响应消息给旧MME。
- 步骤11：HSS发送更新位置应答消息给新MME以应答更新位置消息。该更新位置应答中包含IMSI及签约数据，签约数据包含一个或多个PDN签约上下文信息。
- 步骤12：如果Attach Request不包括ESM消息，则步骤12~步骤16不需要执行。

如果签约上下文没有指示该APN是到SCEF的连接，则MME按照GW选择机制进行S-GW和P-GW选择，并发送创建会话请求消息给S-GW。

对于"Non-IP"PDN类型，当UE使用了控制面优化，且如果签约上下文指示该APN是到SCEF的连接，则MME根据签约数据中的SCEF地址建立到SCEF的连接，并且分配EPS承载标识。

- 步骤13：S-GW在其EPS承载列表中创建一个条目，并给P-GW发送创建Create Session Request消息。
- 步骤14：如果没有部署动态PCC，则P-GW采用本地QoS策略。
- 步骤15：P-GW在EPS承载上下文列表中创建一个新的条目，并生成一个计费标识符charging ID。P-GW给S-GW返回Create Session Response。P-GW在分配PDN Address时需要考虑到UE提供的PDN Type、双地址承载标记及运营商策略。对于"Non-IP"PDN类型，Create Session Response消息不包括PDN Address。
- 步骤16：S-GW给MME返回Create Session Response消息。

如果使用NB-IoT控制面优化传输，且MME在Create Session Request消息中没有指示Control Plane Only PDN Connection Indicator，则S-GW应在响应消息里同时携带分配的S1-U和S11-U F-TEID至MME，并由MME保存。

- 步骤17：新MME发送Attach Accept消息给eNodeB。该消息包含在一条S1控制消息Initial Context Setup Request里，这条S1控制消息也包括UE的AS安全上下文等参数。如果MME确定使用控制面NB-IoT优化，或者UE发送的Attach Request消息不包括ESM消息，则Attach Accept通过S1-AP Downlink NAS transport发送至eNodeB。

如果新的MME分配一个新的GUTI，则GUTI也包含在消息中。

MME在Supported Network Behaviour中指示网络能够接受的NB-IoT优化，包括：是否支持控制面优化；是否支持用户面优化；是否支持S1-U数据传输；是否请求SMS without Combined Attach；是否支持Attach without PDN Connectivity；是否支持控制面NB-IoT优化头压缩。

如果UE在附着请求中指示的PDN类型为"Non-IP"，则MME和P-GW不应改变PDN类型。如果PDN类型设置为"Non-IP"，则MME将该信息包括在S1-AP Initial Context Setup Request消息中，以指示eNodeB不执行头压缩。

如果IP PDN连接采用了控制面优化，UE在Attach Request消息中包括Header Compression Configuration，并且MME支持头压缩参数，则MME应在ESM消息中包含Header Compression Configuration。MME绑定上行和下行ROHC信道以便于传输反馈信息。如果UE在Header Compression Configuration中包含了头压缩上下文建立参数，则MME应向UE确认这些参数。如果ROHC上下文在附着过程中没有建立，UE和MME应在附着完成之后根据Header Compression Configuration建立 ROHC 上下文。

如果 MME 根据本地策略决定该 PDN 连接仅能使用控制面优化，MME 应在 ESM 消息中包括 Control Plane Only Indicator。对于到 SCEF 的 PDN 连接，MME 应总是包括 Control Plane Only Indicator。如果 UE 接收到 Control Plane Only Indicator，则该 PDN 连接只能使用控制面优化。

如果 Attach Request 不包含 ESM 消息，则 Attach Accept 消息中不应包含 PDN 相关的参数，并且 Downlink NAS transfer S1-AP 不应包括接入层上下文相关的信息。

- 步骤 18：如果 eNodeB 接收到 S1-AP Initial Context Setup Request 消息，eNodeB 发送 RRC 连接重配置消息给 UE，其包含 EPS RB ID 和 Attach Accept 消息。

如果 eNodeB 接收到 S1-AP Downlink NAS Transport 消息，eNodeB 发送 RRC Direct Transfer 给 UE。

- 步骤 19：UE 发送 RRC 连接重配置完成消息给 eNodeB。
- 步骤 20：eNodeB 发送 Initial Context Response 消息给新 MME。该 Initial Context Response 消息包含 eNodeB 的 TEID 以及地址用于 UE 下行数据转发。
- 步骤 21：UE 发送 Direct Transfer 消息给 eNodeB，该消息包含 Attach Complete 消息。
- 步骤 22：eNodeB 使用上行 NAS 传输消息转发 Attach Complete 消息给新的 MME。如果 UE 在步骤 1 中包括了 ESM 消息，则在收到 Attach Accept 消息以及 UE 已经得到 PDN 地址信息以后，UE 就可以发送上行数据包给 eNodeB，eNodeB 通过隧道将数据传给 S-GW 和 P-GW。
- 步骤 23：接收到步骤 21 的初始上下文响应消息和步骤 22 的附着完成消息，新的 MME 发送 Modified Bearer Request 消息给 S-GW。当 UE 使用控制面优化并且 PDN 连接不是到 SCEF（即连接到 S-GW 和 P-GW），则步骤 23a、步骤 23b 和步骤 24 不需要执行；当 PDN 连接是连接到 SCEF 的，则步骤 23～步骤 26 不需要执行。

步骤 23a：如果切换指示包含在步骤 23 中，则 S-GW 发送 Modified Bearer Request 消息给 P-GW，提示 P-GW 把从非 3GPP 接入系统的数据包通过隧道转发，在默认承载或者专用的 EPS 承载一旦建立就立即开始给 S-GW 传送数据包。

步骤 23b：P-GW 发送 Modified Bearer Response 确认消息给 S-GW。

- 步骤 24：S-GW 发送 Modified Bearer Response 给新的 MME 确认。此时 S-GW 可以发送缓存的下行数据包。
- 步骤 25：在 MME 接收 Modified Bearer Response 消息后，如果附着类型没有指示切换并且建立了 EPS 承载，那么签约数据指示用户允许切换到非 3GPP 网络，而如果 MME 选择了不同于 HSS 指示的 P-GW 标识的 P-GW，则 MME 发送包含 APN 和 P-GW 标识的 Notify Request 消息给 HSS 用于非 3GPP 接入移动性。
- 步骤 26：HSS 存储 APN 和 P-GW 标识对，并发送 Notify Response 消息给 MME。

B.2 去附着

B.2.1 UE 发起的去附着流程

UE 发起的去附着流程如图 B.2 所示。

- 步骤 1：UE 向 MME 发送 Detach Request 消息。
- 步骤 2：如果 UE 没有激活的 PDN 连接，则步骤 2～步骤 5 不需要执行。对于到 SCEF 的 PDN 连接，MME 应向 SCEF 指示 UE 的 PDN 连接不可用，并且不需要执行步骤 2～步骤 5。对于到 P-GW 的 PDN 连接，MME 向 S-GW 发送 Delete Session Request 消息。

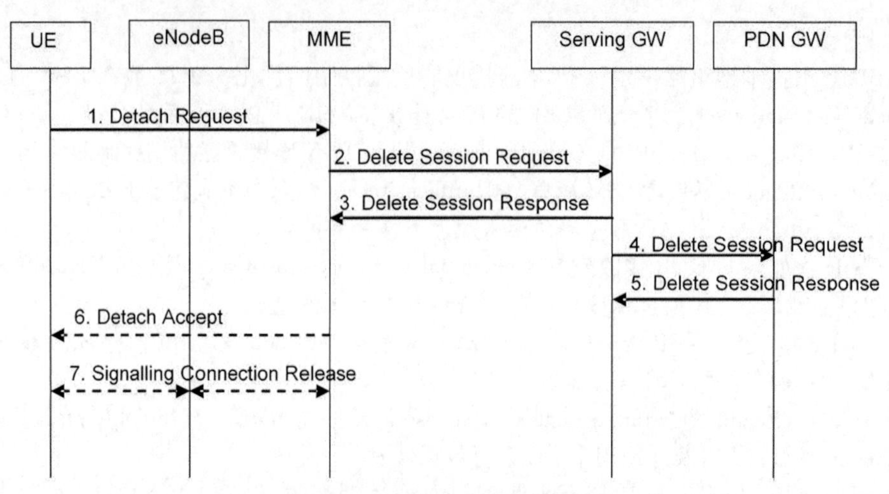

图 B.2 UE 发起的去附着流程

- 步骤3：S-GW 释放相关的 EPS 承载上下文信息，并向 MME 返回 Delete Session Response 消息。
- 步骤4：S-GW 向 P-GW 发送 Delete Session Request 消息，以便于 P-GW 删除 UE 相关的 PDP 上下文。
- 步骤5：P-GW 向 S-GW 回复 Delete Session Response 消息。
- 步骤6：如果去附着流程不是由于关机导致的，那么 MME 向 UE 发送 Detach Accept 消息。
- 步骤7：释放 UE 和 MME 之间的 S1-MME 信令连接。

B.2.2 MME 发起的去附着流程

MME 发起的去附着流程如图 B.3 所示。

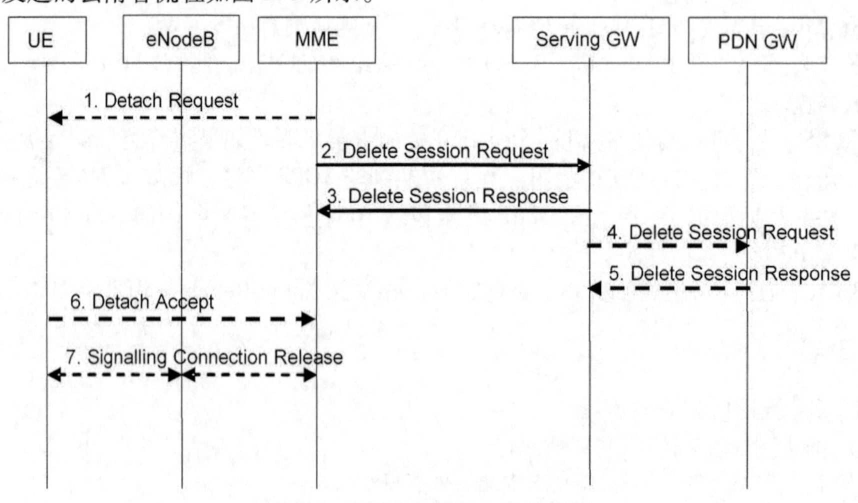

图 B.3 MME 发起的去附着流程

- 步骤1：MME 可发起显式或隐式去附着流程。对于隐式去附着，MME 不向 UE 发送 Detach Request 消息。如果 UE 处于连接态，MME 可显式地向 UE 发起 Detach Request 消息。如果 UE 处于空闲态，MME 可先寻呼 UE。

- 步骤2：如果 UE 没有激活的 PDN 连接，则步骤2～步骤5不需要执行。对于任何到 SCEF 的 PDN 连接，MME 应向 SCEF 指示 UE 的 PDN 连接不可用，并且不需要执行步骤2～步骤5。对于到 P-GW 的 PDN 连接，MME 向 S-GW 发送 Delete Session Request 消息。
- 步骤3：S-GW 释放相关的 EPS 承载上下文信息，并向 MME 返回 Delete Session Response 消息。
- 步骤4：S-GW 向 P-GW 发送 Delete Session Request 消息。
- 步骤5：P-GW 向 S-GW 回复 Delete Session Response 消息。
- 步骤6：如果 UE 接收到 MME 在步骤1发送的去附着请求消息，那么 UE 向 MME 发送 Detach Accept 消息。
- 步骤7：释放 UE 和 MME 之间的 S1-MME 信令连接。

B.2.3　HSS 发起的去附着流程

HSS 发起的去附着流程如图 B.4 所示。

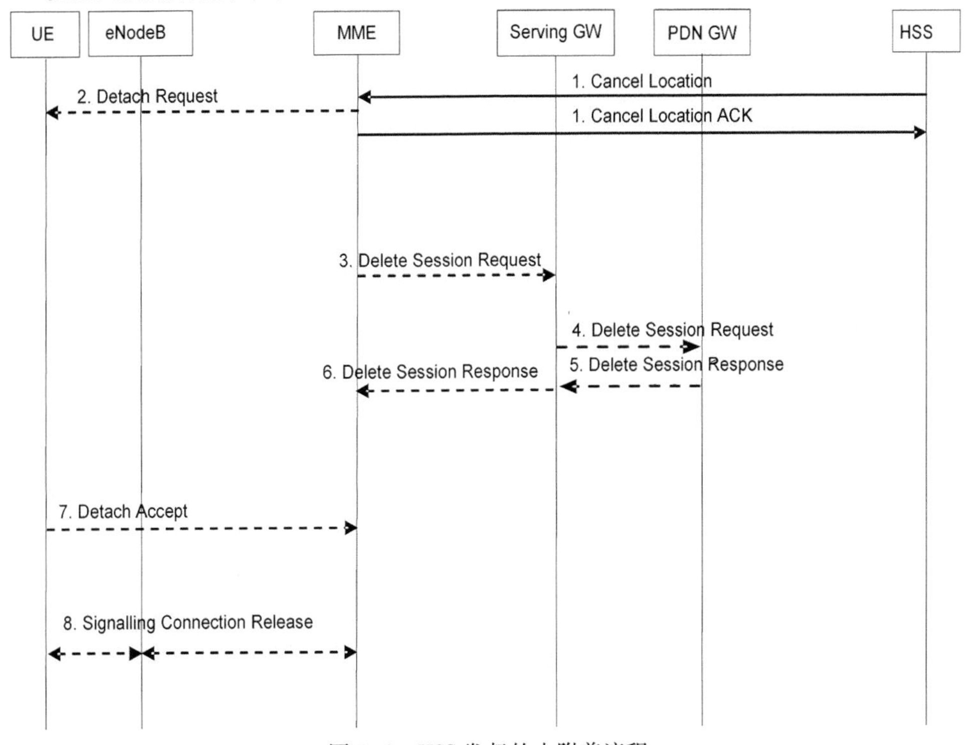

图 B.4　HSS 发起的去附着流程

- 步骤1：如果 HSS 希望立即删除用户的 MME 上下文和 EPS 承载，HSS 向 UE 注册的 MME 发送 Cancel Location 消息，并将 Cancellation Type 设置为“Subscription Withdrawn”。
- 步骤2：如果 Cancellation Type 为“Subscription Withdrawn”，并且 UE 处于连接态，则 MME 向 UE 发送 Detach Request 消息。如果 Cancel Location 消息中还携带了指示 UE 重新附着的标

识，则 MME 应将 Detach Type 设置为需要重新附着。如果 UE 处于空闲态，则 MME 可先寻呼 UE。

- 步骤 3：如果 UE 没有激活的 PDN 连接，则步骤 3 ~ 步骤 6 不需要执行。如果 MME 有激活的 UE 上下文，那么对于任何到 SCEF 的 PDN 连接，MME 应向 SCEF 指示 UE 的 PDN 连接不可用，并且不需要执行步骤 3 ~ 步骤 6。对于到 P-GW 的 PDN 连接，MME 向 S-GW 发送 Delete Session Request 消息以指示 S-GW 释放 EPS 承载上下文信息。
- 步骤 4：S-GW 释放相关的 EPS 承载上下文信息，并向 P-GW 发送 Delete Session Request 消息。
- 步骤 5：P-GW 向 S-GW 回复 Delete Session Response 消息。
- 步骤 6：S-GW 向 MME 回复 Delete Session Response 消息。
- 步骤 7：如果 UE 接收到 MME 在步骤 1 发送的 Detach Request 消息，那么 UE 向 MME 发送 Detach Accept 消息。
- 步骤 8：当 MME 收到 Detach Accept 消息，释放 UE 和 MME 之间的 S1-MME 信令连接。

B.3 TAU

B.3.1 S-GW 不变的 TAU 流程

S-GW 不变的 TAU 流程如图 B.5 所示。与传统 LTE 终端相比，NB-IoT 终端触发的跟踪区更新流程包含以下区别：

- 步骤 2：UE 向 eNodeB 发送 TAU Request 消息，其中还包含 Perferred Network Behaviour，以指示终端期望使用的 NB-IoT 技术方案。

对于没有任何激活 PDN 连接的 NB-IoT 终端，消息中不包含 Active Flag 或 EPS Bearer Status 字段，而对于包含 Non-IP 的 PDN 连接的 UE，UE 需在消息中携带 EPS Bearer Status 字段。

需要启用 eDRX 的 UE 需要在消息中包括 eDRX 参数信息，即使 eDRX 参数已经在之前协商过。

- 步骤 3：eNodeB 依据旧 GUMMEI、已选网络指示和无线接入类型（RAT）得到 MME 地址，并将 TAU Request 消息转发给选定的 MME，转发消息中还须携带小区的 RAT 类型，以区分 NB-IoT 和 WB-E-UTRAN 类型。
- 步骤 4：如果 MME 不改变，则步骤 4、步骤 5 和步骤 7 不执行。在跨 MME 的 TAU 流程中，新 MME 根据收到的 GUTI 获取旧 MME 地址，并向其发送 Context Request 消息来提取用户信息。如果新 MME 支持 NB-IoT 优化功能，则该消息中还携带 NB-IoT 优化支持的指示（NB-IoT EPS Optimisation Support Indication）以指示所支持的所有 NB-IoT 优化功能（如支持控制面方案中的头压缩功能等）。
- 步骤 5：在跨 MME 的 TAU 流程中，旧 MME 向新 MME 返回 Context Response 消息，其中包含 UE 特有的 DRX 参数。如果新 MME 支持 NB-IoT 优化功能，且该 UE 与旧 MME 协商过头压缩，则该消息中还须携带头压缩配置以包含 ROHC 通道信息。

对于没有任何激活 PDN 连接的 NB-IoT 终端，Context Response 消息中不包含 EPS 承载上下文信息。

基于 NB-IoT 优化功能支持指示，旧 MME 仅传送新 MME 支持的 EPS 承载上下文。如果新

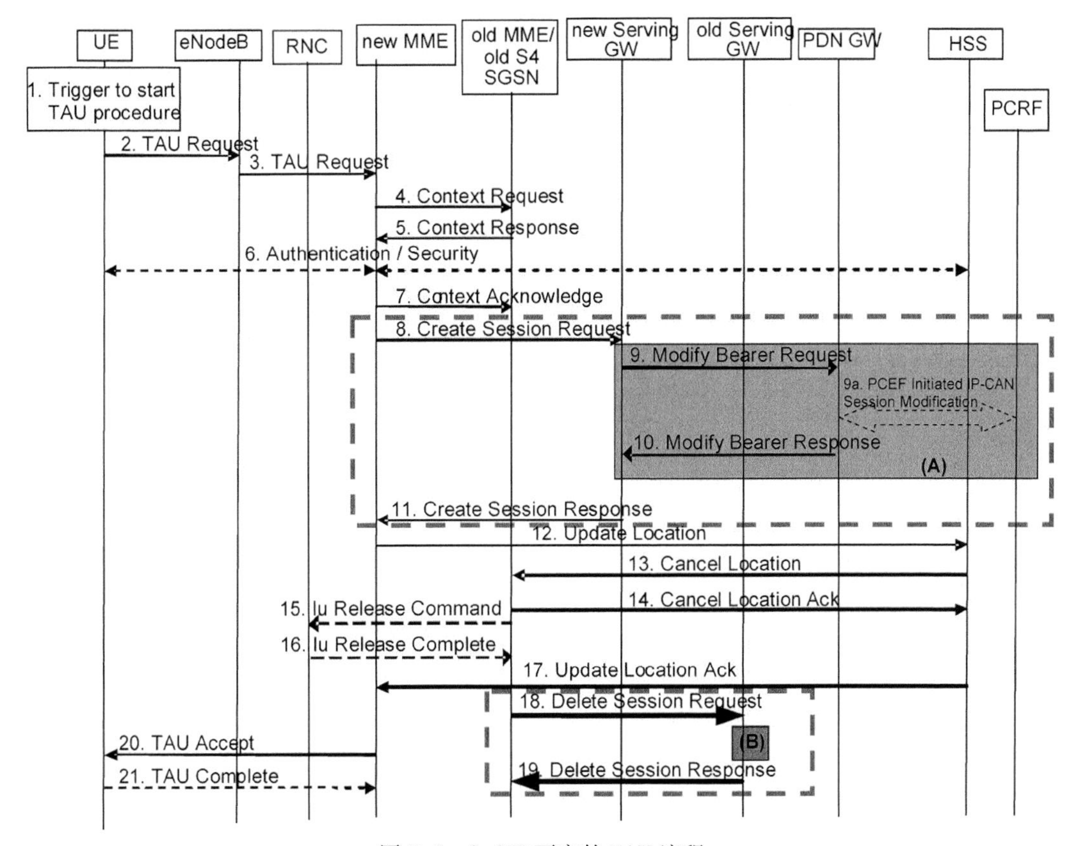

图 B.5　S-GW 不变的 TAU 流程

MME 不支持 NB-IoT 优化功能，则旧 MME 将不会把 Non-IP 的 PDN 连接信息传送给新 MME。如果一个 PDN 连接的所有 EPS 承载上下文没有被全部转移，则旧 MME 应将该 PDN 连接的所有承载视为失败，并触发 MME 请求的 PDN 释放流程来释放 PDN 连接。如果下行数据缓存在 MME 中，则旧 MME 在收到 Context Acknowledge 消息后丢弃缓存数据。

- 步骤 7：对于没有任何激活 PDN 连接的 NB-IoT 终端，步骤 8 ~ 步骤 11、步骤 18 和步骤 19 省略。
- 步骤 8：新 MME 针对每一个 PDN 连接向 S-GW 发送 Modify Bearer Request 消息。如果新 MME 收到与 SCEF 相关的 EPS 承载上下文消息，则新 MME 将更新到 SCEF 的连接。

在控制面优化方案中，如果 S-GW 中缓存了下行数据，而且如果这是一个 MME 内部 TAU，且 MME 移动性管理上下文中下行数据缓存定时器尚未过期，或者在跨 MME 的 TAU 场景下旧 MME 在步骤 5 中的上下文响应中有缓存下行数据等待指示，则 MME 还应在 Modify Bearer Request 消息中携带传送 NAS 用户数据的 S11-U 隧道指示，包括自己 S11-U 的 IP 地址和 MME DL TEID，用于 S-GW 转发下行数据。MME 也可以在没有 S-GW 缓冲下行数据时这样做。

- 步骤 11：S-GW 更新它的承载上下文消息并向新 MME 返回 Create Session Response 消息。

在控制面优化方案中，如果在步骤 9 的消息中包含有 MME 地址及 MME DL TEID 字段，则 S-

GW 在 Modify Bearer Response 消息中包含 S-GW 地址和 S-GW UL TEID 信息，且将下行数据发给 MME。

- 步骤 20：MME 向 UE 回复 TAU Accept 消息。该消息中包含 Supported Network Behaviour 字段携带 MME 支持及优选的 NB-IoT 优化功能。

对于没有任何激活 PDN 连接的 NB-IoT 终端，TAU Accept 消息中没有 EPS Bearer Status 信息。

如果在步骤 5 中 MME 获得头压缩配置参数，则 MME 通过每个 EPS 承载的头压缩上下文状态（Header Compression Context Status）指示 UE 继续使用先前协商的配置。当头压缩上下文状态指示以前协商的配置可以不再被一些 EPS 承载使用时，UE 将停止在这些 NB-IoT 优化的 EPS 承载上收发数据时执行头压缩和解压缩。

如果 UE 携带 eDRX 参数且 MME 决定启用 eDRX，则 MME 应在 TAU Accept 消息中包括 eDRX 参数。

- 步骤 21：如果 GUTI 已经改变，UE 通过返回 Tracking Area Update Complete 消息给 MME 以确认新的 GUTI。

如果在 TAU 请求消息中“Active Flag”未置位，且这个 TAU 过程不是在 ECM-CONNECTED 状态发起的，则 MME 释放与 UE 的信令连接。对于支持 NB-IoT 优化功能终端，当“CP active flag”置位，MME 在 TAU 流程完成后不应立即释放与 UE 的 NAS 信令连接。

B.3.2 S-GW 改变的 TAU 流程

S-GW 改变的 TAU 流程如图 B.6 所示。

- 步骤 1：UE 触发 TAU 过程。
- 步骤 2：UE 向 eNodeB 发送 TAU Request 消息以发起 TAU 过程，同时携带 RRC 参数。

对于使用 NB-IoT EPS 优化功能且没有任何激活 PDN 连接的 UE，TAU Request 消息中不包含 Active Flag 或 EPS Bearer Status 信元。

如果 UE 具有“Non-IP”类型的 PDN 连接，UE 必须在 TAU Request 消息中包含 EPS Bearer Status 信元。

如果需要启用空闲模式的 eDRX，即使之前已经协商了空闲模式的 eDRX 参数，UE 应在 TAU Request 消息中包括空闲模式 eDRX 参数信元。

如果 UE 在 TAU Request 消息中包括 Preferred Network Behaviour 信元，则该信元定义了 UE 期望在网络中可用的网络行为。

- 步骤 3：eNodeB 依据 RRC 参数中的旧 GUMMEI、已选网络指示和无线接入类型得到 MME 地址。如果需要，eNodeB 可以按 MME 选择机制选择一个新的 MME。然后 eNodeB 转发 TAU Request 消息到新的 MME，并携带 TAI + ECGI 参数、服务小区 RAT 类型以及所选择网络。RAT 类型应能区分 NB-IoT 和 WB-E-UTRAN 类型。
- 步骤 4：新的 MME 发送一个 Context Request 消息给旧的 MME 以获取用户信息。

如果新的 MME 支持 NB-IoT 优化功能，则 Context Request 消息中携带 NB-IoT EPS Optimisation Support Indication 信元以指示支持的各种 NB-IoT 优化功能（例如支持控制面优化方案中的头压缩等）。

- 步骤 5：旧的 MME 返回 Context Response 消息。如果 MME 本地保存了 S1-U 和 S11-U F-

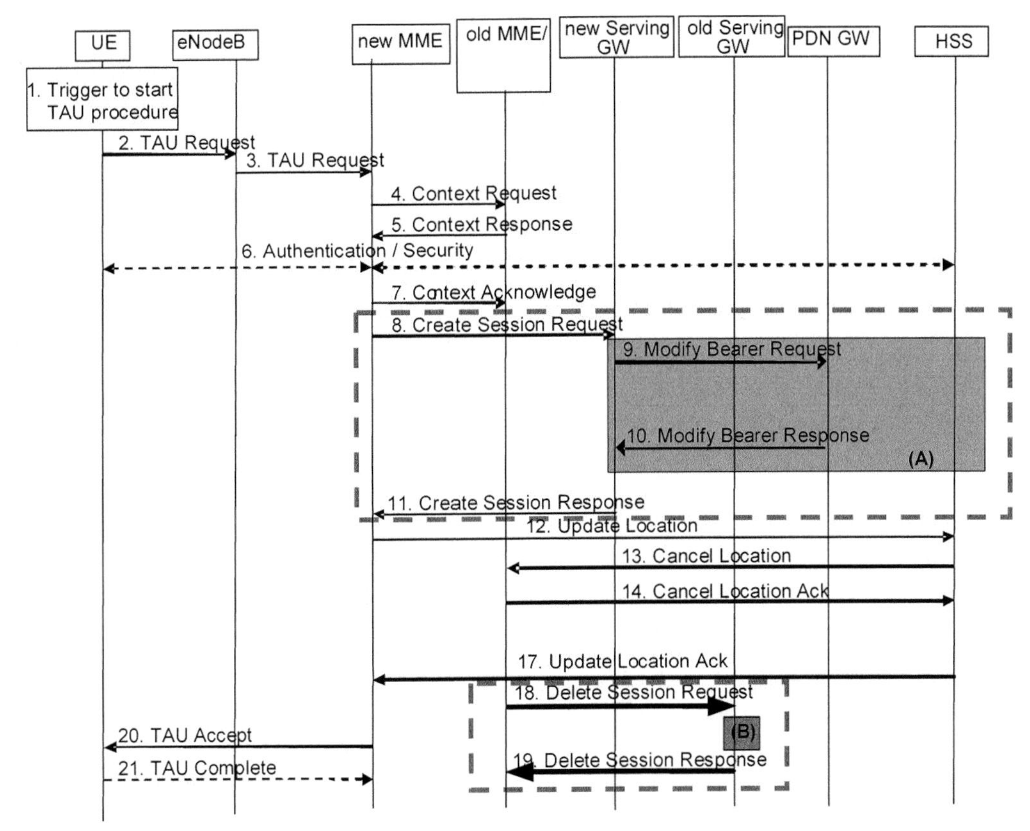

图 B.6　S-GW 改变的 TAU 流程

TEID，则也需要一并返回。

对于使用 NB-IoT EPS 优化功能且没有任何激活 PDN 连接的 UE，Context Response 消息中不包含 EPS Bearer Context 信元。

基于 NB-IoT EPS Optimisation Support Indication 参数，旧的 MME 仅向新的 MME 传送其支持的 EPS 承载上下文。如果新的 MME 不支持 NB-IoT 优化功能，则 Non-IP PDN 连接的 EPS 承载上下文不会传给新的 MME。如果 PDN 连接的 EPS 承载上下文没有被转移，旧的 MME 将该 PDN 连接下的所有承载视为失败的连接，并通过触发 MME 请求的 PDN 断开流程来释放该 PDN 连接。旧的 MME 中的缓存数据在收到 Context Acknowledgement 消息后被丢弃。如果 MME 识别出到 NB-IoT 的或从 NB-IoT 到其他 RAT 的切换，则 MME 将要求 UE 重新附着。

- 步骤 6：如果 TAU 请求消息的完整性检查失败，则鉴权过程和加密过程是必需的。如果执行了 GUTI 分配且网络支持加密，则 NAS 消息将被加密。
- 步骤 7：新的 MME 决定 S-GW 重定位。旧的 S-GW 不能继续服务 UE 时将发生 S-GW 重定位。如果期望新的 S-GW 服务 UE 的时间更长一些，或者采用更为优化的 UE 到 P-GW 路径，或者要选择一个与 P-GW 合设的新的 S-GW，则 MME 也会决定 S-GW 重定位。

如果 MME 已经改变，则新的 MME 发送 Context Acknowledge（S-GW Change Indication）消息

给旧的MME。S-GW Change Indication标记指示已经选择了新的S-GW。旧的MME将UE上下文中的网关相关信息标记为无效。如果旧节点是MME，则旧的MME也会将UE上下文中的HSS相关信息标记为无效。其目的是如果此TAU过程未完成，而发生新的TAU过程回退到旧MME时，旧的MME能够更新网关和HSS。

对于使用NB-IoT EPS优化功能且没有任何激活PDN连接的UE，步骤8、步骤9、步骤10、步骤11、步骤18和步骤19被跳过。

• 步骤8：如果MME发生改变，则新的MME将从旧的MME所接收到的承载上下文与从UE所接收到的EPS承载状态进行验证。如果MME没有改变，则MME根据从UE所接收到的EPS承载状态与其保存的承载上下文进行验证。MME将释放UE中非激活EPS承载的任何网络资源。如果没有承载上下文，则MME拒绝TAU Request消息。

如果MME选择新S-GW，它将基于每一个PDN连接发送Create Session Request消息给所选择的S-GW。在Bearer Contexts中有P-GW地址。MME向S-GW指示要发送Create Session Request消息给P-GW。RAT type指示了无线接入类型。如果P-GW之前请求了UE位置信息，则MME也包含User Location Information信元。如果应用NB-IoT控制面优化功能，则MME还可以指示使用S11-U隧道传送NAS用户数据，并发送为S-GW传送下行数据使用的本身S11-U的IP地址和MME DL TEID。如果收到的Context Response消息中包含因RRC原因“MO Exception data”的计数器，则MME应在Create Session Request消息中包括MO Exception data counter信元。

如果仅使用NB-IoT控制面优化功能，则MME将在Create Session Request消息中包括Control Plane Only PDN Connection Indicator。

如果新的MME接收到指向SCEF的EPS承载上下文，则新的MME应更新SCEF。

• 步骤9：S-GW基于每一个PDN连接向P-GW发送Modify Bearer Request消息以通知有关用于计费的RAT类型之类的改变信息。如果步骤8的消息中包含User Location Information信元，和/或UE Time Zone信元，和/或User CSG Information信元，和/或MO Exception data counter信元，则它们也应包含在Modify Bearer Request消息中。

• 步骤10：P-GW更新它的承载上下文并向S-GW返回Modify Bearer Response消息。

如果S-GW被重定位，为了辅助目标eNodeB中重排序功能，P-GW在路径转换之后立即在旧路径上发送一个或多个“end marker”数据包。如果S-GW没有建立下行链路用户面，则S-GW将丢弃从P-GW收到的“end marker”数据包，且不发送Downlink Data Notification消息。否则，S-GW将“end marker”数据包转发到源eNodeB。

• 步骤11：S-GW更新其承载上下文。这允许S-GW将来自eNodeB的承载PDU路由到P-GW。

S-GW向新的MME返回Create Session Response消息。如果使用NB-IoT控制面优化功能，则该消息中还包括供MME向S-GW转发上行数据时所需S11-U用户面的S-GW地址和S-GW TEID；如果MME在Create Session Request消息中没有指示Control Plane Only PDN Connection Indicator，则S-GW应在响应消息里同时携带分配的S1-U和S11-U F-TEID。

• 步骤12：新的MME检查其是否有该UE的签约数据。如果没有签约数据，则新的MME发送Update Location Request消息给HSS。

• 步骤 13：HSS 向旧的 MME 发送 Cancel Location 消息，其 Cancellation Type 设置为更新过程。

• 步骤 14：如果步骤 4 启动的定时器没工作时，旧的 MME 清除移动性上下文。否则当定时器超时后清除 UE 上下文。旧的 MME 回应 Cancel Location Ack 消息。

• 步骤 17：HSS 向新的 MME 发送 Update Location Ack 消息来回应 Update Location Request 消息。如果更新位置请求被 HSS 拒绝，则 MME 拒绝来自 UE 的 TAU 请求并说明原因。

如果所有检查通过，则 MME 构造 UE 的移动性管理上下文。

• 步骤 18：如果 MME 改变，当步骤 4 中启动的定时器超时，则旧的 MME 释放任何本地承载资源，并且如果在步骤 7 的 Context Acknowledge 消息中接收到 Serving GW Change Indication 信息，则旧的 MME 向旧的 S-GW 发送 Delete Session Request 消息以指示删除 EPS 承载资源。如果 MME 不改变而新的 S-GW 改变，则步骤 11 触发旧的 S-GW 释放 EPS 承载资源。

• 步骤 19：S-GW 回应 Delete Session Response 消息，丢弃为 UE 所缓冲的任何分组数据包。

• 步骤 20：如果由于区域签约限制或者接入限制，不允许 UE 接入到该 TA 区域，则 MME 以合适的理由拒绝 TAU 请求消息。否则 MME 向 UE 回应 TAU Accept 消息。如果在 TAU Request 消息中 Active Flag 置位，则切换限制列表会发送给 eNodeB。EPS Bearer Status 指示了网络中激活的承载。

对于使用 NB-IoT EPS 优化功能且没有任何激活 PDN 连接的 UE，TAU Accept 消息中不包含 EPS Bearer Status 信元。

如果在步骤 5 中成功获得头压缩配置参数，则 MME 向 UE 指示在 UE 的每个 EPS 承载的头压缩上下文状态中继续使用先前协商的配置。当 Header Compression Context Status 指示先前协商的配置不能再用于一些 EPS 承载时，则 UE 在这些 EPS 承载上使用 NB-IoT 控制面优化方案来发送或接收数据时，应停止执行头压缩和解压缩。

如果 UE 包括空闲模式 eDRX 参数信元，则 MME 在决定启用空闲模式 eDRX 时应在 TAU Accept 消息中包括空闲模式 eDRX 参数信元。

• 步骤 21：如果 TAU Accept 消息中包含 GUTI，则 UE 通过向 MME 返回 TAU Complete 消息来确认。

如果在 TAU Request 消息中 Active Flag 没有置位，且这个 TAU 过程不是在 ECM-CONNECTED 状态发起的，则新的 MME 释放与 UE 的信令连接。

对于使用 NB-IoT 控制面优化的 UE，当 Signalling Active Flag 置位，则新的 MME 在 TAU 流程完成后不应立即释放与 UE 的 NAS 信令连接。

B.3.3　S-GW 改变和数据转发的 TAU 流程

S-GW 改变和数据转发的 TAU 流程如图 B.7 所示，流程（A）和（B）中步骤在上一节中已经描述。与上一节相比，步骤 5 增加了一个附加参数的描述。

• 步骤 5：下行数据在旧的 S-GW 中缓冲，并且下行数据到期时间（DL Data Expiration Time）尚未到期，因此旧的 MME 在 Context Response 消息中指示 Buffered DL Data Waiting。这触发新的 MME 建立用户面并调用数据转发。对于 NB-IoT 控制面优化，如果旧的 S-GW 缓存下行

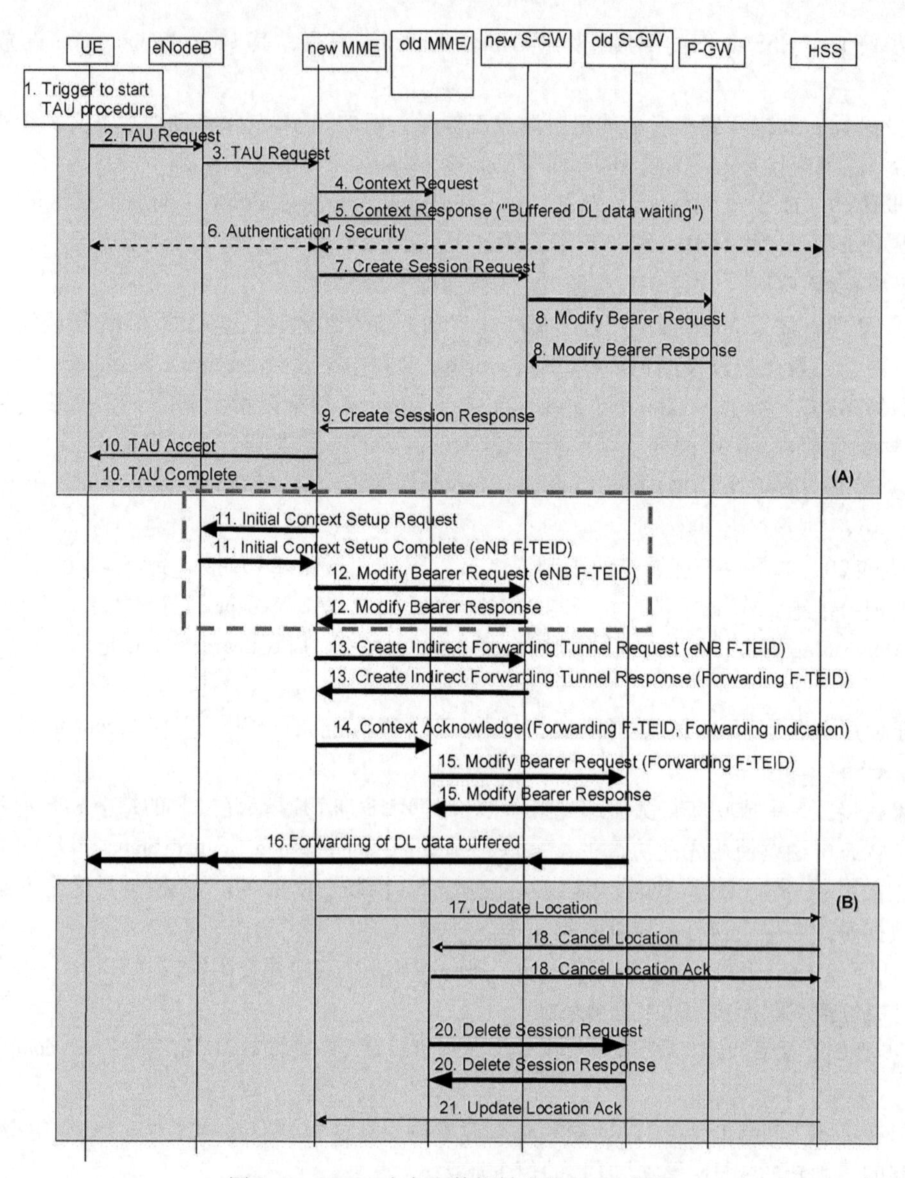

图 B.7　S-GW 改变和数据转发的 TAU 流程

数据，且指示 Buffered DL Data Waiting 时，新的 MME 将建立到新的 S-GW 的 S11 用户面并调用数据转发。如果下行数据在旧的 MME 中缓冲，且下行数据到期时间尚未到期，则旧的 MME 将丢弃缓冲的下行数据。

- 步骤 11、步骤 12：建立用户面流程。对于 NB-IoT 控制面优化，跳过步骤 11 和步骤 12。
- 步骤 13：由于在步骤 5 中指示缓冲的下行数据正在等待，所以新的 MME 通过向 S-GW 发送 Create Indirect Data Forwarding Tunnel Request 消息来设置转发参数。S-GW 向目标 MME 发送 Create Indirect Data Forwarding Tunnel Response 消息。对于 NB-IoT 控制面优化，新的 MME 通过向 S-GW 发送 Create Indirect Data Forwarding Tunnel Request 来设置转发参数。间接转发可以经由与

用作 UE 锚点的 S-GW 不同的 S-GW 来执行。

- 步骤 14：该步骤在上一节中步骤 7 中描述。此外，新的 MME 在 Context Acknowledge 消息中包含应用于转发缓存下行数据的 F-TEID 和 Forwarding indication。F-TEID 是从步骤 13 收到的间接转发的 F-TEID 或者是 eNodeB 的 F-TEID（当 eNodeB 支持转发时）。
- 步骤 15：向旧的 S-GW 发送 Modify Bearer Request 消息。消息中的 F-TEID 是用于缓冲下行数据转发的 F-TEID。
- 步骤 16：旧的 S-GW 向步骤 15 中收到的 F-TEID 转发其缓冲的数据。缓冲的下行数据通过步骤 11 中建立的无线承载被发送到 UE。对于 NB-IoT 控制面优化，缓冲的下行数据是从新的 S-GW 发送到新的 MME，并且如"MT 控制面数据传输流程"中步骤 12 ~ 步骤 14 中所述被发送到 UE。

B.4 控制面优化传输方案

B.4.1 MO 控制面数据传输流程

MO 控制面数据传输流程如图 B.8 所示。

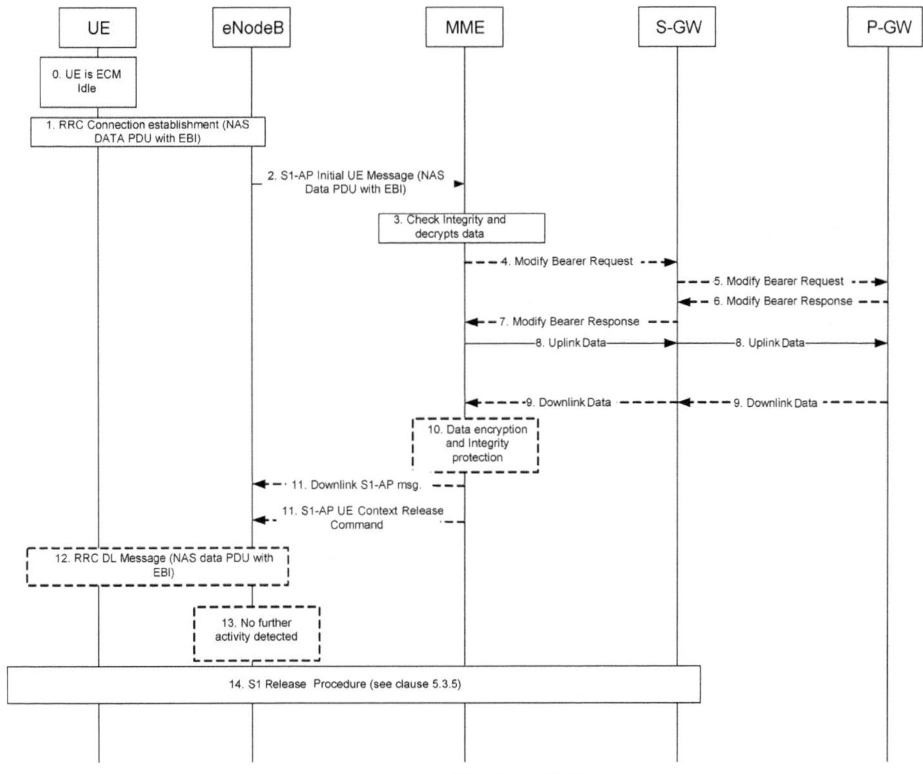

图 B.8　MO 控制面数据传输流程

- 步骤 0：UE 附着到网络之后转为空闲状态。
- 步骤 1：UE 建立 RRC 连接，将数据封装在已通过加密和完整性保护的 NAS PDU 中传输，并携带 EBI（EPS Bearer ID，EPS 承载标识）。UE 在 NAS 消息中可包含 Release Assis-

tance Information 信息，用于指示在上行数据传输之后是否有下行数据传输（如上行数据的确认或响应）。

- 步骤 2：eNodeB 通过 S1-AP 初始 UE 消息将 Control Plane Service Request 消息转发给 MME。

- 步骤 3：MME 检查 NAS 消息的完整性，然后解密数据。如果采用了 IP 头压缩，MME 需要执行 IP 头解压缩操作。MME 根据需要执行安全相关的流程，步骤 4 ~ 步骤 9 可以与安全相关的流程并行执行，但步骤 10 和步骤 11 应等到安全相关流程完成之后再执行。

- 步骤 4：如果 S11-U 连接没有建立，则 MME 发送 Modify Bearer Request 消息，提供 MME 的下行传输地址给 S-GW。S-GW 现在可以经过 MME 传输下行数据给 UE。如果 UE 通过 NB-IoT RAT 接入，并且 RRC 建立原因值为“MO exception data”，则 MME 应将该原因值告知 S-GW。S-GW 将该 RRC 建立原因值记录到 SGW-CDR 中。

如果 S11-U 已经建立，并且 UE 通过 NB-IoT RAT 接入，且 RRC 建立原因值为“MO exception data”，则 MME 应将该 RRC 建立原因值告知 S-GW。

- 步骤 5：如果 RAT type 有变化，或者消息中携带有 UE's Location and/or Info IEs and/or UE Time Zone and Serving Network id，或者消息中携带 RRC 建立原因值“MO exception data”，则 S-GW 会发送 Modify Bearer Request 消息给 PDN GW。S-GW 将该 RRC 建立原因值记录到 SGW-CDR 中。

- 步骤 6：P-GW 向 S-GW 回复 Modify Bearer Response 消息。P-GW 将该 RRC 建立原因值“MO exception data”记录到 PGW-CDR 中。

- 步骤 7：S-GW 在响应消息中给 MME 提供 S11-U 用户面的 S-GW 地址和 TEID。

- 步骤 8：MME 将上行数据经 S-GW 发送给 P-GW。

- 步骤 9：如果在步骤 1 的 Release Assistance Information 中没有下行数据指示，则 MME 将 UL data 发送给 P-GW 后，立即释放连接，执行步骤 14。否则，则进行下行数据传输。如果没接收到数据，则跳过步骤 11 ~ 步骤 13 进行释放。

- 步骤 10：如果 MME 在步骤 9 接收到 DL 数据，则进行加密和完整性保护。

- 步骤 11：如果有 DL data，则 MME 会在 NAS 消息中下发给 eNodeB。对于 IP PDN 类型的 PDN 连接并且支持头压缩，MME 在将数据封装到 NAS PDU 之前应先执行 IP 头压缩。如果步骤 10 没有执行，则 MME 发送 Connection Establishment Indication，其中可携带 UE 无线能力信息。如果 UL data 有 Release Assistance Information 指示 MME 在接收到 DL 数据并转发给 eNodeB 后释放 S1 连接，并且此时 MME 没有待发送的下行数据或信令，或者 S1-U 承载没有建立，则 MME 在下行数据发送完成之后，立即向 eNodeB 发送 S1 UE Context Release Command 消息，以便于 eNodeB 释放连接。

- 步骤 12：eNodeB 将 NAS data 下发给 UE。如果同时收到 MME 的 S1 UE Context Release Command，eNodeB 会先发送 NAS Data，然后执行步骤 14 释放连接。

- 步骤 13：如果持续一段时间没有 NAS PDU 传输，eNodeB 则进入步骤 14 启动 S1 释放。

- 步骤 14：eNodeB 或 MME 触发的 S1 释放流程。

B.4.2　MT 控制面数据传输流程

MT 控制面数据传输流程如图 B.9 所示。

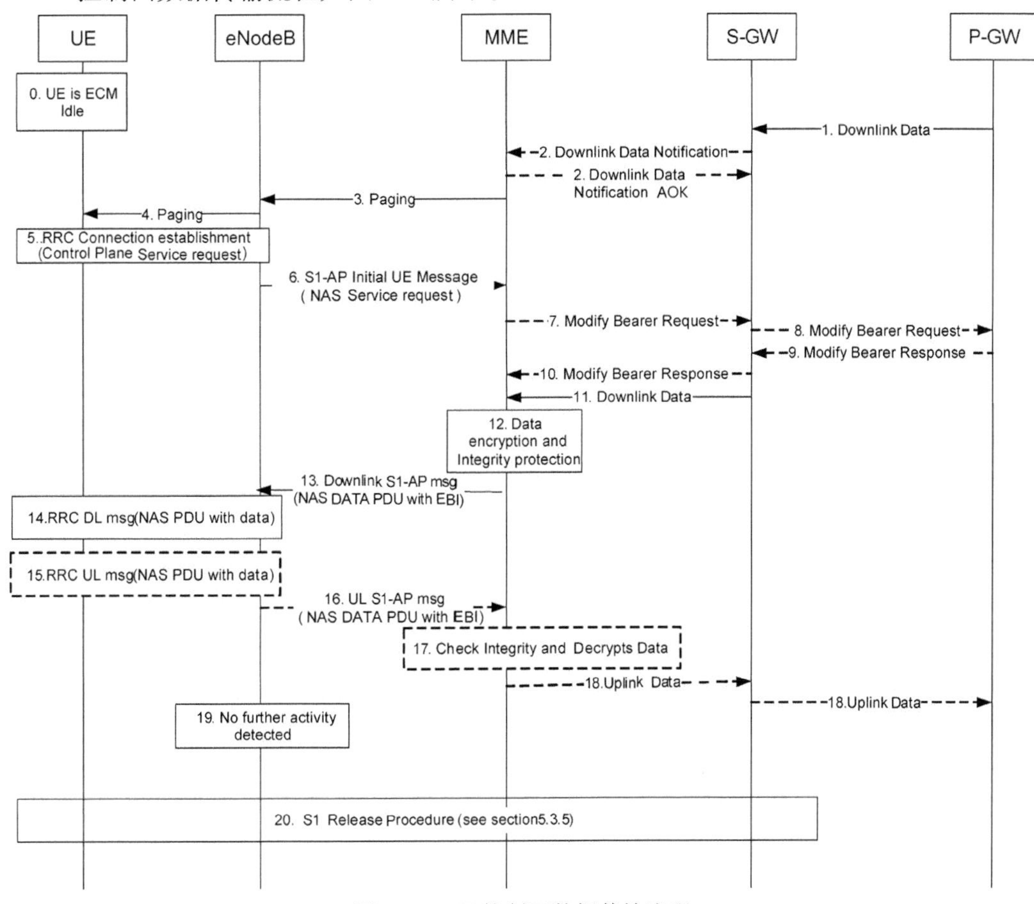

图 B.9　MT 控制面数据传输流程

- 步骤 0：UE 附着到网络之后转为空闲态。
- 步骤 1：当 S-GW 收到 UE 的下行数据分组或下行控制信令时，如果 S-GW 的 UE 上下文数据指示没有 MME 的下行用户面 TEID，则 S-GW 缓存下行数据。
- 步骤 2：如果 S-GW 在步骤 1 缓存了数据，则 S-GW 发送 Downlink Data Notification 消息（ARP，EPS Bearer ID）给 MME。MME 向 S-GW 回复 Downlink Data Notification Ack 消息。

如果 S11-U 已经建立，则 S-GW 不执行步骤 2，而是立即执行步骤 11。只有在步骤 6 收到 NAS Service Request 消息后才需要执行步骤 7～步骤 10。

- 步骤 3：如果 UE 已在 MME 注册并且处于寻呼可达，MME 发送寻呼消息给 UE 已注册的跟踪区内的每个 eNodeB。
- 步骤 4：如果 eNodeB 收到来自 MME 的寻呼消息，则 eNodeB 发送寻呼消息来寻呼 UE。

- 步骤 5、步骤 6：当接收到寻呼消息，UE 通过 RRC 连接请求和 S1-AP 初始消息将 Control Plane Service Request 消息发送至 MME。如果采用了控制面数据传输方案，Control Plane Service Request 消息不会触发 MME 建立数据无线承载，MME 可立即通过 NAS PDU 发送下行数据。

MME 根据需要执行安全相关的流程，步骤 7 ~ 步骤 11 可以与安全相关的流程并行执行，但步骤 12 和步骤 13 应等到安全相关流程完成之后再执行。

- 步骤 7：如果 S11-U 连接没有建立，则 MME 发送 Modify Bearer Request 消息，提供 MME 的下行传输地址给 S-GW。S-GW 现在可以经过 MME 传输下行数据给 UE。
- 步骤 8：如果 RAT type 有变化，或者消息中携带有 UE's Location and/or Info IEs and/or UE Time Zone and Serving Network id，则 S-GW 会发送 Modify Bearer Request 消息给 PDN GW。
- 步骤 9：P-GW 向 S-GW 回复 Modify Bearer Response 消息。
- 步骤 10：如果在步骤 7 发送了 Modify Bearer Request 消息，则 S-GW 向 MME 回复 Modify Bearer Response 消息，向 MME 提供 S11-U 用户面的 S-GW 地址和 TEID。
- 步骤 11：下行数据由 S-GW 发送给 MME。
- 步骤 12、步骤 13：MME 对下行数据进行加密和完整性保护，封装到 NAS PDU 中通过 Downlink S1-AP 消息发给 eNodeB。对于 IP PDN 类型的 PDN 连接并且支持头压缩，MME 在将数据封装到 NAS PDU 之前应先执行 IP 头压缩。
- 步骤 14：eNodeB 将 NAS 数据 PDU 通过 RRC 消息下发给 UE。如果采用了头压缩，则 UE 需要执行 IP 头的解压缩操作。
- 步骤 15：由于 RRC 连接没有释放，更多的上行和下行数据可以通过 NAS PDU 来传输。UE 不需要建立用户面承载，可以在上行 NAS PDU 中携带 Release Assistance Information。对于 IP PDN 类型的 PDN 连接并且支持头压缩，UE 在将数据封装到 NAS PDU 之前应先执行 IP 头压缩。
- 步骤 16：eNodeB 通过 Uplink S1-AP 消息将 NAS PDU 转发给 MME。
- 步骤 17：MME 检查 NAS 消息的完整性，然后解密数据。如果采用了头压缩，则 MME 需要执行 IP 头解压缩操作。
- 步骤 18：MME 通过 S-GW 发送上行数据到 P-GW，并执行与 Release Assistance Information 相关的处理：

a）如果 Release Assistance Information 指示上行数据之后没有下行数据，并且此时 MME 没有待发送的下行数据或信令，或者 S1-U 承载没有建立，则 MME 应执行步骤 20 马上释放连接。

b）如果 Release Assistance Information 指示上行数据之后有下行数据，并且此时 MME 没有待发送的下行数据或信令，或者 S1-U 承载没有建立，则 MME 在下行数据发送完成之后，立即向 eNodeB 发送 S1 UE Context Release Command 消息，以便于 eNodeB 释放连接。

• 步骤 19：如果持续一段时间没有 NAS PDU 传输，eNodeB 则进入步骤 20 启动 S1 释放。

• 步骤 20：eNodeB 或 MME 触发的 S1 释放流程。

B.5 用户面优化传输方案

B.5.1 Connection Suspend 流程

当 UE 和网络支持用户面优化数据传输方案时，网络使用 Connection Suspend 流程来挂起已建立的连接，具体流程如图 B.10 所示。

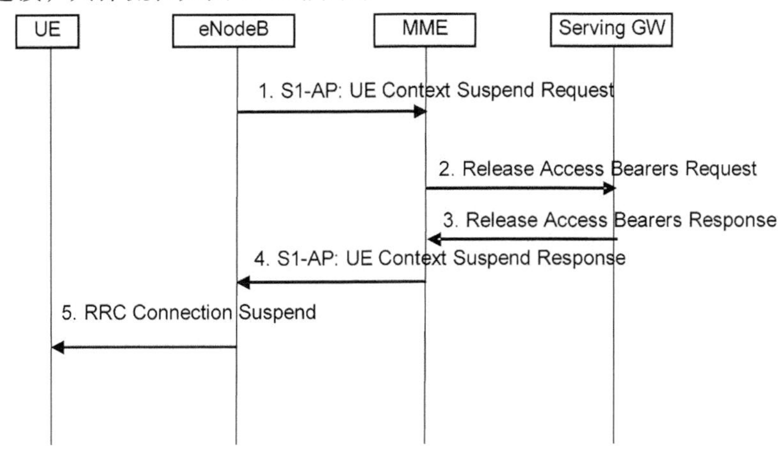

图 B.10　eNodeB 发起的 Connection Suspend 流程

• 步骤 1：eNodeB 向 MME 发出 S1-AP：UE Context Suspend Request 消息以触发 Connection Suspend 流程。eNodeB 向 MME 指示 UE 的 RRC 连接将被挂起，MME 由此进入 ECM-IDLE 状态。eNodeB、UE 和 MME 保持恢复连接所需的 S1-AP 关联、UE 上下文和承载上下文相关的数据。

eNodeB 可以在 S1-AP：UE Context Suspend Request 消息中包含 Information On Recommended Cells And eNBs For Paging 信元。MME 收到后应存储该信息以备对 UE 进行寻呼时使用。

如果可用，则 eNodeB 在 S1-AP：UE Context Suspend Request 消息中包括 Information for Enhanced Coverage 信元。

• 步骤 2：MME 向 S-GW 发送 Release Access Bearers Request 消息来请求释放 UE 的所有 S1-U 承载。

• 步骤 3：S-GW 释放 UE 的所有 eNodeB 相关信息（地址和下行链路 TEID），并向 MME 返回 Release Access Bearers Response 消息，以通知释放所有 S1-U 承载。S-GW 中 UE 上下文中其他元素不受影响。如果再收到 UE 的下行数据包，则 S-GW 缓存收到的该 UE 下行数据包，并且发起网络触发服务请求流程。

• 步骤 4：MME 向 eNodeB 发送 S1-AP：UE Context Suspend Response 消息以成功终止由

eNodeB 发起的 Connection Suspend 流程。

- 步骤 5：eNodeB 向 UE 发送 RRC 消息以挂起到 UE 的 RRC 连接。

B.5.2　Connection Resume 流程

如果 UE 和网络支持用户面优化数据传输，并且 UE 存储了用于进行 Connect Resume 流程的必要信息，则 UE 使用该过程来恢复 ECM 连接。否则 UE 应使用 Service Request 流程来恢复连接，具体流程如图 B.11 所示。

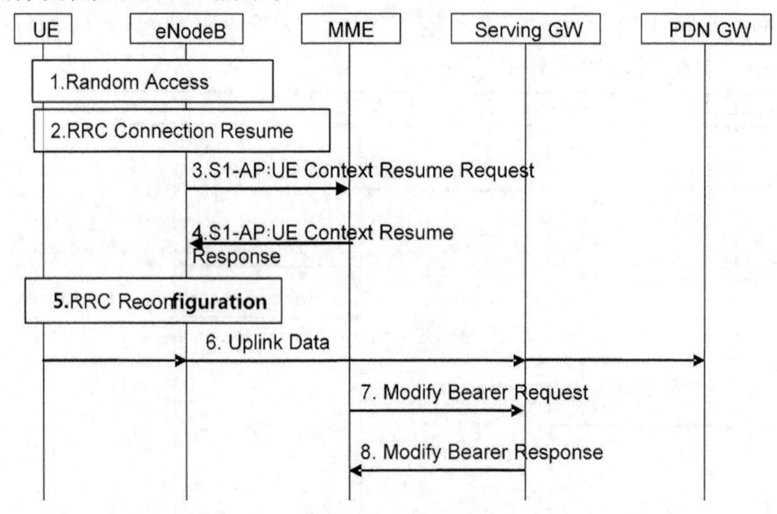

图 B.11　UE 发起 Connection Resume 流程

- 步骤 1：UE 触发到 eNodeB 的 Random Access 流程。
- 步骤 2：UE 触发 RRC Connection Resume 流程，包括 eNodeB 接入 UE 存储 AS 上下文所需的信息。E-UTRAN 执行安全检查 EPS。执行 UE 和网络间的 EPS 承载状态同步，即 UE 将本地去除没有为其建立无线承载以及不是控制面承载的 EPS 承载。如果用于默认 EPS 承载的无线承载没有建立，则 UE 去激活与默认 EPS 承载相关联的所有 EPS 承载。
- 步骤 3：eNodeB 向 MME 发送 S1-AP：UE Context Resume Request 消息以通知 UE 的 RRC 连接恢复。如果 eNodeB 不能允许所有挂起的承载，则 eNodeB 应在 E-RAB Failed To Resume List 信元中标识。MME 进入 ECM-CONNECTED 状态。MME 识别返回 eNodeB 的 UE 所对应的本地存储 Connection Suspend 流程数据，包括与 S1-AP 关联、UE 上下文，及包含 DL TEID 的承载上下文相关的数据（参见 Connection Suspend 流程）。

如果 eNodeB 未接受默认 EPS 承载，则与该默认承载相关联的所有 EPS 承载应被视为未被接受的承载。MME 通过触发承载释放流程来释放未接受和未建立的承载。

a）如果 S1-U 连接被恢复且 UE 以 RRC 恢复原因 “MO exception data” 接入 NB-IoT RAT，则 MME 应维护 MO Exception Data 计数器并将其发送到 S-GW，以通知 S-GW 此建立原因的使用。

b）如果 RRC 建立原因 “MO exception data” 已被 MO Exception Data 计数器使用，则 S-

GW 应该通知 P-GW。S-GW 通过其 CDR 上的相关计数器来指示每次对该 RRC 建立原因的使用。

c）P-GW 通过其 CDR 上的相关计数器来指示每个对 RRC 建立原因 "MO exception data" 的使用。

- 步骤4：MME 向 eNodeB 返回 S1-AP：UE Context Resume Response 消息以确认连接恢复。如果 MME 不能允许所有挂起的 E-RAB，则 MME 将在 E-RAB Failed To Resume List 信元中予以指示。
- 步骤5：如果 MME 在步骤4 中指示有未能恢复的 E-RAB 列表，则 eNodeB 重新配置无线承载。
- 步骤6：来自 UE 的上行数据现在可以由 eNodeB 转发到 S-GW。eNodeB 将上行数据发送到在 Connection Suspend 流程期间存储的 S-GW 地址和 TEID（参见 Connection Suspend 流程）。S-GW 将上行数据转发到 P-GW。
- 步骤7：MME 针对每个 PDN 连接向 S-GW 发送 Modify Bearer Request 消息，包含 eNodeB address、接受的 EPS 承载的下行 S1 TEID 等。如果 S-GW 支持 Modify Access Bearers Request 流程，并且不需要 S-GW 向 P-GW 发送信令，则 MME 可以针对 UE 向 S-GW 发送 Modify Access Bearers Request 消息以优化信令，消息包含接受 EPS 承载下行用户面的 eNodeB 地址和 TEID 等。此时 S-GW 能够向 UE 发送下行数据。

MME 和 S-GW 清除各自 UE 上下文中的下行数据缓冲定时器（如果之前被设置）。而为使用省电功能 UE 缓冲的任何下行数据应被传送出去，避免在后续 TAU 流程中建立不必要的用户面连接。

- 步骤8：S-GW 向 MME 返回 Modify Bearer Response 消息（S-GW 地址及上行 TEID）以响应 Modify Bearer Request 消息，或返回 Modify Access Bearers Response 消息（S-GW 地址及上行 TEID）以响应 Modify Access Bearer Request 消息。如果 S-GW 不能在没有 S5/S8 信令（除 P-GW 取消暂停计费）的情形下服务 MME 在 Modify Access Bearers Request 消息中请求，则 S-GW 应向 MME 反馈修改不仅限于 S1-U 承载的指示，且 MME 应针对每个 PDN 连接使用 Modify Bearer Request 消息来重复其请求。

B.6　控制面优化和用户面优化传输的共存

B.6.1　连接态控制面向用户面的转换

UE 或 MME 可以通过如图 B.12 所示流程触发从控制面优化方案的连接态转为用户面优化方案，前提是会话建立时 S-GW 返回给 MME 的 Create Session Response 中同时携带 S-GW 分配的 S11-U 和 S1-U F-TEID。如果是 MME 触发的转换则无步骤2 和步骤3，或者将步骤2 中的 "Active Flag" 置为 0。

- 步骤1：UE 利用控制面优化方案发送和接收 NAS 数据。
- 步骤2：若是 UE 触发建立用户面承载，则在 RRC 消息中封装 NAS 消息 Control Plane Service Request 发送给 eNodeB，其中 Control Plane Service Type 中的 "Active Flag" 置为 1。

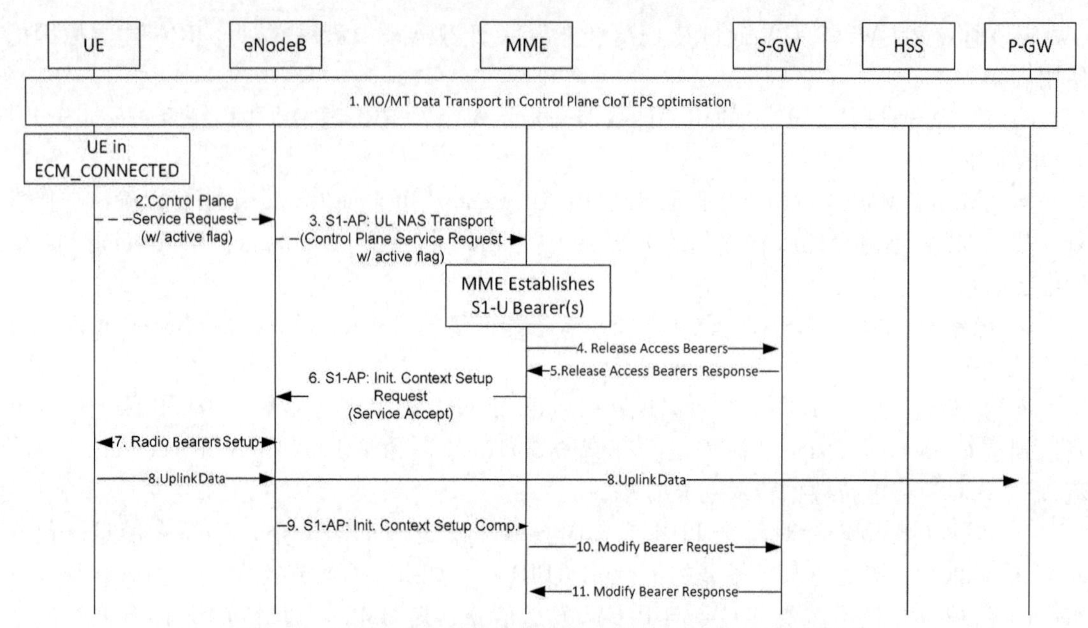

图B.12　用户从控制面优化方案的连接态转为用户面优化流程

- 步骤3：eNodeB将NAS消息Control Plane Service Request转发给MME。
- 步骤4：MME在S11-U接口发送完队列中的上行数据，然后MME向S-GW发送Release Access Bearers Request消息以删除UE的S11-U承载，之后MME本地删除TEID（DL）等控制面优化方案中建立的S11-U相关信息。
- 步骤5：S-GW删除MME相关信息，即MME地址及下行TEID等，UE的S-GW Context中的其他字段不受影响，然后S-GW向MME返回Release Access Bearers Response消息。如果UE的下行数据发送到S-GW，则S-GW缓存数据并触发“Network Triggered Service Request”流程。
- 步骤6：对于所有未设置为Control Plane Only Indicator的PDN连接，MME向eNodeB发送S1-AP：Initial Context Setup Request消息，其中包含S-GW address、S1-TEID（s）(UL)、EPS Bearer QoS（s）等信息，S1-AP：Initial Context Setup Request消息中包含了MME向UE发出Service Request响应消息，其中S1-TEID（s）（UL）和Create Session Response中的S1-U F-TEID相同。
- 步骤7：eNodeB触发无线承载建立流程。
- 步骤8：UE可以开始向eNodeB发送上行数据，eNodeB将数据转发到步骤6消息中指定的S-GW，S-GW再将数据转发到P-GW。
- 步骤9：eNodeB向MME发送S1-AP：Initial Context Setup Complete消息，其中包含eNodeB address、S1 TEID（s）（DL）等信息。
- 步骤10：MME向S-GW发送Modify Bearer Request消息，其中包含eNodeB address、S1 TEID（s）（DL）、RAT Type等信息，S-GW可以开始向UE发送下行数据。

• 步骤 11：S-GW 向 MME 发送 Modify Bearer Response 消息，携带 S-GW address 及上行数据 TEID。

B.6.2　空闲态控制面向用户面的转换

空闲态的 UE 可以通过 Service Request 流程发起控制面优化的空闲态向用户面优化的转换如图 B.13 所示，流程和传统 E-UTRAN 的 Service Request 流程基本相同，前提是会话建立时 S-GW 返回给 MME 的 Create Session Response 中同时携带 S-GW 分配的 S11-U 和 S1-U F-TEID。

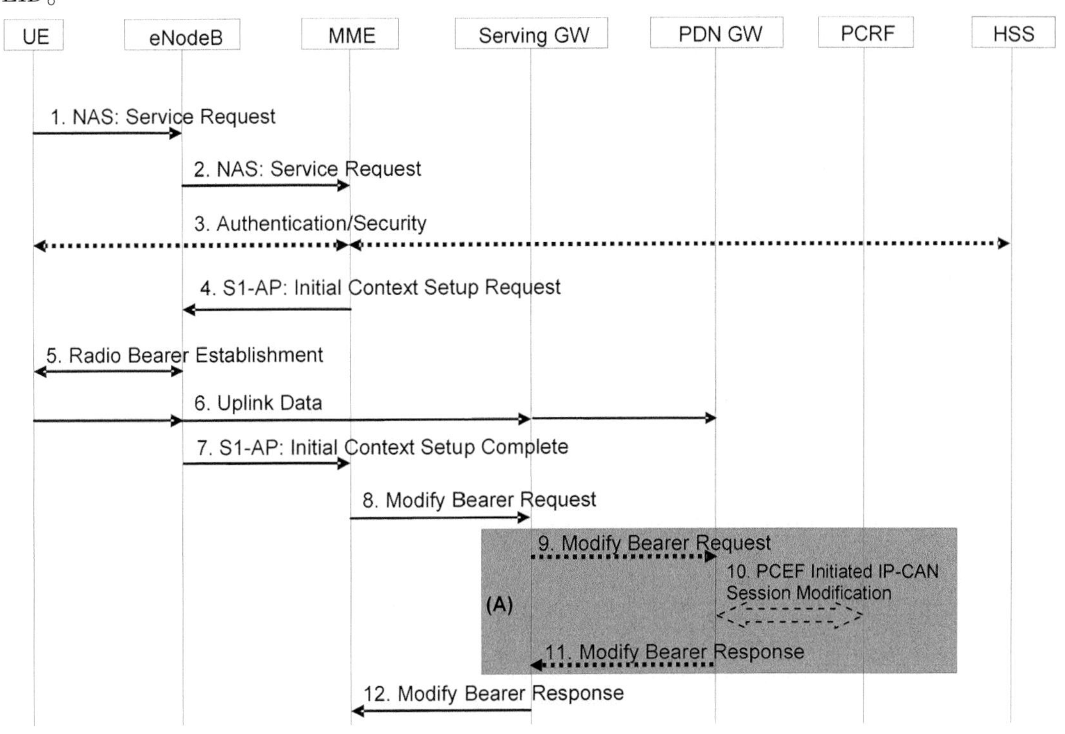

图 B.13　用户从控制面优化的空闲态转为用户面优化流程

• 步骤 1：UE 在 RRC 消息中封装 NAS 消息 Service Request，发送给 eNodeB。

• 步骤 2：eNodeB 将 NAS 消息 Service Request 转发给 MME。

• 步骤 3：NAS Authentication/Security 流程。

• 步骤 4：MME 删除 TEID（DL）等控制面优化方案中建立的 S11-U 相关信息，然后 MME 向 eNodeB 发送 S1-AP：Initial Context Setup Request 消息，其中包含 S-GW address、S1-TEID（s）（UL）、EPS Bearer QoS（s）等信息，其中 S1-TEID（s）（UL）和 Create Session Response 中的 S1-U F-TEID 相同。

• 步骤 5：eNodeB 触发无线承载建立流程。

• 步骤 6：UE 可以开始向 eNodeB 发送上行数据，eNodeB 将数据转发至步骤 4 消息中指定的 S-GW，S-GW 将数据转发到 P-GW。

- 步骤7：eNodeB向MME发送S1-AP：Initial Context Setup Complete消息，其中包含eNodeB address、S1 TEID（s）（UL）等信息。
- 步骤8：MME向S-GW发送Modify Bearer Request消息，其中包含eNodeB address、S1 TEID（s）（UL）、RAT Type等信息，S-GW可以开始向UE发送下行数据。
- 步骤9：如果用户的位置信息发生了改变，S-GW向P-GW发送Modify Bearer Request消息，携带最新的User Location Information。
- 步骤10：根据部署情况，P-GW向PCRF获取PCC rule或本地QoS策略。
- 步骤11：P-GW向S-GW发送Modify Bearer Response消息。
- 步骤12：S-GW向MME发送Modify Bearer Response消息，携带S-GW address及上行数据TEID。

B.7　Non-IP数据传输方案

B.7.1　基于SCEF的Non-IP数据传输

基于SCEF实现Non-IP数据传输，基于在MME和SCEF之间建立的指向SCEF的PDN连接，该连接实现于T6a接口，在UE附着时、UE请求创建PDN连接时被触发建立。UE并不感知用于传输Non-IP数据的PDN连接，是指向SCEF的、还是指向P-GW的，网络仅向UE通知某Non-IP的PDN连接使用控制面优化方案。

为了实现Non-IP数据传输，在SCS/AS和SCEF之间需要建立应用层会话绑定，该过程不在本标准范畴内。

在T6a接口上，使用IMSI来标识一个T6a连接/SCEF连接所归属的用户，使用EPS承载ID来标识SCEF承载。在SCEF和SCS/AS间，使用UE的External Identifier（外部标识）或MSISDN来标识用户。为了关联SCS/AS的请求到对应的T6a连接，HSS可以向SCEF提供用户的IMSI及MSISDN或其他外部ID。

根据运营商策略，SCEF可能缓存MO/MT的Non-IP数据包。MME和IWK-SCEF不会缓存上下行Non-IP数据包。

1. NIDD配置

NIDD的配置可以采用设备本地配置的方式，或者采用如图B.14所示流程。

该过程允许SCS/AS向SCEF执行初次NIDD配置、更新NIDD配置，或删除NIDD配置。通常，NIDD配置过程，在UE附着过程之前执行。

- 步骤1：SCS/AS向SCEF发送NIDD Configuration Request消息，消息携带外部标识或MSISDN、SCS/AS标识和参考ID、NIDD时效、NIDD目的地址和用于释放的SCS/AS参考ID消息。

注：SCS/AS应保证所选择的SCEF，和HSS中配置的SCEF是同一个。

- 步骤2：SCEF存储UE的外部ID/MISISDN及其他相关参数。如果根据服务协议，SCS/AS不被授权执行该请求，则执行步骤6，拒绝SCS/AS的请求，返回相应的错误原因。

注：如果SCEF收到SCS/AS发送的Reference for Deletion，则SCEF在本地释放SCS/AS

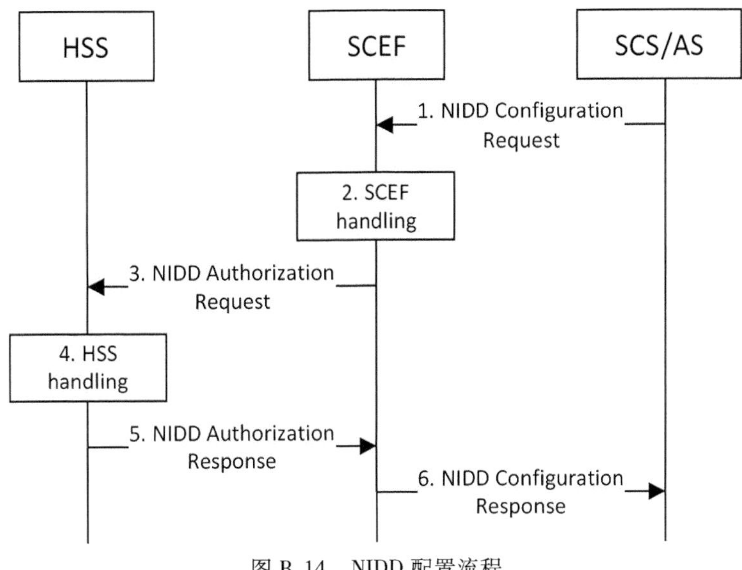

图 B. 14　NIDD 配置流程

的 NIDD 配置信息。

- 步骤 3：SCEF 向 HSS 发送 NIDD 授权请求 NIDD Authorization Request 消息，消息携带外部标识或 MSISDN、APN，以便 HSS 检查对 UE 的 External Identifier 或 MSISDN 是否允许 NIDD 操作。
- 步骤 4：HSS 执行 NIDD 授权检查，并将 UE 的 External Identifier 映射成 IMSI 或 MSISDN。如果 NIDD 授权检查失败，则 HSS 在步骤 5 中返回错误原因。
- 步骤 5：HSS 向 SCEF 返回 NIDD 授权响应消息 NIDD Authorization Response。在授权响应消息中，HSS 返回由 External Identifier 映射的 IMSI 和 MISIDN，如果 UE 被配置了 MSISDN。使用 HSS 所映射的 IMSI/MSISDN，SCEF 可将 T6a 连接和 NIDD 配置请求绑定。
- 步骤 6：SCEF 向 SCS/AS 返回 NIDD 配置响应消息 NIDD Configuration Response，消息携带 SCS/AS 参考 ID。SCEF 为 SCS/AS 的本次 NIDD 配置请求分配 SCS/AS Reference ID 作为业务主码。

2. T6a 连接建立

当 UE 请求 EPS 附着，指明 PDN 类型为“Non-IP”，并且签约数据中默认 APN 可用于创建 SCEF 连接，或者 UE 请求的 APN 可用于创建 SCEF 连接，则 MME 发起 T6a 连接创建过程，如图 B. 15 所示。

- 步骤 1：UE 执行初始附着流程，或者 UE 请求创建 PDN 连接。MME 根据 UE 签约数据，检查 APN 设置，如 APN 携带选择 SCEF 指示、SCEF ID，则该 APN 用于创建指向 SCEF 的 T6a 连接。
- 步骤 2：在如下条件下，MME 发起 T6a 连接创建：a）当 UE 请求初始附着，并且默认 APN 被设置为用于创建 T6a 连接；b）UE 请求 PDN 连接建立，并且 UE 所请求的 APN 被设置为用于创建 T6a 连接。

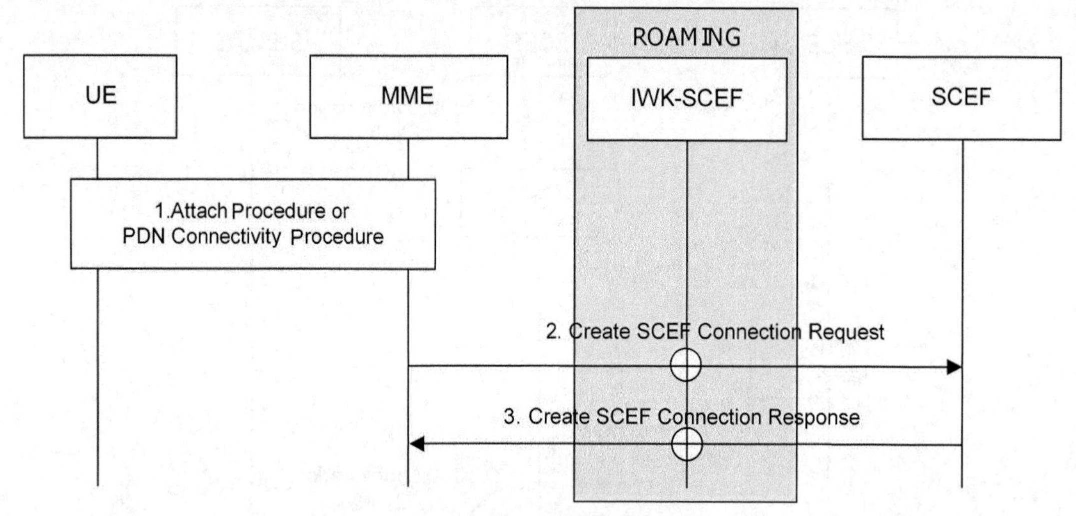

图 B.15 T6a 连接建立流程

MME 向 SCEF 发送 Create SCEF Connection Request 消息，消息中包含用户标识、EPS Bearer ID、SCEF 标识、APN、基于 APN 和服务 PLMN 的速率控制参数、PDN 连接数和 PCO 信息。如果部署了 IWK-SCEF，则 IWK-SCEF 将该请求前转给 SCEF。

如果 SCS/AS 已经向 SCEF 请求执行了 NIDD 配置过程，则 SCEF 执行步骤 3。否则，SCEF 可以：

a）拒绝 T6a 连接建立。

b）使用一个默认配置的 SCS/AS 发起 NIDD 配置过程。

- 步骤 3：SCEF 为 UE 创建 SCEF 承载，承载标识为 MME 提供的 EPS 承载标识。SCEF 承载创建成功后，SCEF 发送 Create SCEF Connection Response 消息给 MME，消息中包含用户标识、EPS Bearer ID、SCEF 标识、APN、PCO、NIDD 计费标识。如果部署了 IWK-SCEF，则 IWK-SCEF 将消息前转给 MME。

3. MO NIDD 数据投递

MO NIDD 数据投递如图 B.16 所示。

- 步骤 1：UE 向 MME 发送 NAS 消息，携带 EPS Bearer ID 和 Non-IP 数据包。UE 发送 NAS 消息的流程参考 B.4 节。
- 步骤 2：MME 向 SCEF 发送 NIDD Submit Request 消息，包含用户 ID、EBI 和 Non-IP 数据。在漫游时，该消息由 IWK-SCEF 转发给 SCEF。
- 步骤 3：当 SCEF 收到 Non-IP 数据包后，SCEF 根据 EPS 承载 ID 找寻 SCEF 承载、以及相应的 SCEF/AS 参考 ID，并将 Non-IP 数据包发送给对应的 SCS/AS。
- 步骤 4 ~ 步骤 6：根据需要，SCS/AS 利用 NIDD Submit Response 消息携带下行 Non-IP 数据包。经过 MME 发送 Non-IP 数据的过程，参考 B.4 节。

4. MT NIDD 数据投递

SCS/AS 使用 UE 的 External Identifier 或 MSISDN 向 UE 发送 Non-IP 数据包，在发起 MT

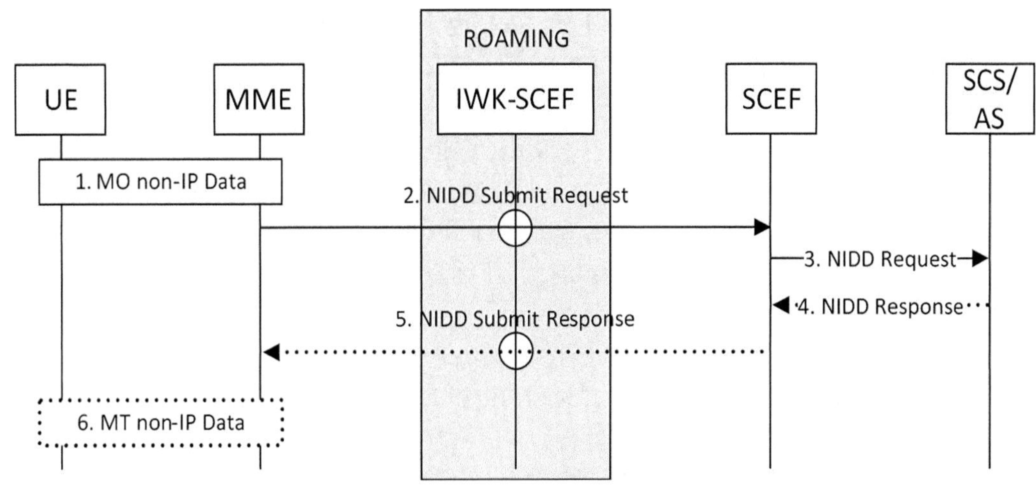

图 B.16　MO NIDD 数据投递

NIDD 数据投递流程前，SCS/AS 必须先执行 NIDD 配置流程，如图 B.17 所示。

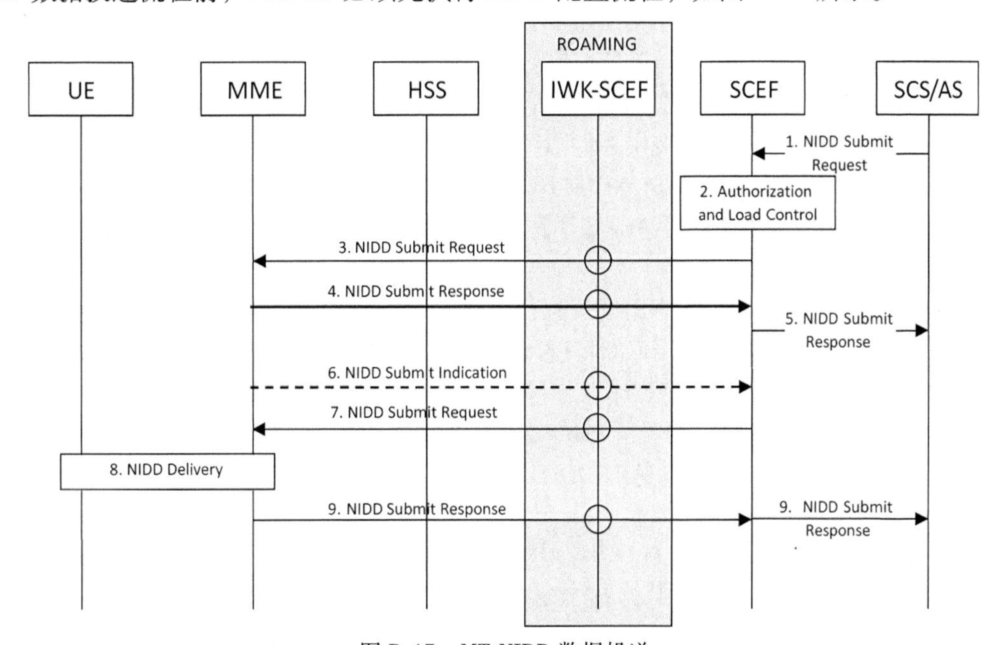

图 B.17　MT NIDD 数据投递

- 步骤 1：当 SCS/AS 已经为某 UE 执行过 NIDD 配置流程后，SCS/AS 可以向该 UE 发送下行 Non-IP 数据。SCS/AS 向 SCEF 发送 NIDD Submit Request 消息，消息中携带外部标识或 MSISDN、SCS/AS 参考 ID 和 Non-IP 数据。
- 步骤 2：SCEF 根据 UE 的外部标识或 MSISDN，检查是否为该 UE 创建了 SCEF 承载。SCEF 检查请求 NIDD 数据投递的 SCS 是否被授权允许发起 NIDD 数据投递，并且检查该 SCS

是否已经超出 NIDD 数据投递的限额（比如，24h 内允许 1KB），或已经超出速率限额（如每小时 100B）。如果上述检查失败，SCEF 执行步骤 5，并返回错误原因。如果上述检查成功，则 SCEF 继续执行步骤 3。

如果 SCEF 没有检查到 SCEF 承载，则 SCEF 可能：

a）向 SCS/AS 返回 NIDD Submit Response 消息，携带适当的错误原因。

b）使用 T4 终端激活流程，触发 UE 建立 Non-IP PDN 连接。

c）接收 SCS 的 NIDD Submit Request 消息，但是返回适当的原因（如等待发送），并等待 UE 主动建立 Non-IP PDN 连接。

- 步骤 3：如果 UE 的 SCEF 承载已建立，SCEF 向 MME 发送 NIDD Submit Request 消息，消息携带用户标识、EPS Bearer ID、SCEF ID 和 Non-IP 数据。若 IWF-SCEF 收到 NIDD Submit Request 消息时，则前转给 MME。

- 步骤 4：如果当前 MME 能立即发送 Non-IP 数据给 UE，比如 UE 在 ECM-CONNECTED 态，或 UE 在 ECM-IDLE 态但是可寻呼，则 MME 执行第 8 步，向 UE 发起 Non-IP 数据投递。

如果 MME 判断 UE 当前不可及，如 UE 当前使用 PSM 模式，或 eDRX 模式，则 MME 向 SCEF 发送 NIDD Submit Response 消息，消息中携带原因值和 NIDD 可达通知标记。MME 携带 Cause 值指明 Non-IP 数据无法投递给 UE。NIDD 可达通知标记指明 MME 将在 UE 可及时通知 SCEF。MME 在 EMM 上下文中存储 NIDD 可达通知标记。

- 步骤 5：SCEFSCS/AS 发送 NIDD Response 消息，通知从 MME 处获得的投递结果。如果 SCEF 从 MME 收到 NIDD 可达通知标记，则根据本地策略，SCEF 可考虑缓存第 3 步中的 Non-IP 数据。

- 步骤 6：当 MME 检测到 UE 可及时（如从 PSM 模式中恢复并发送 TAU，或发起 MO 信令或数据传输，或 MME 预期 UE 即将进入 DRX 监听时隙），如 MME 之前对该 UE 设置了 Reachable for NIDD 标记，则 MME 向 SCEF 发送 NIDD Submit Indication 消息，表明 UE 已可及。MME 清除 EMM 上下文中的 Reachable for NIDD 标记。

- 步骤 7：SCEF 向 MME 发送 NIDD Submit Request 消息，消息中包含用户标识、EPS Bearer ID、SCEF ID 和 Non-IP 数据。

- 步骤 8：如果需要，则 MME 寻呼 UE，并向 UE 投递 Non-IP 数据。MME 向 UE 投递 Non-IP 流程，参考 B.4 节。根据运营商策略，MME 可能产生计费信息。

- 步骤 9：如果 MME 执行了第 8 步，则 MME 向 SCEF 发送 NIDD Submit Response 消息，返回投递结果。SCEF 向 SCS/AS 发送 NIDD Submit Response 消息，返回 NIDD 数据投递结果。

注：MME、SCEF 所返回的投递成功，并不意味着 UE 一定正确地接收到 Non-IP 数据，只表示 MME 通过 NAS 信令将 Non-IP 数据发送到 UE。

5. T6a 连接释放

在如下条件下，MME 可以发起 T6a 连接的释放：

a）UE 发起 Detach 流程。

b）MME 发起 Detach 流程。

c）HSS 发起 Detach 流程。

d）UE 或 MME 发起 PDN 连接释放流程。

T6a 连接释放流程如图 B. 18 所示。

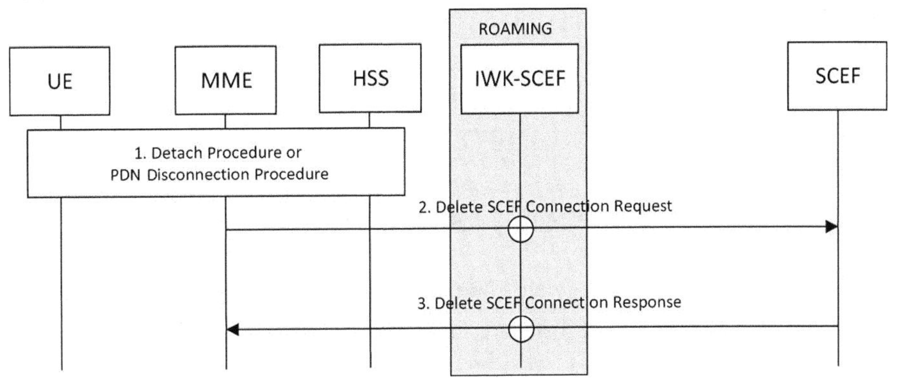

图 B. 18　T6a 连接释放

- 步骤 1：UE 执行 Detach 流程、去激活 PDN 连接流程、MME 发起 Detach 流程、去激活 PDN 连接过程，或 HSS 发起 Detach 流程。相关流程参考 B. 2 节。
- 步骤 2：如果 MME 上存在 T6a 接口的 SCEF 连接和 SCEF 承载，则对每一个 SCEF 承载，MME 向 SCEF 发送 Delete SCEF Connection Request 消息，消息包含用户标识、EPS Bearer ID、SCEF ID、APN 和 PCO。同时，MME 删除自身保存的该 PDN 连接的 EPS 承载上下文。
- 步骤 3：SCEF 向 MME 返回 Delete SCEF Connection Response 消息，消息中包含用户标识、EPS Bearer ID、SCEF ID、APN 和 PCO，指明操作是否成功。同时，SCEF 删除自身保存的该 PDN 连接的 SCEF 承载上下文。

6. T6a 接口更新

当通过 SCEF 建了 Non-IP 的 PDN 连接时，用户发生移动可能会触发 T6a 的更新，如图 B. 19 所示。

- 步骤 1：UE 成功执行了 TAU 流程，并且选择了一个新的 MME。MME 收到的签约信息中包括与支持 Non-IP PDN 连接的 APN 关联的“Invoke SCEF Selection”指示以及相关的 SCEF ID。
- 步骤 2：如果签约信息指示默认 APN 支持 Non-IP 的 PDN 类型，或者终端请求的 APN 包含“Invoke SCEF Selection”指示，新的 MME 到 SCEF 或者 IWK-SCEF 创建一个 PDN 连接，重用已经分配的 EPS 承载标识。根据 B. 7. 1 中的 T6a 承载建立流程类似，新 MME 发送 Update Serving Node Information Request 消息给 SCEF，消息中携带用户标识、EPS Bearer ID、SCEF ID、APN、服务 PLMN ID 等。如果 SCEF 从旧的 MME 收到“Reachable for NIDD”标志，并且 SCEF 已经缓存了 Non-IP 数据，则 SCEF 可能会执行 B. 7. 1 中 MT NIDD 数据投递中的步骤 7。

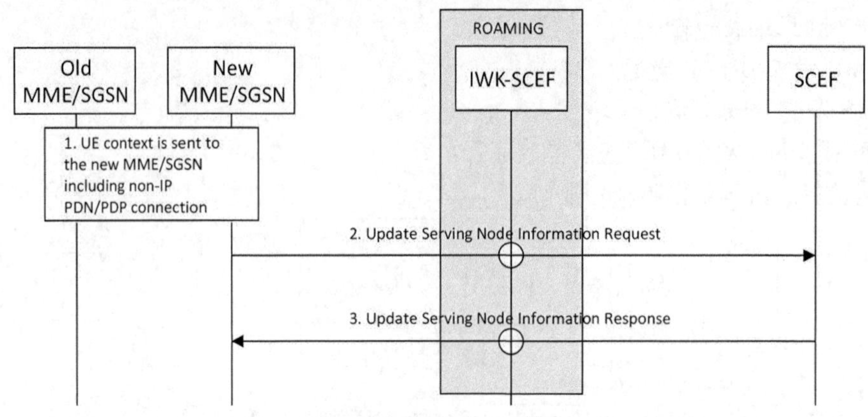

图 B.19　T6a 接口更新

如果 IWK-SCEF 收到 Update Serving Node Information Request 消息，则转发给 SCEF。

- 步骤3：SCEF 创建 SCEF EPS 承载上下文，通过 User Identity 来标识。SCEF 发送 Update Serving Node Information Response 消息给 MME，消息中携带用户标识、EPS Bearer ID、SCEF ID、NIDD 计费标识等，确认 PDN 连接建立成功。如果 IWK-SCEF 收到 Update Serving Node Information Response 消息则转发给 MME。

B.7.2　基于 P-GW 的 Non-IP 数据传输

基于 P-GW 的点对点 SGi 隧道方式传输 Non-IP 数据，目前存在两类传输方案，基于 UDP/IP 的 PtP 隧道和其他类型的 PtP 隧道。无论是用户面优化的数据传输还是控制面数据传输，都可以使用 SGi 接口的 Non-IP 数据传输方式。在 PDN 连接建立的时候，P-GW 根据预配置的信息决定使用什么传输方案。具体预配置粒度可以基于 APN 或基于运营商与第三方应用提供商之间的 SLA 等。

1. 基于 UDP/IP 的点对点隧道方案

基于 UDP/IP 的点对点隧道方案如下：

1）在 P-GW 上，预先配置指向 AS 的隧道参数（如 IP 地址和 UDP 端口号），如以 APN 为粒度进行配置。

2）UE 发起附着 PDN 建立时，P-GW 为 UE 分配 IPv4 地址或 IPv6 前缀，缓存在本地且不返回给 UE，并建立 GTP 隧道 ID 和 UE IP 的映射表。

3）对于上行数据，P-GW 收到 UE 侧的 Non-IP 数据后，将其从 GTP 隧道中剥离，并加上 IP 头，其中源 IP 是 P-GW 为 UE 分配的 IP，目的 IP 为 AS（第三方服务器或业务平台）的 IP，然后经由 IP 网络发往 AS。

4）对于下行数据，AS 收到 Non-IP 的数据，使用 P-GW 为终端分配的 IP 和 3GPP 为 Non-IP 传输定义的 UDP 端口对进行 UDP/IP 封装。P-GW 解封装（删除 UDP/IP 头）之后在 GTP 隧道中传输至 S-GW。

2. 基于其他类型的 PtP 隧道方案

SGi 的 PtP 隧道还支持例如 PMIPv6/GRE，L2TP，GTP-C/U 等。基本的实现机制如下：

1）在 P-GW 和 AS 之间建立点到点的隧道，根据 PtP 隧道类型的不同，可能建立的时间不同。可以在 attach 的时候建立，或者等到 UE 第一次发起 MO 数据的时候建立。P-GW 根据本地配置选择合适 AS，可以基于 APN 粒度，或者基于 AS 支持的 PtP 隧道类型。P-GW 不需要为 UE 分配地址。

2）对于上行 Non-IP 数据，P-GW 在 PtP 隧道上将 Non-IP 数据发送给 AS。

3）对于下行 Non-IP 数据，AS 需要根据一个索引来定位对应的 SGi PtP 隧道（可以是 UE 的标识），并将下行数据发送给 P-GW，P-GW 收到后在 3GPP 的 GTP 隧道中传输。

B.8　短消息方案

B.8.1　基于 SGs 接口的短消息方案

基于 SGs 接口的短消息方案的网络架构如图 B.20 所示。

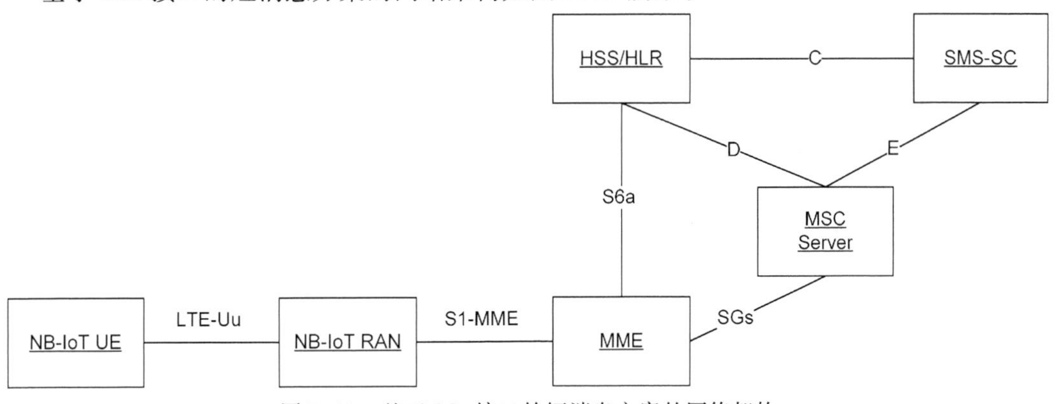

图 B.20　基于 SGs 接口的短消息方案的网络架构

如果 NB-IoT 终端和 MME 使用控制面优化数据传输方案，则不再使用传统 Service Request 流程来进行短消息传送，MME（以及 NB-IoT 终端）应使用控制面优化数据传输流程来进行短消息的收发。具体要求如下：

1）当终端在 EMM-IDLE 状态下，终端将 MO 短消息封装在 Control Plane Service Request 消息中的 NAS Message Container 信元中进行发送；MSC 通过 SGs 接口 Downlink Unitdata 消息下发 MT 短消息，MME 向终端转发 MT 短消息。

2）终端没有建立 PDN 连接时，MME 或终端应支持通过 NAS 消息传送流程进行短消息的收发。

3）对于已激活 eDRX 或 PSM 功能的 UE，当 MME 收到短消息发送请求且 UE 处于不可达状态时，MME 应向 MSC/VLR 通知 UE 不可达的状态。待 UE 回到可达状态时，MME 向 MSC/VLR 通知 UE 可达，并由 MSC/VLR 通过 HLR/HSS 通知短消息中心（SC）重新发送 MT SMS。

B.8.2　基于 SGd 接口的短消息方案

对于没有部署 GERAN/UTRAN 或者 3GPP MSC 的网络，MME 也可以直接执行短消息业务的控制和处理，即 MME 从 HSS 接收用户短消息业务签约信息，并验证用户是否允许使用短消息业务，通过到 SMS-SC 的 SGd 接口实现短消息的收发流程。基于 SGd 接口的短消息方案的网络架构如图 B.21 所示。

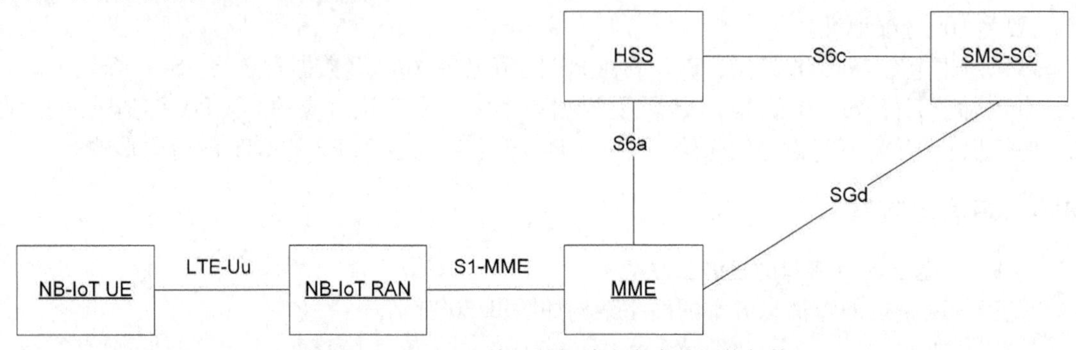

图 B.21　基于 SGd 接口的短消息方案的网络架构

具体要求如下：

1）通过 MME 与 HSS 间的 S6a 接口，MME 接收到用户短消息签约信息。

2）通过 MME 与 SMS-SC 间的 SGd 接口，MME 直接与 SMS-SC 进行短消息的收发操作。

3）通过 HSS 与 SMS-SC 间的 S6c 接口，SMS-SC 获取处理被叫短消息业务所需路由信息。

附录 C　能力开放流程

C.1　移动性事件订阅、上报及删除流程

C.1.1　连接丢失事件订阅

连接丢失事件订阅流程如图 C.1 所示。

1）SCEF 收到能力开放平台的订阅请求（Monitoring Event Configuration Request）并处理成功，SCEF 发送 CIR 给 HSS 订阅连接丢失事件，消息中携带参数：User-Identifier、SCEF-Reference-ID、SCEF-ID、Monitoring-Type、Maximum-Number-of-Reports、Monitoring-Duration 和 Maximum-Detection-Time 等。

2）HSS 收到 CIR，检查 SCEF 和 UE 都有权限请求的连接丢失事件订阅，发送 IDR 给 MME 传递连接丢失事件订阅请求。

3）MME 收到 IDR，检测支持连接丢失事件订阅，保存收到的订阅参数，启动用户连接丢失事件检测，并发送 IDA 给 HSS，消息中指示处理成功。

4）HSS 收到 IDA，发送 CIA 给 SCEF，消息中指示处理成功。

5）SCEF 收到成功的 CIA，至此连接丢失事件订阅成功。

C.1.2　UE 可达事件订阅

UE 可达事件订阅流程如图 C.2 所示。

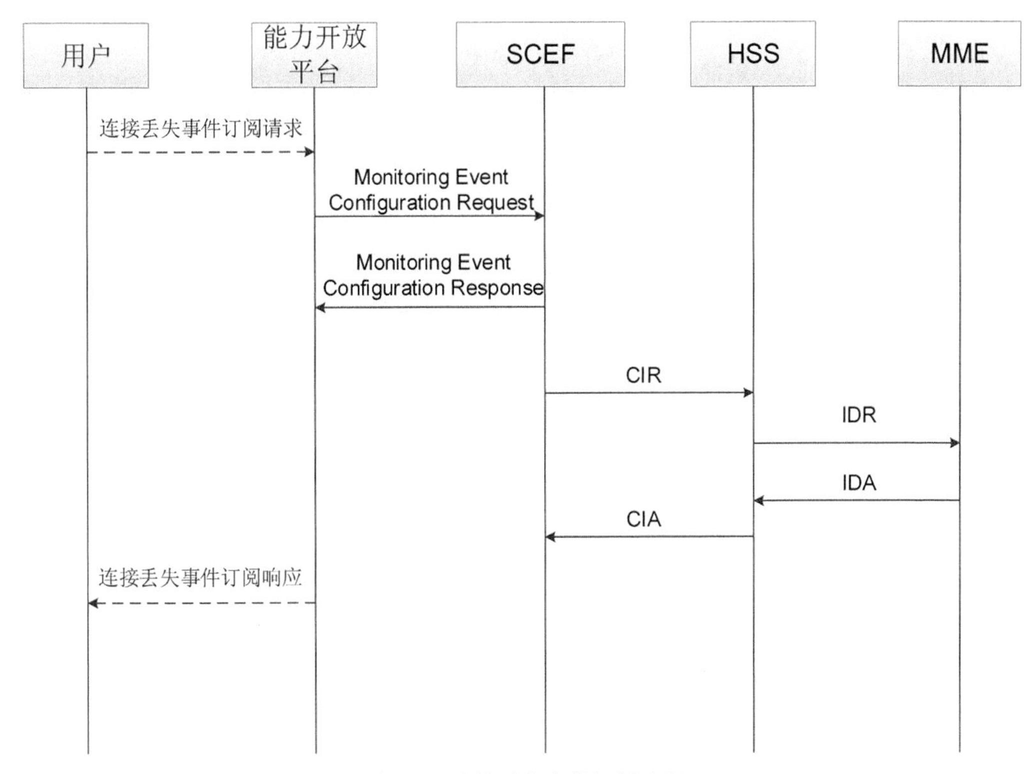

图 C.1　连接丢失事件订阅流程

1）SCEF 收到能力开放平台的订阅请求（Monitoring Event Configuration Request）并处理成功，SCEF 发送 CIR 给 HSS 订阅 UE 可达事件，消息中携带参数：User-Identifier、SCEF-Reference-ID、SCEF-ID、Monitoring-Type、Maximum-Number-of-Reports、Monitoring-Duration 和 UE-Reachability-Configuration 等。

2）HSS 收到 CIR，检查 SCEF 和 UE 都有权限请求的 UE 可达事件订阅，发送 IDR 给 MME 传递 UE 可达事件订阅请求。

3）MME 收到 IDR，检测支持 UE 可达事件订阅，保存收到的订阅参数，启动用户 UE 可达事件检测，并发送 IDA 给 HSS，消息中指示处理成功。

4）HSS 收到 IDA，发送 CIA 给 SCEF，消息中指示处理成功。

5）SCEF 收到成功的 CIA，至此 UE 可达事件订阅成功。

C.1.3　机卡分离事件订阅

机卡分离事件订阅流程如图 C.3 所示。

1）SCEF 收到能力开放平台的订阅请求（Monitoring Event Configuration Request）并处理成功，SCEF 发送 CIR 给 HSS 订阅机卡分离事件，消息中携带参数：User-Identifier、SCEF-Reference-ID、SCEF-ID、Monitoring-Type、Maximum-Number-of-Reports、Monitoring-Duration 和 Association-Type 等。

2）HSS 收到 CIR，检查 SCEF 和 UE 都有权限请求的机卡分离事件订阅，保存收到的订

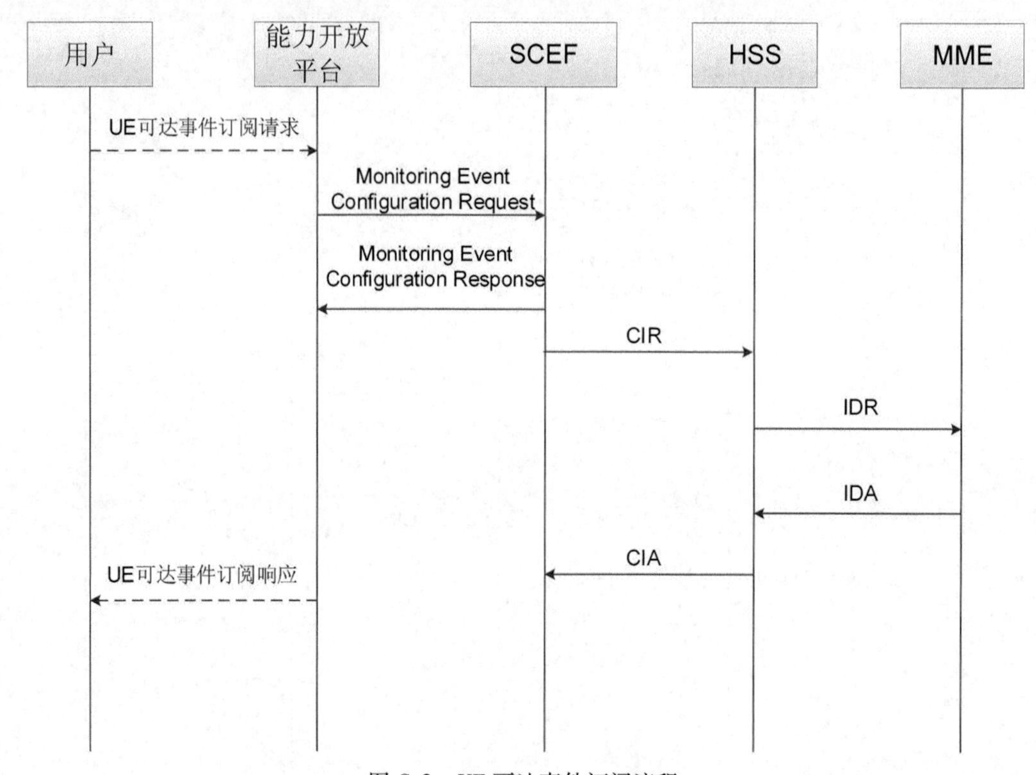

图 C.2　UE 可达事件订阅流程

阅参数，启动用户机卡分离事件检测，并发送 CIA 给 SCEF，消息中指示处理成功。

3）SCEF 收到成功的 CIA，至此机卡分离事件订阅成功。

C.1.4　漫游状态事件订阅

漫游状态事件订阅流程如图 C.4 所示。

1）SCEF 收到能力开放平台的订阅请求（Monitoring Event Configuration Request）并处理成功，SCEF 发送 CIR 给 HSS 订阅漫游状态事件，消息中携带参数：User-Identifier、SCEF-Reference-ID、SCEF-ID、Monitoring-Type、Maximum-Number-of-Reports、Monitoring-Duration 和 Request PLMN Information 等。

2）HSS 收到 CIR，检查 SCEF 和 UE 都有权限请求的漫游状态事件订阅，保存收到的订阅参数，启动用户漫游状态事件检测，并发送 CIA 给 SCEF，消息中指示处理成功。

3）SCEF 收到成功的 CIA，至此漫游状态事件订阅成功。

C.1.5　通信故障事件订阅

通信故障事件订阅流程如图 C.5 所示。

1）SCEF 收到能力开放平台的订阅请求（Monitoring Event Configuration Request）并处理成功，SCEF 发送 CIR 给 HSS 订阅通信故障事件，消息中携带参数：User-Identifier、SCEF-Reference-ID、SCEF-ID、Monitoring-Type、Maximum-Number-of-Reports、Monitoring-Duration 和 Maximum-Detection-Time 等。

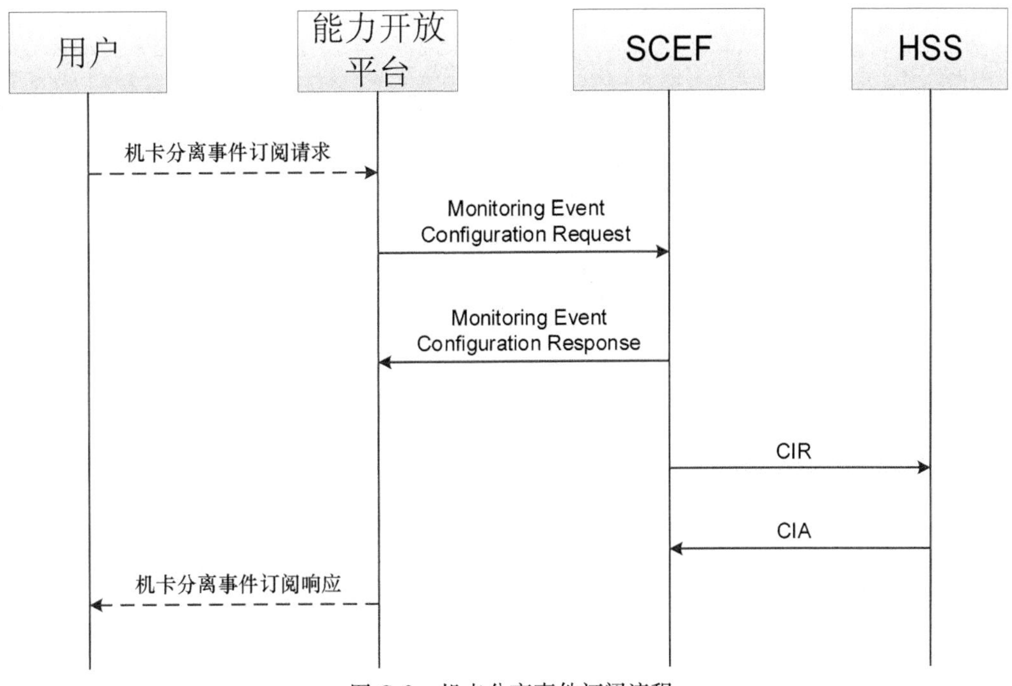

图 C.3　机卡分离事件订阅流程

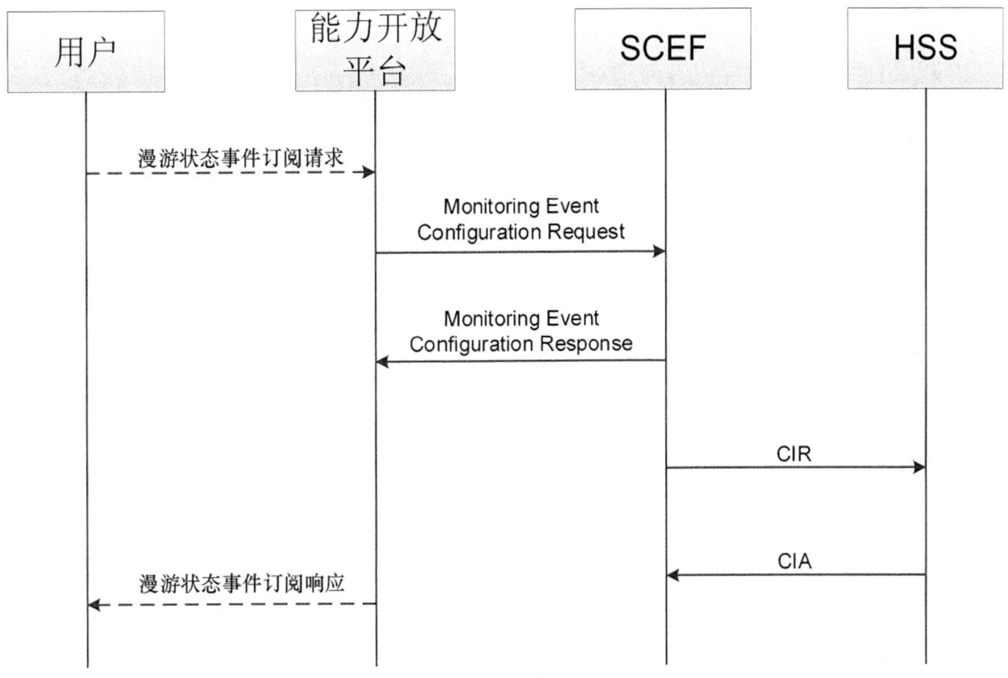

图 C.4　漫游状态事件订阅流程

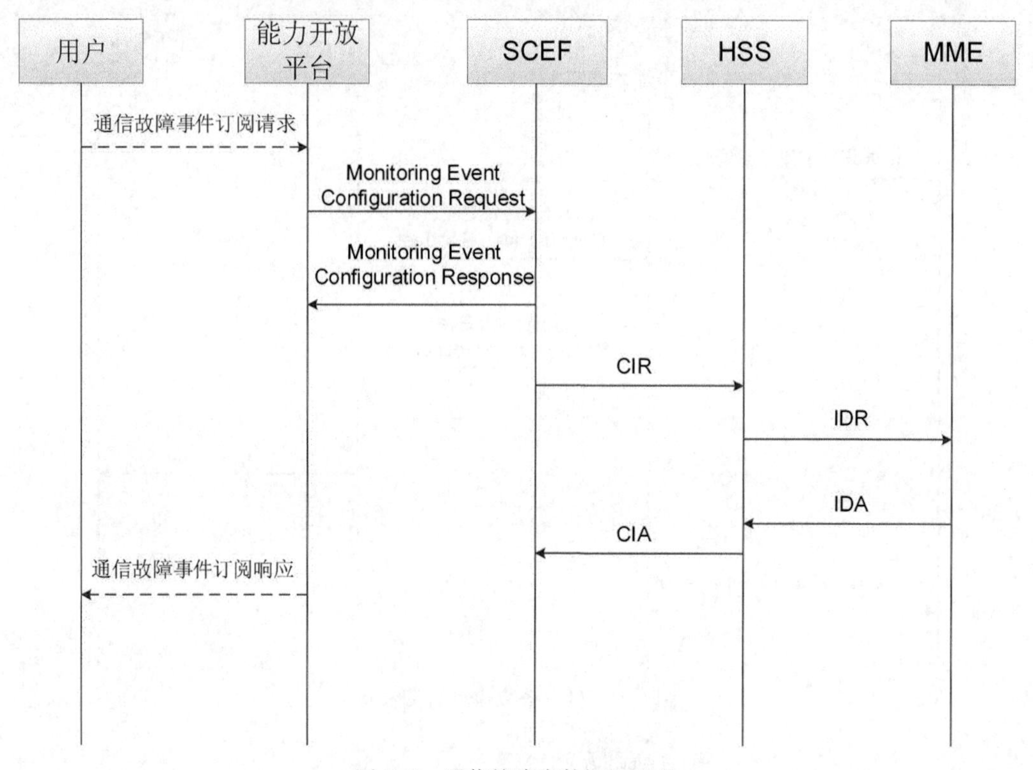

图 C.5 通信故障事件订阅流程

2）HSS 收到 CIR，检查 SCEF 和 UE 都有权限请求的通信故障事件订阅，发送 IDR 给 MME 传递通信故障事件订阅请求。

3）MME 收到 IDR，检测支持通信故障事件订阅，保存收到的订阅参数，启动用户通信故障事件检测，并发送 IDA 给 HSS，消息中指示处理成功。

4）HSS 收到 IDA，发送 CIA 给 SCEF，消息中指示处理成功。

5）SCEF 收到成功的 CIA，至此通信故障事件订阅成功。

C.1.6 连接丢失事件上报

连接丢失事件上报流程如图 C.6 所示。

1）MME 检测到某个 UE 在可达时间内没有交互，则认为 UE 连接丢失，MME 通过 RIR 上报消息给 SCEF，消息中主要包含 Monitoring-Type AVP，以及 Loss-Of-Connectivity-Reason AVP。

2）SCEF 收到 RIR 消息时，先给 MME 返回 RIA 消息，然后给能力开放平台发送 Monitoring Event Report Request 消息，携带 Loss of Connectivity Monitoring Report。

C.1.7 UE 可达事件上报

UE 可达事件上报流程如图 C.7 所示。

1）当 UE 主动与 MME 交互，或 UE 在 eDRX 状态下可寻呼时，MME 通过 RIR 上报消息

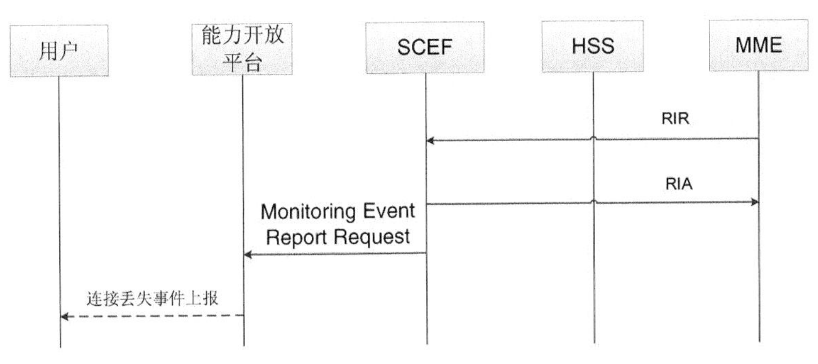

图 C.6 连接丢失事件上报流程

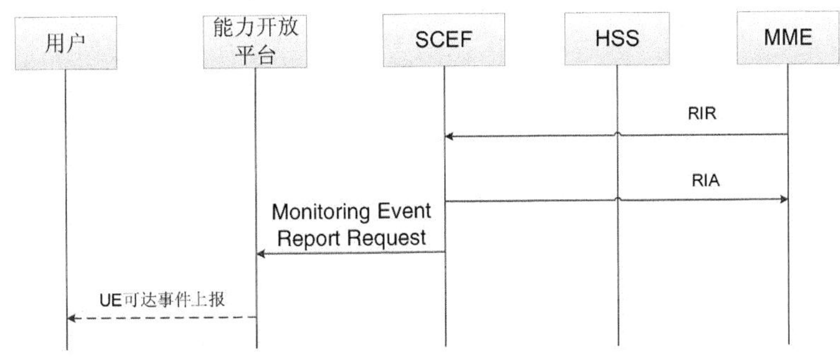

图 C.7 UE 可达事件上报流程

给 SCEF，消息中主要包含 Monitoring-Type AVP，以及 Reachability-Information AVP。

2）SCEF 收到 RIR 消息时，先给 MME 返回 RIA 消息，然后给能力开放平台发送 Monitoring Event Report Request 消息，携带 UE Reachability Monitoring Report。

C.1.8 机卡分离事件上报

机卡分离事件上报流程如图 C.8 所示。

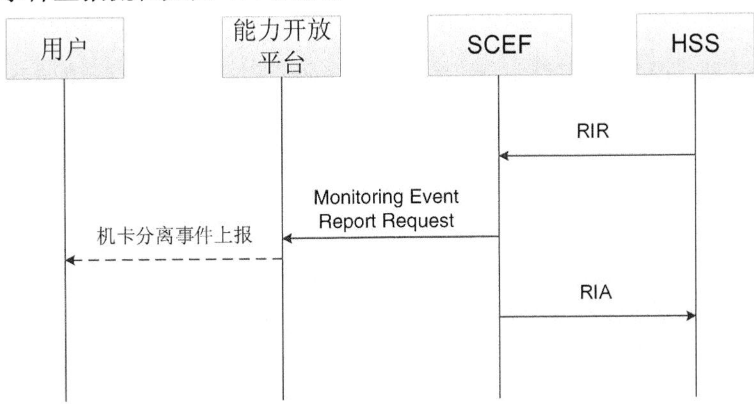

图 C.8 机卡分离事件上报流程

1）当 HSS 检测到机卡分离时，HSS 通过 RIR 上报消息给 SCEF，消息中主要包含 Monitoring-Type AVP，以及 IMEI-Change AVP。

2）SCEF 收到 RIR 消息时，先给 MME 返回 RIA 消息，然后给能力开放平台发送 Monitoring Event Report Request 消息，携带 Change of IMSI-IMEI（SV）Association Monitoring Report。

C.1.9 漫游状态事件上报

漫游状态事件上报流程如图 C.9 所示。

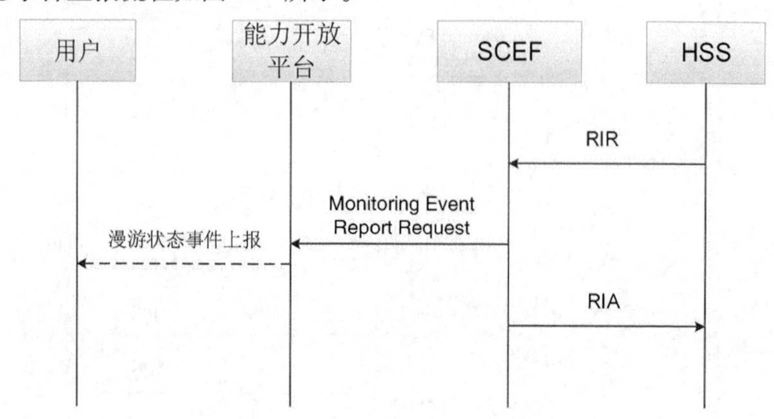

图 C.9 漫游状态事件上报流程

1）当 HSS 检测到 NB 终端漫游时，HSS 通过 RIR 上报消息给 SCEF，消息中主要包含 Monitoring-Type AVP、Visited-PLMN-Id AVP，以及 Roaming-Informatio AVP。

2）SCEF 收到 RIR 消息时，先给 MME 返回 RIA 消息，然后给能力开放平台发送 Monitoring Event Report Request 消息，携带 Roaming Status Monitoring Report。

C.1.10 通信故障事件上报

通信故障事件上报流程如图 C.10 所示。

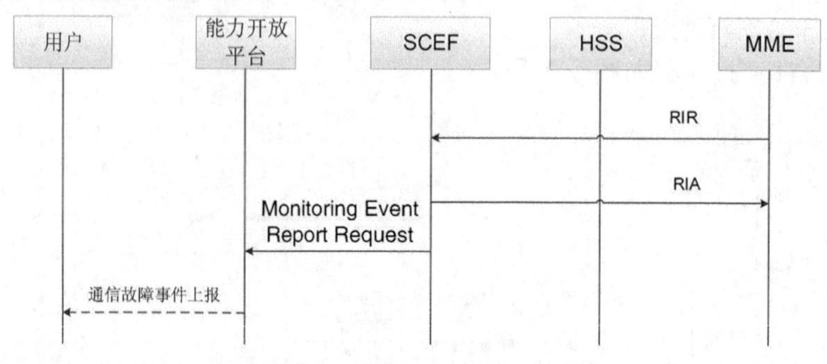

图 C.10 通信故障事件上报流程

1）当 MME 检测到 UE 的通信链路故障时，MME 通过 RIR 上报消息给 SCEF，消息中主要包含 Monitoring-Type 、AVP，以及 Communication-Failure-Information AVP。

2）SCEF 收到 RIR 消息时，先给 MME 返回 RIA 消息，然后给能力开放平台发送 Monitoring Event Report Request 消息，携带 Communication failure Monitoring Report。

C.1.11 移动性状态事件删除

移动性状态事件删除流程如图 C.11 所示。

1）SCEF 收到能力开放平台的 UE 可达事件删除请求（Monitoring Event Deletion Request）并

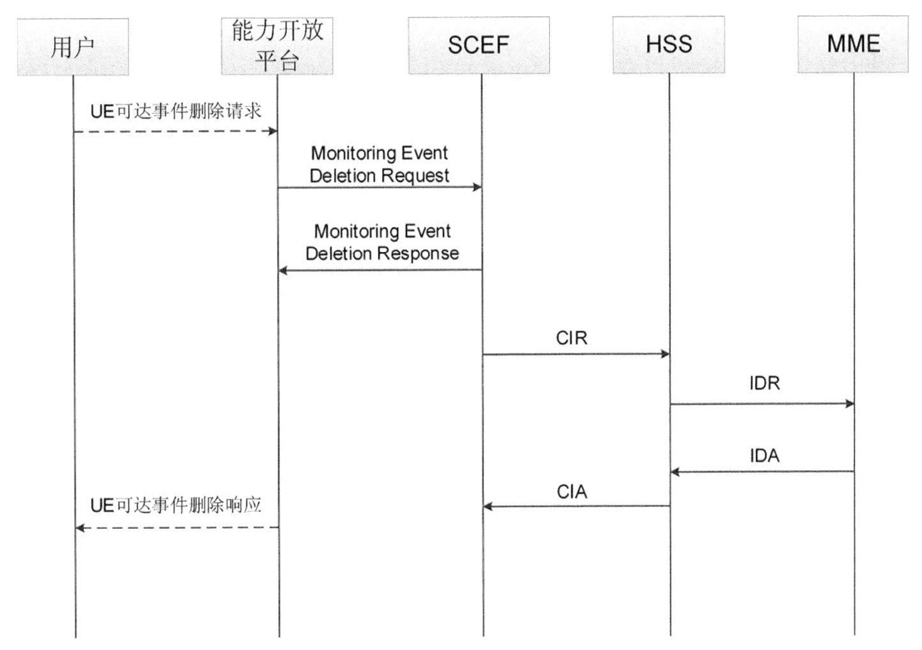

图 C.11　移动性状态事件删除流程

处理成功，SCEF 发送 CIR 给 HSS 删除 UE 可达事件，消息中携带参数：User-Identifier、SCEF-Reference-ID、SCEF-ID、Monitoring-Type 和 SCEF-Reference-ID-for-Deletion 等。

2）HSS 收到 CIR，检查需要删除的 UE 可达事件有效，发送 IDR 给 MME 传递 UE 可达事件删除请求。

3）MME 收到 IDR，检测需要删除的 UE 可达事件有效，删除 UE 可达订阅事件，并发送 IDA 给 HSS，消息中指示处理成功。

4）HSS 收到 IDA，发送 CIA 给 SCEF，消息中指示处理成功。

5）SCEF 收到成功的 CIA，至此 UE 可达事件删除成功。

注：a）连接丢失事件和通信故障事件删除处理流程同 UE 可达事件删除。

b）对于机卡分离事件和漫游状态事件删除，因为这两个事件订阅在 HSS，MME 不参与，因此事件删除时在 HSS 直接删除即可，MME 也不参与。

C.2　网络参数配置流程

网络参数配置流程如图 C.12 所示。

- 步骤 1：能力开放平台能够向 SCEF 发起 Power Save Configuration Request 消息请求修改一批 NB 终端的 PSM 定时器，消息中携带 PSM 定时器对应参数。
- 步骤 2：SCEF 检查合法性通过后给能力开放平台返回响应消息。后续如果参数修改成功，则 SCEF 不会再向能力开放平台发送任何消息；如果某个用户修改失败，则单独上报，比如步骤 7/8。
- 步骤 3：如果是批量用户修改，则 SCEF 需要分拆为单个用户，S6t 接口消息中只能

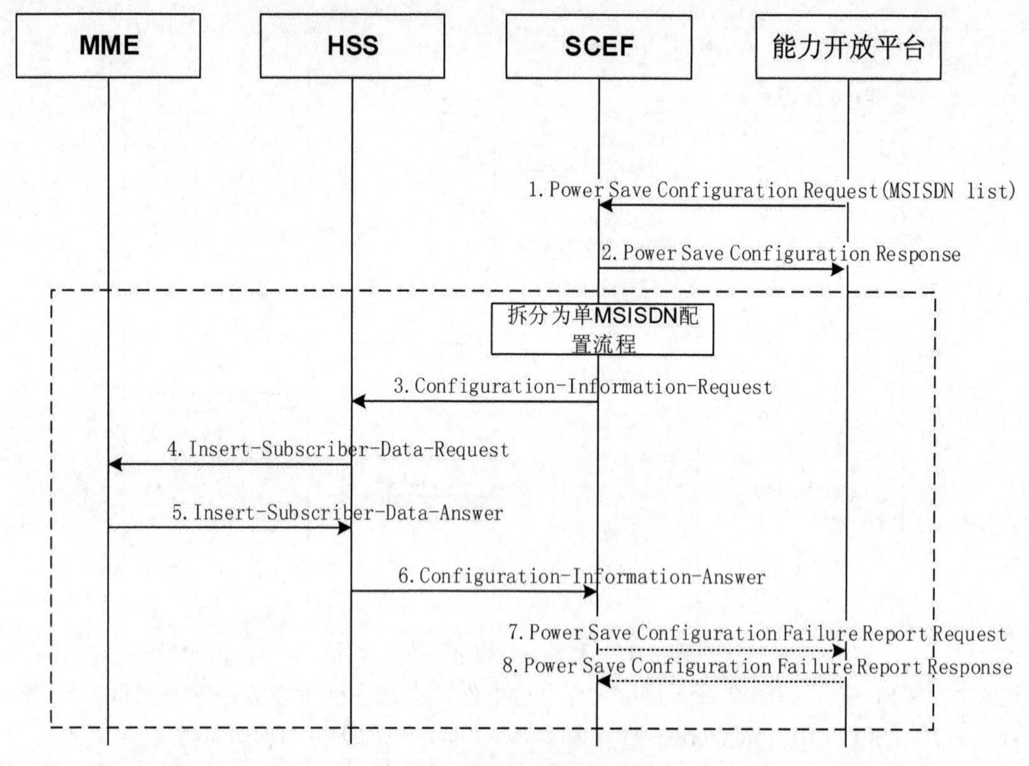

图 C.12　网络参数配置流程

携带单个用户的修改消息。SCEF 通过 S6t 的 CIR 消息发送配置请求到 HSS，消息中携带 Monitoring-Event-Configuration AVP。

- 步骤 4：HSS 通过 S6a 的 IDR 消息发送参数到 MME，消息携带 Subscription Data AVP，在该 AVP 中包含 Monitoring-Event-Configuration 和 S6t 接口中包含的内容相同。
- 步骤 5：MME 给 HSS 返回应答。
- 步骤 6：HSS 给 SCEF 返回应答。
- 步骤 7：如果某个用户修改失败，则 SCEF 给能力开放平台发送修改失败消息，消息中只携带一个用户的失败原因。
- 步骤 8：能力开放平台返回响应消息。